Hoimar v. Ditfurth
Unbegreifliche Realität

Hoimar v. Ditfurth

Unbegreifliche Realität

Reportagen, Aufsätze, Essays
eines Menschen, der das Staunen
nicht verlernt hat

Büchergilde Gutenberg

Inhalt

Vorträge

Essays

Vorwort

Wenn man von einem Verleger-Freund verleitet wird, in alten Schubladen und Ordnern nachzusehen, was man im Laufe seines Lebens alles geschrieben hat, dann läßt man sich auf ein Unternehmen ein, das die unterschiedlichsten Gefühle auslöst.
Ich getraue mich heute, öffentlich einzugestehen, daß mir das Schreiben immer recht schwergefallen ist. Zwei Manuskriptseiten am Tag betrachte ich nach wie vor als befriedigende Ernte. Oft war es viel weniger. Und die Pausen zwischen verschiedenen Manuskripten waren meist lang.
Deshalb war meine erste Reaktion auf den Vorschlag, doch einmal an die Möglichkeit eines Sammelbandes zu denken, die Befürchtung, daß es dafür nicht genug Stoff geben würde. Die Aussicht, die mir wichtigsten Stationen meiner lebenslangen Schreibleidenschaft durch ausgewählte Textbeispiele zu belegen, war zwar verlockend. Zunächst überwog jedoch der Zweifel daran, daß die Zahl der Beispiele dafür groß genug sein könnte, und ich sagte ab.
Nun gehört zu den unverzichtbaren Charaktereigenschaften eines guten Verlegers fraglos auch eine (in Liebenswürdigkeit verpackte) erbarmungslose Hartnäckigkeit. So begann ich dann doch, alte Manuskripte und Belegexemplare zu sichten. Und im Verlaufe dieser Suche stellte sich nun ein ganz anderes Gefühl ein: die zunehmende Überraschung darüber, daß es »so viel gewesen ist«. In stetiger Folge sammelt sich, aus subjektiver Perspektive fast unmerklich, im Verlaufe von vierzig Jahren mehr an, als man für möglich gehalten hat. Schließlich wurde

eine strikte Auswahl unumgänglich, wieder und wieder sogar der Zwang, auf Beiträge verzichten zu müssen, die der Autor eigentlich auch noch gern in diesem Band gesehen hätte.

Ganz unvermeidlich regen sich bei einem solchen Vorhaben schließlich auch zwiespältige Gefühle. Was man vier Jahrzehnte zuvor als 25jähriger schrieb, würde man im Alter von 65 Jahren an vielen Stellen selbstverständlich gern anders formulieren. Aber ebenso selbstverständlich wurde in keinem Falle an den vorliegenden Texten auch nur ein Satz nachträglich verändert.

So unterschiedlich aber Form und Themen der hier vorgelegten Beiträge auch sein mögen, im Rückblick wird ein sie alle verbindendes, gemeinsames Motiv erkennbar: Sie sind Variationen der immer von neuem wiederholten Bemühung, dem Leser die Augen zu öffnen für die hinter der scheinbaren Selbstverständlichkeit des alltäglichen Anblicks unserer Welt verborgenen Rätsel und Geheimnisse.

Staufen, Januar 1987 Hoimar v. Ditfurth

Unbegreifliche Realität

Man braucht in einer mondlosen, sternklaren Nacht nur den Kopf zu heben, um das Unmögliche leibhaftig vor Augen zu haben: einen Raum, dessen Unendlichkeit ebensowenig vorstellbar ist wie seine Abgeschlossenheit. Wie sollten wir uns denn eine Grenze vorstellen, angesichts derer nicht sofort die Frage auftauchte, wie es »hinter ihr weitergeht«? Es ist tröstlich zu wissen, daß die größten Geister der Menschheit vor der Paradoxie dieses nächtlichen Anblicks ebenso kapituliert haben wie wir. So Immanuel Kant, der den »gestirnten Himmel« über sich für ebenso rätselhaft hielt wie die Herkunft des moralischen Gesetzes in seiner Brust.

Albert Einstein erging es nicht anders. Auch er, der erste Mensch immerhin, der für die Antinomie, den für unsere Vorstellung unauflöslichen Widerspruch des endlich-unendlichen Weltalls, wenigstens eine mathematische Lösung fand, hat sich das Universum nicht anschaulich vorstellen können. Niemand kann das.

Aber so unbegreiflich die Welt für unseren Verstand auch bleiben mag, sie ist die Realität. Daher wirken ihre unbegreiflichen Eigenschaften bis hinein in unseren Alltag. Jeden Abend, wenn es dunkel wird, erleben wir das aufs neue: Denn dunkel wird es nur, weil die Welt nicht unendlich groß ist.[1]

In einem unendlichen Weltall könnte es niemals Nacht werden, weil in ihm der ganze Himmel so hell wäre wie die Sonne. Wilhelm Olbers, Arzt und Astronom in Bremen, beschrieb Anfang des vorigen Jahrhunderts das nach ihm benannte Problem so: In einem unendlich großen Weltall, in dem die Sterne gleichmäßig verteilt sind, muß, von der Erde aus gesehen, an jedem Punkt des Himmels ein Stern stehen. Zwar nimmt die scheinbare Helligkeit von Sternen mit ihrer Entfernung ab. In einem unendlichen Universum jedoch stünde an jedem noch so winzigen Punkt des Himmels sogar eine unendlich große Zahl von Sternen hintereinander, und diese Konzentration würde die scheinbare Helligkeitsabnahme ausgleichen. »Folglich«, erklärte Olbers, »darf es nachts eigentlich überhaupt nicht dunkel werden.«

Niemand hätte ihm widersprechen können. Seine Schlußfolgerungen waren insoweit unwiderlegbar. Aber natürlich gab es auch niemanden, Olbers selbst eingeschlossen, der hätte bestreiten können, daß es dieser Beweisführung zum Trotz dennoch Abend für Abend dunkel wurde. Wie war das zu erklären? Vor Einstein hatte niemand ernstlich an die Möglichkeit gedacht, das Weltall sei unendlich groß. Deshalb ließ sich der Bremer Arzt eine andere Erklärung einfallen: Riesige Dunkelwolken seien es, so Olbers, bestehend aus kosmischem Staub, die in den weiten Räumen zwischen den Sternen unsichtbar dahintrieben und die aus der Unendlichkeit strahlenden Sterne verdeckten.

Eine kühne Hypothese. Denn über die Existenz solcher Dunkelwolken wußten die Astronomen zu Olbers' Lebzeiten noch so gut wie nichts. Als man sie dann entdeckt hatte, ließ sich auch mit ihnen das Paradoxon keineswegs aus der Welt schaffen. Denn in einer nicht nur unendlich großen, sondern auch unendlich lang existierenden Welt hätten sich alle diese Wolken im Licht der Sterne längst so stark aufheizen müssen, daß auch sie hell zu leuchten begonnen hätten. Warum also ist es nachts dann dunkel? Die einzig mögliche Antwort: Die Welt ist weder unendlich groß noch unendlich alt. Abend für Abend erleben wir dafür den handgreiflichen Beweis.

Noch immer aber ist das Paradoxon damit nicht aufgehoben. Das Rätsel ist lediglich an eine andere Stelle verlegt worden. Denn wenn das Weltall nicht unendlich groß ist, wo ist es dann »zu Ende«?

Auf diese Frage gibt es keine unsere Vorstellung befriedigende Antwort. Jedoch existiert, seit Albert Einstein 1916 seine »Allgemeine Relativitätstheorie« vorlegte, dazu eine Auskunft, die unsere Beziehung zu der Welt, in der wir leben, in einem völlig neuen Licht erscheinen läßt: Der Raum, den wir uns nicht anders als dreidimensional vorstellen können – oben-unten, rechts-links, vorn-hinten –, muß in Wahrheit mindestens noch eine, uns unerkennbar bleibende weitere Dimension haben. Darin ist er so »gekrümmt«, daß er gleichsam »in sich zurückläuft«. Deshalb sei, dies die moderne Erklärung, der Raum des Weltalls endlich groß, obwohl er keine Grenzen habe.

Bei allen Formulierungen, die dies zu umschreiben versuchen, muß man eines bedenken: Sie sind nur gleichnishaft, denn das Unvorstellbare läßt sich in menschlicher Sprache, die sich ja im Rahmen des angeborenen dreidimensionalen Raumerlebens gebildet hat, in keiner Weise ausdrücken. Die einzige Sprache, die das fertigbringt, ist die abstrakte Formelsprache der Mathematik. Formeln sind so etwas wie immaterielle Raumsonden, mit denen wir ein Stückchen über die Grenze unseres Vorstellungsvermögens hinaus in Bereiche der Wirklichkeit vorstoßen können, die uns sonst verschlossen bleiben.

Welche Informationen sind es nun, die Einstein von diesen »mathematischen Sonden« vermittelt wurden, als er der Frage nach der »wahren Natur« des Raums nachging? Da ihre Übersetzung in unsere Alltagssprache unmöglich ist, müssen wir zur Antwort den bildlichen Vergleich wählen. Das geht am besten, indem man sich die Verhältnisse in einer Phantasie-Welt vor Augen führt, deren Raum für ihre Bewohner eine Dimension weniger hat als unsere eigene, also nur zwei.

Eine solche Welt wäre etwa die Fläche eines Blattes Papier, bewohnt von »Flächenwesen«, die nicht in der Lage wären, außer »vorn-hinten« sowie »rechts-links« eine weitere Richtung, etwa »oben-unten«, zu erleben, sich auszudenken oder gar vorzustellen. Diese hypothetischen Wesen könnten in ihrer Flächenwelt ohne weiteres euklidische Geometrie betreiben; sie könnten dabei sogar die gleichen Regeln finden, die wir in unserer dreidimensionalen Welt in der Schule gelernt haben.

Dies einfach deshalb, weil wir bei der normalen Geometrie ja auf die uns zugängliche dritte Dimension sozusagen »verzichten« und uns ausschließlich mit zweidimensionalen Figuren – Dreiecken, Kreisen oder Quadraten – beschäftigen. Die »Flächenwesen« würden daher, genauso wie wir, unter anderem herausbekommen, daß sich Parallelen erst »im Unendlichen« – im Klartext: überhaupt nicht – schneiden und daß die Summe der Innenwinkel eines Dreiecks unabhängig von seiner Gestalt stets 180 Grad beträgt.

Versetzen wir nun in unserem Gedankenexperiment die Flächenwesen in eine andere »Welt«: Wir nehmen sie »aus der Fläche heraus« – ein Vorgang, der für sie bereits metaphysischen Charakter hätte – und siedeln sie auf der Oberfläche einer riesigen Kugel an. Da die Krümmung der »Fläche«, die jetzt ihre Welt bildet, ein für sie unvorstellbarer Sachverhalt ist, werden sie zunächst annehmen, daß alles nach wie vor in bester Ordnung und ihre Welt so »zweidimensional-normal« sei wie bisher.

Wenn sie dann, um die Annahme zu überprüfen, ihre Wissenschaftler auffordern sollten, entsprechende Stichproben vorzunehmen, so fielen die Ergebnisse aller Voraussicht nach beruhigend aus. Denn weil wir die »Flächner« auf eine verhältnismäßig große Kugel versetzt haben, fänden sie bei der Vermessung der Winkelsumme von Dreiecken einer ihnen »normal« erscheinenden Größe nichts Auffälliges. Auch wir könnten bei der Vermessung eines nur wenige Zentimeter großen Dreiecks auf der Oberfläche eines Globus von einem Meter Durchmesser die unter diesen Umständen winzige, durch die tatsächliche Krümmung des Dreiecks verursachte Abweichung kaum feststellen.

Früher oder später würde sich auch ein zweidimensionaler Wissenschaftler sicher Gedanken über die Größe seiner Welt machen. Das Ergebnis seiner Bemühungen ist vorhersehbar. Da auch er sich gewiß nicht vorstellen kann, wie und wo irgendwelche »Grenzen« seiner Welt ein Ende setzen sollten, wird er sie für unendlich groß halten. Von unserem Vorzugsplatz aus, sozusagen eine Dimensionsetage höher sitzend, durch-

schauen wir seinen Irrtum. Da wir die Krümmung seiner zweidimensionalen Welt in der – ihm gänzlich unvorstellbaren – dritten Dimension sehen können, ist uns die »in sich selbst zurücklaufende« Endlichkeit der von ihm bewohnten Kugeloberfläche auch ohne die Existenz irgendwelcher »Grenzen« unmittelbar augenfällig. Ihm jedoch, dem zweidimensionalen Denker, würden wir unsere Einsicht in seine Lage nur auf dem Umweg über abstrakte Formeln vermitteln können. Wahrscheinlich aber würde er uns wegen unserer Behauptung, seine Welt sei »gekrümmt«, zunächst auslachen und darauf hinweisen, daß alle seine Messungen die euklidisch-geometrische Struktur seiner Welt bestätigt hätten.
Sehr beunruhigend würde deren Ergebnis für ihn allerdings ausfallen, wenn er jemals auf den Gedanken verfiele, Dreiecke auszumessen, die im Verhältnis zu dem Krümmungsradius seiner dreidimensionalen Welt vergleichsweise groß sind: Die Ausmessung der Winkel derartig »riesiger« Dreiecke würde unweigerlich zu Ergebnissen von mehr als 180 Grad führen.
Versuchen wir, uns auszumalen, wie die »Flächner« auf einen solchen Befund reagieren würden. Im ersten Augenblick würden sie die Wissenschaftler, die es wagen, ihnen derartig »unmögliche« Ergebnisse vorzulegen, wahrscheinlich einfach auslachen. Vielleicht würde sogar der Vorschlag laut, »Mit-Flächner«, die einen so offensichtlichen Unsinn glauben, zum Psychiater zu schicken. (Im Falle von Einsteins Relativitätstheorie hat es das alles gegeben.) Spätestens dann aber, wenn wiederholte Nachmessungen unter strengsten Kontrollen das Ergebnis bestätigten, würden sie sich etwas anderes einfallen lassen müssen.
Hinreichende Genialität und ein hochentwickeltes Abstraktionsvermögen vorausgesetzt, kämen die Gescheitesten unter ihnen früher oder später auf den Gedanken, daß ihre zweidimensionale »Welt« in Wirklichkeit in einer ihnen absolut unvorstellbaren, auf Grund der Meßresultate aber dennoch als unabweislich anzunehmenden dritten Dimension »gekrümmt« sein müsse. Die meisten Flächner würden zwar Schwierigkeiten haben, das zu glauben, und sich darauf berufen, »daß wir uns

das beim besten Willen nicht vorstellen können«. Die Klügsten unter ihnen würden sich jedoch den Beobachtungstatsachen beugen und den revolutionierenden Schluß ziehen, daß ihre Welt in Wahrheit offenbar anders beschaffen ist, als der Augenschein und ihr »gesunder Flächnerverstand« es ihnen vorspiegeln.

Die gleiche Schlußfolgerung gilt auch für uns in unserer dreidimensionalen Welt. Alle Unvorstellbarkeit ändert nichts daran, daß auch wir zur Kenntnis nehmen müssen, daß die Welt in Wirklichkeit wesentlich anders beschaffen ist, als wir sie erleben und denken können. Das macht in der Praxis keinen Unterschied, solange wir nur in »kleinen Proportionen« denken; solange wir uns nur in den, kosmisch gesehen, winzigen irdischen Verhältnissen zurechtfinden müssen, in die wir von der Natur eingepaßt worden sind. Für diesen Zweck sind wir als biologische Organismen völlig ausreichend gerüstet. Unsere Sinnesorgane und unser Denkvermögen leisten genug, damit wir uns auf der Oberfläche unseres Planeten orientieren können.

Mehr hatte die Natur mit uns sozusagen nicht vor. Inzwischen aber haben wir es weitergebracht. Wir sind nicht nur biologische Organismen – sondern Wesen, die ein Bewußtsein ihrer selbst entwickelt haben. Als geistige Wesen, die über bloße biologische Anpassung hinaus nach »Erkenntnis« streben, sind wir allerdings ganz offensichtlich nicht ausreichend ausgestattet. Unser geistiges Rüstzeug erweist sich als prinzipiell unzureichend für den Versuch, die Welt insgesamt so, wie sie ist, begreifen und ohne Rest verstehen zu können. Sobald wir den Rahmen der irdischen Proportionen überschreiten und anfangen, uns mit kosmischen Dimensionen auseinanderzusetzen, stoßen wir auch darauf, daß die Winkelsumme eines Dreiecks, dessen Seiten die kürzesten Verbindungen zwischen den jeweiligen Punkten im Weltall darstellen, in der kosmischen Realität größer ist, als sie es nach der Regel des Euklid sein dürfte.

Es ist zwar bisher nicht möglich gewesen, ein Dreieck kosmischen Ausmaßes für diesen Zweck zu überprüfen. Einstein hat jedoch andere Wege zur Kontrolle seiner Theorie gewiesen:

Wenn wir den von einem sehr weit entfernten Stern ausgesandten Lichtstrahl dicht am Sonnenrand vermessen, dann würden wir, so lautete eine seiner berühmten Vorhersagen, feststellen, daß die gewaltige Masse der Sonne die Raumstruktur in der Sonnenumgebung so sehr »verbiegt«, daß der vom Stern ausgehende Lichtstrahl auf einer gekrümmten Bahn verläuft. Diese Einsteinsche Vorhersage wurde bei der ersten Gelegenheit, die sich bot, der totalen Sonnenfinsternis des Jahres 1919, nachgeprüft und bestätigt. Es gibt keine Ausflüchte mehr: Einsteins abstrakte Formeln beschreiben die Welt richtig, unser sprichwörtlich »gesunder Menschenverstand« präsentiert sie uns falsch. Vorsichtiger sollten wir vielleicht sagen, daß Einsteins Formeln die Welt richtiger beschreiben, als unsere Anschauung es tut. Denn mit diesen Formeln ist das letzte Wort sicher auch noch nicht gesprochen. Wer könnte vorhersagen, welche Überraschungen unseren Nachfahren in dieser Hinsicht noch bevorstehen?

Wir sind von der Aussicht, die wahre Natur des Weltraums begreifen zu können, genauso hoffnungslos getrennt wie selbst der klügste Affe von der Chance, sich sinnvolle Gedanken über die wahre Natur der vielen kleinen Lichtpünktchen machen zu können, als die sich der Sternhimmel auch auf seinem Augenhintergrund projiziert. Nichts verbietet uns, auch diese Situation auf die nächsthöhere Entwicklungsebene zu übertragen. Womöglich gibt es irgendwo im Kosmos intelligente Lebensformen, die bereits eine Entwicklungsstufe verkörpern, von der aus der gedankliche Umgang mit dem gekrümmten Raum keine Probleme mehr aufwirft. Eine Stufe, von der aus man uns verständnisvoll, aber auch mit jenem Achselzucken zusieht, zu dem wir selbst unweigerlich unsere Zuflucht nähmen, sollte ein Affe uns jemals den Wunsch signalisieren, Näheres über die Natur des Fixsternhimmels zu erfahren.

Auslachen würden wir das Tier in seiner Lage wohlweislich nicht. Über uns aber würde ohne Zweifel ein homerisches, nein: ein vierdimensional hörbares Hohngelächter angestimmt werden, sollte den hypothetischen Bewohnern jener höheren kosmischen Entwicklungsstufe jemals zu Ohren kommen, daß wir neuerdings allen Ernstes von einer »Eroberung« des Weltraums reden. Denn wenn er auch nicht unendlich ist, dieser Weltraum, so ist er doch in einem alles menschliche Fassungsvermögen sprengenden Maße groß. Niemand hätte das Recht, über uns zu spotten, weil wir uns den Weltraum nicht vierdimensional vorstellen können. Für unser überhebliches Gerede von einer »Eroberung« des kosmischen Abgrunds gibt es jedoch keine Entschuldigung.

Fangen wir mit der Sonne an. Sie ist so groß, daß man sie nur halb auszuhöhlen brauchte, um in ihr den Mond im jetzigen mittleren Abstand von 384 000 Kilometern die Erde umkreisen lassen zu können. Bei »Reisen« auf der Sonnenoberfläche wären also schon Entfernungen zu überwinden, die größer sind als alle Distanzen, die von der bemannten Raumfahrt bislang bewältigt wurden. Wenn wir diese bereits unvorstellbar große Sonne gedanklich im Verhältnis von 1 : 1 000 000 000 schrumpfen lassen, bekommt sie das vergleichsweise »menschliche« Format von 1,5 Metern Durchmesser. Die Erde würde um diese Sonne in einem Abstand von 150 Metern kreisen. Um unseren Planeten zu finden, müßten wir allerdings etwas suchen, er hat dann nur noch die Größe einer Kindermurmel: 1,2 Zentimeter. Er wird seinerseits vom Mond umkreist, im Abstand von 38 Zentimetern.

Um in dem gleichen Modell die äußere Grenze unseres eigenen Sonnensystems, die Umlaufbahn des Pluto, zu erreichen, müßten wir schon einen einstündigen Fußmarsch zurücklegen: Die Modellentfernung beträgt sechs Kilometer. Den allernächsten Stern schließlich müßten wir sogar in unserem milliardenfach verkleinerten Modell im Weltraum plazieren, in nicht weniger als 40 000 Kilometern Entfernung. Um diese, unsere Nachbarsonne erreichen zu können, müßten wir also schon in unserem Modell zu den Mitteln der Raumfahrt greifen. In Wirklichkeit würde uns die reale Reise dorthin mit unseren heutigen technischen Mitteln nahezu 100 000 Jahre kosten. Wir hätten noch vor Beginn der letzten Großen Eiszeit, noch zu Lebzeiten der letzten Neandertaler, starten müssen, um heute ankommen zu können. Mit der Überbrückung dieser zwischen den einzelnen

Sternen liegenden Raumabgründe aber, den »interstellaren« Distanzen, würde das ja erst beginnen, wovon wir so leichthin heute schon reden: Astro- oder Kosmonautik. Die Aussichten auf diese Möglichkeit sind in Wahrheit hoffnungslos. Nicht nur für uns. Zur Überwindung »astronomischer« Entfernungen mit Raumfahrzeugen besteht nicht die leisteste Chance, selbst wenn noch so phantastische Vehikel in Zukunft dafür entwikkelt würden – auf der Erde oder anderswo.

Science-fiction-Fans pflegen an diesem Punkt unweigerlich mit dem Hinweis auf Photonen-Raketen zu kontern, auf Reisen mit Überlichtgeschwindigkeit und auf das Phänomen der relativistischen »Zeitdilatation«. Wenn man ihnen, gewiß nicht leichten Herzens, auch diese Möglichkeiten zerpflückt hat – was nicht allzu schwer ist –, ziehen sie sich auf den letzten denkbaren Einwand zurück: Es sei grundsätzlich unvorhersehbar, was menschlicher Geist in Zukunft noch erfinden werde; deshalb sei es eben grundsätzlich falsch, ein technisches Problem für alle Zeiten als unlösbar zu erklären. Schließlich habe sich selbst ein Genie wie Hermann von Helmholtz damit blamiert. Der berühmte Physiker und Physiologe hatte noch Mitte des vorigen Jahrhunderts entschieden bestritten, daß ein Flugapparat, der schwerer sei als Luft, jemals von der Erde werde abheben können.

Nehmen wir den Einwand ernst. Versuchen wir, uns ein Bild zu machen, wie weit wir es selbst mit absolut utopischen Methoden im Weltraum bringen könnten. Wir setzen daher voraus, wir verfügten über eine Super-Photonen-Rakete, die uns nicht nur Reisen mit nahezu Lichtgeschwindigkeit erlaubte, sondern mit der wir diese naturgesetzlich höchste Geschwindigkeit auch ohne jeglichen Zeitverlust für die Beschleunigung nach dem Start und die Abbremsung vor der Landung voll ausnutzen könnten. Wie weit kämen wir damit? Eine simple rechnerische Nachprüfung ergibt, daß wir selbst im Besitz einer absolut utopischen, naturgesetzlich nicht mehr überbietbaren Technik aus der eigenen unmittelbaren kosmischen Nachbarschaft niemals herauskommen würden – wir nicht und auch keine andere uns noch so überlegene kosmische

Zivilisation[2]. Immerhin könnten wir dann wenigstens mit einem gewissen Recht von »Raumfahrt« reden. Die Möglichkeit einer »Eroberung« dieses Raumes aber bliebe noch immer Utopie. Kein Gedanke daran, daß wir auch nur einen nennenswerten Bruchteil unseres eigenen Milchstraßensystems durchqueren und erforschen könnten. Ganz zu schweigen von der Möglichkeit, es jemals zu einer »intergalaktischen Reise« verlassen und eine der 100 oder mehr Milliarden fremder Galaxien besuchen zu können, die weit außerhalb unserer eigenen Milchstraße existieren.

Aber lassen wir für den, der es immer noch nicht glauben will, einfach alle naturgesetzlichen Beschränkungen einmal beiseite. Nehmen wir an, daß wir uns mit der bloßen Kraft unserer Gedanken und in Gedankenschnelle in jedem Augenblick an jeden beliebigen Punkt des Universums versetzen könnten. Gehen wir weiter davon aus, daß es uns mit dieser Methode möglich wäre, in jeweils einer einzigen Stunde eine fremde Sonne und – gegebenenfalls – ihr ganzes Planetensystem zu erforschen. Das wären acht Sonnen pro Arbeitstag, 40 in der Woche und 2000 in jedem Jahr. Gesundheit und hinreichende Ausdauer vorausgesetzt, könnten wir dann im Laufe eines langen Arbeitslebens 100000 Sonnensysteme besuchen und erforschen. Unbestreitbar eine eindrucksvolle Zahl. Es wären aber erst 0,00005 Prozent der 200 Milliarden Sterne, aus denen allein unsere eigene Galaxis, die Milchstraße, besteht. Die Maße dieses Universums übersteigen alles, was menschliche Phantasie sich auszudenken vermag.

Kein Wunder, daß sich Angst, ja Entsetzen der Menschen bemächtigte, als sie erstmals mit der wahren Natur des Weltraums konfrontiert wurden, in dessen Mittelpunkt sie sich bis dahin geborgen geglaubt hatten.

Der erste Mensch, der die Wirklichkeit unserer kosmischen Situation klar erfaßt hatte und sie auch auszusprechen wagte, der abtrünnige Dominikanermönch Giordano Bruno, wurde von seinen Zeitgenossen bei lebendigem Leibe verbrannt. Zwar geschah dies, dem Wortlaut des offiziellen Urteils zufolge, wegen theologischen Abweichlertums. Die Erbarmungslosigkeit des Urteils stellte aber wohl auch ein Echo auf die Schockwelle dar, die Giordano Bruno durch seine die »kopernikanische Wende« noch radikaler übertreffende kosmische Revolution ausgelöst hatte. Es spricht für sich, daß seine alle bis dahin gültige Weltsicht umstürzende Erkenntnis nicht nur bei seinen kirchlichen Oberen und den Repräsentanten der weltlichen Macht auf erschrockene Ablehnung stieß, sondern lange Zeit auch von den Größten unter seinen wissenschaftlichen Kollegen verworfen wurde. Kein Geringerer als Johannes Kepler schrieb noch zehn Jahre nach Brunos Hinrichtung, schon der bloße Gedanke bereite ihm einen dunklen Schauder, sich »in diesem unermeßlichen All umherirrend zu finden«, das »jener unglückselige Bruno in seiner grundlosen Unendlichkeitsschwärmerei« gelehrt habe.

Kein Wunder, daß die Menschen seelisch zu frieren begannen, als ihnen aufging, daß sie nicht in der Mitte des Alls existierten und damit im Zentrum der göttlichen Aufmerksamkeit, sondern auf einem winzigen, in der Tiefe des Universums verloren dahintreibenden Staubkorn. Angst und Verlassenheit beherrschten das allgemeine Lebensgefühl. Der Gedanke an einen Sinn der eigenen Existenz, an irgendeine Bedeutung der Menschheit wirkte plötzlich illusorisch in einem Kosmos, dessen schiere Ausmaße »unsere Wichtigkeit vernichten«, wie Kant es ausdrückte.

Denkbar, daß ein nicht unbeträchtlicher Teil des Nihilismus, der in den auf Bruno und Kopernikus folgenden Jahrhunderten die Geisteshaltung des »modernen« Menschen bestimmte, auf dem Boden dieses trostlosen Weltbildes gewachsen ist. Noch 1970 hat der französische Nobelpreisträger Jacques Monod dieses Lebensgefühl mit unerbittlicher Deutlichkeit formuliert: »Wenn er diese Botschaft in ihrer vollen Bedeutung aufnimmt, dann muß der Mensch endlich aus seinem tausendjährigen Traum aufwachen und seine totale Verlassenheit, seine radikale Fremdheit erkennen. Er weiß nun, daß er seinen Platz wie ein Zigeuner am Rande des Universums hat, das für seine Musik taub ist und gleichgültig gegen seine Hoffnungen, Leiden oder Verbrechen.«

Das Pathos der Worte verhüllt nur unvollkommen die Resignation, die aus ihnen spricht. Monod starb wenige Jahre nach dieser Äußerung. Befangen in der Attitüde eines heroischen Existentialismus, hatte er nicht gemerkt, daß das trostlose Bild schon zu seinen Lebzeiten nicht mehr stimmte. In den letzten Jahren stießen die Astrophysiker auf Zusammenhänge, welche die bisherige Auffassung über die Stellung des Menschen im Kosmos regelrecht auf den Kopf stellten.

Es scheint, daß der jahrhundertelange Alptraum von der kosmischen Verlorenheit des Menschen heute endgültig vorüber ist. Das Weltall scheint ganz im Gegenteil geradezu »maßgeschneidert« zu sein für die Hervorbringung von Leben und Bewußtsein – und damit für unsere eigene Existenz. »Es sieht so aus«, stellte der an dem berühmten Institute for Advanced Study in Princeton arbeitende amerikanische Physiker Freeman Dyson fest, »als habe das Universum in einem gewissen Sinne gewußt, daß es uns geben würde.« Als sie auf den Gedanken erst einmal gekommen waren, entdeckten die Wissenschaftler immer neue Daten und Strukturen im Kosmos, die just so beschaffen sind, daß sie die Entstehung von Leben in diesem Weltall begünstigen, wenn nicht sogar unvermeidlich machen.

Da gibt es, erstes Beispiel, eine auffällige Besonderheit der »Gravitationskonstante«. Die Schwerkraft wirkt zwar im Unterschied zu den im Innern des Atoms herrschenden Kräften über sehr große, kosmische Entfernungen hinweg: Sie bündelt noch ganze Ensembles von Milchstraßensystemen zu Galaxien-Haufen, die sich um den gemeinsamen Schwerpunkt drehen. Dennoch ist sie im Vergleich zu den Kernbindungskräften und der elektromagnetischen Wechselwirkung lächerlich schwach – um den Faktor 10^{40}, das ist eine Zehn mit 40 Nullen, schwächer als elektromagnetische Kräfte.

Dieses Zahlenverhältnis erwies sich bei näherer Betrachtung als von wahrhaft existentieller Bedeutung. Von ihm hängt nämlich unter anderem die Lebensdauer eines Sterns ab. Sterne sind frei im Raum schwebende Kernfusionsreaktoren, die von der inneren Schwerkraft ihrer eigenen Materie zusammengehalten werden. Der von den Kernfusionen in seinem Zentrum erzeugte

Strahlungsdruck würde einen Stern auf der Stelle in einer gewaltigen Explosion auseinanderfliegen lassen, wenn ihm nicht vom Gewicht seiner eigenen Masse exakt Paroli geboten würde.

Das in unserem Universum bestehende Verhältnis zwischen Kernkräften und Schwerkraft hat nun zur Folge, daß die Masse eines Sterns vergleichsweise riesig sein muß, um dieses Gleichgewicht aufrechterhalten zu können. Das wiederum führt dazu, daß der Wasserstoffvorrat im Sternzentrum so groß ist, daß die »stabile Lebensphase« eines Sterns von der Art unserer Sonne rund zehn Milliarden Jahre währt. Wäre die Gravitation nicht um den Faktor 10^{40} schwächer, sondern etwa »nur« um den – immer noch riesigen – Faktor 10^{30}, hätte ein typischer Stern nur noch ein Billiardstel (10^{-15}) Sonnenmasse und wäre schon nach einem einzigen Jahr »ausgebrannt«. Daß diese Zeit nicht reichen würde, um auf einem Planeten einer solchen Sonne den Prozeß der biologischen Evolution in Gang kommen und ablaufen zu lassen, liegt auf der Hand.

Stutzig geworden durch solche Zusammenhänge, begannen die Wissenschaftler, andere Beziehungen unter die Lupe zu nehmen. Sie wurden rasch fündig. So wissen wir heute – mehrere voneinander unabhängige Beobachtungsdaten stützen diese Erkenntnis –, daß der Weltraum sich mit aller in ihm enthaltenen Materie ausdehnt. Diese »Expansion des Weltalls« ist bekanntlich als Folge oder auch als Fortsetzung des »Urknalls« anzusehen, mit dem die Welt vor etwa zwanzig Milliarden Jahren entstand. Als die Wissenschaftler zu rechnen begannen, stießen sie abermals auf einen eigentümlichen Zusammenhang. Auch die Geschwindigkeit, mit der die Welt sich ausdehnt, darf nicht beliebig groß oder klein sein, wenn ein Universum dabei herauskommen soll, das in der Lage ist, Leben hervorzubringen und zu tragen. Bei einer Expansionsgeschwindigkeit nämlich, die wesentlich geringer gewesen wäre als die konkret von uns beobachtete, hätte die gegenseitige Massenanziehung im Universum, so schwach sie vergleichsweise auch ist, längst die Oberhand gewonnen. Unter ihrem Einfluß wäre das Universum »in sich zusammengebrochen«, bevor noch viel in ihm hätte

geschehen können. Eine »zu große« Ausdehnungsgeschwindigkeit hätte andererseits die relativ schwache Massenanziehung so sehr überspielt, daß sich die riesigen Wasserstoffwolken der Anfangsphase niemals durch innere Anziehung genügend verdichtet hätten, um zum Ausgangspunkt der Entstehung von Galaxien und Sonnensystemen werden zu können.
Weitere Beispiele: Wären die Bindungskräfte im Inneren des Atomkerns nur geringfügig stärker ausgefallen, als sie es nun einmal sind, hätten die uns bekannten Elemente nicht entstehen können. Das gleiche hätte für den Fall gegolten, daß sie ein wenig schwächer ausgefallen wären. Wahrscheinlich gäbe es dann bis auf den heutigen Tag als einziges Element nur den Wasserstoff – eine Ausgangssituation, die keine nennenswerte Weiterentwicklung gestattet. Wieder drängt sich also der Eindruck auf, daß in der Welt bestimmte, für unsere eigene Existenz und jegliche Form von Leben überhaupt »kritische« Werte mit verblüffender Genauigkeit verwirklicht sind. Das Weltall ging, anders läßt es sich nicht beschreiben, aus dem Urknall offensichtlich mit Eigenschaften hervor, die es zu einem lebensfreundlichen Weltall machen.
Was ist davon zu halten? Die Astrophysiker haben einen Namen für das Phänomen geprägt: Sie sprechen vom »anthropischen Prinzip«. Kein sehr glücklicher Name, denn die Besonderheit der Eigenschaften der Welt zielte sicher nicht speziell auf unsere eigene Entstehung ab. Es wäre Mittelpunktswahn, das für möglich zu halten. »Anthropoi«, Menschen in unserer heutigen Gestalt, waren im Augenblick des Urknalls ganz sicher nicht das Ziel. Aber die Weichenstellung für eine Entwicklung hin zur Entstehung von Leben und Bewußtsein und zu der Fähigkeit zum staunenden Nachdenken über diese Welt, sie scheint, so, wie es heute aussieht, schon in diesem ersten aller Augenblicke erfolgt zu sein. Wie war das möglich? Einem gläubigen Menschen fällt die Antwort leicht: Der Schöpfer des Universums hat es eben so eingerichtet. Niemand kann dieser Auffassung widersprechen. Auch ein Naturwissenschaftler nicht. Er darf sich mit ihr jedoch nicht zufriedengeben, denn Naturwissenschaft ist nun einmal der Versuch, die Welt zu verstehen, ohne dabei

Wunder zu Hilfe zu nehmen. Unter diesen durch die wissenschaftliche Methode festgelegten Spielregeln gibt es auf die Frage nach der Ursache des »anthropischen Prinzips« bis heute keine Antwort, sondern nur »Denkmöglichkeiten«. Die erste läuft auf eine Trivialität hinaus: Die Feststellung bestimmter Eigenschaften eines Universums setzt einen Beobachter voraus, der diese Feststellung trifft. Wenn dieser nun entdeckt, das von ihm untersuchte Universum sei so beschaffen, daß Bewußtsein und Intelligenz dabei herauskommen konnten, stellt er eigentlich etwas Selbstverständliches fest, denn wäre es anders, gäbe es ihn, den Beobachter, nicht.

Die entscheidende Frage lautet daher: Wie wahrscheinlich ist es, daß ein Universum jene Eigenschaften in sich vereinigt, die im Ablauf seiner Geschichte bewußte Beobachter hervorbringen? Darauf eine Antwort zu geben ist, wie sich leicht einsehen läßt, unmöglich. »Wahrscheinlichkeit« ist nämlich ein statistischer Begriff. Wahrscheinlichkeitsüberlegungen lassen sich nur auf Grund des Vergleichs einer großen Zahl von Einzelfällen anstellen. Das scheidet hier aber aus, da wir nur ein einziges Universum kennen: unser eigenes. Keine Chance also zu sagen, welche seiner Eigenschaften »typisch« oder, umgekehrt, extrem »selten« sind.

Der amerikanische Physiker John A. Wheeler hat die einzige in dieser Lage logisch zulässige »Erklärung« formuliert. Auf die Frage nach der Ursache des »anthropischen Prinzips« gab er die Antwort: Es gibt – oder gab – vielleicht eine unendlich große Zahl verschiedener Welten. Im Ablauf der Zeit sind unaufhörlich neue Universen entstanden, jedes von ihnen zufällig mit anderen Naturgesetzen und Konstanten. Bei fast allen handelte es sich um »Totgeburten«. Sie endeten im Chaos oder führten jedenfalls nicht zur Entstehung von Leben oder Bewußtsein. Extrem selten, da äußerst unwahrscheinlich, vielleicht sogar nur ein einziges Mal in aller bisher vergangenen Zeit, ist die Kombination der entscheidenden Faktoren aber auch einmal »richtig« ausgefallen. Das Ergebnis ist unsere eigene Welt. Wheelers Spekulation läßt sich zwar nicht nachprüfen. Sie ist daher nach den Regeln der gültigen Wissenschaftstheorie gar

keine echte wissenschaftliche Hypothese. Als Denkmöglichkeit aber ist sie zulässig.
Wie auch immer: Die Existenz des »anthropischen Prinzips« widerlegt die These von der angeblichen Lebensfeindlichkeit des bestehenden Weltalls, das uns auf unserem winzigen Planeten gleichsam nur unserer Bedeutungslosigkeit wegen toleriert. Das Gegenteil ist richtig. Das Weltall hat uns hervorgebracht und erhält uns durch die Besonderheiten seiner Strukturen und Eigenschaften am Leben. Es ist, so groß und fremdartig es uns in vieler Hinsicht auch erscheinen mag, »unser« Weltall. Wir dürfen uns in ihm geborgen fühlen.
Daß das Weltall uns nicht so total fremd sein kann, wie Monod es behauptete, ergibt sich schon daraus, daß wir es – wenn auch nur bruchstückhaft – verstehen können. Wenn es nicht »unser« Weltall wäre, wie könnten wir uns dann noch über die fernsten Galaxien sinnvolle Gedanken machen, über Schwarze Löcher und, aller Unvorstellbarkeit ungeachtet, selbst noch über seine grenzenlose Endlichkeit?
Der englische Astronom Martin Rees hat den Naturwissenschaftler mit einem Mann verglichen, der auf dem nächtlichen Heimweg seinen Hausschlüssel verloren hat und nun anfängt, nach ihm zu suchen. Wo wird der Mann suchen? Jeweils im Lichtkreis der Straßenlaternen selbstverständlich. Nicht etwa deshalb, weil die Wahrscheinlichkeit besonders groß wäre, daß der Schlüssel ausgerechnet dort zu Boden fiel. Nein, notgedrungen. Dem Mann bleibt gar nichts anderes übrig – in den dunklen Abschnitten zwischen den Laternen sieht er nämlich nichts.
So können auch die Wissenschaftler nach den Schlüsseln zum Verständnis des Kosmos nur dort suchen, wo menschlicher Verstand in all seiner Begrenztheit das Dunkel des Geheimnisses ein wenig aufzuhellen vermag. Es ist, so gesehen, ein Wunder, daß sie trotz dieser Beschränkung doch immer wieder fündig werden. »Das Unverständlichste am Universum«, sagte Einstein, »ist es im Grunde, daß wir es verstehen können.«

1983

REPORTAGEN

Das Astro-Kloster von La Silla

Das Europäische Süd-Observatorium in Chile

Als ich ihn fragte, ob er Kinder habe, bekam ich die Antwort: »Ja, zwei. Das eine ist sechzig Zentimeter, das andere zwei Meter lang.« Nach kurzer, berechneter Pause fügte Dr. Schnur hinzu: »Einen etwas lang geratenen Sohn von 17 Jahren und eine Tochter von sechs Monaten.« Über den Altersunterschied machte ich mir zunächst keine Gedanken. Doch einige Tage später erwähnte Gerhard Schnur in ganz anderem Zusammenhang, »daß Ehen, bei denen die Frauen nicht durch kleine Kinder beschäftigt sind, hier oben leicht kaputtgehen«.

»Hier oben«, das ist La Silla. Ein geographischer Punkt in den chilenischen Anden, rund 500 Kilometer Luftlinie nördlich von Santiago, 2400 Meter über dem Pazifik. Inmitten einer Mondlandschaft entsteht ein astronomisches Superobservatorium. Sechs europäische Nationen – Frankreich, die Bundesrepublik, die Niederlande, Belgien, Dänemark und Schweden – bauen seit 14 Jahren daran. Etwa 300 Millionen Mark wurden bisher investiert. Mit zehn Teleskopen wird schon gearbeitet. Aber noch immer wird auf dem Areal gebaut. Zur Zeit installieren die Dänen einen neuen Spiegel. Auch Italien bemüht sich, Mitglied dieser astronomischen Forschungsgemeinschaft zu werden.

ESO, das Europäische Süd-Observatorium in La Silla, wird einmal größer und moderner sein als alle vergleichbaren Einrichtungen. »Dann brauchen wir endlich nicht mehr den Amis hinterherzuhinken, dann kommen die vielleicht sogar mal zu uns.« Nun, die ersten waren bereits da. Holger Pedersen aus

Dänemark, 32 Jahre alt, spricht mit Stolz von der Aussicht auf eine führende Rolle der europäischen Astronomie. Und wenn er »wir« sagt, meint er das multinational gemischte Team. 12000 Kilometer von der Alten Welt entfernt, entsteht mitten in einer südamerikanischen Bergwüste ein Stückchen vereinigtes Europa.

Was um alles in der Welt aber hat die Planer vor etwa zwei Jahrzehnten dazu bewogen, die Sternwarte am anderen Ende der Welt zu bauen? Mitten in den Anden, dort, wo sie am gottverlassensten sind? Dafür gibt es vor allem zwei Gründe. Die Sicht der »optischen« Astronomen, die das Weltall mit Teleskopen im Bereich des sichtbaren Lichts erforschen, ist immer behindert: Die Atmosphäre streut nämlich das Licht der Sterne und aller kosmischen Objekte, läßt es »flimmern« und verschluckt es teilweise. Schon durch ein Wölkchen werden die Beobachtungsinstrumente weitgehend matt gesetzt. Die ärgste Form atmosphärischer Verschmutzung aber, die es in den Augen eines Astronomen außer Staub und Luftfeuchtigkeit gibt, ist irdisches Streulicht. Der Widerschein eines einzigen Autoscheinwerfers, der in die Beobachtungskuppel gerät, kann die Ausbeute einer ganzen Nacht ruinieren. Die diffuse Helligkeit des Nachthimmels in der Umgebung einer menschlichen Siedlung erzeugt einen Grauschleier, der alle Feinheiten auf der Fotoplatte zerstört.

Die Forscher müssen heute schon sehr weit in die Einsamkeit fliehen, wenn sie diesen Störfaktoren entgehen wollen. Zum Beispiel nach Chile. Die trostlose Verlassenheit der Gegend um La Silla nimmt sich in den Augen eines Astronomen geradezu paradiesisch aus. Außerdem ist die Luft knochentrocken – jeder Neuankömmling läuft tagelang heiser umher. Es gibt noch einen zweiten Grund für die Wahl des Standorts in den Anden: Von dort lassen sich die Großen und Kleinen Magellanschen Wolken erforschen. Beide sind selbständige »Welteninseln«, Galaxien weit entfernt von unserem Milchstraßensystem. Sie bestehen aus Abermillionen von Sonnen, »Schwarzen Löchern«, Doppelsternsystemen, Pulsaren, explodierenden Supernovae und vielen anderen kosmischen Objekten.

In unserer Milchstraße ist das Blickfeld durch kosmischen Staub so stark eingeengt, daß ein optischer Astronom nicht die geringste Chance hat, sich ein Bild von Verteilung und Häufigkeit aller Objekte dieser Galaxie zu verschaffen. Das aber ist zum Verständnis des Aufbaus und der Geschichte des Universums unerläßlich. Die Magellanschen Wolken erlauben solche Studien. Sie sind »nur« 170000 beziehungsweise 210000 Lichtjahre von der Erde entfernt. Da ein Lichtjahr die Entfernung ist, die das Licht im Laufe eines Jahres zurücklegt, sind das 9,46 Billionen Kilometer, eine Zahl mit zehn Nullen.
Von den Milliarden von Galaxien sind die Magellanschen Wolken unter den Sternsystemen, die wir heute im Weltall fotografisch nachweisen können, die nächsten. Die Teleskope von La Silla können sie – das ist das Entscheidende – »auflösen«. Auflösen heißt, daß die einzelnen Sterne, Sternhaufen und riesigen Ansammlungen von Staub und Gas dazwischen auf den besten Fotos als einzelne Objekte sichtbar gemacht werden können. Und sie lassen sich dann mit raffinierten elektronischen Methoden auf ihre physikalischen Besonderheiten hin untersuchen. Die kosmisch so »nahen« Magellanschen Sternsysteme sind aber praktisch nur von der südlichen Erdhälfte aus sichtbar. Der berühmte Andromeda-Nebel, ein am Nordhimmel zu beobachtendes extragalaktisches System, ist mehr als zehnmal so weit entfernt, entsprechend geringer ist seine »Auflösbarkeit«.
Die Gründe, die La Silla für die europäischen Astronomen zu einem unwiderstehlich attraktiven Fleck der Erde machten, sind einleuchtend. Gewaltig war und ist noch immer der Aufwand, die Anlage auf die Beine zu stellen. Das Sechs-Länder-Konsortium ließ sich davon jedoch nicht abschrecken. Am Anfang stand der Beschluß, um das Observatorium herum Land vom Umfang eines kleinen Fürstentums zu kaufen. Man wollte absolut sicher sein, daß auch in Zukunft keine Ansiedlung in der Nähe gebaut werden kann. Die Wüste war billig, der Quadratmeter kostete 0,01 Pfennig. Dieser Preis, von dem die Planer ausgegangen waren, mußte jedoch doppelt entrichtet werden, und zwar deshalb, weil ESO – vorsichtshalber – das

ganze Gelände zweimal erwarb. Die Besitzverhältnisse in dieser Einöde waren nämlich so unklar, daß man das Land zunächst dem Staat und dann noch einmal privaten Eignern abkaufen mußte, die miteinander wetteiferten, immer neue »Besitzurkunden« hervorzuzaubern. Das Auftauchen eines potenten Interessenten war für sie ein Geschenk des Himmels. Glücklicherweise waren die Planer weitsichtig genug, im Verlauf der Transaktion eine gewisse Extraterritorialität für das erworbene Land durchzusetzen. Sie wird von den chilenischen Behörden auch peinlich genau respektiert.

Was da heute, zwanzig Jahre später, in der karstigen Berglandschaft von La Silla steht, zwei Autostunden von der nächsten menschlichen Ansiedlung entfernt, ist ein ebenso verwirrender wie leistungsfähiger Komplex. »Wir machen hier alles selber.« Der 43jährige Holländer Peter de Jonge muß es wissen. Er ist verantwortlich für alle technischen Einrichtungen. ESO baut nicht nur seine Straßen und elektronischen Spezialgeräte selbst – sogar integrierte Schaltkreise, die auf dem Markt nicht zu bekommen sind, werden notfalls selbst entwickelt. Das eigene Kraftwerk liefert 1,5 Megawatt elektrischen Strom, das eigene Wasserwerk 100 Kubikmeter Trinkwasser pro Tag, mitten in der Bergwüste. Autos, einschließlich Feuerwehr- und Rettungswagen, verkehren zwischen den einzelnen Kuppeln, den Schlafhäusern für die Astronomen, der Bibliothek, den Aufenthaltsräumen, dem Speisesaal und all den anderen Einrichtungen des weitläufigen Geländes im Gebirge. De Jonge, der mich im Schnellverfahren mit Fakten und Zahlen überschüttet, ist Physiker und Techniker. Bevor er 1975 nach La Silla kam, hatte er Teilchenbeschleuniger gebaut. Ob ihm diese Spezialisierung denn in seiner jetzigen Position etwas nütze, will ich wissen. Der Holländer lacht nachsichtig. Spezialisten, so bekomme ich zur Antwort, könne man »hier oben« nicht gebrauchen. »Hier muß jeder alles können«, flexibel sein und ständig improvisieren. »Jeden zweiten Tag wird hier irgendein Teleskop umgebaut und mit neuen elektronischen Apparaturen bestückt, weil jeder Astronom, der aus Europa hierherkommt, andere Wünsche, eine andere wissenschaftliche Fragestellung hat.«

Bei den ausgedehnten Führungen durch die feinmechanischen, optischen und elektronischen Werkstätten und Entwicklungslabors des Observatoriums beginne ich zu ahnen, was das heißt. Hier und während der nächtlichen Beobachtungsstunden in den großen und kleinen Kuppeln geht mir immer deutlicher auf, daß ESO ein gigantischer astronomischer Dienstleistungsbetrieb ist. »Sie müssen sich vorstellen«, sagt Staff Astronomer Dr. Schnur, »daß vor dieser Tür eine unsichtbare Warteschlange von mindestens hundert Astronomen steht.« Gemeint ist der Eingang zum gewaltigen Kuppelbau des 3,6-Meter-Teleskops, den wir gerade passieren. »Teleskope von dieser Leistungsfähigkeit gibt es auf der ganzen Welt nur drei oder vier.« Für westeuropäische Astronomen nur dieses. Entsprechend groß ist der Andrang.

Wer den »Großen Spiegel« oder auch die übrigen Instrumente in La Silla benutzen will, muß einem Gremium von Spezialisten aus allen Mitgliedsländern eine schriftliche Begründung liefern. Diese Jury entscheidet über die Bedeutung des Vorhabens und vor allem darüber, ob es tatsächlich den Einsatz des größten Instruments erfordert. Das Ergebnis der Beratungen wird zweimal jährlich in Gestalt einer Terminliste veröffentlicht. Sie teilt jedem Astronomen, dessen Wunsch berücksichtigt wird, bestimmte Beobachtungsnächte zu. Die kostbare Beobachtungszeit am Großen Spiegel wird in winzige Portionen zerschnippelt: Drei bis vier Nächte pro Astronom sind die Regel, sechs schon die Ausnahme, acht absolute Rarität.

Lohnt die weite Anreise über den halben Globus denn überhaupt, wenn man nur vier Nächte an den Großen Spiegel darf? Sie lohnt, sogar im Übermaß. »Wenn ich drei oder vier Nächte hier beobachte, dann habe ich so viele Daten beisammen, daß ich zu Hause ein ganzes Jahr lang rechnen kann«, versichert mir Pietro Tarenghi, Visiting Astronomer aus Italien. Astronomische Forschung findet nämlich längst nicht mehr am Fernrohr statt. Ein modernes Teleskop sammelt lediglich Daten. Deren Bearbeitung erfolgt am hellichten Tage am Schreibtisch oder meistens am Computer. Die Zeiten, in denen ein Himmelsforscher noch buchstäblich selber »beobachtete«, also nächtelang durch sein Instrument in den Himmel schaute, gehören seit langem der Vergangenheit an. Denn, so paradox es auch klingen mag: Mit einem großen Teleskop, und selbst mit dem 3,6-Meter-Spiegel von La Silla, kann kein Mensch mehr sehen als mit einem Spiegel, der vielleicht nur einen Durchmesser von 25 Zentimetern hat und 800mal oder – höchstens – 1000mal vergrößert. Stärkere Vergrößerungen sind nämlich sinnlos, weil die Luftunruhe das Bild verzerrt. Außerdem bleibt auch der allernächste Stern selbst im größeren Teleskop immer nur ein durchmesserloser Punkt.

Der entscheidende Grund, weshalb die Astronomen dennoch am Bau immer größerer Teleskope so brennend interessiert sind, ist außer der verstärkten »Auflösung« die Lichtstärke. Superspiegel können auch noch das Licht ganz schwacher – und in der Astronomie heißt das oft genug: extrem weit entfernter – Lichtquellen »sammeln«. Diese Fähigkeit ist aber mit dem menschlichen Auge, das bei längerem Hinstarren auf einen Punkt lediglich ermüdet, überhaupt nicht auszunutzen. Eine Fotoplatte reagiert da ganz anders. Sie kann den aus dem Kosmos eintreffenden Photonenstrom, also die von sehr weit entfernten Lichtquellen in deutlichen Abständen ankommenden einzelnen »Lichtatome«, addieren. Das Bombardement der Photonen führt dabei ganz langsam – und oft erst nach mehreren Stunden – zu einer Schwärzung an einem bestimmten Punkt der Fotoplatte. Voraussetzung dafür ist: Das Teleskop muß während der langen Belichtungszeit so präzise und erschütterungsfrei wie möglich »nachgeführt« werden, daß es der durch die Erdrotation hervorgerufenen scheinbaren Bewegung des anvisierten Objekts exakt folgt. Das ist, wie sich ausmalen läßt, bei einem Riesenauge wie dem großen Teleskop von La Silla mit einem Gewicht von mehr als 500 Tonnen kein geringes Problem.

Stellen wir uns das Schicksal eines durch das Weltall rasenden Photons einmal vor. Es ist meistens Teil eines Schwarms unzähliger Photonen, der sich kugelförmig von einem kosmischen Objekt, etwa einem Stern, mit Lichtgeschwindigkeit nach allen Seiten ins Weltall ausdehnt – der Stern »leuchtet«. Zunächst ist dieser Photonenschwarm noch sehr dicht – der Stern erscheint »hell«. Allmählich jedoch verdünnt sich der Schwarm, immer weniger Photonen füllen einen bestimmten Teil des Raums, und die Abstände zwischen den einzelnen Lichtteilchen werden immer größer – das Licht des Sterns wird »schwächer«. Aber wenn sich der Schwarm auch immer weiter ausdehnt, so geht doch kaum eines der Photonen verloren. Sie »altern« auch nicht, sie sind faktisch unsterblich. Bis zu welcher »Verdünnung« man sie nachweisen kann, ist daher allein eine Frage der Meßempfindlichkeit.

Photonen rasen mit Lichtgeschwindigkeit durch den Raum. 300000 Kilometer legen sie in jeder Sekunde zurück, immer gleich schnell. Von den fernsten Himmelsobjekten, die wir noch beobachten können, bis zu uns brauchen sie zehn und mehr Milliarden Jahre. Manche sind seit der Entstehung des Universums unterwegs. Und sie jagen immer noch mit unveränderter Geschwindigkeit und derselben Energie durch das All. Dies ist eines der Rätsel der Natur, die wir nur zur Kenntnis nehmen können, ohne sie jemals zu verstehen. Nur ein »Unfall« kann den Lebensweg eines Photons beenden: die Kollision mit der Materie. Handelt es sich dabei um die Oberfläche eines Himmelskörpers oder das Teilchen einer kosmischen Staubwolke, so wird lediglich die getroffene Stelle um einen winzigen, der Energie des Photons entsprechenden Betrag aufgeheizt. Das ist alles.

Anders, wenn Photonen zufällig auf die Netzhaut eines Auges prallen. Dann kommt es darauf an: Hat sich der Schwarm noch nicht allzuweit von der Lichtquelle entfernt, ist er also noch relativ dicht, kann es sein, daß die Netzhaut die Lichtquelle »sieht«. Die Photonen müssen aber, aus derselben Richtung kommend, in rascher Folge eintreffen. Erst dann können die auf das Registrieren von »Lichtatomen« spezialisierten Nervenzellen, die »Stäbchen« und »Zapfen« der Netzhaut, einen elektrischen Impuls abfeuern und dessen Weiterleitung an das Gehirn veranlassen. Kollidiert »Licht« mit einer hochempfindlichen Fotoplatte, genügt schon eine sehr viel geringere Photonendichte zur Entstehung eines schwarzen Punkts.

Noch sensibler ist die Nachweismethode, der man sich in La Silla wie an anderen modernen Observatorien bedient. Mit Hilfe des großen Teleskops eingefangene Photonen werden in eine Verstärkerröhre geleitet, an die eine starke Hochspannung angelegt ist. Jedes aufschlagende Photon löst bei seinem »Tod« einen elektrischen Impuls aus, der im Hochspannungsfeld eine sich fortlaufend verstärkende Elektronenlawine auslöst, die registriert werden kann und so das Eintreffen des Lichtquants meldet.

Ein Vergleich kann die Steigerung der Empfindlichkeit veranschaulichen: Mit bloßem Auge kann man – unter idealen Bedingungen – eine Kerzenflamme noch aus zwölf Kilometern Entfernung sehen, mit Hilfe des großen ESO-Teleskops ließe sie sich fotografisch sogar noch auf dem Mond nachweisen. Die Methode der Photonenzählung hat die Meßempfindlichkeit bis an die Grenze des physikalisch Möglichen gesteigert: Die Kerzenflamme wäre noch aus einer Entfernung von einer Million Kilometern zu entdecken. Ein solches Verfahren hat noch einen weiteren wichtigen Vorteil: Die von den elektronischen Meßfühlern im Teleskop gesammelten Daten können direkt in den Computer eingespeist werden, der sofort damit beginnt, sie zu sortieren und auf die für die Auswertung wichtigen Werte zu reduzieren. Ein Forscher, der abends in der Kuppel erscheint, findet an seinem Arbeitsplatz das Ergebnis seiner Bemühungen aus der vorangegangenen Nacht druckfrisch vor.

Ein Visiting Astronomer, der vier oder vielleicht sechs Nächte mit dem großen Teleskop arbeiten darf, berührt in dieser Zeit möglicherweise nicht einen einzigen Schaltknopf. Bis er die Bedienung des gewaltigen Instruments, die Geheimnisse des mit Elektronik bis zum Bersten vollgestopften Kontrollraums und dessen Zusammenspiel mit dem Computer in den Griff bekäme, wäre seine Zeit auch längst abgelaufen. Deshalb steht ihm ein Team von Staff Astronomers, Nachtassistenten, Elektronikern und anderen Hilfskräften zur Seite. Nur die arbeiten ständig im Observatorium. Sie – und allein sie – sind die wahren »Astro-Mönche« von La Silla. Diesen Ausdruck prägte »GEO«-Fotograf John Launois. Er fiel ihm ein, noch ehe wir

das Observatorium überhaupt betreten hatten: als sich bei unserer Anfahrt erstmals die Kuppeln oben auf dem Berg unserem Blick präsentierten. »Das ist ja ein Kloster!« Keiner von uns ahnte damals, wie treffend die Bezeichnung war.
Der Arbeitstag der 110köpfigen Stamm-Mannschaft hat mindestens zwölf, nicht selten 14 bis 16 Stunden – und notfalls wird auch noch die Nacht zur Hilfe genommen. Die Astro-Mönche müssen dafür sorgen, daß alles wie am Schnürchen klappt, wenn der Gast aus Europa die Instrumentenkuppel betritt. Der nämlich erwartet, verständlicherweise, daß er die ihm zugeteilte kostbare Beobachtungszeit bis zur letzten Minute pannenfrei ausnützen kann. Am Tag schläft er dann im verdunkelten und schallisolierten Dormitorium. Und obwohl der Gast-Astronom nur drei oder vier Tage zum Forschen auf dem Berg verweilt, findet er Zeit, auch das überwältigende Panorama ringsum zu bestaunen, die Bergwüste, deren Farben sich fast stündlich immer wieder ändern. Am westlichen Horizont schimmert der Pazifik wie Quecksilber. Im Osten markieren schneebedeckte Sechstausender die Grenze zu Argentinien. Er genießt die Ruhe und Abgeschiedenheit, vor allem aber die fürsorgliche Betreuung.
»Wir müssen jeden zweiten Tag eines unserer zwölf Teleskope umbauen«, erzählt mir Juan Fluxá, der chilenische Leiter der elektronischen »Feuerwehr«. Acht Mann stehen Tag und Nacht bereit, auftretende Fehler auf der Stelle zu beheben. »Jeder Gast bringt ein anderes Forschungsprogramm mit. Darauf muß das Instrument umgestellt werden.« In jeder Nacht gibt es in irgendeiner Kuppel ein »kleines Problem«. Dann werden Fluxá und seine Spezialisten aus dem Bett geholt. »Ein kleines Problem« ist für Juan Fluxá ein Defekt, der nach spätestens zwanzig Minuten behoben ist – vom telefonischen Weckruf ab gerechnet. Größere Probleme tauchen seltener auf, gelegentlich geht aber schon einmal die ganze Beobachtungsnacht verloren, wie der junge Chilene widerstrebend einräumt.
Jung sind sie alle auf dem Berg, von wenigen Ausnahmen abgesehen: Gerhard Schnur ist mit 38 Jahren bereits der Senior der acht Staff Astronomers. Weshalb das Team so jung ist,

danach brauchte ich nicht mehr zu fragen, nachdem ich Gerhard Schnur ein paar Tage lang bei der Arbeit beobachtet hatte. Unumwunden gestand er ein, daß er nach acht, spätestens zehn Tagen »fertig ist und bloß noch an den Knochen hängt«. Dann fliegt er für eine Woche nach Santiago zu Frau und Kindern, um sich zu erholen, bevor er sich erneut in den Streß der La-Silla-Routine stürzt.
Aber nicht die körperliche Belastung setzt dem Alter der Mitarbeiter eine obere Grenze. Auf Schritt und Tritt spüre ich den jugendlichen Enthusiasmus, das geradezu sportliche Engagement. Begriffe wie »Arbeitszeitordnung«, »Überstunden« oder »Feiertag« bekommen in dieser Atmosphäre fast einen obszönen Klang.
Es ist nicht nur das Bewußtsein, für das modernste astronomische Instrumentarium verantwortlich zu sein, das die Astro-Mönche prägt und einen »Teamgeist« geschaffen hat, der durch den Willen zu ständiger Höchstleistung charakterisiert ist. Es ist auch noch eine sehr handfeste Belohnung, die die Männer von La Silla antreibt. Die meisten Beobachtungsnächte sind für Gast-Astronomen reserviert. Aber dazwischen sind immer wieder »Testnächte« eingeschoben. Dann stehen komplizierte Umrüstungen und wiederholte Probeläufe, vor allem des Großen Spiegels, auf dem Programm. Wenn es den verantwortlichen Staff Astronomers aber gelingt, mit Geschick, Erfahrung und etwas Glück das Gerät schneller als vorgesehen in Schuß zu bringen, dann fallen ihnen plötzlich für eigene Beobachtungen ein oder zwei Nächte in den Schoß.
Zeit für ein Familienleben gibt es bei solch engagierter Arbeit nicht. Nicht, daß der Zutritt zum Astro-Kloster verboten wäre. Irgendwann verirrt sich jede Ehefrau einmal hierher, um die Welt kennenzulernen, an die sie ihren Mann weitgehend abtreten muß. Die meisten Frauen kommen jedoch nur ein einziges Mal. Es gibt nicht viele Plätze, an denen einem so schnell und ganz von allein das Gefühl vermittelt wird, daß man ein Fremdkörper ist, der eigentlich nur im Wege steht. Wer nicht dazugehört, den können schon Äußerlichkeiten irritieren. Die Selbstverständlichkeit etwa, mit der im Kasino an

einem Tisch morgens um acht zu Abend gegessen wird, während sich gleichzeitig am Nachbartisch ein Team mit einem herzhaften Frühstück stärkt. Auch der um zwei Uhr morgens geäußerte Wunsch nach einer kräftigen warmen Mahlzeit ist alltäglich und wird selbstverständlich erfüllt. Der persönliche Rhythmus jedes einzelnen ist vom »normalen« Tagesablauf total abgekoppelt.

Wer damit nicht zurechtkommt, hat auf diesem Berg keine Chance. Feste Regeln, übertragene Erfahrungen existieren nicht. Jeder muß sehen, wie er sein eigenes Rezept entwickelt – oder er muß aufgeben und in die Welt der bürgerlichen Normen zurückkehren. Und das hat es in der Tat schon gegeben. Die Frauen der Astronomen und Techniker von La Silla haben sich damit abzufinden, daß sie Witwen sind, deren Männer noch leben. Ehen, bei denen die Frauen nicht durch kleine Kinder oder ein anderes Engagement ausgefüllt sind, gehen eben hier oben leicht kaputt.

Die radikalste und fraglos auch erfolgreichste Form der Anpassung verkörpert für mich Hans-Emil Schuster aus Hamburg. Seit 14 Jahren lebt er in La Silla. Er hat keine Angehörigen. Der Astronom ist wegen der ungewöhnlichen Qualität seiner Himmelsfotos in Fachkreisen der ganzen Welt bekannt. Schuster steht um 16 Uhr auf. Als erstes macht er dann mit seinem Hund, der in der dünnen Höhenluft inzwischen bei jedem Schritt asthmatisch keucht, einen Spaziergang zwischen den Kuppeln. Die Kollegen vermeiden es, den Spaziergänger anzusprechen, da ihm der Ruf anhängt, ein Morgenmuffel zu sein. Nach dem Frühstück, am späten Nachmittag, führt Hans-Emil Schuster Gespräche mit Kollegen, liest wissenschaftliche Veröffentlichungen und bereitet sich mit den beiden chilenischen Assistenten auf die bevorstehende Nacht vor. Wenn es dunkel geworden ist, begibt er sich in die Kuppel des sogenannten Schmidt-Spiegels, einem Spezialteleskop für Himmelsaufnahmen.

Seit nunmehr sechs Jahren hat Schuster an dieser Routine festgehalten, mit Ausnahme der fünfzig bis achtzig Nächte im Jahr, an denen auch in La Silla ein Wolkenschleier den Himmel verhüllt. Und erst nach weiteren zehn bis fünfzehn Jahren wird er sein Ziel erreicht haben: die vollständige fotografische Dokumentation des südlichen Sternhimmels. Dieser komplette Bildkatalog aller von der südlichen Erdhälfte aus sichtbaren kosmischen Objekte ist eine unerläßliche Voraussetzung für die Forschung. Schuster will insgesamt 10000 bis 15000 Fotoplatten anfertigen. Bei einer Belichtungszeit von zwei bis drei Stunden pro Platte schafft er – optimale Beobachtungsbedingungen und fehlerlose Belichtung vorausgesetzt – zwei Platten pro Nacht.

Eines Abends darf ich den schweigsamen Mann in seine Kuppel begleiten. Als wir eintreffen, ist ein Assistent eben dabei, eine der Fotoplatten der Kühlbox zu entnehmen. Er trägt sie ein Stockwerk höher in die Beobachtungskuppel und befestigt sie im Teleskop. Auch während der Belichtung wird sie dort weiter gekühlt. »Das verbessert die Empfindlichkeit«, erklärte mir der Astronom. Die Qualität der Aufnahme hängt vor allem von der exakten »Nachführung« ab: Zwei bis drei Stunden lang muß gewährleistet sein, daß die tausend und abertausend langsam auf der Platte entstehenden Lichtpunkte auch nicht eine Spur »auswandern«, während das Instrument die Sterne und Sternensysteme, von denen sie stammen, bei ihrem Lauf über den nächtlichen Himmel verfolgt.

Selbst die ausgeklügelte Präzision der Nachführautomatik genügt den Ansprüchen Schusters nicht. Er kontrolliert und korrigiert die Nachführung manuell. Im Teleskop ist eine Fernsehkamera eingebaut, die auf einen »Referenzstern« gerichtet wird. Das ist ein möglichst heller Stern in dem kleinen Himmelsausschnitt, der gerade aufgenommen werden soll. Ein Bildverstärker wirft das Bild dieses Sterns auf einen Schirm im verdunkelten Kontrollraum. Dort wird ein Fadenkreuz über das Bild gelegt. Und die Aufgabe Schusters und seiner Assistenten besteht darin, Nacht für Nacht, jeweils zweimal drei Stunden lang, Stern und Fadenkreuz ununterbrochen im Auge zu behalten und dafür zu sorgen, daß sich beide auch nicht um den Bruchteil eines Millimeters gegeneinander verschieben.

Ich sitze neben Hans-Emil Schuster. Nur gelegentlich fällt ein halblautes Wort. Der Raum ist so stark verdunkelt, daß ich das

Profil meines Nachbarn nur im Widerschein des Fernsehmonitors erkennen kann. In unregelmäßigen Abständen, etwa zwei- bis dreimal in jeder Minute, greift der Mann neben mir nach den beiden kleinen Knöpfen, mit denen er die Steuerautomatik beeinflussen kann. Befriedigt lehnt er sich wieder zurück. Ich starre gebannt auf Stern und Fadenkreuz und versuche zu erkennen, wann Schuster das nächste Mal eingreifen wird. Es gelingt mir nicht. Es ist mir einfach nicht möglich, die winzigen Abweichungen überhaupt wahrzunehmen. »Dazu braucht man Erfahrung«, tröstet er mich.

Einer der Assistenten erscheint. Für eine Stunde löst er seinen Chef ab, der mich in den zwei Stockwerke tiefer gelegenen Fotoraum führt. Mit einer Handbewegung fordert er mich auf, am Leuchttisch Platz zu nehmen. Nach sorgfältiger Wahl nimmt mein Gastgeber eine Fotoplatte aus einem Schrank und legt sie auf ein Gestell über dem Leuchttisch. Dann klappt er eine Binokularlampe in das Blickfeld. Eine erneute Handbewegung lädt mich ein hindurchzuschauen. Ich beuge mich vor und blicke durch die Okulare: Unvermittelt habe ich ein halbes Dutzend Galaxien vor mir, die in unterschiedlichen Entfernungen, bis zu 200 Millionen Lichtjahren, frei im unendlichen Raum schweben. Die Suggestion räumlicher Tiefe wird dadurch noch verstärkt, daß das Gerät einen Zoom hat, mit dem ich die Details stufenlos heranholen und wieder zurücktreten lassen kann. Schuster, der meine Faszination spürt, nickt befriedigt und legt eine andere Platte unter die Lupe. Diesmal ist es ein Ausschnitt aus der Großen Magellanschen Wolke. Jetzt erlebe ich unmittelbar, was »Auflösung« bedeutet. Da schweben sie vor meinen Augen, die Schlieren interstellarer Staubwolken, Kugelsternhaufen, die Explosionswolken zerborstener Supernovae. In dem 170000 Lichtjahre entfernten System sind sie gestochen scharf erkennbar. Als ich mich endlich von dem atemberaubenden Anblick lösen kann, sehe ich in dem bisher so verschlossenen Gesicht neben mir erstmals ein Lächeln. Das Eis ist gebrochen. Die folgende Stunde vergeht in einem faszinierenden Gespräch. Ich bin überrascht darüber, was dieser Mann alles gelesen hat, worüber er sich Gedanken macht.

Was aber treibt diesen Menschen an? Was macht für ihn den Blick ins Universum so unwiderstehlich attraktiv? Nichts anderes als das Verlangen, die Welt zu begreifen – und das im Bewußtsein der Konsequenzen, die seine Arbeit haben kann. Denn schon einmal kollidierte seine Wissenschaft mit einem Weltbild. Es waren ja nicht die Biologen oder Mediziner, nicht die Alchimisten und Magier, die mit den Repräsentanten etablierter Institutionen in Konflikt gerieten. Es waren die Astronomen, die vor 400 Jahren die geistliche und weltliche Macht erschütterten. Während alle übrigen Forscher mit neuen Thesen ausschließlich auf irdische Tatbestände zielten, verkündeten die Astronomen, daß der Mensch in die Geheimnisse des Himmels eindringen könne. Dieser Himmel aber war zu jener Zeit noch ausschließlich der Himmel der Kirche. Er galt als der Sitz Gottes und in seiner allem menschlichen Verständnis entzogenen Rätselhaftigkeit als Beweis göttlicher Allmacht.

Für das Verständnis des Menschen im Mittelalter waren die »sublunare«, die »unter dem Mond« gelegene irdische Welt und der Himmel darüber, grundsätzlich voneinander geschiedene Räume. Dort draußen, jenseits des Mondes, begann nämlich das Reich Gottes. Über der sublunaren Sphäre der Sterblichen lag das Gefilde der Seligen, über ihm wohnten die Heiligen, noch weiter oben residierten die Erzengel. Das Ganze bildete so etwas wie eine kosmische Pyramide, deren Basis die Erde und deren oberste Spitze Gott selbst war. Dieses Weltmodell lieferte die Legitimation für die feudale Gesellschaftsordnung im Abendland. Über unterschiedliche Rechte, Chancen und Pflichten entschied der Zufall der Geburt – und zwar unwiderruflich. Daß Menschen diese Klassengesellschaft so lange toleriert haben, erscheint uns heute mitunter als unfaßlich. Mit Erstaunen stellen wir fest, daß die Menschen sich in dieser rigorosen Ordnung sogar geborgen fühlten. Aber diese Ordnung war für damaliges Verständnis nichts Geringeres als das irdische Abbild der himmlischen Hierarchie, war gottgewollt und also das »Natürlichste von der Welt«.

Dies wurde von den Astronomen plötzlich in Frage gestellt. Allein die menschliche Vernunft reiche aus, auch kosmische

Abläufe zu durchschauen, so lautete ihre revolutionäre These. Nicht nur die irdische Natur, auch jeder Vorgang im Weltall werde von denselben Naturgesetzen regiert. In den Köpfen der kühnsten Naturforscher begann sich der damals unerhörte Gedanke zu regen, daß es möglich sei, die Welt im ganzen zu verstehen. Gegen diese These liefen Kirchen und weltliche Gewalt natürlich Sturm. Die einen wähnten die Allmacht Gottes gelästert. Die anderen sahen die gottgewollte Ordnung auf der Erde gefährdet. Wir kennen den weiteren Ablauf der Ereignisse: Die Astronomen setzten sich nach harten Kämpfen durch. Die bis dahin für unantastbar gehaltene Ordnung der abendländischen Welt brach zusammen. Der Erkenntnis, daß im ganzen Universum dieselben Naturgesetze herrschen, folgte die Idee von der grundsätzlichen Gleichheit aller Menschen auf dem Fuße. Nicht nur das: Damals wurde mit der Einsicht in die Verstehbarkeit des Kosmos auch der Gedanke an die grundsätzliche Machbarkeit aller Dinge geboren. Wenn selbst der Himmel mit den Mitteln des menschlichen Verstandes enträtselbar sei, dann könnten auch alle irdischen Probleme durch die konsequente Anwendung menschlicher Vernunft gelöst werden.

Eine Episode am Schluß meines Gesprächs mit Hans-Emil Schuster verrät, was sonst noch in ihm vorgehen mag. Wir waren darauf gekommen, daß auf seinen Platten natürlich immer wieder unbekannte Planetoiden und neue Kometen erfaßt werden. Weil er schon so viele entdeckt hat, wurde ihm kürzlich von der Internationalen Astronomischen Union – eine große Auszeichnung – das Recht zugesprochen, einen Himmelskörper zu taufen. Stolz zeigt er mir das Schriftstück, mit dem er seinen Kollegen in aller Welt seine Entscheidung bekanntgegeben hat: Der neue Kleinplanet heißt »Gudy«. In einer Fußnote der offiziellen Taufurkunde lese ich: »In sentimentaler Erinnerung an eine Studentenbekanntschaft. Fräulein Gudrun X. in Hamburg weiß, warum.«

Die Stunde ist vorüber. Der Assistent muß abgelöst werden. Wir gehen wieder nach oben in die Kuppel. Wenig später ist Hans-Emil Schuster erneut so in den Anblick des schwach

erleuchteten Fadenkreuzes versunken, daß er meinen Aufbruch nur mit einem geistesabwesenden Kopfnicken quittiert.
Ein ganz anderer Forschertyp als Hans-Emil Schuster ist Dr. Willem Wamsteker, der nach Studien in Leiden, Südafrika und den USA vor einigen Jahren zum Team auf dem Berg von La Silla stieß. Das heißt, »auf den Berg« kam er eben gerade nicht, sondern wohnt mit seiner Familie in La Serena, zwei Autostunden von La Silla entfernt. Demonstrativ hat er auch darauf verzichtet, ein Appartement auf dem Berg zu beziehen. Ins Observatorium kommt er nur, wenn er muß. Seine Arbeit, vor allem die Entwicklung theoretischer Konzepte über die Struktur des Weltalls, kann er weitgehend »zu Hause« erledigen. Auch bei Willem Wamsteker stoße ich zunächst auf eine Barriere. Der Holländer verbirgt sich hinter einer Miene, die im ersten Augenblick den Eindruck ironischer Überheblichkeit erweckt. Doch dann kommt rasch der Kontakt zustande, und auch bei Wamsteker offenbart sich das passionierte, geradezu besessene Engagement, die Geheimnisse des Weltalls zu enthüllen. Nachdem er in der ersten Viertelstunde ziemlich einsilbig war, redet er jetzt wie ein Wasserfall. Die Tatsache, daß wir Menschen uns überhaupt sinnvolle Gedanken über den Bau des Weltalls machen können, erfüllt ihn mit Staunen und Bewunderung. Selbstverständlich lassen sich nicht alle Fragen beantworten, werden wir nicht alles verstehen können, was unsere Teleskope da in die Computer befördern.
An der Existenz zahlreicher, wahrscheinlich sogar unzählig vieler außerirdischer Intelligenzen gibt es für ihn keinen Zweifel. Die Möglichkeit von Kontakten mit ihnen berurteilt er jedoch skeptisch. Direkte Begegnungen scheiden für ihn, der mit den ungeheuren Entfernungen und chemisch-physikalischen Verhältnissen im Kosmos vertraut ist, definitiv aus. »Der Däniken ist ein Schwachkopf«, stellt er beiläufig fest. Faszinierend – und grundsätzlich realistisch – erscheint ihm jedoch die Aussicht auf einen Kontakt per Funk, einen Informationsaustausch über interstellare Distanzen hinweg. Dafür sei jeder Aufwand berechtigt, auch wenn die Menschheit auf einen Erfolg womöglich noch mehrere Jahrhunderte warten müsse.

Das Zustandekommen eines interstellaren Kontaktes würde, davon ist der Holländer überzeugt, den Ablauf der menschlichen Geschichte verändern. Die Gewißheit, daß wir nicht die einzigen sind im riesigen Weltall, würde die Selbsteinschätzung und den Wertmaßstab der Menschheit von Grund auf beeinflussen. Zum Besseren? Nach kurzem Zaudern kommt ein vorsichtiges Ja.

Ob er es für möglich halte, daß die Astronomie eines Tages die Rätsel des Weltalls vollständig werde auflösen können, frage ich ihn. Und wenn nicht heute oder morgen, dann vielleicht in hundert oder tausend Jahren? Er schüttelt den Kopf: »Ausgeschlossen. Uns Menschen ist nur ein Teil, ein kleiner Ausschnitt der Wirklichkeit zugänglich. Was wir hier in La Silla treiben, ist letztlich Metaphysik.«

In dieser beiläufigen Bemerkung Willem Wamstekers kündigt sich eine Revolution an. Was heute in La Silla und in einem Dutzend anderer Observatorien der Welt geschieht, kann nicht ohne Folgen bleiben. Die modernen Astronomen haben längst begonnen, den Nachweis zu führen, daß der Glaube an die vollständige Enträtselung der Welt ein Irrglaube ist. Den Beweis zu liefern, daß Natur und Weltall für den uns zu Gebote stehenden Verstand immer Geheimnis bleiben werden.

So folgenschwer diese Einsicht auch ist, sie sollte uns nicht überraschen. Denn im Verlauf der letzten hundert Jahre haben wir entdeckt, daß unsere Gegenwart nur eine durch den Zufall unserer Existenz herausgehobene minimale Spanne aus einer seit Jahrmilliarden ablaufenden Entwicklung ist. Daß die Natur etliche Jahrmillionen brauchte, um unser Großhirn bis zu seiner heutigen Leistungsfähigkeit zu entwikkeln.

Daraus aber folgt unabweislich, daß es in unserer langen Ahnenreihe Frühmenschen und erst recht vormenschliche Vorfahren gegeben haben muß, deren Intelligenz weit geringer ausgebildet war als die unsere und die deshalb unfähig wären, unsere Theorien über den Kosmos zu verstehen. So, wie es uns auch selbstverständlich erscheint, daß eine Ameise nichts von der

Existenz der Sterne weiß, ein Affe immer noch außerstande ist, die wahre Natur des Mondes zu begreifen.
Ist es nicht lächerlich, daß wir eine Zeitlang allen Ernstes geglaubt haben, die Entwicklung unseres Großhirns sei ausgerechnet mit uns so weit gediehen, daß es die ganze Natur, das ganze Weltall in sich aufnehmen könne? So, als hätten die zurückliegenden Jahrmilliarden keinem anderen Zweck gedient, als uns hervorzubringen? So, als seien wir selbst das endgültige Ziel und Ende dieser Entwicklung?
Willem Wamsteker und seine Kollegen mit ihren immer leistungsfähigeren Instrumenten stoßen jedenfalls immer häufiger auf Phänomene, die sie nicht mehr verstehen können. Ein Neutronenstern oder ein »Schwarzes Loch«, ein Quasar oder der aus dem Zentrum einer Galaxie herausschießende, Millionen von Lichtjahren lange »Jet« – das läßt sich noch fotografieren oder vermessen. Mit Hilfe mathematischer Symbole kann man sich darauf notfalls noch einen abstrakten Reim machen. Vorstellbar ist das alles aber längst nicht mehr. »Was wir treiben, ist letztlich Metaphysik« – die Äußerung eines Mannes, der bei seiner Tätigkeit zu der Überzeugung gelangt ist, in einem Grenzbereich zu arbeiten, in dem der menschliche Verstand angesichts der Größe und Rätselhaftigkeit des Universums zu versagen beginnt. Das ist die Botschaft, die die Astro-Mönche unserer Tage vom Himmel ablesen. Vielleicht ist es die wichtigste Erkenntnis, die uns die Wissenschaft seit den Tagen des Kopernikus beschert hat.
300 Millionen Mark Investitionen, ein Jahresetat von 40 Millionen, dazu ein paar Dutzend Menschen, die sich extremen Lebensumständen unterwerfen, und dann diese Auskunft! Natürlich kann man darauf verweisen, daß 30 Millionen Mark pro Jahr, dazu noch aufgeteilt unter sechs Ländern, für ein solches Projekt ein vergleichsweise läppischer Betrag sind. Die europäische Kernforschung verbraucht etwa 700 Millionen Mark in jedem Jahr, die europäische Raumfahrtbehörde ESA sogar mehr als eine Milliarde.
Die Öffentlichkeit hat von ESO, dem »European Southern Observatory«, bisher kaum Notiz genommen. Astronomen

arbeiten dort – wie ihre Kollegen in der ganzen Welt –, von der Öffentlichkeit kaum beachtet, im dunkeln. Aber was die Astro-Mönche von La Silla ans Licht bringen, wird die Weiterentwicklung unserer Gesellschaft radikaler beeinflussen als alle Raumfahrt und Kernphysik.

1979

Die Spur der Silbereule

Naturwissenschaftler enthüllen Geheimnisse der Antike

Bei manchen archäologischen Entdeckungen fällt mir ein Aprilscherz ein, den ich vor Jahrzehnten in einer Berliner Zeitung gelesen habe. Einem renommierten Ägyptologen, so hieß es da, sei es in Zusammenarbeit mit Naturwissenschaftlern gelungen, jenes Lied hörbar zu machen, das ein altägyptischer Töpfer bei der Herstellung eines Tonkrugs vor mehr als 4000 Jahren vor sich hin gesummt hatte. Die Forscher seien davon ausgegangen, daß sich die Vibrationen des Gesangs über den Arm bis in die Finger des Handwerkers übertragen haben mußten, während dieser den Krug auf der Drehscheibe mit einer eingeritzten Wellenlinie verzierte. Folglich müßte dieser Gesang heute noch in dieser Verzierung stecken. Also habe man den Vorgang, der einst zur Entstehung der Zierlinie geführt hatte, umgekehrt wieder ablaufen lassen. Man habe die Vase in Drehung versetzt und dabei die Wellenlinie auf ihrer Oberfläche mit einem elektronischen Meßfühler abgetastet. Die registrierten Schwankungen wurden auf einen Verstärker übertragen, der wiederum mit einem Lautsprecher verbunden gewesen sei. Und aus diesem sei daraufhin, deutlich vernehmbar, das Lied erklungen, das der Töpfer Jahrtausende zuvor gesungen hatte.

Die Geschichte ist zwar pure Erfindung, doch in einem Punkt sagt sie die Wahrheit: Das altägyptische Volkslied steckt, daran ist überhaupt nicht zu zweifeln, tatsächlich heute noch in der Vase. Es geht nur darum, es wieder herauszukriegen. Das aber hat bisher noch niemand geschafft. Jedoch gibt es heute bereits archäologische Leistungen vergleichbaren Ranges. Das gilt vor

allem für die Ergebnisse, die seit einigen Jahren in der Archäometrie erzielt worden sind. Mit diesem Namen wird eine neue Forschungsrichtung bezeichnet, bei der sich Archäologen von Fall zu Fall mit Naturwissenschaftlern zusammentun.
Ein besonders eindrucksvolles Beispiel dieser Zusammenarbeit bildet die Erforschung des sogenannten Asyut-Schatzes, eines Fundes antiker Silbermünzen, an der, außer Archäologen und Münzkundlern, Physiker, Chemiker, Geologen und Mineralogen beteiligt sind. Die unscheinbaren Silberlinge lieferten nicht nur Informationen über ihr Alter und den Ort ihrer Prägung. Es gelang auch, die Bergwerke ausfindig zu machen, aus denen das Silber stammt, das vor 2500 Jahren von Zeitgenossen des Xerxes und des Pythagoras zu Münzen geschlagen worden ist. Und plötzlich erschlossen sich Handelsbeziehungen und politische Abhängigkeiten einer längst vergangenen Welt. Die Forscher stießen sogar auf Ereignisse, über die keine Chronik je berichtet hat. So muß es in der erbitterten Auseinandersetzung zwischen den Seemächten Athen und Ägina um 495 v. Chr. eine katastrophale Schlappe für die Athener gegeben haben, von der bisher kein Historiker etwas wußte.
Es ist jedoch besser, der Reihe nach zu erzählen. Denn genauso interessant wie die Resultate der Untersuchung sind die Methoden, mit denen die in dem alten Geld steckenden Informationen wieder zutage gefördert wurden.
Im Frühjahr 1970 waren bei einem Händler in Beirut fünfzig griechische Silbermünzen aufgetaucht, die von Kennern in die Zeit um 500 v. Chr. datiert wurden. Die Nachricht löste in Sammlerkreisen der ganzen Welt sofort eine hektische Aktivität aus, die sich allerdings unter Ausschluß der Öffentlichkeit und mit größter Diskretion entfaltete. Die Faszination der Fachleute wurde geweckt durch das Alter und die Art des Fundes. Er stammte aus der Frühzeit der Münzprägung, und alles sprach dafür, daß es sich um Münzen aus einem kurz zuvor entdeckten »Schatz« handeln mußte. Außerdem bot er die verlockende Gelegenheit, Silberlinge sehr unterschiedlicher Prägungsorte – von Nordgriechenland bis Sizilien und Kleinasien – untersuchen zu können: bei der Ungewißheit hinsichtlich der Datie-

rung und zeitlichen Zuordnung der verschiedenen Münzarten untereinander eine jeden Historiker elektrisierende Aussicht. Um die einzigartige Chance wahrnehmen zu können, mußten möglichst viele Münzen dieses Fundes ausfindig gemacht und in die vergleichende Untersuchung einbezogen werden. Das aber lief auf eine unerfüllbar scheinende Vorbedingung hinaus: Alle Beteiligten – Händler, Sammler und Museumseinkäufer – mußten davon überzeugt werden, daß sie garantiert anonym bleiben würden. Dies war deshalb nötig, weil jeder, der auch nur eine einzige Münze über eine Landesgrenze gebracht hatte, von den harten Strafen bedroht war, mit denen sich heute die meisten Länder gegen den Ausverkauf der auf ihrem Territorium gefundenen Antiquitäten wehren. So legitim und verständlich dieser gesetzliche Schutz auch immer sein mag, in diesem Falle beschwor er die Gefahr herauf, daß eine für die historische Forschung unersetzliche Quelle ungenutzt verlorengehen könnte. Sehr bald zeigte sich, daß der Schatz aus mehr als 900 Silbermünzen bestanden hatte, jedoch sofort nach seiner Entdeckung über vielfältige und mitunter auch zwielichtige Kanäle in alle Welt zerstreut worden war. Gab es eine Chance, daß sich die vielen neuen Besitzer vollständig in das unerläßliche Schweigegebot einbeziehen ließen?
Das Unwahrscheinliche gelang. 1975 konnten Martin Price, Sachverständiger für antike Münzen am Britischen Museum in London, und die amerikanische Numismatikerin Nancy Waggoner mitteilen, daß nicht weniger als 873 Münzen des Asyut-Schatzes aufgespürt und wissenschaftlich erfaßt worden waren. Über den Verbleib der inzwischen auf etwa hundert verschiedene Sammlungen verteilten Stücke verloren sie dagegen kein Wort.
Bei den Recherchen waren die Experten auf einige Informationen über die Vorgeschichte des Fundes gestoßen: Im Frühsommer 1969 hatten drei ägyptische Arbeiter in der Nähe der Stadt Asyut, rund 400 Kilometer nilaufwärts von Kairo, zufällig das um 470 v. Chr. von einem steinreichen Altvordern angelegte Versteck entdeckt. Wovor der Mann sich damals fürchtete, ist nicht mehr festzustellen. Daß seine Angst jedoch nicht unbe-

gründet war, ergibt sich daraus, daß er keine Gelegenheit mehr hatte, das offenbar gut getarnte Versteck jemals wieder aufzusuchen. Die drei glücklichen Entdecker teilten den Fund unter sich auf und brachten ihn heimlich beiseite. Kurze Zeit später tauchten dann die ersten 50 Münzen von Asyut in Beirut auf und brachten die Lawine ins Rollen.

Während dieser Ereignisse war in Heidelberg ein Team von Wissenschaftlern unter Leitung des jüngst verstorbenen Professors Wolfgang Gentner damit beschäftigt, Mondgestein zu untersuchen. Gentner, damals Direktor des Max-Planck-Instituts für Kernphysik, hatte sich seit langer Zeit auf die Untersuchung von Meteoriten spezialisiert. Die von ihm und seinen Mitarbeitern publizierten Ergebnisse auf dem Gebiet der sogenannten Kosmochemie hatten weltweit Anerkennung gefunden. Als Ende der sechziger Jahre die Mondflüge des Apollo-Programms begannen, gehörte das Heidelberger Institut zu den wenigen Forschungsstätten außerhalb der USA, denen Proben des kostbaren Mondgesteins zur Untersuchung anvertraut wurden.

Es sollte sich als Glücksfall für die Altertumsforschung erweisen, daß Gentner nicht nur Kernphysiker und Kosmochemiker war. Zu seinen wissenschaftlichen Liebhabereien gehörte seit vielen Jahren auch die Archäologie. Außerdem war er ein passionierter Münzkundler. Von Sammlerfreunden hörte er Ende 1971 erstmals von der bei Asyut gemachten Entdeckung. Während Archäologen und Historiker sich in lebhafte Diskussionen über Datierungsprobleme und Stilvergleiche zu verstrikken begannen, kam dem Heidelberger Physiker die bestechende Idee, die Silberlinge nach denselben Methoden wie die mikroskopisch kleinen Körnchen kosmischen Staubes zu untersuchen und damit die konventionelle archäologische Forschung weit hinter sich zu lassen.

Die Münzen stammen aus der Zeit um 500 v. Chr. Wenn es nun stimmt – die Ansichten hierüber sind nicht einhellig –, daß die ersten Silbermünzen überhaupt erst zwischen 600 und 550 v. Chr. im ägäischen Raum geprägt wurden, ist auch anzunehmen, daß das Silber der Asyut-Münzen jeweils aus einem bestimmten Bergwerk und nicht etwa aus »gemischten« Quellen kam. Dann aber, so folgerten die Heidelberger, müßte es möglich sein, den Herkunftsort des Silbers zu bestimmen, aus dem etwa die Athener um 500 v. Chr. ihre Münzen schlugen oder die Stadtstaaten Ägina, Korinth und Thasos oder die Herrscher des persischen Sardes.

Wer konnte über eigene Silbervorkommen verfügen? Wer war darauf angewiesen, das mit Beginn der modernen Geldwirtschaft unentbehrlich werdende Metall anderswo zu kaufen? Wer hat von wann bis wann von wem bezogen? Der archäologisch interessierte Physiker Wolfgang Gentner war sich klar darüber, daß die Beantwortung dieser Fragen das unsichtbare und dennoch so dichte Netzwerk wirtschaftlicher Abhängigkeiten und Einflußsphären in der antiken Welt begreifbar machen würde, über das sich in den Chroniken nur spärliche Informationen finden.

Doch so brillant der Einfall war und so verlockend die Chance auf Erfolg – die Heidelberger Kernphysiker standen vor einer gewaltigen Aufgabe. Am einfachsten dürfte ihnen die physikalische und chemische Identifikation von Münzen und Bergwerken erschienen sein. Zwar mußte diese einem Außenstehenden so aussichtslos vorkommen wie die sprichwörtliche Suche nach der Stecknadel im Heuhaufen. Für Gentner und seine Mitarbeiter jedoch hatten die Stecknadeln, um die es in diesem Falle ging, im Licht der von ihnen entwickelten Untersuchungsmethoden die Größe ausgewachsener Elefanten.

Schwieriger war schon die Suche nach den Bergwerken. Als die Informationen einzulaufen begannen, um die man Historiker, Altphilologen und Geologen gebeten hatte, gab es in Heidelberg doch einige besorgte Gesichter. Alles in allem kamen Hinweise auf rund 100 Erzvorkommen im ägäischen Raum zusammen. Sie alle mußten aufgesucht werden, wollte man herausfinden, ob hier in der Zeit um 500 v. Chr. Silber geschürft worden war. War dies der Fall, so mußten ihnen Erzproben entnommen, deren Zusammensetzung bestimmt und mit allen Münzen verglichen werden – eine Sisyphusarbeit, die Jahrzehnte dauern mußte.

Schließlich brauchte man auch noch möglichst viele Münzen. Gentner ließ seine Beziehungen zu Sammlerkreisen spielen. Einem angesehenen Schweizer Sammler und Händler gelang es tatsächlich, nach und nach 118 Asyut-Münzen für das Heidelberger Institut zusammenzukaufen. Man hatte ihn beauftragt, vor allem nach beschädigten Exemplaren zu fahnden, die billiger waren. Den Heidelbergern kam es ja nicht auf Schönheit an, sondern allein auf die Zusammensetzung des Metalls. Der Wunsch war leicht zu erfüllen, weil die Schlechtigkeit des Menschen sich auch im 6. Jahrhundert v. Chr. schon einschlägig ausgewirkt hatte: Bereits fünfzig Jahre nach den ersten Silberprägungen kamen »gefütterte« Münzen in Umlauf. Das waren billige Kupferscheiben, die nur mit einer hauchdünnen Silberschicht überzogen waren. Der ursprüngliche Besitzer des Schatzes hatte sich daher veranlaßt gesehen, eine größere Zahl ihm offenbar verdächtig erscheinender Münzen durch »Prüfschläge«, die ihr Inneres bloßlegten, auf ihre Echtheit zu kontrollieren. Er hatte dabei offensichtlich keine Angst vor einer Wertminderung. Ihm war der Kurswert der Münzen gleichgültig. Ihn interessierte allein der Silbergehalt. Dennoch mußten von den Heidelbergern für den Ankauf dieser »minderwertigen Exemplare« immer noch 30000 Mark aufgebracht werden – der Asyut-Schatz hat auch heute noch seinen Wert. Woher diese Riesensumme nehmen? Auch diese Barriere wurde überwunden. Dann konnte es endlich losgehen.

»Es hängt mit der Entstehung der Welt zusammen«, sagt Dr. Wolfgang Todt von der kosmochemischen Abteilung des Mainzer Max-Planck-Instituts für Chemie, mit dem die Heidelberger zusammenarbeiten. Dr. Todt sieht mich prüfend an. Als er den – absolut zutreffenden – Eindruck gewinnt, daß ich seinem Gedankensprung nicht auf der Stelle folgen kann, lehnt er sich zurück und holt etwas weiter aus. Der junge Mann, der mir da gegenübersitzt, tut dies mit jener nachsichtigen Geduld, die ein wenig von der Qual des Experten verrät, der allzuoft nach Dingen gefragt wird, die für ihn selbst auf der Hand liegen.

So werde ich also in einigen kurzen Sätzen an die Tatsache

erinnert, daß im Augenblick der Entstehung der natürlichen radioaktiven Elemente auch schon deren Zerfall begann. Die Kosmochemiker in Mainz interessieren sich vor allem für Thorium, Uran-235 sowie Uran-238. Alle drei produzieren als Zerfallsprodukt Blei, aber – und das ist der Witz bei der Sache – alle drei eine etwas andere Sorte desselben Elements. Blei ist nicht gleich Blei, sondern ein Gemisch von nicht weniger als vier »Isotopen«, Varianten desselben Elements, die chemisch völlig identisch sind, sich aber in ihrer Masse minimal unterscheiden, weil in den Kernen ihrer Atome nicht die gleiche Zahl von Neutronen steckt.

Das dem Universum im Augenblick seiner Entstehung mitgegebene Thorium verwandelt sich seit dem Beginn der Zeit ganz langsam in Blei, und zwar in das Isotop »Blei-208«. Dasselbe geschieht mit dem Uran-235, wobei jedoch »Blei-207« herauskommt, und mit Uran-238, aus dem »Blei-206« entsteht. Die Geschwindigkeit dieses Prozesses ist von Fall zu Fall sehr unterschiedlich. Vom Thorium ist seit Entstehung der Erde vor viereinhalb Milliarden Jahren erst etwa 20 Prozent der Ausgangsmenge zerfallen. Vom Uran-238 schon 50 Prozent und vom Uran-235 über 98 Prozent. Deshalb, und weil diese Bleiquellen in der Erdkruste nicht gleichmäßig verteilt sind und weil außerdem jede Erzlagerstätte eine andere geologische Entstehungsgeschichte hat, ist der Anteil der drei isotopischen »Bleisorten« und des »Urbleis« (Pb 204) in jedem Bleivorkommen auf der Erde verschieden.

Was das alles mit Münzen zu tun hat, die doch aus Silber geprägt sind, ist schnell erklärt: Silber wird aus Erz gewonnen, das fast immer auch Blei enthält. Reste von Blei stecken daher nach jedem Aufarbeitungsprozeß auch noch im silbernen Endprodukt. Die Zusammensetzung der Isotope in diesen Bleiresten ist ebenfalls für jede Erzgrube charakteristisch und damit so etwas wie ein Fingerabdruck, den die Grube hinterlassen hat, aus der das jeweilige Münzmetall stammt.

Wolfgang Todt zeigt mir, wie dieser »Fingerabdruck« sichtbar gemacht wird. Wie also die winzigen Mengen verschiedener Isotope in den geringfügigen Bleispuren von Silbermünzen

gemessen werden. Nur ein paar Tausendstelgramm Metallstaub dürfen zu diesem Zweck den Silberlingen entnommen werden – weil ja auch die »minderwertigen« Münzen des Asyut-Schatzes noch kostbar sind. »Kein Problem«, sagt Dr. Todt und hält mir einen kleinen, strahlend weißen Plastikbecher unter die Nase. Ich sehe nichts. Erst nachdem ich meine Lesebrille aufgesetzt und Dr. Todt eine zusätzliche Lampe eingeschaltet hat, entdecke ich am Boden des Bechers einen winzigen schwarzen Punkt: die Bleimenge, die der Wissenschaftler aus einer Münzprobe herausgeholt hat. Die in diesem Punkt stekkenden Isotope gilt es jetzt zu trennen und präzise zu vermessen.
»Kein Problem«, wiederholt Wolfgang Todt und führt mich in den Nebenraum, wo die »Massenspektrometer« stehen. Der winzige Bleipunkt wird chemisch gelöst und die Lösung auf einen Glühdraht getropft. Im Vakuum verdampft die bleihaltige Lösung, und die Bleiatome werden durch Ionisierung elektrisch geladen. Eine Spannung von 3000 Volt schießt sie dann wie eine elektrische Kanone mit einer Geschwindigkeit von 190000 Kilometern pro Stunde in ein etwa 60 Zentimeter langes, gekrümmtes Rohr, das ein starkes Magnetfeld umgibt. Das Magnetfeld wirkt auf die vorbeirasenden Bleiatome genauso wie starker Seitenwind auf Autos. Den leichteren Wagen trägt es weiter aus der Bahn als ein Schwergewicht. Nach diesem Prinzip sortiert auch das Magnetfeld – Isotope unterscheiden sich ja durch ihr Gewicht – die vorbeirasenden Bleiisotope, und am Ende des Rohrs zählt eine raffinierte Apparatur die Treffer gleicher Isotope an den verschiedenen Einschlagpunkten. Das Verhältnis der Trefferzahlen der unterschiedlichen Isotopenarten stellt dann den gesuchten »Fingerabdruck« dar.
Die Beziehungen zwischen Münzmetall und Grubenerz werden vom Heidelberger Team selbst noch mit ganz anderen Methoden geprüft. Charakteristisch, und daher ebenfalls als Fingerabdruck zu gebrauchen, ist auch das Verhältnis der im Münzmetall enthaltenen »Spurenelemente« Gold, Iridium, Kupfer, Wismut, Zinn und eines halben Dutzends anderer

Elemente, die sich in winzigen Beimengungen auch in »reinem« Silber finden lassen. Auch diese Spurenbeimengungen müssen selbstverständlich in jenen paar Milligramm Probenstaub nachgewiesen und gemessen werden, die den Münzen mit einem kleinen Bohrer entnommen werden dürfen. Der Trick, mit dem das möglich ist, heißt wissenschaftlich »Neutronenaktivierungsanalyse«. Die Methode ist so extrem empfindlich, daß sich bei ihr auch noch ein Millionstelgramm Gold in einer Tonne Blei wiederfinden ließe. Das entspricht der Entdeckung einer Stecknadel in einem Heuhaufen von wahrhaft überdimensionaler Größe: Zu seinem Transport wären nicht weniger als 100000 zweispännige Erntewagen erforderlich.
Das Prinzip ist wiederum höchst einfach: Die Probe wird radioaktiv gemacht. Alle in ihr enthaltenen Elemente »strahlen« dann. Jedes Element tut das mit einer anderen charakteristischen Energie. Radioaktive Strahlung aber kann man heute mit einer geradezu unglaublichen Empfindlichkeit messen. Aus der Intensität der Strahlung kann man auf die Menge des jeweiligen Stoffes schließen.
Das Kernphysiker-Team bedient sich zu diesem Zweck des im Heidelberger Krebsforschungszentrum installierten Reaktors. Dort werden die Proben durch Neutronenstrahlung aktiviert und anschließend zur Vermessung ins Institut zurückgebracht. Der Rückweg führt über den Neckar, am Hauptbahnhof vorbei und dann in Serpentinen durch den Wald. Ein guter Autofahrer schafft die Strecke in etwa 15 bis 20 Minuten – es hängt vom Wetter, vom Touristenverkehr und vom Fahrstil ab. Es gibt Tage, an denen die Fahrt mit der »heißen« Probe im Wagen mit quietschenden Reifen absolviert wird. Tage, an denen nach der Ankunft im Institut das Treppenhaus und der Korridor zum Meßraum im Laufschritt zurückgelegt werden. Das Motiv ist Sorge. Der Grund: die Radioaktivität der mitgeführten Probe. Sie könnte schon zu stark abgeklungen sein, bevor der Meßraum erreicht ist. Manche Elemente verlieren nämlich nach der Aktivierung im Reaktor ihre Radioaktivität so rasch, daß es auf Minuten ankommt, wenn noch eine zuverlässige Messung möglich sein soll.

Das Heidelberger Forschungsteam hat inzwischen 65 Münzen des Asyut-Schatzes untersucht und unverwechselbar bestimmt. In einer langen Liste sind nicht nur die münzkundlichen Daten – also Ort und wahrscheinlicher Zeitpunkt der Prägung –, sondern auch die physikalischen und chemischen Daten eines jeden Silberlings festgehalten.

Noch bevor die ersten in den antiken Bergwerken erhobenen Befunde überhaupt ausgewertet wurden, lieferte bereits diese Zusammenstellung bedeutungsvolle Erkenntnisse. So etwa weisen alle in Heidelberg bisher untersuchten athenischen Münzen aus dem Asyut-Schatz eine nahezu identische Isotopen-Zusammensetzung und eine ebenso präzise übereinstimmende Mischung von Spurenelementen auf. Das läßt den sicheren Schluß zu, daß Athen zu jener Zeit alle seine Unternehmungen einschließlich seiner ausgedehnten Land- und Seekriege aus einer einzigen Silberquelle finanzieren konnte. Diese Quelle muß sehr üppig gesprudelt haben, denn der Stadtstaat brachte im Laufe der Zeit eine gewaltige Menge seiner mit Athene-Kopf und Eule gezierten Münzen in Umlauf. Die überlieferten Texte antiker Schriftsteller legten nun von Anfang an den Gedanken nahe, daß es sich dabei um das Bergbaugebiet in der Gegend von Laurion östlich von Athen gehandelt haben muß.

Demgegenüber war Ägina, damals Hauptkonkurrent Athens in Griechenland, wesentlich schlechter dran. Auch das ließ sich schon in dieser Phase der Untersuchungen aus den Befunden herauslesen: Das Silber der äginetischen Münzen – erkennbar an dem einst berühmten Schildkrötenemblem – ließ sich in verschiedene Gruppen einteilen. Gentner und seinen Mitarbeitern war klar, was das bedeutete: Die Herrscher von Ägina waren mangels eigener Silbervorkommen gezwungen gewesen, das zur Prägung ihres Geldes benötigte Metall aus mindestens drei verschiedenen Quellen zu beziehen. Aber aus welchen? Diese Frage ließ sich erst beantworten, als die Untersuchungsergebnisse zum Vergleich vorlagen, die am Erz der in Frage kommenden Bergwerke aufgestellt worden waren. Korinth und der nordgriechischen Inselrepublik Thasos war es nicht besser ergangen. Auch deren Münzen sind, wie die Heidelberger herausfanden, aus dem Silber mehrerer Bezugsquellen geprägt. Auch diese Stadtstaaten haben folglich das Metall kaufen müssen, weil sie nicht über eigene Vorkommen verfügten oder weil diese Vorkommen – wie im Falle von Thasos – nicht ausreichten.

Keine einzige der antiken Republiken in Griechenland außer Athen scheint also im anhebenden Zeitalter der Silberprägung im Besitz eigener ausreichender Erzlager gewesen zu sein. Athen war in dieser wichtigen Phase der Wirtschaftsgeschichte eindeutig privilegiert. Ist der Gedanke ganz abwegig, daß auch dieser Umstand dazu beigetragen haben könnte, daß sich Athen damals innerhalb weniger Jahrzehnte zur griechischen Führungsmacht aufgeschwungen hat?

Im April 1980 stehen wir zu sechst auf der Felsenhalbinsel Hagios Sostis und betrachten nachdenklich eine runde schwarze Öffnung zu unseren Füßen. Sie ist der Anfang eines engen Schachts, der fast senkrecht in die Tiefe führt. Hagios Sostis gehört zur Kykladeninsel Sifnos, etwa 150 Kilometer südöstlich von Athen. Der Schacht ist Teil eines vor viereinhalb Jahrtausenden angelegten Silberbergwerks, eines von rund 70, die das Heidelberger Team bis jetzt aufgesucht hat, um herauszufinden, ob sie als Erzlieferanten für Münzen aus dem Asyut-Schatz in Betracht kommen. Wir wollen einen Fernsehfilm über das Heidelberger Projekt drehen und haben uns Sifnos als Beispiel ausgesucht, weil die Untersuchungen hier besonders interessante Ergebnisse erbracht haben. Wir wissen, daß der Schacht, um dessen Öffnung wir herumstehen, mehr als zehn Meter tief steil in den Felsen führt und von da ab mit Wasser gefüllt ist. Wir wissen, daß knapp zwei Meter über dem Wasserspiegel ein nur etwa 60 Zentimeter breiter Stollen abzweigt, der nach weiteren 12 Metern in eine künstliche Höhle mündet, in der man, wenn auch nur mit eingezogenem Kopf, wenigstens sitzen kann. Wir wissen das, weil das Jahrtausende alte Stollensystem von Mitarbeitern des Deutschen Bergbau-Museums in Bochum, die dem Heidelberger Team zu Hilfe kamen, exakt vermessen worden ist.

Wir werden von Andreas Hauptmann, einem Mitarbeiter des Bochumer Instituts, begleitet. Er hat das Stollensystem bereits »befahren«, wie er es nennt. In das Labyrinth ohne sachkundige Führung einzudringen wäre sträflicher Leichtsinn. Doch unser Team muß hinein. Da unten hat Günther A. Wagner, einer der Heidelberger, nämlich Erzproben gefunden, die beweisen, daß das Silber einiger Asyut-Münzen aus exakt diesem Bergwerk stammt. Schließlich drehen wir einen Dokumentarfilm. Mit einem aufmunternden »Na, dann wollen wir mal« setzt sich Andreas Hauptmann als erster auf den Rand des schwarzen Lochs und verschwindet dann langsam, Füße voran, von einem Seil gesichert, im Fels. Er und die drei aus unserem Team, die ihm folgen sollen – Kameramann, Assistent und Regisseur –, haben sich wasserfeste Schutzanzüge, Gummistiefel, Plastikhelme mit Stirnlampen und Lederhandschuhe angezogen. Da unten ist es nicht nur dunkel, dreckig und eng, es trieft auch vor Nässe.
Andreas Hauptmann soll als Führer und »Bildmotiv« vorwegkriechen, hinter ihm Jan Meyberg, die Kamera auf einem kleinen Brett vor sich herschiebend. Ihm folgt Gilbert, der »Assi«, der sich außer mit den Filmkassetten auch mit den schweren Akkus für die Handscheinwerfer abzuplagen hat. Als letzter versinkt Regisseur Wolfgang Müller-Scherak, genannt Müsche, in der Tiefe.
Der gelbe Helm unseres Regisseurs verschwindet in dem dunklen Loch. Als einige Minuten später das am Eingang befestigte Seil erschlafft, Müsche also in zehn Metern Tiefe in den engen Seitenstollen umgestiegen ist, beginnt für uns Zurückgebliebene das Warten. Während die vier da unten im Fels umherkriechen, der an dieser Stelle der Insel von einem Gängegewirr durchzogen ist wie ein von Maden ausgebeutetes Käsestück, geht es mir durch den Kopf, daß sich hier vor Jahrtausenden – Holzkohlenreste und Keramikscherben haben die Datierung ermöglicht – ebenfalls Menschen durch die Felsen gewühlt haben, um die silberführenden Erzadern auszubeuten. Mit primitiven Werkzeugen haben sie sich durch den Felsen gehämmert, immer den Spuren des Erzes im Gestein folgend. Sie

haben sich da unten nicht, wie unser Team, nur einmal für einen halben Tag aufgehalten, sondern ihr Leben lang. Bis zu ihrem Tode. Oder bis sie arbeitsunfähig geworden waren. Es waren Sklaven und Kriegsgefangene. Sie haben sich hier und in den vielen tausend anderen Stollen, auf deren Ergiebigkeit die Wirtschaftskraft der griechischen Antike beruhte, unter Bedingungen schinden müssen, die uns unvorstellbar erscheinen.

Als unser Team nach fast drei Stunden verschwitzt, verdreckt und völlig ausgepumpt wieder ans Tageslicht zurückgekehrt ist, versuchen wir, uns den Alltag des antiken Bergbaus auszumalen. Unvorstellbar und dennoch unbezweifelbar, daß in diesem engen Stollen Männer über Monate und Jahre hinweg mit primitivem Handwerkszeug Erz gebrochen haben. Daß dieses Erz meist noch unter Tage zerkleinert und vorsortiert wurde, im Lichte von Öllämpchen, welche die zu diesem Zweck angelegten »Minihöhlen« trübe erhellten und dabei die staubgeschwängerte Luft zusätzlich verpesteten. Daß »noch nicht erwachsene Knaben«, wie ein zeitgenössischer Schriftsteller berichtet, die sich in den engen Gängen schneller bewegen konnten, das vorsortierte Erz an die Oberfläche zu schaffen hatten. Daß es dort »von kräftigen jungen Männern zerstampft« und anschließend von »schmutzigen, fast nackten Frauen und Männern« zu feinem Puder zermahlen wurde, bevor es in die Waschanlagen zur weiteren Aufbereitung kam. »Ein übergroßer Jammer«, konstatiert der antike Chronist. Nicht ohne Beklommenheit werden wir einer Seite der in unserer Bildungstradition so verherrlichten Antike gewahr, von der niemand von uns in der Schule auch nur ein Wort gehört hatte.

In der Woche darauf sind wir im antiken Bergbaugebiet von Laurion. Das gleiche Bild. Nur ist hier alles viel weitläufiger und ausgedehnter als auf Sifnos. Im Schrittempo folgen wir vorsichtig der Fahrspur, die sich auf dem Kamm eines mit Pinien bestandenen Hügels kilometerweit hinzieht und stellenweise vor Steinen und Geröll kaum zu erkennen ist. Kilometer um Kilometer eine Halde neben der anderen, dazwischen alte Schachteingänge. Über 200 Einstiegsschächte wurden in diesem Gebiet gezählt. Bis zu 20000 Sklaven haben hier zur Blütezeit

Athens gearbeitet – und diese Blütezeit mit ermöglicht. Zwar sind die Schächte mit Durchmessern von anderthalb bis zwei Metern wesentlich geräumiger als jene, die wir auf Sifnos gesehen haben. Doch für die Arbeiter war dies keine Erleichterung. Zeitgenössische Quellen versichern, daß viele ständig unter Tage gehalten wurden und die Sonne nie mehr zu sehen bekamen.

Die Gruben, in athenischem Staatsbesitz, wurden in der Regel an private Unternehmer verpachtet, die ihr Revier dann von eigenen Sklaven ausbeuten ließen. Ein gesunder, arbeitsfähiger Sklave stellte damals eine erhebliche Investition dar. Man wird daher davon ausgehen können, daß die Unternehmer besorgt waren, die Rentabilität ihres lebenden Besitzes nicht unnötig aufs Spiel zu setzen. Dennoch waren strenge Aufsicht, Ketten und in manchen Fällen eben auch der erzwungene Daueraufenthalt unter Tage üblich: 20000 Sklaven stellen, wie wir heute sagen würden, ein beachtliches revolutionäres Potential dar.

Die von den Einstiegsschächten sich verzweigenden Stollen, die den Erzadern folgen, sind hier auch nicht viel breiter als auf Sifnos. Jedenfalls sind sie so eng, daß nur im Liegen gearbeitet werden konnte. In dieser Stellung hatte ein Arbeiter »vor Ort« seinen Stollen in jeder Schicht um zehn bis zwölf Zentimeter voranzutreiben. Eine Schicht dauerte zehn Stunden – die Brenndauer einer frisch gefüllten Öllampe. Fest steht, daß eine Schicht die andere ablöste, so daß die Arbeit im Stollen nie ruhte. Da die Verpachtung gegen eine Pauschalsumme auf Zeit erfolgte, ließen die Grubenunternehmer rund um die Uhr arbeiten.

Der griechische Archäologe Konstantin Konophagos, der im Gebiet von Laurion seit über zehn Jahren arbeitet, hat einmal abzuschätzen versucht, wieviel Silber das antike Athen aus dieser Quelle gewonnen haben könnte. Grundlage seiner Schätzung waren die Zahl der Stollen, der Silbergehalt des bei Laurion geförderten Erzes – durchschnittlich 400 Gramm pro Tonne – und das Volumen der Abraumhalden. Er errechnete die Menge von nahezu 3000 Tonnen Silber – verteilt auf die etwa 300 Jahre, in denen die Gruben fette Erträge lieferten.

Danach erschöpften sie sich allmählich. Gleichzeitig ging auch der Einfluß der Athener in der griechischen Staatengemeinschaft zurück. Ein rein zufälliges Zusammentreffen?
Georg Papadimitriou, ein Mitarbeiter von Konophagos, führt uns zu einer der Waschanlagen, die sein Chef ausgegraben hat. Sie ist erstaunlich gut erhalten. Hier wurde das pulverisierte Erz gereinigt: Den Steinstaub schwemmte das Wasser fort, die schwereren metallhaltigen Körner blieben zurück. Sie kamen anschließend in die Schmelzöfen, in denen das Silber vom Blei getrennt wurde. Die Waschanlagen von Laurion entpuppen sich als ingeniöse »Recycling«-Anlagen. In einem raffinierten Kreislauf, in dem sich der mitgeführte Steinstaub langsam wieder absetzt, floß das Wasser immer von neuem an den Ausgangspunkt zurück und stand dort gereinigt für einen weiteren Waschvorgang zur Verfügung. Die ausgeklügelte Konstruktion spiegelt die Tatsache wider, daß es in der ganzen Region weit und breit keinen Tropfen Wasser gab. In mächtigen Zisternen mußte Regenwasser gespeichert werden oder in Trockenzeiten über Dutzende von Kilometern mit Maultieren herangeschafft werden. Ich sitze auf dem sonnengewärmten Rand einer alten Zisterne und schaue zu, wie unser Team, von Müsche dirigiert, Waschanlagen, Zuleitungssysteme und Reservoirs der weitläufigen Anlage filmt. Die Zeit verstreicht. Es wird immer heißer. Mir geht durch den Kopf, daß dies hier einer der Orte ist, an denen über den Verlauf der europäischen Geschichte entschieden wurde. Ohne das Silber von Laurion hätte alles anders kommen können.
480 v. Chr. hatten die Perser, von Xerxes angeführt, beinahe ganz Griechenland unterworfen. Der Spartaner Leonidas lag mit seiner Streitmacht erschlagen bei den Thermopylen, »wie das Gesetz es befahl«. Athen war erobert, die Perser hatten die Tempel der Akropolis zerstört. Als alles verloren schien, brachte die Seeschlacht in der Meerenge von Salamis die erlösende Wende: Themistokles vernichtete die persische Flotte. Bei Salamis ist darüber entschieden worden, daß Europa sich eigenständig entwickeln konnte. Die griechische Flotte aber, der Sieger dieser Seeschlacht, war mit laurischem Silber gebaut worden.

Während ich in der Mittagssonne vor mich hin döse, versuche ich mir auszumalen, welche Folgen ein Sieg der Perser, welche Folgen die Unterwerfung Griechenlands hätte haben können. Welchen Verlauf würde die Geschichte Europas genommen haben, hätte es das Silber hier nicht gegeben? Würde unsere Kultur sich dann an Persepolis und Mekka orientiert haben statt an Athen und Rom? Würden wir alle heute womöglich von rechts nach links schreiben?

Die Erforschung der Asyut-Münzen ist noch im Gange. Trotz aller Mühen und trotz allen Zeitaufwands wird die Arbeit weitergehen. Denn hier hat sich eine Quelle für Auskünfte über die Antike aufgetan, die sich auf keinem anderen Wege gewinnen lassen. Das belegt besonders eindrucksvoll der neueste in Heidelberg erhobene Befund. Er betrifft die »Ägineten« des Asyut-Schatzes, die von Ägina geprägten Silbermünzen.

Die kaum fünfzig Kilometer südwestlich von Athen gelegene Inselrepublik wurde schon vor ihrer attischen Konkurrentin zur bedeutenden Seemacht. Etwa 500 v. Chr. entspann sich zwischen beiden Städten ein Kampf auf Leben und Tod. Er wurde mit aller Brutalität geführt. Kennzeichnend ist das Schicksal äginetischer Kriegsgefangener, die von den Athenern zwar wieder in die Heimat entlassen wurden, aber erst, nachdem man ihnen die Daumen abgehackt hatte, damit sie nicht mehr ihre Kriegsschiffe rudern konnten. Die Auseinandersetzung endete nach einigen Jahrzehnten mit der völligen Unterwerfung Äginas und der Vertreibung aller seiner Bewohner. Vor diesem historischen Hintergrund ist der neueste Befund bemerkenswert: Alle in Heidelberg untersuchten Ägineten aus der Zeit vor 495 v. Chr. wurden aus Erz von der Insel Sifnos und einer anderen, noch unbekannten Mine geprägt. Von da ab verfügte die rohstofflose Inselrepublik plötzlich über eine weitere Bezugsquelle: Zahlreiche äginetische Münzen, die von Experten des British Museum jünger als 495 datiert sind, bestehen, wie Isotopenvergleich und Spurenelemente unwiderleglich beweisen, aus laurischem Silber.

Nach 495 hat Ägina folglich, zumindest vorübergehend, sein Münzsilber auch aus einem Bergwerk bezogen, das dem Todfeind Athen gehörte. Welches historische Ereignis diesem überraschenden Sachverhalt zugrunde liegt, ist vorerst rätselhaft. Es lassen sich verschiedene Ursachen denken. »Nach Lage der Dinge kaum friedliche«, wie ein namhafter deutscher Altphilologe auf Anfrage erklärte. Mehr konnte er zu dieser Angelegenheit auch nicht sagen. Hatte Ägina damals vorübergehend die Oberhand gewonnen?

Die »archäometrische« Zusammenarbeit von Archäologen mit Naturwissenschaftlern der verschiedensten Disziplinen wird uns in den kommenden Jahren ohne Zweifel noch weitere Überraschungen bescheren – und das nicht nur auf dem Gebiet der Münzkunde. Teams von der Art der Heidelberger Forschungsgruppe werden noch viele bislang stumme Zeugen der Vergangenheit zum Sprechen bringen. Und wer weiß, ich mag die Hoffnung nicht aufgeben, eines Tages werden sie es vielleicht doch noch schaffen, auch das Lied wieder erklingen zu lassen, das da immer noch in der altägyptischen Vase steckt.

1980

Warum der Mensch zum Renner wurde

Leistungssportler liefern Aufschlüsse über frühmenschliches Verhalten

»Marathonläufer«, so doziert Karl Kirsch, »sind im Grunde lebende Fossilien.« Einen Augenblick lang denke ich, er mache einen Scherz und suche nach der Pointe. Aber der Professor am Physiologischen Institut der Freien Universität Berlin meint es ernst. Karl Kirsch erforscht die anthropologischen, die physiologischen und psychologischen Voraussetzungen des menschlichen Leistungsverhaltens. Er hat die in Fachkreisen weitgehend akzeptierte These aufgestellt, daß sich im modernen Leistungssport prähistorische Lebensbedingungen widerspiegeln.

Ein »lebendes Fossil« hatte ich einige Wochen vorher in der Forschungsabteilung für Leistungsmedizin der Freiburger Universität erlebt: Im Laboratorium Professor Joseph Keuls, des »Papstes« der deutschen Sportmedizin, trabte ein junger Athlet auf einem Laufband. Konzentriert, angestrengt und im Rhythmus einer gutgeölten Maschine rannte Thomas Flum, 27 Jahre alt, Studienreferendar für Mathematik und Geschichte und Marathonläufer aus Passion, ohne auch nur einen Zentimeter von der Stelle zu kommen. Thomas Flum lief im Interesse der Wissenschaft. Weil er lief, ohne sich fortzubewegen, konnte an seinem Körper eine Vielzahl von stationären Meßgeräten angeschlossen werden. An diesem Nachmittag kam es nicht darauf an herauszufinden, wie rasch ihn sein Körper wie weit würde tragen können. Das Interesse der Forscher galt allein der Frage, was sich im Detail abspielte, während Thomas Flum – hier im Experiment wie sonst immer im Wettkampf – sich freiwillig bis an die Grenzen seiner Leistungsfähigkeit trieb.

Warum unterwirft der junge Lörracher Studienreferendar sich diesen Strapazen, für die er nicht einmal – wie die internationale Elite – mit Ehre, öffentlicher Anerkennung und finanzieller Absicherung rechnen kann? Auf meine Frage bekomme ich zunächst ein vages Lächeln und ein Achselzucken zur Antwort. Schließlich sagt der junge Mann, ihn reize eben die Wettkampfatmosphäre. Es befriedige ihn »irgendwie«, wenn er die 42,195 Kilometer wieder einmal »in einer anständigen Zeit« erfolgreich geschafft habe. »Erfolgreich« heißt für ihn: ohne Wadenkrampf oder einen anderen Zwang, vorzeitig aufzugeben. Mehr ist nicht herauszubekommen. Ich habe den Eindruck, daß er selbst nicht genau weiß, was er da eigentlich tut.

Die Suche nach einer Erklärung führte mich zu Professor Kirsch nach Berlin. Dort wurde mir klar, daß es sich bei den Untersuchungen an Langstreckenläufern um eine Art »experimenteller Archäologie« handelt. Der moderne Leistungssportler ist noch keine hundert Jahre alt. In dieser Zeit hat er sich die verschiedensten Deutungen gefallen lassen müssen. Carl Diem, Organisator der Olympischen Spiele von 1936 in Berlin, hielt ihn für eine Reaktion des Menschen auf die moderne technische Gesellschaft, die ihre Mitglieder zur Bewegungsarmut verdamme. Soziologen unserer Tage erklären ihn zu einem von den Medien geschürten Massenwahn. Radikale Kulturkritiker verdächtigen ihn als zeitgenössisches »Opium für das Volk«, als Mittel zur Ablenkung von der Misere des Daseins – vor allem an den freien Wochenenden.

Keine dieser Erklärungen befriedigt Professor Kirsch: Sie greifen seiner Ansicht nach zu kurz. Und zwar um etliche Jahrmillionen. Auf solche Deutungen könne man nur kommen, wenn man davon ausgehe, daß der Leistungssport vor rund hundert Jahren aus dem Nichts »erfunden« worden sei. Der Berliner Wissenschaftler suchte nach anderen Ursachen des menschlichen Leistungsverhaltens. Seine Ansicht: »Das sitzt alles viel tiefer, das ist nicht von gestern.« Um herauszufinden, von »wann« es denn stamme, hat er Psychologen und Kultursoziologen zu Rate gezogen, und vor allem hat er sich mit Völkerkundlern zusammengetan.

Im Laufe der Jahre zeichnete sich ihm ein ganz neues, faszinierendes Bild: Der Mensch ist ein »Renner« von Anbeginn seiner Existenz. »Laufen, laufen bis zur Erschöpfung, das ist eine anthropologische Grundkonstante«, so Professor Kirsch. »Während 99 Prozent seiner Geschichte, seit mindestens zwei bis drei Millionen Jahren, hat der Mensch nur als Dauerläufer eine Überlebenschance gehabt.« Daher also ist Laufen als moderner Leistungssport für Kirsch eine Art »fossilen Verhaltens«: Ein in Jahrmillionen angezüchteter Drang zu läuferischer Dauerleistung lebt sich in einer Gesellschaft aus, in der dieser Drang überflüssig geworden ist. Laufen ist ein auf unsere Gegenwart überkommenes Relikt aus der menschlichen Urgeschichte. Professor Kirsch behauptet, daß man aus bestimmten Besonderheiten moderner Laufwettbewerbe auf konkrete Bedingungen des frühmenschlichen Alltags schließen kann. Der moderne Laufsport ist – so Kirschs These – ein Abbild urzeitlicher Lebensumstände.

Ich muß an ein Gespräch denken, das ich vor Jahrzehnten mit Konrad Lorenz geführt habe. »Wissen Sie eigentlich«, hatte der berühmte Verhaltensforscher mich gefragt, »warum wir alle abstrakten Denkvorgänge mit Wörtern bezeichnen, die eine Beziehung zum Raum und zu unseren Händen haben?« Wir wollen ein Problem »erfassen«, wir »wenden es hin und her«, betrachten es »von allen Seiten« oder gar »rundum«, wenn wir versuchen, es zu »begreifen«. »Können Sie sich ›vor-stellen‹«, fragte Lorenz beziehungsvoll, »was sich ›hinter‹ diesen Formulierungen verbirgt?« In diesen Sprachbildern, so klärte er mich auf, lasse sich ablesen, daß unsere stammesgeschichtlichen Vorfahren die Fähigkeit zum Denken erwarben, als sie noch auf Bäumen hausten. Die Fähigkeit zum präzisen Abschätzen, die exakte Beurteilung der räumlichen Anordnung eines regellos wuchernden Geästs, eine greiffähige Hand, die im Gesichtsfeld beider Augen räumlich gezielt eingesetzt werden kann – das sind für einen Baumbewohner überlebensnotwendige Leistungen. Warum Adams Vater eines Tages von den Bäumen herunterstieg, ist bis heute noch nicht ganz klar.

Jedenfalls stand er nun da, auf dem festen, flachen Boden der

Steppe. Zum räumlichen Sehen begabt. Im Abschätzen von Entfernungen jedem Konkurrenten überlegen. Zwar war er so gut wie wehrlos, aber er hatte Hände, die sich jetzt nicht länger in luftiger Höhe an Äste zu klammern brauchten, sondern für andere Tätigkeiten geeignet waren: zum Werfen von Steinen, zum Schwingen von Knüppeln, zum Herstellen erster, primitiver Werkzeuge. Was tat unser Vorfahr in dieser für ihn neuen Lage? Er rannte. In den folgenden drei Millionen Jahren rannte er um sein Leben, genauer: um seinen Lebensunterhalt.

Die Auskünfte der Völkerkundler waren es, die Karl Kirsch auf den richtigen Weg brachten. Bei ihren Untersuchungen über die Lebensweise heute noch existierender Naturvölker hatten sie eine interessante Beobachtung gemacht: Die Reviere, in denen die einzelnen Stammesgruppen leben – jeweils zwanzig bis dreißig Mitglieder –, sind etwa gleich groß. Ob es sich um australische Ureinwohner oder Buschmänner in der südafrikanischen Kalahari handelt, das Revier eines unter Urweltbedingungen existierenden Stammes erstreckt sich in der freien Steppe über rund 400 Quadratkilometer. Diese Größe ist offensichtlich Ausdruck eines ökologischen Gleichgewichts zwischen Stammesgröße und Nahrungsangebot im Revier.

Im Zentrum eines typischen Buschmann-Reviers liegt die Wasserstelle. Ringsum, im Kreis mit einem Durchmesser von etwa zwei oder drei Kilometern, ist die Vegetation relativ üppig. Daran schließt sich die offene Steppe an. Wasser gibt es also direkt am Wohnplatz, Gemüse, Früchte und Vitamine in der Nähe, jagdbares Wild – Eiweiß – in der Weite der Steppe. Auch der Zwang, am Ende jedes Jagdtages zur Wasserstelle zurückkehren zu müssen, bestimmt die Reviergröße von 400 Quadratkilometern. Die Männer des Stammes sind nicht in der Lage, auf der Jagd und unter der Last ihrer Beute täglich mehr als etwa 40 Kilometer zurückzulegen.

Diese Distanz – unsere Marathondistanz – ist für den menschlichen Körper so etwas wie ein natürliches Höchstmaß. »Der optimale Brennstoff für den menschlichen Muskel sind Kohlehydrate«, sagt Dr. Huber, ein Mitarbeiter Professor Keuls in Freiburg. Sie reichen bei voller Laufleistung etwa für 30, höchsten 35 Kilometer. Dann sind sie verbraucht, und der Muskel muß sich zur Energiegewinnung auf die Verbrennung von Fett umstellen. Das ist aber nur eine Notlösung. Im Fett ist zwar viel Energie gespeichert. Sie ist aber nicht so schnell nutzbar, wie es diese Situation erfordert. Mir fallt ein, was Thomas Flum über seine Erfahrungen auf der 42-Kilometer-Strecke erzählt hatte: »Bis Kilometer 35 ist es nicht so schlimm. Dann aber wird es hart.«

Doch nicht nur der Energievorrat der Muskulatur bestimmt, wie weit der Mensch laufen kann, sondern auch das gespeicherte Wasser. Der Läufer verliert auf 40 Kilometer drei bis vier Kilogramm Flüssigkeit – als Schweiß und als Wasserdampf mit der Atemluft. (Also muß das »Wasserloch« wieder erreichbar sein, wenn es nicht zum körperlichen Zusammenbruch kommen soll.) Der Körper kann die bei der Dauerbelastung entstehende Wärme nur durch Verdunstung loswerden. Auch ein Muskel ist keine Maschine mit idealem Wirkungsgrad. Nur ein Drittel der durch Zuckerverbrennung erzeugten Energie wird in Bewegung umgesetzt. Der Rest staut sich als überschüssige Wärme im Gewebe. Wird diese nicht ständig »beseitigt«, droht ein Hitzschlag.

Der menschliche Körper ist auch eine »Überlebensmaschine«. Eine hochgezüchtete, biologische Konstruktion, die sich in Jahrmillionen den Bedingungen, die ihrem Überleben gesetzt werden, immer besser angepaßt hat. Das gilt natürlich für jede lebende Kreatur. »Die Flosse des Fisches«, sagt Konrad Lorenz, »ist im gleichen Sinne ein Abbild des Wassers, wie der Flügel des Vogels ein Abbild der Luft und der Huf des Pferdes Abbild des flachen Steppenbodens ist.« Anpassung bedeutet grundsätzlich »Abbildung« jener Bedingungen, unter denen die Anpassung erfolgte.

Welche Bedingungen haben sich nun in unserem Körper abgebildet? Die Antwort kann nur lauten: eine Vielzahl aus den verschiedensten Umwelten. Als einziges Lebewesen auf der Erde ist der Mensch kein Spezialist – und deshalb ist er grundsätzlich überlegen. So spiegeln unsere Hände heute noch das Geäst der Urweltbäume wider, in deren Wipfeln die Urvor-

fahren unserer Art lange Zeiten hindurch gelebt haben müssen. Und in den Besonderheiten der Funktion unserer Muskulatur haben rund drei Millionen Jahre Jagd auf offener Steppe ihre Spuren hinterlassen.
Ganz offensichtlich ist die Anpassung des menschlichen Körpers aber auch geschlechtsspezifisch unterschiedlich erfolgt. Bis auf den heutigen Tag blieb die Frau bei den Naturvölkern von den Jagdzügen des Mannes ausgeschlossen und war damit auch nicht einer täglichen Dauerbelastung ausgeliefert. Die Verantwortung für den Nachwuchs setzt ihrem Aktionsradius räumlich eine Grenze. Die Frau sammelt Früchte in der unmittelbaren Umgebung der Wasserstelle. Dieser Unterschied über Jahrmillionen hinweg hat im Körperbau von Mann und Frau unübersehbare Spuren hinterlassen. Ein Beweis dafür, wie alt die arbeitsteilige Kooperation zwischen den Geschlechtern ist. Männer haben pro Quadratzentimeter Haut doppelt so viele Schweißdrüsen wie Frauen. Kein Sportmediziner zweifelt heute mehr daran, daß auch das eine Form der Anpassung ist: Für den männlichen Jäger hat die Fähigkeit, überschüssige Wärme beseitigen zu können, eine existentielle Bedeutung. Aus dem gleichen Grunde ist das Unterhautfettgewebe beim Mann sehr viel spärlicher entwickelt als bei der Frau. Eine höchst zwiespältige Anpassung, denn für einen Warmblüter ist eine gute Wärmeisolation zur Einsparung von Nahrungskalorien grundsätzlich von Vorteil. Bei der Frau beträgt der Fettanteil am Körpergewicht durchschnittlich 25 gegen 15 Prozent beim Mann. Äußerliche Temperaturveränderungen beeinflussen daher die körperliche Leistungsfähigkeit der Frau weniger als die des Mannes, der dem Zwang unterlag, Dauerleistungen vollbringen zu müssen.
An dieser Stelle glaubte ich bei meinen Diskussionen mit den Spezialisten in Freiburg und Berlin Widersprüche zu erkennen. Warum gibt es denn längst auch Laufwettbewerbe über sehr viel längere Strecken als die Marathondistanz, die von den Wissenschaftlern als Abbild urzeitlicher Lebensumstände interpretiert wird? Die Antwort: Diese extremen Entfernungen, hundert Kilometer und mehr, werden von den Athleten in

einem sehr viel sparsameren Stil überwunden, bei dem die Erschöpfung der Kohlehydratvorräte in der Muskulatur bewußt vermieden wird.
Mir war noch ein weiterer Einwand gekommen: Es gibt doch längst auch Marathonläufe für Frauen. Professor Kirsch schien auf diesen Hinweis nur gewartet zu haben. Frauen, sagte der Wissenschaftler, die auf solchen Distanzen Höchstleistungen erzielen, haben dafür ein spezifisches Opfer zu bringen: Sie sind im strengen Sinne des Wortes keine Frauen mehr. Professor Kirsch legte mir Untersuchungsergebnisse von Sportmedizinern und von Frauenärzten vor: Eine Frau, die es im Langstreckenlauf zu etwas bringt, verliert ihre Regel. Der weibliche Hormonhaushalt reguliert sich zwar wieder, wenn das Training aufgegeben wird, aber für die Zeit, in der sie Leistungssport betreibt, ist sie unfruchtbar. Sobald eine Läuferin ein Trainingspensum von mehr als 150 Kilometern in der Woche absolviert, was für den Marathon etwa die untere Grenze ist, tritt der Effekt ein. Er tritt auch ein, wenn sie mehr als zwanzig Prozent ihres ursprünglichen Körpergewichts abtrainiert, ihr Unterhautfettgewebe also auf die »männliche« Norm reduziert hat.
Unglaublich geradezu und auch schon etwas unheimlich die List, mit der die Natur es schafft, uns vor ihren Karren zu spannen. Alle Anthropologen stimmen heute darin überein, daß unser Sexualtrieb nicht zuletzt deshalb der stärkste aller Triebe ist, weil er allein uns zu Aktivitäten veranlaßt, deren Folgen nicht uns selbst als Individuen zugute kommen. Die Belohnung – von der Natur als flüchtiger »Lustgewinn« gewährt – muß dem Belohnten eben um so größer erscheinen, je weniger ihm die Handlung objektiv einträgt. Und jetzt noch dies: Die – nicht nur für das Auge – »weichen« Konturen des weiblichen Körpers, wohlbekannte optische Auslöser männlichen Sexualinteresses, sind physiologische Notwendigkeit. Ebenso wie die kantigen Konturen des »idealtypischen« männlichen Körpers, der in drei Millionen Jahren seiner Evolution zum Renner wurde, weil er anders nicht hätte überleben können.
Wenn das alles stimmt, kann eine den Menschen in solchem

Maße von Grund auf prägende Vergangenheit aber nicht nur an unserem Körper Spuren hinterlassen haben. Und daß es stimmt, ist kaum mehr zu bezweifeln.

Vor drei Jahren flog Dr. Georg Alexander von Breunig, Patentanwalt aus München, wie Tausende von Touristen vor ihm über die Ebene von Nazca in Peru. Er war knapp bei Kasse. Deswegen hatte er sich erst nach einigem Zaudern entschlossen, Geld für einen der Sightseeing-Flüge auszugeben, mit denen einem Wißbegierigen die berühmten, über tausend Jahre alten »Erdscharrfiguren« der Nazca-Kultur gezeigt werden: riesige Tiere und Fabelwesen, ornamentale Zickzack- und Spirallinien und kilometerlange, wie mit dem Lineal in die Wüste gezogene Konturen, die scheinbar ziellos im Nichts enden.

Wie diese gewaltigen »Zeichnungen« entstanden sind, wirft keine Rätsel auf. Es genügte, in der von Schottersteinen übersäten Hochwüste – je nach gewünschter Kontur – den helleren, sandigen Untergrund freizulegen. Rätselhaft blieb dagegen bis heute, weshalb einige Dutzend Quadratkilometer Wüste mit Ornamenten überzogen sind, deren Umrisse sich im Laufe der Jahrhunderte vielfach überdeckt haben. Schwer zu erklären war allein schon die Größe der Figuren. Einige Tiere und Ornamente sind über hundert Meter lang. Ein Vogel-Torso hat einen Schnabel von 300 Metern Länge. Geometrische Figuren von mehr als einem Kilometer Ausdehnung sind keine Seltenheit.

Kaum weniger phantastisch als die Erdzeichen selbst sind einige Hypothesen zu deren Erklärung. Dem Amerikaner Paul Kosok war aufgefallen, daß am Tag der Wintersonnenwende die Sonne unmittelbar in der Visierrichtung einer der kilometerlang in der Wüste verlaufenden Linien aufging. Daher vermutete er, daß es zwischen den Nazca-Figuren und der Astronomie einen Zusammenhang geben müsse. Die in Peru lebende deutsche Mathematiklehrerin Maria Reiche nahm diese Spur auf. Seit 35 Jahren versucht sie, die »astronomische Hypothese«, von der sie unerschütterlich überzeugt ist, zu beweisen.

Andere Erklärungsversuche gibt es in großer Zahl. Aber keine kann befriedigen: Von den Spuren eines Totemkults war da die Rede. An symbolische Landkarten eines untergegangenen Rei-

ches hat jemand geglaubt. Andere erwogen die Möglichkeit verschlüsselter Hinweise zu verborgenen Schätzen. Soziologen erklärten das Ganze zu einem gewaltigen – und funktionell völlig sinnlosen – Arbeitsbeschaffungsprogramm. Und Däniken war auch schon da. Seine Deutung: Landebahnen für Außerirdische. Der Rest ist Schweigen.
Vielleicht hat der Entschluß Georg Alexander von Breunigs vor drei Jahren eine Wende eingeläutet. Denn während der Münchner die Wüste überflog, kam ihm der Einfall, der sich, so phantastisch er im ersten Augenblick auch anmutet, als Kristallisationskern einer völlig neuen Hypothese erwies. Er entdeckte, daß sich eine ganz bestimmte geometrische Konfiguration hundertfach wiederholte. Es handelte sich um sehr spitze Dreiecke mit Basislinien von vierzig oder auch hundert Metern und mit Schenkeln von mehreren hundert Metern Länge. Die Spitze der Dreiecke mündete in den meisten Fällen in eine wellenförmig oder im Zick-Zack verlaufende Linie. Dem Patentanwalt aus Bayern kam in den Sinn, daß hier in frühgeschichtlicher Zeit Laufwettbewerbe stattgefunden haben könnten. Vor dem geistigen Auge von Breunigs entstand das Bild einer an der Basis des Dreiecks aufgereihten Schar von 50 und mehr Läufern. Wenn diese sich nach dem Start in Richtung auf die etwa 800 Meter entfernte Spitze in Bewegung setzten, würde sich der Pulk wegen des unterschiedlichen Tempos der Läufer mehr und mehr auseinanderziehen; so sehr, daß an der Dreiecksspitze die Läufer ohne gegenseitige Behinderung auf die Schlangenbahn gelangen konnten.
Zufall? Zu weit hergeholt? Abenteuerliche Konstruktion? Vorsicht: Wir reden von den möglichen Folgen, die eine in drei Millionen Jahren zustande gekommene spezifische Prägung in unserer Veranlagung hinterlassen haben könnte – nicht nur an unserem Körper, auch in unserer Psyche. Wenn man diese Möglichkeit ernstlich bedenkt, fallen einem einige Schuppen von den Augen.
Im Verständnis des Menschen »laufen« seit Assur und Babylon Sonne, Mond und Sterne über seinen Köpfen umeinander und hintereinander her. Die altägyptische Religion erweist sich als

ein konsequent durchgehaltener Versuch, dem menschlichen Leben himmlische Dauer dadurch zu verleihen, daß man Verstorbene am Lauf der Sonne, die täglich neu geboren wird, magisch teilhaben läßt. Und stecken wir Heutigen nicht in einem Dickicht von Begriffen und Wortbildungen aus dem Bereich des Laufens? Wir sprechen vom Lebenslauf, vom Lauf der Dinge und der Welt, vom Ablauf eines Jahres. Läuft alles nicht darauf hinaus, daß ein paar Jahrtausende menschlicher Zivilisationsgeschichte zu wenig sind, um den Einfluß von Jahrmillionen zu tilgen?

In Deutschland, Skandinavien, England, Nordrußland und Nordamerika haben Archäologen eigentümliche Steinsetzungen und Erdmarkierungen entdeckt, die aus der Luft wie große Labyrinthe aussehen. Es steht fest, daß in diesen »Trojaburgen« in prähistorischer Zeit kultische Läufe stattfanden. Der Brauch existiert bei Naturvölkern noch heute. Tief im Unterbewußtsein des Menschen scheint der Glaube verwurzelt zu sein, daß man im Laufen und im Zustand läuferischer Erschöpfung den geheimen Mächten näherkommen kann, die über Natur und Dasein bestimmen.

Ein zeitgenössischer »Erdkünstler«, der Amerikaner Robert Smithson, hat 1970 eine 150 Meter lange Mole in den Großen Salzsee von Utah gebaut, deren Ende sich wie eine Spirale windet. Smithson hat sein Werk zum »meditativen Laufen« empfohlen. Ein Läufer, der in der Spirale auf immer engeren Kreisen dem Umkehrpunkt zustrebe, könne sich so auf sein eigenes Ich und die dort schlummernden Kräfte konzentrieren. Die Intuition des amerikanischen Künstlers ist nicht neu. Das zeigt die Verwandtschaft seiner Spirale mit historischen Parallelen, die er gar nicht kannte. Die Begründung für sein Werk kann auch für den Bau der uralten »Trojaburgen« gelten, so sehr ähneln sich die Formen. Und darf man in diesem Zusammenhang nicht auch an den ornamental zur Spirale denaturierten Schwanz des »Affen von Nazca« denken? Und an die über hundert anderen Spiralen?

Georg Alexander von Breunig wußte von all dem nichts. Als er vor drei Jahren von seinem Rundflug nach Lima zurückkehrte, führte ihn sein erster Weg ins Anthropologische Museum der peruanischen Hauptstadt. Nachdem er Hunderte von Gefäßen und Keramiken der alten Nazca-Kulturen durchmustert und noch immer nicht gefunden hatte, was er finden wollte, verschaffte er sich Zugang zum Magazin des Museums. Dort endlich entdeckte er kistenweise Keramiken, die mit Laufmotiven verziert waren. Und in der einschlägigen Literatur las der Amateur-Archäologe, daß das Inka-Reich auf dem Höhepunkt seiner Macht über ein Straßennetz mit einer Länge von insgesamt 20000 Kilometern verfügt hatte. Das in seiner Ausdehnung dem römischen Imperium vergleichbare Riesenreich, in dem es weder Wagen noch Pferde, noch eine Schrift gab, war auf die effektive Nachrichtenübermittlung der »Chasqui« angewiesen. Zur Eignungsprüfung dieser Botenläufer gehörte es, ein Lama mit bloßen Händen fangen zu können – was nur gelang, wenn ein Prüfling das Tier bis zur Erschöpfung gehetzt hatte.

Bei ihren Botenläufen lösten sich die Chasqui im fliegenden Wechsel ab. Die Straßen verliefen schnurgerade und nahmen auf Steigungen keine Rücksicht. Im bergigen Gelände wurden lediglich die Teilstrecken der einzelnen Läufer verkürzt, Steilhänge notfalls durch künstlich angelegte Treppen überwunden. Während die berittene spanische Post von Lima nach Cuzco noch im 17. Jahrhundert zwölf Tage brauchte, überwanden Chasqui-Stafetten diese Distanz in nur drei Tagen. Es stand also fest: Im Inka-Reich und ebenso in der ihm vorausgegangenen Nazca-Kultur wurden läuferische Leistungen besonders hoch eingeschätzt. Die Bildmotive auf der Keramik ließen außerdem noch den Schluß zu, daß auch kultische Läufe große Bedeutung gehabt haben.

Aber alle diese Indizien genügten von Breunig nicht. So kehrte er im Jahre darauf nach Nazca zurück, um nach Beweisen zu suchen. Vor allem erforschte er die sogenannte »Angelrutenfigur«, eines jener langgezogenen Dreiecke, von dessen Spitze eine Wellenlinie wie die Leine einer Angelrute an die Basis zurückläuft.

Wenn, so kombinierte der Hobbyforscher, auf diesen Linien

wirklich gelaufen worden war, dann müßte ihr Bodenprofil in den engen Kurven asymmetrisch abgenutzt sein: Der tiefste Punkt des Bodens hätte wegen der in diesen Bahnabschnitten auftretenden Zentrifugalkräfte an den äußeren Kurvenrand wandern müssen. Nur: Ob das nach tausend Jahren noch festzustellen war?

Der Münchner vermaß die Bodenprofile. Tatsächlich waren die meisten in der von ihm vorhergesagten Weise verformt. Beiläufig entdeckte von Breunig noch etwas anderes. Auf der Innenseite fast aller 16 Kurven der »Angelrute« fand er die Reste kleiner Steinpfeiler. Waren das Wendemarken? Schließlich gab es noch einige Dreiecke, deren Basislinien in regelmäßigen Abständen von ein bis zwei Metern durch Steinsetzungen unterteilt sind. Bestätigt das nicht ihre Funktion als Startlinien? Läßt diese Anordnung nicht zwingend an die Unterteilung von Startplätzen für die einzelnen Läufer denken?

Von einem Beweis zu sprechen wäre noch zu früh. Aber einige der angesehensten deutschen Spezialisten für die frühen südamerikanischen Kulturen haben von Breunig bestätigt, daß er auf etwas gestoßen sei, was eine genauere Untersuchung lohne. Vielleicht also werden sich die geheimnisvollen Zeichen und Figuren in der Wüste bei Nazca als die Überreste eines altperuanischen Olympia entpuppen.

Das Lebensgesetz der vorgeschichtlichen Urahnen des Menschen hat jedoch nicht nur die untergegangene Kultur von Nazca geprägt. Auch die Emotionen, die sich in unseren modernen Stadien entladen, haben, so scheint es, die gleichen Wurzeln. Das ist mehr als nur ein von den Medien geschürter Massenwahn. In dem Triumph, den ein Läufer empfindet, wenn er, zu Tode erschöpft, an der Ziellinie die Arme hochreißt, steckt die Urerinnerung an die Heimkehr von risikoreicher Jagd. Und der Jubel, der ihm von den Rängen entgegenschlägt, hat Wurzeln, die tiefer in die Vergangenheit zurückreichen, als mancher glaubt.

Als Zuschauer eines solchen Wettbewerbs sind wir an dessen Ablauf nur scheinbar unbeteiligt. In der Spannung, mit der wir das Geschehen verfolgen, und in dem befreienden Glücksgefühl über einen »erfolgreichen« Ausgang regt sich uralte, in unserem Unterbewußtsein verankerte Erinnerung: die Erinnerung an die Unerbittlichkeit, mit der unsere Existenz über unvorstellbar lange Zeiträume hinweg von dem Erfolg der Läufer einer Gemeinschaft abhängig gewesen ist.

1981

Das Geschäft mit dem Wunder

Bei den »Geistheilern« auf den Philippinen

Vom Übernatürlichen spricht Isabella Stieger, die ich in einem Vorort von Zürich besuche, in dem geschäftsmäßigen Tonfall eines Versicherungsagenten. Ausdrücke wie »telekinetische Apporte«, »paranormale Körperöffnung« oder »magnetopathische Therapie« gehen ihr leicht über die Lippen. Während sie mich mit Tee und Gebäck versorgt, spezifiziert sie ihr Angebot. Falls, so versichert sie mir, ich ihre Dienste in Anspruch nähme, werde sie dafür garantieren, daß ich Kontakt mit den befähigtsten philippinischen »Wunderheilern« bekäme und diese beim Vollzug ihrer paranormalen Heilmethoden auch filmen dürfe. Ich möge ihr nur unsere Flugnummer verraten, sie werde uns dann bei unserer Ankunft in Manila am Flughafen erwarten und dank ihrer Beziehungen dafür sorgen, daß unsere Filmausrüstung reibungslos durch den Zoll gehe. Ob sie vielleicht auch das Hotel für uns reservieren dürfe? Ich weiß, daß die charmante junge Frau nicht übertreibt. Seit mehreren Jahren organisiert und begleitet die ehemalige Sekretärin Isabella Stieger Reisegruppen zu den »Geistheilern« auf den Philippinen. Der Service, den sie offeriert, hat Hand und Fuß. Der Tagessatz, den sie verlangt, ist professionell.

Während ich noch überlege, wie ich die Offerte taktvoll ablehnen kann – ich will die »Wunderheiler« schließlich unbeeinflußt studieren und nicht im Bannkreis einer Prophetin des Übersinnlichen –, hat meine Gesprächspartnerin schon unsere Reisedaten aus mir herausgefragt, auch die Namen der übrigen Mitglieder unseres Teams. Die anschließende Stunde vergeht mit Frau Stiegers fesselnder Schilderung besonders eindrucksvoller Behandlungserfolge bei Patienten, »die von unserer westlichen Medizin längst als unheilbar aufgegeben worden waren«. Als ich mich verabschiede, setzt Frau Stieger unsere Zusammenarbeit stillschweigend voraus.

Ich bin zum erstenmal einer jener Verbindungspersonen begegnet, deren Aktivität dazu beiträgt, daß – geschätzt – jährlich bis zu 10000 Patienten allein aus dem deutschsprachigen Raum Hilfe bei den »Wunderheilern« auf den Philippinen suchen. Nicht wenige von ihnen opfern ihre letzten Ersparnisse für die Reise. Es gibt Familien, die Haus und Hof verpfänden, weil sie einem gelähmten Kind oder einem krebskranken Vater die Chance einer »paranormalen Heilung« nicht vorenthalten wollen. Denn in Aussicht gestellt wird nicht weniger als ein leibhaftiges Wunder.

Nicht nur Patienten und Angehörige, auch Journalisten, sogar Ärzte sind davon überzeugt, daß die Naturgesetze auf den Philippinen nicht uneingeschränkt gelten. Übereinstimmend berichten sie von »Heilern«, die über die Gabe verfügten, den Leib eines Patienten mit bloßen Händen zu öffnen und erkranktes Gewebe oder Krebsgeschwülste zu entfernen. Obwohl während des Eingriffs reichlich Blut fließe, empfinde, so heißt es, der Patient keinerlei Schmerzen. Nach der nur wenige Minuten dauernden »psychischen Operation« schließe sich die Wunde sofort wieder, es bleibe nicht einmal eine Narbe zurück. Sofort nach dem Eingriff könne der Patient aufstehen.

Fotografien scheinen das schier Unglaubliche zu belegen. Ein veritabler Physiker drehte sogar einen Film, der den Ablauf zahlreicher derartiger »paranormaler Operationen« in bewegten Bildern festgehalten hat. Schließlich schickten zwei große deutsche Illustrierte ihre journalistischen Experten vor Ort. Auch diese ausgekochten Profis kamen verwirrt, vielleicht nicht gerade gläubig, aber immerhin ratlos in ihre Redaktionen zurück. Sie hätten, so schrieben sie dann auch, Dinge gesehen, die eigentlich unmöglich seien. Hatten sie wirklich?

Einige Wochen später sitze ich im Zimmer 1001 des »Ramada Midtown Hotel« in Manila. Den Weg dorthin hatte mir ein

Zettel gewiesen, der außen an der Zimmertür befestigt war. Handschriftlich und auf deutsch war dort angekündigt: »Heilungen dienstags und donnerstags um 10 Uhr und 16 Uhr.« Heute ist ein Dienstag, und mit mir warten etwa 15 deutsche Touristen auf den Heiler Boy Santiago. Viele der Wartenden sind sichtlich schwer krank. Ein älterer Mann liegt blaß, mühsam atmend, mit geschlossenen Augen auf einer Trage. Andere unterhalten sich flüsternd. Die Atmosphäre ist die andächtiger Erwartung. Dann öffnet sich die Tür, und Santiago betritt mit zwei Assistenten das Zimmer. Die Unterhaltung verstummt. Alle Augen richten sich auf den kleinen Filipino, der, mit Flanellhose und offenem Sporthemd lässig gekleidet, siegessicheres Selbstvertrauen ausstrahlt. Santiago sagt nichts. Er begrüßt auch niemanden besonders. Nach einem angedeuteten Kopfnicken, das jeder auf sich beziehen kann, stellt er sich an die Längsseite des Bettes, das bereits mit einer Plastikfolie überzogen ist.
Geräuschlos, mit flinken, routinierten Bewegungen bereiten die Assistenten die Demonstration der übernatürlichen Fähigkeiten ihres Meisters vor. Aus einer Schraubflasche wird wasserklare Flüssigkeit in eine blaue Plastikschale gegossen. Watte wird zurechtgelegt, ein paar kleine Tücher, ein Fläschchen, dessen Inhalt nach Öl aussieht. Augenblicke später sind die Vorbereitungen abgeschlossen. Der Operation steht nichts mehr im Wege. Mit dem Zeigefinger deutet Siegfried Klein, Reiseleiter der aus Süddeutschland angereisten Gruppe, auf einen jungen Mann in der Zimmerecke. Der erhebt sich und zieht, noch während er auf das als Operationstisch dienende Bett zugeht, sein T-Shirt über den Kopf. Schweigend legt er sich auf die rechte Seite. Nach Beschwerden wird nicht gefragt. Eine Diagnose wird nicht gestellt. Der Heiler nimmt seine Bibel und preßt sie kurz gegen seine Stirn. Dann streift er die Ärmel hoch und beginnt, die Haut des Patienten in der Nierengegend mit beiden Händen knetend zu bearbeiten.
Einer der Assistenten reicht ihm einen feuchten Wattebausch. Plötzlich quillt Blut zwischen den Fingern des Heilers hervor. Der Assistent fängt es mit einem Frottiertuch auf, bevor es auf

das Bett tropfen kann. Immer mehr Blut fließt. Die Fingerspitzen des Operateurs stecken tief in einer Blutpfütze. Plötzlich, mit einem sichtbaren kleinen Ruck, verschwindet Santiagos rechter Zeigefinger bis zum Mittelknöchel im Bauch des Patienten. Jedenfalls ist von dem Finger auf einmal nur noch das Grundglied zu sehen. Das fällt besonders auf, weil Santiago zugleich die übrigen Finger seiner rechten Hand weit abspreizt. Der Patient liegt völlig entspannt da. Ganz offensichtlich empfindet er keine Schmerzen. Andächtig und sichtlich bewegt verfolgen die Umstehenden den Ablauf. Mit einer gewissen Mühe, so scheint es, zieht Santiago seinen Finger mit drehenden Bewegungen aus der Wunde wieder heraus. Danach hat er plötzlich ein kleines, blutiges Bröckchen zwischen Daumen und Zeigefinger. Er betrachtet es prüfend, bevor er es in die kleine Plastikschale wirft. Der Vorgang wiederholt sich noch zweimal. Jedesmal holt der Operateur Blutklumpen oder Gewebsfetzen aus dem Leib des Patienten.
Dann nimmt einer der Assistenten das kleine Handtuch und wischt das Blut wieder ab. Als er fertig ist mit der Säuberung, ist die Haut an der Stelle des Eingriffs fleckig gerötet, so wie etwa nach heftigem Kneifen. Man sieht auch die Spuren eingedrückter Fingernägel. Aber eine Öffnung, eine Wunde oder auch nur eine Narbe gibt es nicht. Der Patient erhebt sich und geht zu seinem Stuhl zurück. Das Ganze hat höchstens zwei Minuten gedauert. Während das Wasser in der Toilette noch rauscht – der zweite Assistent hat den Inhalt der blauen Plastikschüssel dort umgehend beseitigt –, legt sich schon der nächste Patient auf den improvisierten Operationstisch. Während der folgenden Dreiviertelstunde wiederholt sich die gleiche Prozedur wieder und wieder, wobei allerdings die Körperstelle, an der »operiert« wird, von Fall zu Fall wechselt. Nach einer knappen Stunde ist alles vorbei. Alle waren an der Reihe. Jeder hat hinterher einem der Assistenten 100, 200 oder auch 300 philippinische Pesos, etwa 30 bis 90 Mark, als »freiwillige Spende« in die Hand gedrückt. Nicht sehr viel, sollte man meinen, für einen heilenden Eingriff, der vollbringt, wozu unsere »westliche Schulmedizin« außerstande ist. Die Stim-

mung unter den Patienten ist entspannter, lebhafter. Einige geben ungefragt und mit Nachdruck kund, daß sie sich deutlich besser fühlen.
Als ich am Nachmittag mit dem Filmteam wiederkomme, ist die Stimmung völlig umgeschlagen. Die Gruppe empfängt mich mit unverhohlener Feindseligkeit. Ultimativ und gereizt werde ich aufgefordert, das Zimmer 1001 auf der Stelle zu verlassen. Als ich einen Augenblick zögere und versuche, erst einmal herauszubekommen, was eigentlich los ist, nimmt die Gruppe eine drohende Haltung an. Erschrocken gebe ich auf und räume das Feld. Wenige Augenblicke später kommt Herr Klein, der Betreuer der Gruppe, zu mir auf den Flur. Der Vorfall ist ihm peinlich. Er entschuldigt sich für das Verhalten »seiner« Patienten. Dabei ist er gänzlich schuldlos. Er hat lediglich versucht – wir hatten das am Vormittag so verabredet –, mir das Einverständnis zu verschaffen, daß ich bei einigen der »paranormalen« Eingriffe Filmaufnahmen machen könnte. Bei früheren Gruppen hätte das immer geklappt, aber in meinem Fall ist es gründlich schiefgegangen. Die Patienten hatten mich identifiziert. Sie hatten sich daran erinnert, daß ich wissenschaftliche Fernsehsendungen mache, insbesondere aber daran, daß ich mich in anderem Zusammenhang mit sogenannten »übersinnlichen« oder »paranormalen« Phänomenen schon kritisch auseinandergesetzt hatte. Die Entdeckung hatte in der Gruppe Panik ausgelöst. Man befürchtete, meine Anwesenheit könne die »magnetischen Kräfte« des »Heilers« ungünstig beeinflussen.
Zufällig treffe ich wenige Tage später den jungen Mann wieder, der an jenem Vormittag im Zimmer 1001 als erster »operiert« worden war. Er stellt sich als Architekt vor und hat das Bedürfnis, mir die aggressive Reaktion seiner Mitpatienten verständlich zu machen. »Versetzen Sie sich mal in unsere Lage«, sagt er entschuldigend. Er vertraut mir an, daß er selbst von fortschreitender Erblindung bedroht ist. »Wenn Sie das wissen, und die Ärzte in Deutschland geben Ihnen zu verstehen, daß daran nichts mehr zu ändern ist, was würden Sie dann machen?« Gott sei Dank erwartet er keine Antwort. Er selbst

jedenfalls ist hierhergefahren, zu den »Wunderheilern«, von denen man ihm Wunderdinge erzählt hat. »Wissen Sie, da will man gar nicht so furchtbar genau wissen, was da dran ist«, sagt er. Wenn man zuviel nachdenke, verliere sich bloß der letzte Optimismus. »Das müssen Sie doch verstehen?« Ich verstehe es nur allzugut. Ich würde mir eher die Zunge abbeißen, als dem jungen Mann zu erzählen, was mir bei den »paranormalen« Manipulationen des Herrn Santiago im Zimmer 1001 an Ungereimtheiten aufgefallen ist.

An einem der folgenden Abende fahren wir in eines der Armenviertel Manilas. Die schmalen Gassen zwischen den erbärmlichen Hütten aus Blech und Holz wimmeln von Menschen. Das Auto Dr. Bretzlers, des Leiters des Goethe-Instituts in Manila, kommt nur im Schrittempo vorwärts, aber niemand scheint an unserem Eindringen Anstoß zu nehmen. Die Leute winken uns freundlich zu und lächeln. Dr. Bretzler will uns zu der Kapelle einer kleinen Sekte bringen, in der die »Glaubensheilung« noch in ihrer ursprünglichen Form praktiziert wird. Filmen dürften wir dort wahrscheinlich nicht, meint er, dazu seien die Leute zu scheu. Für alle Fälle haben wir aber doch eine Kamera mitgenommen.

Die »Kapelle« entpuppt sich als schlichte Holzbaracke, und der Gottesdienst hat schon begonnen. Der kleine Raum ist mit siebzig oder achtzig Menschen bis auf den letzten Platz besetzt. Alle Altersgruppen sind vertreten. Kleine Kinder schlafen auf dem Schoß der Eltern. Touristen gibt es hier nicht. Die Gemeinde singt mit solcher Inbrunst, daß selbst das Gegacker der Hühner übertönt wird, die zwischen den Stuhlreihen umherlaufen.

Während wir vor der offenen Tür warten, holt Dr. Bretzler den ihm bekannten »Bischof« der Sekte zu uns heraus. Der weißhaarige alte Herr mustert uns zurückhaltend. Die Medien müßten erst den Heiligen Geist befragen, ob wir hereindürften, sagt er schließlich. Drinnen wird jetzt gepredigt. Der Prediger trägt gewöhnliche Straßenkleidung. Als er fertig ist, strömt die Gemeinde ins Freie. Wir denken schon, alles sei vorüber. Jetzt aber werden unter Lachen und lebhaftem Schwatzen Teller und Löffel verteilt. Es gibt Reissuppe mit Schweinefleisch. Auch wir werden eingeladen. Als die Gemeinde in die Kapelle zurückgeht, taucht der »Bischof« wieder auf. Wir dürften, so teilt er uns mit, am weiteren Ablauf teilnehmen. Die Gemeinde singt mehrstimmig mit einer Inbrunst, die mich anzurühren beginnt. Mir geht die Frage durch den Kopf, in welcher unserer Kirchen es wohl noch eine Gemeinde geben mag, die eine so überzeugende Gläubigkeit ausstrahlt.

Man hat uns in der ersten Reihe Sitzplätze frei gemacht. Wir dürfen sogar unsere Kamera holen. Niemand nimmt von uns Notiz, während wir die folgenden Szenen filmen. Zwei junge Männer treten an einen Wandbehang, auf den eine weiße Taube gestickt ist. An der Brust der Taube hängt ein schon ziemlich abgewetzter Lederriemen, den die beiden durch die Fäuste gleiten lassen, als ob sie die Taube ausmelken wollten. Anschließend schleudern sie ihre Hände in Richtung zweier Gemeindemitglieder, die jetzt die Rolle von »Medien« übernehmen.

Die faustdicke Symbolik dieses Rituals bedarf kaum der Erklärung: Die »Kraft« des von der Taube symbolisierten Heiligen Geistes wird auf die Medien übertragen, die darauf prompt und etwas theatralisch »in Trance fallen«. Sie sacken ruckartig auf ihrem Stuhl zusammen und beginnen, mit gekünstelt hoher Fistelstimme zu sprechen. Nach der geflüsterten Auskunft Dr. Bretzlers sind es die Stimmen der Apostel, die von den Körpern der Medien »Besitz ergriffen haben«. Nun tritt ein Gemeindemitglied nach dem anderen vor und läßt sich, beide Hände auf eine Bibel gelegt, die Diagnose stellen. Die Medien geben sie mit Fistelstimme bekannt, Helfer notieren sie auf einer Liste. Nachdem alle Interessenten abgefertigt sind, folgt die Therapie. Zwei Tische werden leergeräumt und nebeneinandergestellt. An beiden beginnen die Medien zu »operieren«.

Es sind grundsätzlich die gleichen Manipulationen, wie wir sie im Hotel dutzendfach gesehen haben. Aber es gibt bezeichnende Unterschiede. Man verzichtet darauf, den Eindruck hervorzurufen, als werde in den Körper der Patienten eingedrungen. »Blut« fließt nur in einem kleinen Teil der Fälle, und dann nur tropfenweise. Niemand gibt sich sonderliche Mühe zu verbergen, daß die Rotfärbung durch eine Mischung verschiedener »Desinfektionslösungen« zustande kommt. In den meisten Fällen aber legen die Medien und alle Umstehenden unter lautem Gesang einfach ihre Hände auf die erkrankte Körperstelle des Patienten.

So schlicht und naiv das ganze Ritual auch ist, es macht auf uns einen tiefen Eindruck. Wer hier krank wird und hilfsbedürftig, der findet sich – das ist die Lehre, die uns in dieser erbärmlichen kleinen »Kapelle« in einem Slum erteilt wird – in einem Netz zwischenmenschlicher Anteilnahme und Solidarität aufgehoben, das bei uns nicht mehr vorstellbar ist. Auf ein soziales Netz unserer Machart freilich darf er nicht zählen. Sozialversicherung oder Krankenkasse gibt es auf den Philippinen nicht. Diese gegenseitig gespendete »Glaubensheilung« ist für die Ärmsten der Armen die einzige Zuflucht, wenn sie ernstlich krank werden.

Wer wollte die Möglichkeit bestreiten, daß sich mit dieser Methode bestimmte chronische psychosomatische Beschwerden vielleicht sogar lindern lassen, an denen sich unsere wissenschaftliche Medizin womöglich die Zähne ausbeißt? Und selbst wenn keine Linderung eintritt, leistet dieses Netz zwischenmenschlicher Solidarität immerhin etwas, worin unser soziales Netz, wenn es hart auf hart kommt, unweigerlich versagt: Es spendet Trost und bewahrt vor Verzweiflung.

Walter Lüdcke ist auf deutsche Ärzte nicht gut zu sprechen. Er läßt kein gutes Haar an ihnen. »Sieben Ärzte haben mir gesagt«, erzählt er mir mindestens zum drittenmal, »daß ich Prostatakrebs hätte und man mich nicht mehr operieren könne.« Noch heute, ein halbes Jahr später, bebt die Stimme des 57jährigen Handelsvertreters vor Zorn, wenn er von seinen Erfahrungen in deutschen Krankenhäusern spricht. Er erzählt mir seine Leidensgeschichte auf der Dachterrasse des »Holiday Inn«-Hotels in Manila. Unter uns liegt der Roxas Boulevard, die glitzernde Fassade der Riesenstadt. Vor uns die Bucht von Manila.

Auch Walter Lüdcke ist in seiner Angst und Not bei den philippinischen »Wunderheilern« gelandet. Und so, wie viele vor ihm, ist er auch schon nach den ersten Behandlungen beruhigt und von neuer Hoffnung erfüllt. Alex Orbito hat ihm nach zehn Behandlungen versichert, daß der Krebsknoten aus seinem Körper restlos entfernt sei. Und das geschwollene linke Bein? Herr Lüdcke quittiert die Frage mit einer verächtlichen Handbewegung: »Eine gewöhnliche Thrombose. Darauf sind die in Deutschland auch nicht gekommen.« Romeo Bugarin habe ihm versprochen, sie mit höchstens zwanzig Behandlungen zu beseitigen. Und die Rückenschmerzen? »Bloß Abnutzungserscheinungen. Kein Problem für die Heiler.«

Ich kann nicht kontrollieren, ob man mit Walter Lüdcke in deutschen Kliniken wirklich so unsensibel umgegangen ist, wie er behauptet. Aber ich glaube ihm aufs Wort, daß er in Panik geriet, als er dahinterkam, daß man ihn für unheilbar krebskrank hielt, und ich kann auch den unguten Verdacht nicht unterdrücken, daß von dem Augenblick an, in dem das nach Ansicht der Ärzte feststand, niemand im deutschen Medizinbetrieb mehr so richtig für den Patienten Walter Lüdcke zuständig war.

Es ist in den letzten Jahren ein wenig in Mode gekommen, unsere moderne, naturwissenschaftlich begründete Medizin als »Apparate-Medizin« anzuprangern und ihr vorzuwerfen, sie betrachte den Patienten lediglich als »Befundlieferanten«. In dieser pauschalen Form ist der Vorwurf sicher allzu billig. Wer von denen, die ihn lustvoll und gedankenlos nachplappern, würde wohl nicht sofort entrüstet protestieren, wenn auf die Anwendung auch nur eines einzigen dieser Apparate verzichtet würde, sobald er selbst an einem Magengeschwür, einem Tumor oder auch nur einem verlagerten Weisheitszahn litte?

Die Kritik enthält insofern aber einen wahren Kern, als den außerordentlichen Erfolgen bei der Bekämpfung organisch faßbarer Krankheiten eine eigentümliche Hilflosigkeit derselben Medizin angesichts bestimmter chronischer und insbesondere psychosomatischer Leiden gegenübersteht, und auch insofern, als diese Medizin einem Patienten, dessen Heilung ihre Möglichkeiten übersteigt, nach der Feststellung dieser Tatsache

unweigerlich den Rücken kehrt und ihn sich selbst überläßt. Nicht, weil sie ihrem Wesen nach inhuman wäre, wie es dann mitunter gleich wieder heißt. Der Grund ist viel einfacher: Mit unheilbaren Patienten weiß sie nichts mehr anzufangen.
Während ich der Philippika lausche, die Walter Lüdcke gegen »die deutschen Ärzte« vom Stapel läßt, muß ich an die Antwort denken, die mir ein Kollege gab, der sich, besorgt über unklare Beschwerden, in einem großen Klinikzentrum »durch die Mühle hatte drehen lassen«. Als ich ihn nach seinen Erfahrungen fragte, antwortete er: »Ach, weißt du, da können sie dir auf die Stelle hinter dem Komma genau sagen, wie viele Kalziumionen du im Achselschweiß hast. Aber den Angstschweiß auf deiner Stirn, den wischt dir keiner ab.« Das genau ist die Erfahrung, die auch dieser Mann neben mir auf der Dachterrasse in Manila hat machen müssen. Sie ist es, die ihn hierher in die Arme der »Wunderheiler« getrieben hat. Da war niemand sonst, an den er sich hätte wenden können, als ihn die medizinischen Experten just in dem Augenblick fallenließen, in dem seine Angst am größten war. Wäre es vernünftig, ja wäre es überhaupt wünschenswert, von einem Menschen in einer solchen Lage zu verlangen, daß er durchschaut, wie fadenscheinig das Angebot dieser »Wunderheiler« in Wirklichkeit ist?
Am nächsten Morgen filmen wir den ersten der »Eingriffe«, mit denen der »Glaubensheiler« Romeo Bugarin der von ihm diagnostizierten Thrombose bei Herrn Lüdcke zu Leibe rücken will. Der »Heiler« manipuliert in der linken Leistenbeuge. Mit langer Brennweite holen wir das Operationsgebiet für den Zuschauer näher heran, als Bugarin ahnt. Wir sehen deutlich, daß das »Blut« in dem Augenblick zu fließen beginnt, in dem der unvermeidliche Assistent dem »Heiler« ein angefeuchtetes Wattestück reicht, das dieser auf die vorher mit »Desinfektionslösung« bestrichene Haut des Patienten preßt. Einzelbildprojektionen und »Slow Motion« zeigen später noch mehr: Als die Flüssigkeit aus der Watte mit der Flüssigkeit auf der Haut zusammentrifft, kommt es zunächst rosa, dann hellrot und dann erst karmesinrot zu einer allmählichen, sich über mehrere Sekunden hinziehenden Einfärbung. Was wir sehen, ist kein

Blut, sondern eine chemische Farbreaktion. Jeder kann sie nachmachen, wenn er zum Beispiel Kaliumrhodanid mit Eisen-III-Chlorid oder Phenolphthalein mit Soda mischt.
Mein Verdacht verstärkt sich an Ort und Stelle, als ich nach der Manipulation ein Stückchen des angeblich entnommenen Gewebes an mich nehmen will. Bugarin protestiert sofort. Sein selbstsicheres Lächeln ist von einem Augenblick zum anderen verschwunden. Seine Stimme wird laut und gereizt. Ich frage ihn, weshalb ihn die Entnahme der kleinen Gewebeprobe eigentlich so sehr errege? Seine Antwort: Der Heilige Geist lasse es nicht zu. Es fällt der aufschlußreiche Satz: »Ja, wenn Sie mir das einen Tag vorher gesagt hätten!« Ich lenke ein und stelle fest, daß der Heilige Geist gegen die Beseitigung der Probe mit Hilfe der Wasserspülung in der Toilette keine Einwände hat. Bugarin, der uns eigentlich noch die Entfernung von Blutgerinnseln aus verstopften Venen demonstrieren wollte, bricht nach dem Vorfall ab. Er ist sichtlich mißgestimmt und erklärt, seine »Vibrationen« seien heute schlecht. Morgen aber, so versichert er, könne es weitergehen. Auch mit den Filmaufnahmen. Er hat bei all dem Hin und Her nicht gemerkt, daß ich eine andere, kleinere Gewebeprobe an mich genommen habe.
Am nächsten Morgen sind die »Vibrationen« allem Anschein nach vorzüglich. Der »Heiler«, umgeben von zwei emsigen Assistenten, operiert ausgiebig. Wir drehen mit zwei Kameras. Als Bugarin es schließlich genug sein läßt, türmen sich die entnommenen Gewebefetzen und Blutgerinnsel in der Abwurfschale. Vorsichtig erkundige ich mich, ob ich heute wenigstens eine Probe der blutigen Watte haben könne. Großzügig wird die Genehmigung erteilt. Während ich die Watte in einer leeren Filmbüchse verstaue, schaut der »Heiler« mit überlegenem Lächeln zu. Wir trennen uns in bestem Einvernehmen.
Die blutige Watte und das erbsengroße Gewebestück vom Vortage bringe ich in ein medizinisches Laboratorium. Als ich mir dort die Untersuchungsergebnisse abhole, kann ich nicht umhin, die Cleverness des »Heilers« zu bewundern. Mikroskopischer Befund bei der Gewebeprobe: Lymphdrüsengewebe – paßt haargenau zur Operationsstelle. Allerdings besteht die

Möglichkeit, daß es tierischen Ursprungs ist. Dann aber kommt die Überraschung. Befund bei der Watte: einwandfrei menschliches Blut. Alle Achtung, der Mann hat die 24 Stunden Vorbereitungszeit gut genutzt!
Trotzdem habe ich ihn erwischt. Die Blutgruppen stimmen nicht überein. Das Laboratorium hat Blutgruppe 0 festgestellt, sehr clever: Die Verwendung von Blut dieser Gruppe verschafft eine Trefferchance von immerhin vierzig Prozent. Wahrscheinlich aber hat der »Heiler« gar nicht ernstlich damit gerechnet, daß ich das Blut von Herrn Lüdcke auch noch untersuchen lassen werde. Das ist jedoch geschehen. Das Resultat: Herr Lüdcke hat Blutgruppe A.
Damit steht fest, daß das Blut in der Watte nicht von Herrn Lüdcke stammen kann. Jedenfalls steht das für jeden fest, der von seinem Verstand den Gebrauch macht, für den er ihm vom lieben Gott verliehen worden ist.
Als ich die Geschichte allerdings einem Journalisten erzähle, der von den übernatürlichen Fähigkeiten der »Glaubensheiler« unheilbar überzeugt ist, ernte ich nur ein verächtliches Lächeln. Derartige Untersuchungen seien, so werde ich belehrt, schon unzählige Male durchgeführt worden. Meist sei dann Tierblut festgestellt worden, oder es habe andere Ungereimtheiten gegeben. Das aber bedeute überhaupt nichts. Denn, so die verblüffende Fortsetzung der Argumentation, die außerordentlich starken »magnetischen Kräfte«, mit denen die »Heiler« die Proben aus den Körpern der Patienten holten, zersetzten die Substanzen eben oder wandelten sie in andere um. Bei einer solchen »Argumentation« wird jede weitere Diskussion sinnlos.
Wir besuchen noch eine Reihe anderer »Heiler«. Wir sehen der von vielen als besonders beeindruckend gerühmten »Oma« Josephine Sison in ihrem Dorf zu und werden Zeugen einer unvorstellbar desillusionierenden, unpersönlichen Schnellabfertigung von Patienten. Wir besuchen Rudy Jimenez in Baguio, Placido Palitayan und den impertinent selbstgefälligen Superstar Jun Labo. Wir absolvieren diese Besuche in der Hoffnung, nach all den enthusiastischen Schilderungen »übersinnlicher« und

»wunderbarer« Phänomene wenigstens verblüffende oder rätselhafte Effekte zu sehen. Aber überall wird das gleiche geboten: knetende Handbewegungen, immer mit dem Handrücken zum Betrachter. Das Fließen von Blut, in dem insbesondere Labo förmlich schwelgt. Das scheinbare Verschwinden eines oder mehrerer Finger im Körper des Patienten. Das Zutagefördern von Blutgerinnseln oder Gewebestückchen.

Mit langer Brennweite und in Zeitlupe halten wir im Film fest, wie die »Heiler« die kleinen Gewebestücke schnell und geschickt aus den von ihren Assistenten zugereichten Tüchern und Wattebäuschen klauben, bevor sie sie vor den Augen des andächtig staunenden Publikums ans Tageslicht befördern. Wie sie die typischen »Blutpfützen« geschickt dazu benützen, abgeknickte Fingerglieder verschwinden zu lassen und so den Eindruck des Eindringens in den Körper zu suggerieren. Keine Frage: Diese Manipulationen sind bei näherer Betrachtung von so simpler Machart, daß ein Zauberkünstler, der es wagte, mit ihnen in einem unserer Varietés aufzutreten, ausgebuht würde. Wie aber ist es dann zu erklären, daß Alex Orbito, »Oma« Sison, Jun Labo und all die anderen ihre Manipulationen auf den Philippinen mit so großem Erfolg als »paranormale«, übersinnliche Phänomene an den Mann bringen können?

Die Antwort ist nicht allzu schwer: Das Material, aus dem das Gebäude der »Wunderheiler« errichtet ist, verdankt seine Festigkeit, wie so viele andere Konstruktionen auf dieser Erde, der optimalen Verbindung von Angst und Gewinnstreben. Über die Angst, von der die Patienten erfüllt sind, ist kein Wort zu verlieren. Es wäre weltfremd, damit zu rechnen, daß sie auch nur im geringsten motiviert sein könnten, kritisch unter die Lupe zu nehmen, was ihnen geboten wird. Im Gegenteil: »Da will man gar nicht so furchtbar genau wissen, was da dran ist.« Das gleiche gilt in gewissem Sinne aber eben auch für die andere Seite. Oder wäre es etwa weniger weltfremd zu erwarten, daß jemand für unecht erklärt, wovon er ganz ausgezeichnet leben kann? Würde man Isabella Stieger, Siegfried Klein und ihre Kollegen, die den »Heilern« immer neue Patienten zutreiben, nicht menschlich überfordern, wenn man das Ansinnen an sie richtete, den Glauben an etwas kritisch zu überprüfen, das ihnen die Möglichkeit von Reisen um die ganze Welt eröffnet? Übrigens gesellt sich diesem Kreis noch der unvermeidliche Bodensatz jener zu, die von der Aussicht auf ein Psi-, ein Para- oder ein anderes »okkultes« Phänomen unwiderstehlich angezogen werden und der Versuchung nicht widerstehen können, bei jeder Gelegenheit, die sich bietet, auf einer »übersinnlichen« Erklärung zu beharren.

Der Motivationsdruck ist auch im Lager der »Heiler« beträchtlich, denn für sie geht es um sehr viel Geld. Die in allen Broschüren und Prospekten regelmäßig wiederkehrende Formel »Die Behandlungen erfolgen grundsätzlich kostenlos, erwartet wird lediglich eine kleine Spende« ist wörtlich genommen zwar zutreffend. Dennoch ist sie geeignet zu verschleiern, welche finanzielle Belastung auf den Patienten zukommt. Die niedrigste »Spende«, von der wir hörten, betrug umgerechnet dreißig Mark für einen Eingriff. Pro Patient werden von den »Heilern« gewöhnlich aber mindestens zehn bis zwanzig »Operationen« für notwendig erklärt. Außerdem hat es sich seit langem eingebürgert, »sicherheitshalber« mehrere »Heiler« zu konsultieren. Und wer die stets betonte Freiwilligkeit der Spenden wörtlich versteht, wird sehr rasch feststellen, daß der »Heiler« bedauerlicherweise keine Zeit mehr für ihn hat.

So kommt nach und nach einiges zusammen. Unter tausend Mark für die Behandlung kommt kein Patient davon, auch dann nicht, wenn er sich nur an die billigsten »Heiler« hält und sich mit der von diesen praktizierten Fließbandabfertigung zufriedengibt. Die Regel ist ein Vielfaches dieser Summe. Entsprechend rosig sieht die Rechnung für die »Heiler« aus. Männer wie Santiago oder Bugarin arbeiten an sieben Tagen in der Woche. Sie kommen nach eigener Angabe auf mehr als hundert Behandlungen täglich. Wenn man dafür den untersten Spendensatz zugrunde legt, ergibt sich eine Monatseinnahme von 90000 Mark. Steuerfrei selbstverständlich. Kein »Heiler« stellt Belege aus. Außerdem sind sie alle schon deshalb »Geistliche« selbstgegründeter Sekten, weil sie sonst Gefahr liefen, wegen unbefugter Ausübung des Heilberufs ins Gefängnis zu

wandern. Spenden für eine Sekte aber brauchen auch auf den Philippinen nicht versteuert zu werden.
Wenn man sich den obersten Rängen zuwendet, den Top-»Healers«, wie sie sich selbst voller Stolz nennen, ist vollends nur noch vom großen Geld die Rede. Seit dem Tode Agpaoas Anfang dieses Jahres ist dessen Hauptkonkurrent Jun Labo die unbestrittene Nummer eins. Er residiert am Stadtrand von Baguio, in den Bergen 250 Kilometer nördlich von Manila. Dorthin zieht es jährlich 12000 heilungsuchende Touristen, die vor allem aus Japan und aus Europa kommen. Bis zum Tode Agpaoas konnte Labo von diesem Strom monatlich 200 Patienten auf seine Mühlen abzweigen. Jetzt rechnet er zuversichtlich damit, die Zahl auf 500 erhöhen zu können. Die sich daraus ergebende Rechnung klingt phantastisch, beruht jedoch auf eigenen Angaben Labos sowie denen seiner Mitarbeiter und Patienten: Labo pflegt grundsätzlich pauschal zu liquidieren. Pro Patient nimmt er mindestens 500 US-Dollar; von Japanern, vermutlich wegen deren relativ kurzer Anreise, das Doppelte, also 1000 Dollar. Das macht bei 500 Patienten und einem Durchschnittshonorar von 750 Dollar 375000 Dollar – fast eine Million Mark – im Monat. Steuerfrei.
Wer die Zahl unglaubhaft findet, braucht sich nur einmal in den Besitztümern eines der Top-»Heiler« umzusehen. Bei Labo hatten wir kein Glück: Der Mann läßt sich durch eine mehrköpfige Leibwache abschirmen, deren Maschinenpistolen uns Respekt abnötigten. Bei dem Versuch entdeckten wir immerhin beiläufig, daß »Reverend« Jun Labo – er ist Vorsitzender der von ihm selbst gegründeten Sekte »Metaphysisches Zentrum des Universums« – auf seinem weitläufigen Anwesen auch ein als Nachtclub kaschiertes Bordell betreibt – für einen Mann, dessen Hände bei der Heilung nach eigener Aussage von Jesus persönlich geführt werden, eine bemerkenswerte Geschäftskombination. Warum ist das eigentlich keinem der vielen Beobachter je aufgefallen, die vor uns hier waren, um dann zu Hause so Wunderbares über die »Wunderheiler« zu berichten?
In Lucnab, dem Heilungszentrum des verstorbenen Agpaoa außerhalb Baguios, können wir uns dagegen ungestört umse-

hen. Dem Mann gehörten mehrere Hotels, in denen er seine Patienten unterbrachte und auch noch schröpfte, ein eigenes Reisebüro, mit dessen Hilfe er sie heranschaffte, und sogar eine eigene Wechselstube. Und das war nur das, was wir sahen. Das persönliche Umfeld der übrigen Mitglieder des exklusiven Kreises der rund zwölf Top-»Heiler« hat man sich ähnlich voluptuös vorzustellen.
In einem ärmlichen Privatzimmer in einem der bescheideneren Viertel von Baguio unterhalte ich mich mit Max-Ulrich Voelter. Der 40jährige Stuttgarter Ingenieur kann sich ein besseres Quartier nicht leisten. Wegen einer schweren multiplen Sklerose ist er seit Jahren an den Rollstuhl gefesselt. Ohne fremde Hilfe kann er nicht einmal mehr essen oder die Toilette benutzen. Seine letzte Hoffnung sind die »Wunderheiler«. Nachdem er mehrere »Heiler« in Manila erfolglos konsultiert hat, haben ihn nun Agenten Jun Labos überzeugt, daß dieser ihm helfen könne. Er ist voll neuer Hoffnung. Auf meine Frage, wie er Reise und Behandlung finanziere, antwortet er: »Durch Sparsamkeit.« Er erzählt, daß er seine Rente verpfändet habe und daß er sein Konto für einige Jahre überziehen dürfe. Auf diese Weise hat er mit viel Mühe den für ihn ungeheuren Betrag von 15 000 Mark zusammengebracht. Den größten Teil davon wird er in den Taschen der »Heiler« zurücklassen.
Angesichts des Mannes im Rollstuhl vor mir muß ich an Jun Labo in seinem Luxus-Coupé denken. Ob die vielen, die so unermüdlich an der Legende von den wunderbaren Fähigkeiten der philippinischen »Heiler« mitstricken, jemals darüber nachdenken, was sie anrichten? Uber all das wäre kein Wort zu verlieren, wenn den Einnahmen der »Heiler« eine angemessene Leistung gegenüberstünde. Dieser Punkt kommt in der Diskussion fast immer zu kurz. Denn es geht gar nicht um die Frage, ob diese »Heiler« übernatürliche Fähigkeiten haben oder nicht. Die Aktivitäten der »Wunderheiler« dienen letztlich nicht, wie mancher anzunehmen scheint, dem Nachweis paranormaler Phänomene. Die Leute behaupten, Kranke heilen zu können. Darum geht es. Um nichts anderes.
Und da drängt sich nun allerdings die Frage auf, wo sie denn

eigentlich alle bleiben: die Lahmen, die wieder gehen können, die Blinden, die wieder sehen können? Und wo sind die vielen Krebskranken, von deren angeblicher »Sofortheilung« im Umfeld der »Wunderheiler« auf Schritt und Tritt die Rede ist, als ob es sich um ein ganz alltägliches Behandlungsergebnis handelte? Bei jährlich insgesamt etwa 50000 Patienten müßte sich, sollte man meinen, der eine oder andere von ihnen auftreiben lassen. Genau darum haben wir uns, wie schon viele vor uns, monatelang vergebens bemüht. Selbst Suchanzeigen in mehreren deutschen Tageszeitungen führten zu nichts. Gewiß, da gibt es immer wieder jemanden, der einen Bruder hat, dessen Nachbar vor einigen Jahren auf den Philippinen ... Wann immer aber ich einem solchen Fall bisher nachgegangen bin, löste er sich mit deprimierender Regelmäßigkeit in Luft auf. Und Walter Lüdcke, dem es auf den Philippinen doch schon so viel besser ging? Die »Heiler«, die sich um ihn kümmerten, haben ihn dieses Umstandes wegen sicher längst auf ihre Erfolgsliste gesetzt. Zukünftigen Hilfesuchenden wird nun auch seine Krankengeschichte Jahr für Jahr als »Beweis« für die Wirksamkeit »paranormaler Heilmethoden auf den Philippinen« wiedererzählt werden. Aber Walter Lüdcke ist inzwischen sterbenskrank. Die deutschen Ärzte haben doch recht gehabt. Die »Wunderheiler« mögen einem Patienten seine Verzweiflung nehmen können. An der Realität aber kommen auch sie nicht vorbei.
Am Tag vor der Abreise besuchen wir noch einmal den Gottesdienst eines »Heilers« in einem Außenbezirk von Baguio. Die Gemeinde besteht nur aus Einheimischen. Zwischen Liedern und Gebeten werden Heilungen durch einfaches Handauflegen praktiziert. Wieder beeindruckt uns die tiefe Gläubigkeit der Menschen. Da entdeckt uns der »Heiler« und spricht uns auf englisch an: »Von allen Formen der Heilung sind die blutigen die primitivsten. Sie wende ich nur bei Ausländern an, weil die etwas sehen müssen, bevor sie glauben können. Das Entscheidende aber ist der Glaube. Wie es schon in der Bibel steht: Nur wenn du glaubst, kann dir geholfen werden.« Recht hat er. Und dazu braucht man nicht einmal auf die Philippinen zu reisen.

1982

Zwischen Gold und Gammel

Zu Gast bei der Sowjetischen Akademie der Wissenschaften

Viktoria Michailowna Kramowa, Medizinredakteurin der akademieeigenen Zeitschrift »Science in USSR«, lacht gern und unbekümmert. Schöne Frauen haben das so an sich. Auf Igor Zudow dagegen, dem stellvertretenden Chefredakteur, lastet sichtbar die Verantwortung. Erst abends, wenn ein weiterer Tag unseres Besuchsprogramms pannenfrei absolviert ist, löst sich die Spannung in seinem Gesicht. Dann taucht hinter der dienstlichen Maske der Mensch Igor auf, warmherzig, sensibel und gescheit. Mark Borozin wiederum, Redakteur für Geologie, schaut tagsüber durch seine Brillengläser wie ein großer Junge, der kein Wässerchen trüben kann. Beim abendlichen Wodka aber handelt er sich, sprühend von Charme und Witz, bei uns den Spitznamen »georgisches Urvieh« ein. Viktoria also, Igor und Mark begleiteten uns, die Fotografin Renate von Forster und mich, zehn Tage lang von Institut zu Institut. Vom Frühstück bis zur Schlafenszeit paßten sie auf, daß wir in Moskau nicht verlorengingen. Und wenn wir schon schliefen, dann zog Igor noch an unsichtbaren Fäden, um uns für den nächsten Tag Türen zu öffnen, die sonst womöglich geschlossen blieben.

Zehn Tage – genug für eine Reportage über die Sowjetische Akademie der Wissenschaften? Vor der Reise war mir das Unternehmen waghalsig erschienen. Heute neige ich dazu, es für fast unmöglich zu halten. »Sowjetische Akademie der Wissenschaften« – das ist nicht bloß so etwas wie eine »Max-Planck-Gesellschaft« oder eine »Académie française«. Das ist das institutionalisierte Resultat des Entschlusses einer Weltmacht, die gesamte Brain-Power ihrer 265-Millionen-Bevölkerung in Dienst zu nehmen. »Sowjetische Akademie der Wissenschaften«: Das sind 200 Institute, von denen viele in Wirklichkeit ganze Ketten von Instituten darstellen. Das ist eine eigene Flotte von nicht weniger als fünfzig Forschungsschiffen, darunter eines, das völlig eisenfrei gebaut ist, um der Untersuchung des Erdmagnetismus dienen zu können. Das ist die Institution, die das größte Spiegelteleskop der Erde – Durchmesser: sechs Meter – betreibt. Das ist ein eigener Verlag mit 160 wissenschaftlichen und populärwissenschaftlichen Zeitschriften und jährlich Hunderten von anderen Veröffentlichungen. In der »Sowjetischen Akademie der Wissenschaften« ist ein Heer von 120000 Mitarbeitern, zur Hälfte Wissenschaftler, zur anderen Hälfte Hilfskräfte, straff hierarchisch organisiert. 268 Vollmitglieder bilden die Vollversammlung, die in geheimer Abstimmung jährlich eine Handvoll neuer Mitglieder auf Lebenszeit aufnimmt und alle fünf Jahre aus den eigenen Reihen den Präsidenten wählt, der im Rang über allen Ministern steht und allein dem Ministerrat verantwortlich ist. Die Vollmitglieder und zur Zeit 534 korrespondierende Mitglieder wachen über die Qualifikation der wissenschaftlichen Mitarbeiter, über deren Verbleib im wissenschaftlichen Imperium der Akademie alle fünf Jahre von neuem befunden wird. Die Auslese sei streng, so versichert mir der Generalsekretär der Adademie. »Wer unseren Ansprüchen nicht genügt, muß sehen, daß er an einer Universität oder in der Industrie unterkommt.« Dort arbeiten über neunzig Prozent aller sowjetischen Wissenschaftler. Im Bereich der Akademie nur acht Prozent – es ist die Crème de la crème der Sowjetintelligenz.

Welche Chancen hat die Natur eigentlich, ihre Geheimnisse vor dem Ansturm einer so hochqualifizierten Wissenschaftlerbrigade wahren zu können? Wie lange kann es dauern, bis sie dem Druck der ihre Schwerpunkte nach zentraler Weisung auswählenden Hirn-Armee nachgeben und sich offenbaren muß? Argumente dieser Art dürften es gewesen sein, die der ehrwürdigen, bereits 1724 vom Reform-Zaren Peter dem Großen gegründeten

Akademie etwa seit Ende der zwanziger Jahre dieses Jahrhunderts, mit letzter Konsequenz dann seit dem Ende des Zweiten Weltkriegs, ihren heutigen, sowjetischen Zuschnitt gaben: strenge Hierarchie, zentrale Planung und Festlegung aller Forschungsschwerpunkte, Konzentration auf das Notwendige und Wünschbare im Dienste der eigenen Gesellschaft.
Nur: Das Frustrierende an der Angelegenheit ist der Umstand, daß die Natur sich bisher störrisch geweigert hat, die gigantische Anstrengung zur Kenntnis zu nehmen. Daß sie den Druck, dem man sie mit diesem in der ganzen menschlichen Geschichte einmaligen Unternehmen gezielt aussetzt, überhaupt nicht zu spüren scheint. Daß sie ihre Geheimnisse auch weiterhin nur scheibchenweise, in unberechenbarer Launenhaftigkeit preisgibt, sie sich jedenfalls eher ablisten als mit Gewalt abtrotzen läßt.
Der wunde Punkt taucht in einem Gespräch auf, das ich am dritten Tage meines Aufenthalts mit »Akademiker« – jedes Akademiemitglied hat Anspruch auf diesen Titel – Alexander Stepanowitsch Chochlow führe. Ihm ist aufgrund interner Planung die Aufgabe zugefallen, mich über die Organisation der Akademie aufzuklären. Er tut es mit Witz und in bester Laune. Auf dem unvermeidlichen Umweg über Ljuba, unsere vorzügliche Dolmetscherin, läßt er mich zunächst wissen, daß die Akademie so kompliziert organisiert sei, daß er sie selbst noch nicht ganz durchschaut habe. Jedenfalls aber bestehe sie ausschließlich aus glänzenden und hervorragenden Gelehrten wie ihm selbst, fährt er fort, wobei er bei »glänzend« mit der Hand über seinen kahlen Schädel und bei »hervorragend« über seinen stattlichen Bauch streicht. Dann gibt er mir eine Privatstunde in Sachen Sowjetischer Akademie aus erster Hand. Mir geht die Frage durch den Kopf, welcher unserer Wissenschaftler vergleichbaren Ranges sich für eine solche Aufgabe wohl hergeben würde.
Nach einer Stunde, die Lektion neigt sich dem Ende zu, passiert es dann. Am Schluß der Aufzählung einer längeren Liste von Ehrungen einzelner Akademiker oder ganzer Institute fällt der Satz: »Zwölf Mitglieder der Akademie wurden

bisher mit dem Nobelpreis ausgezeichnet.« In meinem Gesicht muß sich irgend etwas abgespielt haben. Hastig schiebt mein Gegenüber nach: »Vielleicht waren es auch 15.« Schweigend blicken wir uns einige Sekunden an. Während Alexander Stepanowitsch Luft holt, um in seinem Vortrag fortzufahren, rasen in meinem Kopf zwei Gedankenketten nebeneinander her. Die eine: zwölf oder auch 15 Nobelpreise seit Bestehen der Akademie – das ist für diesen gigantischen Wissenschaftstrust geradezu lachhaft. Das ist eine Zahl, bei der selbst kleine Länder wie Österreich oder die Niederlande mithalten können. Für die Diskrepanz muß es eine Erklärung geben, und ich brenne darauf, meinen Gesprächspartner nach ihr zu fragen. Parallel dazu aber werde ich mir einer eigentümlichen Hemmung bewußt. Wenn einem ein leibhaftiger »Akademiker« gegenübersitzt, der einem einen Teil seines Arbeitstages opfert, gehört es sich dann, eine Frage zu stellen, die vielleicht taktlos oder hämisch wirken könnte, auch wenn sie lediglich der Aufklärung eines auffälligen Sachverhaltes dienen soll?
Mir geht auf, daß sich in mir die ersten Symptome freiwilliger Selbstzensur zu regen beginnen, und ich stelle die Frage, noch bevor Alexander Stepanowitsch mit dem Luftholen fertig ist. Das Lächeln verschwindet aus seinem Gesicht. Die Verärgerung, die aus seinen nächsten Sätzen spricht, gilt zu meiner Erleichterung jedoch nicht mir. »Das ist objektiv eine krasse Ungerechtigkeit«, übersetzt Ljuba, und: »Wir könnten Ihnen leicht eine Reihe sowjetischer Wissenschaftler nennen, die einen Nobelpreis mehr verdient hätten als viele derer, die man im Westen damit ausgezeichnet hat.« Pause. Langsam kehrt das Lächeln in das Gesicht von Alexander Stepanowitsch zurück. Mit der Feststellung: »Wir sind eben nicht beliebt«, schließt er das heikle Thema achselzuckend ab. Ich beschließe, mich damit nicht zufriedenzugeben.
Die Begegnung mit Alexander Stepanowitsch findet in einem Gebäude statt, bei dessen erstem Anblick ich das Bedürfnis verspürte, mir die Augen zu reiben: Vor mir lag ein Schloß aus einer anderen Welt. Es ist die Welt des 18. Jahrhunderts, der Zarin Katharina II. und des Fürsten Orlow, eines der zahlrei-

chen Liebhaber der lebenslustigen Herrscherin. Das Palais hat ihm gehört. Hier trafen sich die beiden. In diesem feudalen Schloß residiert seit einigen Jahrzehnten das Präsidium der Sowjetischen Akademie der Wissenschaften. Innenräume und Mobiliar, Spiegel, Bilder und Tapeten geben noch immer den Geist der Vergangenheit wieder. Alles wird liebevoll gepflegt und restauriert. Stuck, Türfüllungen und die Rahmen von Spiegeln und Gemälden glänzen in frischem Gold. Man identifiziert sich hier nicht nur mit der Tradition, man ist ganz offensichtlich stolz auf sie: Auch das ist die Sowjetunion.

Zu meinem nächsten Gespräch wartet »Akademiker« Boris Sergejewitsch Sokolow auf mich. Diesmal bekomme ich eine Privatstunde in Sachen Geologie. Es gelingt dem ebenso liebenswürdigen wie geduldigen Vortragenden ohne Mühe, seinen einzigen Zuhörer davon zu überzeugen, daß der Geologie im sowjetischen Wissenschaftsprogramm erstrangige Bedeutung zugemessen wird. In der Tat, da wird geklotzt und nicht gekleckert. Insgesamt gibt es, so erfahre ich, rund hundert geologische Institute in der Sowjetunion. Etwas mehr als die Hälfte davon gehören zur Akademie. Die übrigen verteilen sich auf einige Ministerien, etwa für Geologie, für Erdöl oder für Kohle. Die Zahl der Mitarbeiter in allen vier Bereichen schätzt mein Informant auf »ungefähr eine Million«.

Innerhalb der Akademie gelte alle Arbeit in erster Linie der Grundlagenforschung. Aber, so fügt Boris Sergejewitsch hinzu, diese lasse sich von der angewandten Forschung und der Untersuchung industrieller Nutzungsmöglichkeiten natürlich nie scharf trennen. Den Aufgabenbereich könne ich mir gar nicht groß genug vorstellen: von der kartographischen Erfassung des riesigen Sowjetreiches – die erst ab 1930 systematisch in Angriff genommen wurde und bis heute nicht lückenlos abgeschlossen ist – bis zur planmäßigen Suche nach Bodenschätzen, von der Erforschung der Ozeane, des Meeresbodens und der Polarregionen bis zur Untersuchung spezieller Probleme des Umweltschutzes, dem auch in Rußland immer größere Bedeutung beigemessen werde. Als ich nach dem Abschluß des fast einstündigen Vortrags noch – für meinen Geschmack viel

zu kurz – Gelegenheit zu einigen Fragen bekomme, gewinne ich den Eindruck, daß Zweck aller geologischen Aktivitäten meist doch die Entdeckung neuer Lagerstätten ist. Es leuchtet mir ein, daß die oberste lenkende Instanz hier einen besonderen Schwerpunkt gesetzt hat.
Die folgenden Tage verlaufen nach dem immer gleichen Schema: Morgens holt ein Bus Renate und mich ab. Bis zum Nachmittag sitze ich dann im Palais des Präsidiums oder in den Chefzimmern diverser Institute und bekomme meine Privatstunden, während Renate mit einer zweiten Dolmetscherin irgendwo fotografiert. Ich werde langsam unruhig. Nach fünf Tagen – der Hälfte unserer Zeit – haben wir noch immer kein einziges Laboratorium betreten. Zwar erfahre ich immer wieder Wichtiges. Zum Beispiel, daß es bei der Forschungsplanung und der Abstimmung der Aufgaben zwischen den einzelnen Instituten extrem »basisdemokratisch« zugeht. Jedes einzelne der mehr als 200 Institute entwickelt einen eigenen Forschungsplan. Auf einem langen Weg über die Tochterakademien in den einzelnen Unionsrepubliken wird dieser mit den Plänen anderer Institute verschmolzen.
Einige Monate später treffen im Palais der Akademie in Moskau dicke Aktenwälzer ein, in denen die Planungen aller Institute in den Bereichen Geologie, Physik, Chemie und Biologie zusammengefaßt sind. Aus ihnen erarbeitet jetzt das Präsidium seine Vorschläge. Diese gehen an das oberste Leitungsgremium, das »Staatskomitee des Ministerrats der UdSSR für Wissenschaft und Technik«. Dessen Entscheidung bedarf der Bestätigung durch den Ministerrat selbst. Liegt diese vor, so tritt das Planungskonvolut den Rückweg an: über das Akademie-Präsidium und die Präsidien der Republikinstitute über immer weitere Verzweigungen zurück bis in das letzte Laboratorium, dessen Mitarbeiter nun verbindlich wissen, worüber sie im nächsten Jahr zu forschen haben. Eine in vieler Hinsicht aufschlußreiche Information, gewiß. Trotzdem versuche ich, Igor beim abendlichen Abschluß-Wodka vorsichtig zu erklären, weshalb ich begänne, ein wenig enttäuscht zu sein. Igor ist betroffen und sichtlich ratlos. Ob ich es denn nicht zu würdi-

gen wisse, erfahre ich aus dem Munde von Ljuba, daß ich Tag für Tag Gelegenheit bekäme, mit leibhaftigen »Akademikern« zusammenzutreffen.

Erst bei dieser Gelegenheit wird mir klar, welch ungeheure Mühe man sich meinetwegen gemacht hat. Tatsächlich sind bei den Besprechungen in den Chefzimmern der Institute stets mehrere, bei manchen Gelegenheiten bis zu einem Dutzend Mitarbeiter anwesend. Ich bin beschämt. Aber ich lasse nicht locker. So interessant die täglichen Vorträge brillanter Wissenschaftler auch immer seien, lasse ich Ljuba übersetzen, es genüge mir nicht. Ich wolle auch die Labors sehen, wolle mir einen Eindruck von der Arbeitsatmosphäre verschaffen, die dort herrsche. Ljuba übersetzt das ohne Zweifel mit der gewohnten Präzision. An Igors Gesicht kann ich dennoch ablesen, daß ihm der Sinn des Gesagten dunkel bleibt. Die Gedanken in unseren Köpfen laufen offenbar auf allzu unterschiedlichen Gleisen. Aber Igor hat Geduld mit mir und Nachsicht, und er wankt nicht in seiner Entschlossenheit, mir jeden vernünftigen Wunsch nach Möglichkeit zu erfüllen. Wir einigen uns darauf, daß es ein vernünftiger Wunsch ist, einige Labors zu sehen. Igor deutet an, daß es zwei bis drei Tage dauern könne. Unsere Zeit wird knapp.

Igor tut, was er kann. Aber inzwischen wird weiter das Programm absolviert, das er für uns vorgesehen hat. So sitze ich also im Institut für Evolutionsmorphologie dem Akademie-Vollmitglied Wladimir Jewgenewitsch Sokolow gegenüber. Es ist äußerlich wieder das schon gewohnte Arrangement: auf der einen Seite des langen Tisches Ljuba, Igor und ich. Auf der anderen Repräsentanten des besuchten Instituts. Wladimir Jewgenewitsch wird von zwei Professoren flankiert, diese wiederum jeweils von fünf Mitarbeitern, so daß ich mich diesmal einem regelrechten Kollektiv von Wissenschaftlern gegenübersehe. Wladimir Jewgenewitsch ist eine imposante Gestalt und mir auf Anhieb sympathisch: groß, athletisch, dunkle Haare, helle braune Augen. Er strahlt Gelassenheit und Souveränität aus. Minuten später bin ich in ein lebhaftes, von beiden Seiten mit sichtlichem Vergnügen geführtes Gespräch verwickelt.

Wladimir Jewgenewitsch und sein Stab beschäftigen sich vor allem mit der Evolution angeborener Verhaltensweisen, einem Thema, das mich von jeher interessiert.
Die Arbeiten von Konrad Lorenz sind allen Anwesenden geläufig. Er genießt hohe Achtung. Mit ausgesprochen differenzierten und präzise belegten Argumenten werden andererseits Einwände gegen seine Auffassung von der angeborenen Natur der menschlichen Aggressivität vorgetragen. Eine Mitarbeiterin berichtet über hochinteressante, jahrelange Arbeiten mit Wölfen. Sie hat das Kunststück fertiggebracht, stabile Rudel aus Wölfen gleichen und verschiedenen Alters sowie aus Wölfen mit denselben Eltern und aus nicht miteinander verwandten Tieren zu bilden. Die Ergebnisse sind, jedenfalls für mich, vollkommen neu. Knapp zusammengefaßt besagen sie, daß die Aggressivität innerhalb des Rudels um so geringer ist, je unterschiedlicher die Tiere in ihrem Alter und in ihren Veranlagungen sind. Das Gespräch geht über auf die problematische, von meinen Partnern mit großer Skepsis beurteilte Frage der Übertragbarkeit derartiger Befunde auf menschliches Verhalten. Die Atmosphäre ist so locker, wie ich sie noch in keinem Institut erlebt habe. Das bleibt so, bis ich auf die Idee komme, nach dem Stellenwert der neodarwinistischen Theorie in der sowjetischen Biologie zu fragen. Als Ljuba meine Frage übersetzt, tritt Stille ein.
Wladimir Jewgenewitsch bittet mich, die Frage zu präzisieren. Mich interessiere es, wiederhole ich, ob die Evolutionstheorie in ihrer heutigen Form in der Sowjetunion als abgeschlossen angesehen werde oder ob es, wie seit einigen Jahren in den USA, kritische Einwände von der vitalistischen Position aus gebe. Erstmals wendet der Chef sich ratsuchend an seine Nachbarn. Nach kurzer Beratung übersetzt Ljuba: Wenn ich an dieser Frage interessiert sei, werde man sich gern darum bemühen, ein Gespräch mit einem Spezialisten zu arrangieren, der sie mir erschöpfend beantworten werde. Erfüllt von der angeregten Atmosphäre der letzten halben Stunde, wende ich mich direkt an Wladimir Jewgenewitsch: Als Biologe, der sich mit entwicklungsgeschichtlichen Fragen befasse, müsse er zu

dem Thema doch persönlich eine Auffassung haben. Ljuba übersetzt. Auf der anderen Tischseite kommt es neuerlich zu einer halblauten Beratung. Diesmal bekomme ich zur Antwort: »Unsere Zeit ist knapp. Viele meiner Mitarbeiter, die zum Teil von Außenstationen extra stundenweit angereist sind, sind noch nicht zu Wort gekommen. Sollten wir uns nicht besser auf deren Arbeiten konzentrieren?«
Mit äußerster, sorgfältig formulierter Höflichkeit beharre ich auf meiner Frage. Und mit einem Anflug von Fassungslosigkeit registriere ich, daß Wladimir Jewgenewitsch, dieser Baum von einem Mann, sich zu winden beginnt wie ein Aal. Mir ist nicht wohl bei dem Anblick. Aber ich bleibe stur. Und zu guter Letzt erweist sich Wladimir Jewgenewitsch dann eben doch als »Kerl«. Plötzlich kehren Lächeln und lockere Haltung zurück, und Ljuba übersetzt knapp und eindeutig: »Selbstverständlich gilt die neodarwinistische Theorie uneingeschränkt. Sie ist Gegenstand des normalen Schulunterrichts.« Zehn Minuten hat dieses Vollmitglied der Sowjetischen Akademie der Wissenschaften gebraucht, um sich zu dieser simplen Antwort auf eine Frage durchzuringen, die sich nicht direkt auf sein eigenes Fachgebiet bezog. Niemand außer mir scheint an dem kleinen Vorfall etwas Besonderes zu finden. Niemand außer mir scheint ihn für peinlich zu halten. Augenblicke später läuft das Gespräch so locker und unbekümmert weiter wie vorher.
Am Abend stehe ich auf dem Balkon meines Hotelzimmers und blicke hinüber zum Kreml. Unter mir ziehen zwei schwere Straßenreinigungsfahrzeuge ihre Spur über den Platz. Mit mächtigen Wasserstrahlen sprengen sie den makellos sauberen Asphalt. Wie an jedem Tag, so auch heute. Unbeirrt davon, daß es heute in Strömen regnet. Irgendwo hängt ein Dienstplan, von dem abzuweichen nicht in das Ermessen der Fahrer gestellt ist. Ich muß an mein Gespräch mit dem Generalsekretär Alexander Stepanowitsch denken und an seine Erklärung: »Wir sind eben nicht beliebt.« Ich versuche mir auszumalen, was aus dem Engagement eines Wissenschaftlers wohl wird, dem ein zündender Einfall gekommen ist und der ein Jahr lang warten muß, bis man ihm aus dem fernen Moskau mitteilt, ob er ihn

weiterverfolgen darf. Was würden die brillanten Gehirne von Wladimir Jewgenewitsch und seinen Kollegen zustande bringen können, wenn man ihre Besitzer von der Leine ließe!
Igor hat es wieder einmal geschafft. Seit drei Tagen laufen wir nun doch noch durch geologische, biologische und ozeanologische Laboratorien, aber ich habe Mühe, meine Enttäuschung nicht offen zu zeigen. Wir sind von dem Gold im Orlow-Palais direkt in den deprimierendsten Gammel gestürzt: abbröckelnder Putz, wacklige Holzmöbel, veraltete Apparaturen, zum Bersten vollgestopfte und übervölkerte Räume. Jedesmal, wenn ich mich zu einem der Arbeitsplätze am Fenster durcharbeiten muß, laufe ich Gefahr, Glasapparaturen, Kaffeegeschirr, Notizblöcke oder überfüllte Aschenbecher von den Tischen zu stoßen. Mitten in dem Schlamassel dann aber immer wieder auch moderne Apparaturen; Massenspektrometer, Gaschromatographen und so fort, Geräte, auf die wir jedesmal stolz ausdrücklich hingewiesen werden. Nach drei Tagen und vorsichtigen Sondierungen habe ich die Gewißheit, daß es nicht möglich ist, uns in einem der achtzig Akademie-Institute des Moskauer Raums einen anderen Standard zu bieten. Das oberste Lenkungsgremium, soviel ist klar, mißt der reinen Grundlagenforschung keine sonderlich große Bedeutung bei.
»In fünfzig Jahren sieht es bei uns auch so aus wie in Púschtschino«, erklärt mir tapfer einer der Laborchefs, mit dem ich über die offenkundige Misere rede. Ich höre das Zauberwort zum erstenmal. Was ist Púschtschino? Mit leuchtenden Augen schildert man mir ein wissenschaftliches Märchenland: eine 120 Kilometer südlich von Moskau gelegene reine Wissenschaftlerstadt mit modernsten Laboratorien, großzügig gebaut, mit den allerneuesten Geräten ausgestattet. Das fortschrittlichste biologische Wissenschaftszentrum der Sowjetunion! Ich frage nach Einzelheiten und stelle fest, daß keiner der Anwesenden jemals dort gewesen ist. Als ich sage, daß ich gern hinfahren würde, lacht man sich fast tot über meine Naivität. Púschtschino ist für jeden, der nicht dort arbeitet, Sperrgebiet.
An einem dieser Tage entdecken wir in einem engen Zimmerchen eine Szene, die Spitzweg als Motiv gedient haben könnte.

Wir stoßen auf einen reizenden alten Herrn, der, mit einer dickglasigen Starbrille bewehrt, mit zittrigen Händen die Skelette winziger Seeigel auf verschiedene Pappschachteln verteilt. Mit größter Bereitwilligkeit gibt der Greis Auskunft über den Sinn seines Tuns. Er sei bemüht, so erfahren wir, die systematische Ordnung bestimmter Unterarten zu verfeinern. Er widmet sich dieser Aufgabe seit mehr als drei Jahrzehnten. Er tut es immer noch, obwohl er inzwischen fast achtzig Jahre alt geworden ist. Aber er kommt nur zweimal in der Woche ins Institut. Ein Pensionär also, folgere ich, dem man die Gelegenheit gibt, seinem Hobby weiter nachzugehen. Ein Zufall klärt mich darüber auf, wie weit ich wieder einmal danebengetippt habe. Der alte Herr ist keineswegs Rentner. Er ist voll bezahlter Mitarbeiter des Instituts. Alle Mitarbeiter erscheinen – an verschiedenen Tagen selbstverständlich – nur zweimal in der Woche. In allen Instituten der Akademie sei das so, jedenfalls in Moskau, werde ich aufgeklärt. An den übrigen Wochentagen arbeite man zu Hause.
Vorsichtig gehe ich der Spur nach. Es zeigt sich jedoch, daß sich Takt in diesem Falle erübrigt. Alle Beteiligten haben sich an den Zustand längst gewöhnt. Die Gebäude seien ganz einfach viel zu eng, sagt man mir ungeniert, um allen Mitarbeitern eines Instituts auch nur einen Sitzplatz bieten zu können. Von einem Arbeitsplatz oder dem Zugang zu den Apparaten ganz zu schweigen. Warum man denn nicht wenigstens einen so alten Herrn wie den Seeigel-Spezialisten in den verdienten Ruhestand entlasse? »Bei uns hat jeder Wissenschaftler das Recht, so lange zu arbeiten, wie er will.« Er kann sich, höre ich, vom 60. Lebensjahr an jederzeit pensionieren lassen, aber kaum jemand macht von der Möglichkeit Gebrauch.
Warum nicht? »Ein Wissenschaftler hängt eben an seiner Arbeit.« Ich habe das Gefühl, daß da etwas nicht stimmt. »Nehmen wir einmal an, der alte Herr ginge in Pension. Wie hoch wäre seine Rente?« Kurzes Getuschel. Dann die Antwort: »120 Rubel, weil er nur einen Doktortitel hat. Mit zwei Titeln bekäme er 160 Rubel.« Ob man mit 120 Rubeln in Moskau auskommen könne, will ich wissen. Die kesse Dolmetscherin,

die heute assistiert – Ljuba ist mit Renate unterwegs –, prustet vor Lachen, so dämlich erscheint ihr meine Frage. Augenblicke später hat sie sich wieder gefaßt und übersetzt, ganz ernsthaft, die Antworten: »Selbstverständlich, wenn man dann natürlich auch keine großen Reisen mehr machen kann.«
Ich überschlage: 120 Rubel, nach gegenwärtigem Kurs rund 400 Mark, das wäre zwar immerhin mehr als die Hälfte eines durchschnittlichen Facharbeiterlohns und ein gutes Drittel von dem, was der alte Herr im Augenblick verdient. Aber das bare Geld, das man auf die Hand bekommt, ist in der sowjetischen Gesellschaft nicht das wichtigste. Ich denke an die Möglichkeit, Lebensmittel im »Haus der Wissenschaftler« einkaufen zu können, in dem wir eines Abends saßen und dessen Angebot sich so wohltuend von dem normaler Geschäfte abhob. Ich denke an die Möglichkeit, einen Kühlschrank, ein Fernsehgerät, einen Fotoapparat für wenige Rubel ausleihen zu können, statt sie für einen Betrag kaufen zu müssen, der weit über einem Monatsgehalt liegt. An die Zuweisung nahezu kostenloser Urlaubsplätze und noch viel mehr. Das alles gibt es aber nur für jemanden, der, ob Arbeiter, Wissenschaftler oder Künstler, aktiv am Produktionsprozeß teilnimmt und damit einem Kollektiv angehört, das zur Ausstellung der jeweiligen Berechtigungsscheine und Ausweise legitimiert ist. Und dann denke ich an die langen Schlangen apathisch wartender Massen, auf die ich während eines Bummels in der Innenstadt an einem freien Nachmittag überall gestoßen bin. Und an das Angebot, das sie am Kopf der Schlange erwartet und mit dem sie sich zu begnügen haben, weil sie nicht über Berechtigungsscheine und Ausweise verfügen und nicht über die kleinen Papierchen und Gutscheine, die in fein abgestufter Form allerlei Auswege aus der alltäglichen Misere eröffnen.
Das alles geht mir durch den Kopf, während ich größtes Verständnis für die Hartnäckigkeit bekunde, mit welcher der alte Herr in dem »Spitzweg-Zimmer« sich an seine Seeigel klammert. Meine russischen Gesprächspartner stimmen der Interpretation auch mehr oder weniger offen zu: »Es ist richtig, daß wir sicher sehr viel mehr Pensionäre hätten, wenn die

Rente vielleicht 300 Rubel betrüge.« Man bestätigt mir auch die naheliegende Folgerung, daß diese Zusammenhänge in einer Art Stau zur Überalterung in den unteren Rängen der Institute führten. Man bestreitet jedoch die Möglichkeit, daß sich das auf die wissenschaftliche Effektivität auswirke. Man will es nicht wahrhaben, daß der Wettstreit neuer Ideen, daß Begeisterungsfähigkeit oder geistige Beweglichkeit in einem Klima so extremer Seßhaftigkeit Schaden leiden könnten.

Wir fahren nach Púschtschino. Am letzten Tag vor unserem Rückflug läßt man uns in die »verbotene« Stadt. Ich hatte Igor zwei Tage vorher mein Herz ausgeschüttet. Wenn das, was wir bisher gesehen hätten, alles sei, hatte ich ihm bedeutet, dann sollten beide Seiten die seit Monaten geplante Reportage über die Sowjetische Akademie der Wissenschaften so schnell wie möglich wieder vergessen. Was es bis jetzt zu berichten gebe, sei nichts als Wasser auf die Mühlen jener, die bloß auf Gelegenheit warteten, seinem Land wieder einmal eins auszuwischen. Das Argument hat höheren Ortes offenbar überzeugt.

Nach drei Stunden Fahrt taucht die Wissenschaftsstadt vor uns auf. Unser Bus biegt in eine breite Straße ein, die beiderseits von Bäumen und Anlagen flankiert wird. Sie teilt Púschtschino wie eine Achse in zwei Hälften. Links von uns, in Gruppen zusammengefaßt, einige Dutzend Hochhäuser: Wohnungen für 17000 Einwohner. Rechter Hand Institute, Rechenzentrum, Werkstätten und Versorgungsbauten: Arbeitsplätze für tausend Wissenschaftler und das Fünffache an Hilfskräften. Die Institutsbauten sehen so aus wie in Heidelberg, Cambridge oder Berkeley.

Durch ein Glasportal betreten wir eine riesige Eingangshalle. In der Mitte führt eine großzügig geschwungene Treppe in den ersten Stock. Überall Glas und Stein, Helligkeit und Weite. Das Besprechungszimmer ist mit eleganten Edelholzmöbeln eingerichtet. Die Fenster gehen auf einen mit Bäumen und Kieswegen parkartig gestalteten Hof, den das riesige Institutsgebäude umschließt. Das Institut ist lediglich durch Juri Nikolajewitsch Mschenski vertreten. Ein schweigsamer Zuhörer im Hintergrund wird mir auf meine Frage als »unser Beauftragter für internationale Beziehungen« vorgestellt. Juri Nikolajewitsch, locker, selbstsicher und gewandt, spricht fließend englisch, bedient sich jedoch, nachdem wir uns gegenseitig vorgestellt haben, ausschließlich des Russischen.

Wir besichtigen auf meinen Wunsch ein Institut für Biochemie der Mikroorganismen. In ihm werden Bakterien und andere Einzeller genetisch manipuliert, mit dem Ziel, sie zur Produktion von Insulin und anderen Hormonen, von Interferon zur Krebsbekämpfung und von anderen wichtigen Naturstoffen zu veranlassen. Standard und Methoden entsprechen dem, was ich in den modernsten Instituten im Westen gesehen habe. Juri Nikolajewitsch ist völlig unbefangen und beantwortet jede Frage. Als ich wissen will, mit welchen Bakterienstämmen in Púschtschino experimentiert wird, bekomme ich die Antwort: »Wir arbeiten grundsätzlich nur mit Mikroorganismen, von denen festeht, daß sie eine technische Nutzanwendung versprechen.«

Ich bleibe vor Verblüffung stehen und hake auf englisch nach, um sicher zu sein, daß wir uns nicht mißverstanden haben. Juri Nikolajewitsch wiederholt die gleiche Auskunft auf englisch. Keine Experimente? Keine Suche nach unbekannten Eigenschaften bisher nicht untersuchter Bakterien? Juri schüttelt den Kopf. Dann fragt er mich, ob ich die »Pilot plants« sehen wolle. Ich glaube, meinen Ohren nicht trauen zu können: »Die was?« Geduldig wiederholt Juri: »Die Pilot plants.« Ob ich die sehen wolle? Und ob ich will. Wir fahren in den Keller. Wände und Decken sind vollgestopft mit Versorgungssträngen. Es sieht aus wie im Bauch eines Dampfers. Dann öffnet sich ein riesiges Stahltor. Vor meinen Augen liegt, in einer Halle, die durch zwei Stockwerke reicht, eine bildschöne »Pilot plant«. In meinem Kopf geht eine große Laterne an. Buchstäblich am letzten Tag der Reise fällt mir fast beiläufig der Schlüssel in den Schoß zum Verständnis dessen, was ich in den letzten zehn Tagen gesehen und gehört habe.

Eine »Pilot plant« ist nichts anderes als eine Versuchsfabrik, eine Anlage, in der Wissenschaftler und Verfahrenstechniker versuchen, das, was im Reagenzglas gelungen ist, in den Maßstab industrieller Großproduktion zu übertragen. Wenn ein bestimmter Bakterienstamm endlich bereit ist, Insulin zu produzieren, ist erst die Hälfte der Aufgabe gelöst. Wer kann vorher wissen, ob die Organismen das, was sie im Reagenzglas leisten, auch dann noch tun werden, wenn sie in großen Kesseln nutzbare Mengen des Hormons produzieren sollen? Bei der Umstellung auf eine Produktion im großen Maßstab ändern sich alle Bedingungen so grundlegend, daß regelmäßig neue Verfahrenstechniken entwickelt werden müssen. Das ist also der Kern, um den sich alle Aktivitäten in dieser Stadt drehen!

Der Antwort im voraus gewiß, frage ich Juri Nikolajewitsch, ob es in Púschtschino eine Patentabteilung gebe. Jawohl, höre ich. Nicht nur eine. Jedes der sieben Institute hat seine eigene. Und publizieren dürfen die Wissenschaftler von Púschtschino erst dann, wenn alle mit ihrer Veröffentlichung zusammenhängenden Möglichkeiten technischer Nutzanwendung patentrechtlich abgesichert sind. Jetzt endlich geht das Puzzle auf, das meinen Kopf seit zehn Tagen beschäftigt hat: Púschtschino ist gar kein wissenschaftliches Forschungszentrum, jedenfalls nicht in unserem, im westlichen Verständnis. Diese zum Sperrgebiet erklärte, diese im Vergleich zu allen anderen Instituten der Akademie so privilegierte, so glänzend ausgestattete Institution ist in Wirklichkeit eine von Wissenschaftlern geleitete Versuchsfabrik.

Während der Rückfahrt im Bus unterhalte ich mich im Geist ein letztes Mal mit Alexander Stepanowitsch. »Ihr wollt in Wirklichkeit ja gar keine Nobelpreise«, so etwa sage ich zu ihm. »Die gibt es nämlich, wie wir beide wissen, nur für die Entdeckung des Neuen, des gänzlich Unvorhergesehenen. Die Suche danach aber überlaßt ihr ganz bewußt uns westlichen Individualisten. Ihr selbst hingegen haltet es für eure Pflicht, die praktischen Anwendungen, die sich aus dem schon bekannten Wissen ergeben, eurer Gesellschaft so rasch wie möglich nutzbar zu machen. Was, verehrter Alexander Stepanowitsch, hält Sie eigentlich davon ab, sich zu dieser Haltung ganz offen zu bekennen?« Vielleicht die Ahnung, so antworte ich mir

selbst, daß ihr euch auf diese Weise letztlich nur wieder in die Abhängigkeit vom Westen begebt? Denn von wo sonst kann das Wissen kommen, das dem Fortschritt immer wieder neue, völlig unvorhergesehene Wege erschließt? Es ist zu spät, auch dieser Frage noch nachzugehen. Am nächsten Tag fliegen wir zurück in die Bundesrepublik.
Übrigens, ich glaube zu wissen, daß dieser Bericht jetzt irgendwo in Moskau Satz für Satz hin- und hergewendet und auf seine Bedeutungen abgeklopft wird. Ach, Igor, Mark, Viktoria, Ljuba, wie schön wäre es, in einer Welt zu leben, in der man nicht die Sorge zu haben brauchte, daß man anderen Menschen allein dadurch Unannehmlichkeiten bereitet, daß man versucht hat, wahrheitsgemäß zu beschreiben, was man gesehen und gehört hat.

1983

AUFSÄTZE

Vom Ebenbild Gottes zum Homo sapiens
Wandlungen menschlichen Selbstverständnisses

Dies ist mit nüchternen Worten der Weg der Menschheit in den letzten Jahrhunderten. Der Mensch selbst bezeichnete sich so, definierte sich gleichsam mit diesen Bezeichnungen zu zwei verschiedenen Zeitpunkten seines Daseins auf dieser Erde. Es lohnt, darüber nachzudenken. Schon gefühlsmäßig spürt man den gewaltigen Unterschied beider Bezeichnungen. Es ist ein dramatischer Weg gewesen, ein furchtbarer Weg.

Tatsache ist, daß der Mensch des Abendlandes sich vor fünfhundert Jahren in einem seelischen Gleichgewicht befand, das wir uns heute kaum noch vorstellen können. Tatsache ist ferner, daß dies unter äußeren Umständen der Fall war, die uns heute die Hände über dem Kopf zusammenschlagen lassen über solchen Seelenfrieden. Einer vergleichsweise winzigen Schar auserlesener Mächtiger (deren Rangordnung untereinander nach den gleichen unaufhebbaren Gesetzen feststand) war die gesamte übrige Masse mehr oder weniger machtlos und auch rechtlos in die Hand gegeben. Und da wir von Tatsachen reden wollen, müssen wir zugeben, es hieße dem Charakter des damaligen Menschen ein gutes Zeugnis ausstellen, wenn man behaupten wollte, die Macht sei damals weniger ausgenutzt worden, als das unter Menschen nun einmal üblich ist. Um so erstaunlicher ist der Seelenfriede des einzelnen. Dieser zeigt sich u. a. darin, daß der Mensch die Zustände als Ungerechtigkeit überhaupt nicht empfand. Selbstverständlich litt er menschlich unter dem einzelnen Akt der Willkür. Aber er litt nicht darunter, daß andere über Rechte und Dinge verfügten, die ihm selbst von vornherein versagt waren. Die Gerechtigkeit, die der Mensch damals zur Erhaltung seiner Selbstachtung brauchte, war nicht die irdische, sondern göttliche Gerechtigkeit.

Das Weltbild des mittelalterlichen Menschen ist die göttliche Weltordnung. Diese gleicht einem Kegel, dessen Spitze Gott als das höchste Allgemeine bildet. Von dieser Spitze aus entfernten sich die Gattungen zunehmender Besonderheit und Beschränkung stufenweise immer weiter, bis mit der Basis die tote Materie als größtmögliche Entfernung irdischen Seins von Gott erreicht ist. Zwischen diesen Extremen regieren Fürsten von Gottes Gnaden über Untertanen, deren Stellung und Staffelung untereinander ebenso von Gott gewollt ist. Es ist jetzt verständlich, daß der Begriff sozialer Gerechtigkeit in diesem weltanschaulichen Gebäude nicht einmal theoretisch Platz hat. Die Welt ist dem Menschen göttliche Schöpfung, in allen ihren Einzelheiten. So ist auch seine eigene Rolle gottgewollt. Gerecht ist diese Welt für ihn insofern, als auch er, wie jeder andere an jeder Stelle, angezogen von der Liebe Gottes, dessen Kreatur er ist, die Stufen menschlicher Vollkommenheit (die rein seelisch zu verstehen sind) durchschreiten kann, bis er in Gott seine Ruhe findet. Aber auch diese Vervollkommnung liegt nur zum kleineren Teil in seiner Macht, sie ist ein Akt der göttlichen Gnade, derer er jedoch würdig sein muß. Und diese seine Würde als Mensch, die ihn der göttlichen Liebe wert macht, beruht in seiner Ebenbildlichkeit Gottes.

Hinter dieser Bezeichnung verbirgt sich eine Haltung des Stolzes und zugleich inniger Demut, deren Würde und Erhabenheit mit Worten nicht faßbar sind. Wer es heute noch versteht, einen Hauch dieses Geistes zu spüren, der beginnt zu ahnen, daß es dem Menschen, der sich als Ebenbild seines Schöpfers fühlte, um ganz andere Werte ging als die, nach denen wir heute nur allzuoft willkürlich seine Zeit beurteilen. Seine ganze Würde – und was für eine Würde! – empfängt der Mensch nur durch das, was an ihm göttlich ist. Dessen kann er nun aber verlustig gehen durch die Sünde. Und da er einen freien Willen hatte, lag es in seiner Hand, ob er ein gottesfürchtiges und gottgefälliges

Leben führen wollte oder nicht. Die Ordnung der irdischen Dinge war von Gott entworfen, und so war es dem mittelalterlichen Menschen selbstverständlich, daß er ihren Sinn mit seinem Verstande nicht einsehen konnte. Wie er aber leben mußte, um seine Ehre seinem Schöpfer gegenüber bewahren und sich dermaleinst mit ihm vereinigen zu können, das hatte ihm dieser offenbart.

Die so tatsächlich erreichbare ruhige Würde und Sicherheit des einzelnen stimmen den modernen Menschen geradezu heimwehkrank. Der Zusammenbruch dieses Weltbildes ist mit vielen Namen und vielen geistigen Strömungen verknüpft. Im Grunde war es die alte Versuchung der Schlangen. Das, was seit Jahrhunderten seine Würde ausgemacht hatte, empfand der Mensch nun als sein Joch. *Philosophia ancilla theologiae* (die Philosophie ist Dienerin der Theologie), dieser Fundamentalsatz der Scholastik beginnt plötzlich Unwillen zu erregen. Nachdem es dem Menschen jahrhundertelang selbstverständlich gewesen war, daß das Ende menschlichen Denkens bei Gott anlangen müsse, wenn es nur logisch sei; da ja der Verstand von Gott geschaffen, glaubt man jetzt, den Verstand emanzipieren zu müssen. Das Vertrauen in die Kraft des menschlichen Verstandes – wenn er erst einmal von allen Beschränkungen befreit sein würde – steigt ungeheuerlich. Der Glaube sollte davon selbstverständlich unberührt bleiben. So beginnt man damit, daß man den Menschen und die Welt zerhackt in einen Teil, der Gott gehört, und in einen anderen Teil, der die Domäne des menschlichen Verstandes sein soll. Und damit verläßt der Mensch seine Ebenbildlichkeit Gottes und macht sich kühn auf den Weg, die Welt zu gewinnen. Vertrauen und Kraft schöpft er aus der Verheißung: »Du wirst sein wie Gott.« Irgendwo auf diesem Wege, das ahnt er, und diese Ahnung erfüllt ihn mit nie gekannter Leidenschaft, irgendwo wird er soweit sein, daß er selbstmächtig ist kraft seines Verstandes, nicht mehr »bloß Ebenbild«, sondern »Ich, der Mensch«. Diese Möglichkeit erscheint ihm erstrebenswert genug, um sich auf den Weg ins Unbekannte zu machen.

Wir greifen zwei Namen heraus: Dr. Martin Luther und René Descartes. Es ist immer wieder erstaunlich festzustellen, wie wenige Menschen sich über diese Seite der Reformation klar sind. Luther führte einen der tödlichsten Schläge gegen das mittelalterliche Weltbild der göttlichen Stufenordnung: Er beseitigte die Rangordnung der Menschen vor Gott. Und warum? Weil er nicht einsah, warum die Menschen vor Gott nicht gleich sein sollten. Damit ersetzt er die bisher gottgegeben betrachteten Grade der Vollkommenheit (der seelischen Gottnähe) durch ein System, welches das Motto der folgenden Jahrhunderte darstellt: das System der vom menschlichen Verstand gegebenen Gerechtigkeit. Dieses System, im Gegensatz zum gottgegebenen intelligibel auf Grund seiner Herkunft, ist, im Gegensatz wieder zum Kegel göttlicher Weltordnung, die Fläche, die Vereinheitlichung, die Nivellierung.

Wie stark in dieser Zeit bereits dieser vermenschlichende, rationalisierende Faktor der Reformation wirkte, erhellt aus der elementaren Reaktion in Form des großen Bauernaufstandes. Hier waren wahrhaft fortschrittliche, nahezu prophetische Geister am Werk gewesen, die die Konsequenz des revolutionären Gedankens einer intelligiblen, »verständigen« Gerechtigkeit sofort für den eigenen Bereich gezogen hatten. Aber die Zeit war noch nicht reif. Noch spielte sich der Kampf im geistigen Bereich ab. Wie sehr Luther selbst unbewußt und als psychischer Exponent seiner Zeit handelte, wie wenig er wußte, was er tat, erkennt man aus seinem völlig überraschten Entsetzen angesichts dieser Revolution.

Deutlicher und auch bekannter ist die Rolle Descartes' in dieser Entwicklung. Nachdem eine große Zahl der erlesensten Köpfe die Beschränkungen des Denkens beiseite geräumt hat, beginnt sich dieser freie, von nichts als der menschlichen Logik gelenkte Geist zu regen. Mit fassungslosem Staunen betritt der Mensch ein unübersehbares Feld wissenschaftlicher und geistiger Möglichkeiten. Immer noch, das sei betont, fühlt sich dieser Mensch des 16. und 17. Jahrhunderts seinem Gott verbunden. Und wenn er seinen Geist rührt, so glaubt er fest, es nur zu tun, um die Spuren des Schöpfers in der Welt nachzuweisen. Er ahnt noch nichts davon, mit welcher Schnelligkeit und Unwiderstehlichkeit diese Entwicklung den Menschen in unbekannte Weiten entführen wird. Die Strenge, mit der von Anfang an die Kirche gegen diesen neuen Geist mit vorläufig noch gemäßigter Selbstherrlichkeit vorgeht, läßt darauf schließen, daß man hier weitsichtiger ist und die Gefahren zumindest ahnt.

Allmählich kristallisieren sich während dieser Arbeit des Verstandes Disziplinen und Einzelwissenschaften heraus, und vor den staunend geweiteten Augen des Forschers erhebt sich ein Kosmos intelligibler Ordnung, beherrscht von Grenzen, die dem Menschen verständlich sind. Immer größer wird das Vertrauen auf die *ratio humana*, immer ausschließlicher wird sie es, auf die der Mensch sich stützt. Im 18. Jahrhundert beginnen die Gemeinschaften noch wahrhaft gläubiger Menschen bereits den Charakter von Sekten anzunehmen mit der deutlichen Abseitigkeit derartiger Gruppen. Herrnhuter, Pietisten und später die hinterpommersche Erweckerbewegung stehen bereits deutlich in Reaktion und Opposition. Sie sind in gewissem Sinne Kuriosa, denn gleichzeitig beginnt man in aufgeklärten Kreisen von der Wohnungsnot Gottes zu sprechen. Dieser Begriff »Gott«, an dem man noch festhält in einer Mischung von Pietät, Tradition und nicht zuletzt auch diplomatischer Rücksicht auf die Gefühle der Untertanen sowohl wie auf ihren Gehorsam, wird in diesen Kreisen allmählich als peinlich empfunden. Denn wo soll man diesen Gott noch unterbringen? Und so wohnt der »liebe Gott« weit hinter den Wolken, wo er nicht stört. Im Grunde hat man ihn schon nicht mehr nötig, wenn auch nur die wenigsten jetzt schon den Mut aufbringen, das offen einzugestehen. Der menschliche Verstand demaskiert sich als der Widersacher Gottes, und aus dem menschlichen Streben nach Ausschöpfung der menschlichen Möglichkeiten ist ein Totalitätsanspruch geworden. So zieht dann in der Französischen Revolution die Vernunft auf die bereits leeren Altäre der Menschheit, ein Akt, der an symbolischer Deutlichkeit in der Geschichte seinesgleichen sucht. Freiheit, Gleichheit, Brüderlichkeit heißt die Parole. Freiheit von allen Bindungen, die außerhalb der Erwägungen der Vernunft liegen, Gleichberechtigung aller und Brüderlichkeit untereinander –

das sind die verlockenden und idealen Gesetze der neuen Ordnung. Auch diese Ordnung wird wie jede Ordnung der Geschichte von einem Glauben getragen: Es ist der unerschütterliche Glaube an die irdische Allmacht der Vernunft, daran, daß die neue Ordnung, die menschliche Ordnung der Welt, nach den Regeln der Zweckmäßigkeit arbeitend, imstande ist, alle Menschen glücklich zu machen. Voller Begeisterung sah sich der Mensch endlich am Ziel, und Begeisterung und Verblüffung über die einleuchtende Einfachheit dieser Lösung durchzogen wie ein Rausch ganz Europa.

Es ist die Geburtsstunde des Homo sapiens. Der Mensch als alleiniger Herr seines Schicksals ist der stolzeste Begriff der Weltgeschichte. Ein Herrschaftsanspruch, wie er totaler und grandioser nicht gedacht werden kann. Dieser wissende Mensch, der den Anspruch erhebt, auch weise zu sein, sucht nicht mehr nach dem Sinn seines Lebens, er bestimmt ihn. Die Ethik, das Problem des Gut und Böse, bisher als transzendent festgelegt, dem menschlichen Zugriff entzogen und als unveränderliche Vorschrift existierend, wird neu entworfen. Und zwar, dem Gesetz der neuen Ordnung entsprechend, von der Vernunft als oberster Maxime ausgehend. Konsequent wird der Begriff des Gottgefälligen ersetzt durch die Forderung der Zweckmäßigkeit im Hinblick auf das selbstgesetzte Ziel: das Glück des Menschen. Was darunter zu verstehen ist und mit welchen Methoden man realiter dieses Ziel erreichen könnte, das sind Probleme, die vorerst als solche gar nicht erkannt werden. Die Entwicklung geht vorwärts nach den ihr innewohnenden Gesetzen. Das 19. Jahrhundert ist die Epoche höchster Triumphe, die der Geist auf seinem Eroberungszug durch die Welt feiert, ein jeder die erneute Bestätigung für den Homo sapiens, auf dem Gipfel der Entwicklung zu stehen, und das auf Grund eigener Leistung.

Der Sozialismus ist nur im Rahmen dieser Evolution wirklich zu verstehen. Der Gleichberechtigung der Seelen vor Gott durch die Reformation folgt jetzt die konkrete Forderung, auch die irdischen Möglichkeiten im Sinne menschlicher Gerechtigkeit zu ordnen. All das, was sich früher an der Spitze des

Kegels in Gottnähe an Werten konzentrierte, muß sich jetzt gleichmäßig nivelliert über die gesamte menschliche Gesellschaft verteilen. Eine andere Einteilung wäre von dem neuen Glauben aus gesehen einfach willkürlich und grotesk.

Die offenbarsten Triumphe feiert die Wissenschaft. Sie ist das Gegenüber des angebeteten Verstandes und einer Welt, die nicht mehr göttliche Schöpfung ist, sondern den Charakter einer gewaltigen Denksportaufgabe für die Menschheit trägt. Der Ausdruck »Gott« ist lediglich der Terminus technicus für den vorläufig noch unerklärten Rest eines Kosmos, der prinzipiell mit dem Verstande völlig erklärt werden kann. Die höchste Instanz ist der reine Verstand, die höchste Aufgabe die der Logik auch in den verwickeltsten Verhältnissen. Es geht letzten Endes nur darum klarzusehen. Der Mensch ist dabei, die Welt zu gewinnen.

Auch dieses hier skizzierte Weltbild des vorigen Jahrhunderts ist eine Tatsache gewesen. Stoßen wir uns nicht an den zugespitzten Formulierungen. Es war das Zeitalter des Homo sapiens. Wenn wir diese Bezeichnung näher betrachten, begreifen wir erschüttert die notwendig in ihr enthaltenen Wurzeln des Entsetzens, ahnen wir die katastrophale Konsequenz für den, der sich selbst erhöhte. In ihr verbinden sich prometheushafter Stolz und eine geradezu beispiellose Entwürdigung. Das Attribut der selbstgegebenen Bezeichnung stellt wohl die größte Arroganz dar, deren der Mensch in seiner bisherigen Geschichte fähig gewesen ist, während der Gesamtausdruck ihn zur biologischen Gattung stempelt. So stürzte sich der Mensch vom Throne seiner Ebenbildlichkeit, um mehr zu erlangen, und fand sich als – wenn auch bemerkenswertes – Sonderexemplar unter den anderen Tieren wieder.

Der Mensch hatte die Welt gewonnen, aber es hatte ihm nichts geholfen, weil er Schaden genommen hatte an seiner Seele. In der Existentialphilosophie haben wir den verzweifelten Versuch des Geistes vor uns, eine Leiter zu finden, um aus dem selbstgeschaufelten Grab der Sinnlosigkeit wieder entweichen zu können. Es gibt noch andere Symptome, Zeichen der Würdelosigkeit, des Ekels und der Gefahr. Im Mittelalter sprach man von der Ratio noch als einem göttlichen Attribut. Jetzt bezeichnet man als rationell die Rentabilität der Arbeitsweise einer Fabrik. Aber die Folgen des Verstandesglaubens, des Rationalismus als Religion, sind nicht nur häßlich und würdelos. Wie dem König Midas sich alles in Gold, so verwandelt sich dem Homo sapiens alles, was er anpackt, in Verderben. Nichts ist in der bisherigen Geschichte mörderischer gewesen als der Versuch, durch kluge Überlegungen und daraus abgeleitete Handlungen die Menschen glücklich zu machen. Das Glück der Menschen wird selbstverständlich auch mit dem Verstand ermittelt. Das Verderbliche ist hier der Umstand, daß die Vernunft als Normal-Null am ethischen oder rechtlichen Maßstab kein absoluter Wert ist.

Der Mensch hatte wohl die Einsichtigkeit der Ordnung errungen, aber die unerschütterliche Stabilität und Gewißheit transzendenter Werte aufgegeben für Maßstäbe, die ihrer Labilität und mangelnden Allgemeingültigkeit wegen ein anarchistisches Chaos geradezu heraufbeschworen. So bestand das Glück denn für den einen in der materiellen Gleichstellung, für den anderen in dem, was dem Volke nützt. Und was dem Volke nützt, war nach Ansicht des einen dies und des anderen das. So war schließlich der Gipfel des Wahnsinns und als Konsequenz der Vernunft das perverse Phänomen möglich, daß Menschen, die sich weigerten, auf eine bestimmte vorgeschriebene Art glücklich zu sein, im KZ verschwanden.

Es ist aufregend zu erleben, wie dem Weltbild des Homo sapiens in jüngster Zeit nicht nur empirisch, sondern auch geistig der Boden genommen wird. Die moderne Physik hat das Bild der kausal-materialistisch fest determinierten Welt wissenschaftlich unhaltbar gemacht. Es ist damit ein Ergebnis des angewandten Verstandes, nämlich der Naturwissenschaft, daß der Verstand wohl in der Lage sein mag, den Kosmos von seinem Standpunkte aus gültig zu beschreiben, daß es aber eine völlig unberechtigte Annahme ist, diesen Vorgang etwa für eine Erklärung zu halten. Die Quantentheorie Plancks, die Unschärferelation Heisenbergs und die Korpuskel-Wellen-Lehre de Broglies beweisen mit den Methoden des Verstandes dessen grundsätzliche Unfähigkeit, die Details der Welt, geschweige denn ihren Sinn, zu erfassen. Es ist eigenartig, wenn man spürt, wie hier eine metaphysische Verbindung zwischen der Tatsache dieser Entdeckungen (die z. T. bereits kurz nach der Jahrhundertwende erfolgten) und den seelischen Bedürfnissen der Zeit besteht. Weit entfernt davon, diese Entdeckungen für ketzerisch zu halten (was der Mensch des 16. Jahrhunderts zweifellos getan hätte und was, um die gesetzmäßige historische Analogie zur Reformation augenscheinlicher zu machen, mancher orthodoxe Fachphysiker heute noch tut), betrachten wir sie als Erlösung. Sie sind genau das für uns, was die Lehre Luthers für seine Anhänger bedeutete: Ein Glaube liegt im Sterben, und der Erlöser ist der, der das als erster erfaßt und im Bewußtsein der vollen Bedeutung ausspricht. Hier liegt nämlich die Bedeutung der angeführten physikalischen Entdeckungen: Sie machen die Wissenschaft nicht ungültig. Es wird weiter Forschung und Technik geben. Aber die Elemente der Wissenschaft sind als Glaubensinhalt (und das waren sie, wenn auch nur selten in dieser krassen Form zugegeben) unmöglich geworden. Ebenso wird auch das Bestreben bestehen bleiben, die gesellschaftliche Ordnung der Welt nach »vernünftigen« Gesichtspunkten aufzustellen. Aber wir wissen jetzt, daß es anachronistisch ist, dieses Bestreben als Kreuzzug aufzuziehen und ihm in ideologischem Fanatismus alles andere unterzuordnen. Wir haben damit die hoffnungsvolle Gewißheit, daß es möglich ist, dieses Thema mit Aussicht auf Erfolg sachlich zu erörtern, ohne den nachgerade lästigen Anspruch, es als Heilsbotschaft behandeln zu sollen.

So sehen wir nun durch diese Bresche in der Diktatur des Rationalismus die erneute Möglichkeit der sinnvollen Behauptung eines Sinnes vom Leben, auch wenn sich dieser Glaube wissenschaftlich nicht stützen lassen sollte. Wir können wieder auf einen Menschen hoffen, der sich nicht innerlich beziehungslos einem kosmischen Riesenuhrwerk gegenübersieht, sondern der in dem Bewußtsein handelt, einer übermenschlichen Macht verantwortlich zu sein, die gewillt ist, mit ihm nach Verdienst zu verfahren.

Wir sind müde geworden der eigenen Kraft und können uns jetzt in unserer Ratlosigkeit wieder einem Glauben zuwenden, dem wir nur zu gern unseren Stolz zu Füßen legen werden. Nur so können wir unsere Würde wiedergewinnen. Und auch Friede und Toleranz ergeben sich nur aus der klaren Einsicht in die eigene Unzulänglichkeit.

1947

Liebe, Haß und Hunger ferngesteuert

Die Entdeckung biologischer Grundlagen »freien« Verhaltens

Wie muß ein Ereignis eigentlich beschaffen sein, um die Aufmerksamkeit und Anteilnahme der Leute auf sich zu ziehen? Es gibt viele Kriterien, die einer Begebenheit den Rang der »Sensation« verleihen können. Das der tatsächlichen Bedeutung ist gewiß nicht darunter. Und so geschieht es, tagtäglich, daß Vorkommnisse eine breite Öffentlichkeit erregen, deren sich schon kurze Zeit später bis auf die Beteiligten niemand mehr erinnert. So kann es, seltener, aber auch geschehen, daß sich Dinge unbeachtet und in aller Stille abspielen, deren Bedeutung kaum abzuschätzen ist.

Auf eine Begebenheit solcher Art weist ein in einer der letzten Nummern der »Naturwissenschaften« erschienener Artikel hin mit dem unverfänglich harmlosen Titel »Vom Wirkungsgefüge der Triebe«. In der dürren, nüchternen Diktion wissenschaftlicher Sachlichkeit berichtet er von einem Arbeitsprogramm und seiner Methodik, die aus einem utopischen Roman zu stammen scheinen. Die hier veröffentlichten Versuche beziehen sich auf ein Unterfangen, das sich, trotz Atombombe, trotz bevorstehender Weltraumfahrt, zu dem kühnsten und, auf lange Sicht, bedeutungsvollsten Forschungsunternehmen unserer Zukunft entwickeln könnte. Nicht nur an der Sprödigkeit der wissenschaftlichen Terminologie dürfte es liegen, daß dieser Artikel nur in Fachkreisen beachtet worden ist: Sein Objekt, das Versuchstier, mit dem hier auf eine schlechthin phantastische Weise experimentiert wurde, ist das gewöhnliche Haushuhn.

Es gibt da eine berühmte Geschichte: In einem Kabarett bricht Feuer aus. Durch einen Zufall ist es ausgerechnet der Clown, der, in Kostüm und Schminke, das Publikum alarmiert. Aber ihm, der da, angetan mit allen gewohnten Insignien seiner Hanswurstrolle, die Schreckensbotschaft verkündet, wird nicht geglaubt. Es geschieht das Grotekse: Der Clown erntet einen Lacherfolg, mit dem Ergebnis, daß der Saal nicht rechtzeitig geräumt werden kann und zahlreiche Zuschauer die Folgen ihrer mangelhaften Phantasie mit dem Tode büßen müssen.
Hüten wir uns, eingedenk dieser hintergründigen Geschichte, das Huhn, mit dem Professor v. Holst, der Autor des genannten Artikels, experimentiert, mit dem unschuldigen Eierleger zu verwechseln, der von Köchinnen und Automobilbesitzern gleich ungestraft gejagt werden darf. Worum geht es bei diesen Versuchen? Der uneingeweihte Zeuge würde zunächst wahrscheinlich nichts Auffälliges entdecken. Er verstünde nicht recht, warum der Hahn, der da gerade mit den typischen, ruckartigen Bewegungen des Hühnervolkes auf dem Versuchstisch hin und her stolziert, vom Versuchsleiter und seinen Assistenten mit solcher Spannung beobachtet wird. Der Hahn, in langer Vorbereitung an diese Umgebung gewöhnt, fühlt sich gewissermaßen zu Hause und geht gelangweilt auf und ab. Mit einem Male aber ändert sich das Verhalten des Tieres: Es erstarrt, streckt den Hals sichernd vor und späht suchend in die Ferne. Im Hintergrund beginnt eine Filmkamera zu laufen, die jede Phase der folgenden Vorgänge festhält. Der Hahn scheint jetzt etwas Bedrohliches entdeckt zu haben – zu sehen ist in Wirklichkeit nichts –, er wird unruhig. Sein Blick fixiert etwas Unsichtbares, das sich ihm rasch zu nähern scheint. Er stößt Warnrufe aus und beginnt dann, in höchster Erregung, mit Schnabel und Sporen auf einen unsichtbaren Feind einzuhakken, der jetzt in seine Reichweite gekommen sein muß. Dann springt er erschreckt zur Seite, um den imaginären Feind, der sich nicht aufhalten läßt, vorbeizulassen, jetzt nur noch erfüllt von Angst, bedacht nur noch auf Flucht vor einem so unheimlichen Gegner.
In diesem Augenblick legt im Hintergrund einer der Assisten-

ten einen kleinen Schalthebel um. Im gleichen Augenblick ist es, als ob dem Hahn die Schuppen von den Augen fielen. Man sieht förmlich seine Verblüffung. Aufgeregt blickt er in alle Richtungen, auf der Suche nach dem plötzlich auf so rätselhafte Weise verschwundenen Angreifer, sei es nun ein Marder oder Iltis gewesen, oder auf welche Weise sonst sich das Phantom seiner Hahnenseele präsentiert haben mag. Rasch hat er sich darauf wieder beruhigt, und es folgt ein Schluß, der belustigend ist, aber auch nicht ohne Ironie: Der Feind ist ganz offensichtlich verschwunden, und unser Hahn ist nicht abergläubisch und glaubt auch nicht an Hexerei.

Was könnte dem Tier näher liegen als der Schluß, daß er selbst es gewesen sein muß, dem es doch noch im letzten Augenblick gelungen ist, den Angreifer in die Flucht zu schlagen? Und so plustert er sich stolz auf und beschließt die Episode mit einem triumphierenden Siegesschrei.

Wie unvorstellbar anders die Dinge liegen, wird dem Hahnengemüt auf ewig verschlossen bleiben. Aber auch unser Zeuge wird einige Zeit brauchen, um sich von seiner Fassungslosigkeit zu erholen, wenn ihm aufgeht, was er hier miterlebt hat. Die nähere Betrachtung ergibt nämlich, daß der Hahn an sehr feinen Drähten hängt, die auf der einen Seite in einem winzigen Kunststoffknopf enden, welcher dem Schädelknochen des Tieres aufgeschraubt wurde. Von hier aus senken sich zwei hauchdünne Silberdrähte mit blanker Spitze in das Hühnergehirn. All das wurde schon lange vor dem Versuch in Narkose »montiert«. Die Elektroden sind reizlos eingeheilt, der Hahn spürt von allem nichts. Er gedeiht munter und benimmt sich unbefangen und natürlich wie seine Artgenossen, jedenfalls so lange, wie an den anderen Enden dieser Leitung zu seinem Hirn nichts geschieht. Diese sind an eine elektrische Apparatur angeschlossen, welche so konstruiert wurde, daß sie die normalerweise vorkommenden elektrischen Nervenimpulse genau kopiert. Und der Assistent im Hintergrund braucht jenen bewußten kleinen Hebel nur nochmals umzulegen, um das ganze Schauspiel von neuem beginnen zu lassen: Wieder würde der Hahn einen aus der Ferne heranstürmenden Feind entdek-

ken und sich mit ihm, zwischen Flucht und Abwehr schwankend, auseinandersetzen, solange der Stromreiz dauert.
Es handelt sich um einen ferngelenkten Hahn. Nichts dürfte dem Urheber dieser Versuche, dem Leiter des Max-Planck-Instituts für tierische Verhaltensforschung, unerwünschter sein, als daß sich auch nur der Anschein des Sensationellen mit seiner Arbeit verbände. Für den Wissenschaftler geht es bei diesen Versuchen lediglich um die Klärung bestimmter biologischer Probleme, und zwar um die Frage, welche Verhaltensweisen der Tiere erlernt und welche als »Instinkte« angeboren sind. Für ihn handelt es sich hier um nichts anderes als um die Anwendung einer experimentellen Methode, welche die Beantwortung dieser Frage in besonders zweckmäßiger Weise gestattet.
Man weiß schon seit langer Zeit, daß die Großhirnrinde wie eine Landkarte gegliedert ist. Alle Teile des äußerlich sichtbaren Körpers sind räumlich auf ihr vertreten, und zwar zweimal, auf getrennten Arealen. Innerhalb der einen, der sogenannten motorischen Region, führt die elektrische Reizung – im Tierexperiment oder auch, etwa im Rahmen einer Gehirnoperation, beim Menschen – zu Bewegungen des jeweils zugeordneten Körperteils oder Muskels. In der anderen, der sensorischen Region, zu bestimmten Hautempfindungen in einem ebenfalls gesetzmäßig umschriebenen Körpergebiet. Man kann auf diese Weise, indem man Punkt für Punkt in fortlaufenden Reizversuchen abtastet, die »zentrale Repräsentation« der Körperoberfläche auf der Hirnrinde kartographisch festlegen. Man hat das auch getan, die Anordnung ist bei jedem Menschen dieselbe.
Das Ergebnis solcher Experimente ist eine schauderhaft anzusehende Karikatur von kaum noch menschlichem Aussehen. Das hängt einfach damit zusammen, daß diese zentrale »Abbildung« des Körpers auf der Hirnrinde nicht ästhetischen, sondern biologischen Zwecken dient. Nicht Ähnlichkeit, sondern Funktionstüchtigkeit wurde hier angestrebt. Und daher sind Körperteile, deren Bewegungsweise und Tastempfindlichkeit im Interesse des Ganzen sehr differenziert entwickelt wurden, auch mit einer entsprechend großen Zahl von Nervenzellen in

der Hirnrinde verbunden, während andere, in dieser Hinsicht relativ unwichtige Regionen des Körpers trotz ihrer Größe nur ein relativ kleines Hirnrindenareal beanspruchen. Das »Hirnrindenmännchen«, das man mit derartigen Reizversuchen abtasten kann, ist folglich ein Wesen mit riesigem Untergesicht (Sprachfunktionen!) an einem winzigen Kopf, mit unförmigen Fingern und Händen, die fast unmittelbar an einem kurzen, schmächtigen Rumpf ansetzen. Das ganze Zerrbild steht schließlich noch auf dem Kopf. Auch das hat sicher seinen Grund. Wir kennen ihn bisher nicht.

Lange Zeit glaubte man nun, damit sei die Grenze des im Gehirn noch Lokalisierbaren erreicht, die aus dem Körper mit dem Rückenmark in das Gehirn eintretenden Nervenbahnen endeten eben in der Rinde, und mit dem durch sie dargestellten Material oder Register spiele nun gleichsam der nicht mehr sichtbare Geist, indem er durch die Zusammenschaltung wechselnder Gruppierungen einzelner Nervenzellen der Rinde die Vielfalt möglicher Bewegungsformen hervorrufe. Dieser Auffassung widersprachen aber in neuerer Zeit die Ergebnisse der Instinktforschung. Sie haben zweifelsfrei gezeigt, daß nicht nur die Möglichkeit bestimmter Bewegungen, sondern darüber hinaus ein ganzes Repertoire geschlossener, zum Teil sehr komplizierter Bewegungsabläufe angeboren ist. Hierher gehören beispielsweise die für bestimmte Tiergattungen spezifischen Balzbewegungen, die Tätigkeit des Nestbaus bei Vögeln oder auch artspezifische, in großer Zweckmäßigkeit auf den jeweiligen Feind abgestimmte Fluchtbewegungen.

Derartige Instinkthandlungen sind nicht erlernt; das Experiment hat gezeigt, daß sie auch von einem Tier beherrscht werden, das nie mit seinen Artgenossen zusammengekommen ist. Zumindest bei diesen Tieren müssen also auch derartige Bewegungsfolgen eine zentrale Repräsentation im Gehirn haben. Ihrer Aufdeckung dienen die von Professor v. Holst durchgeführten Versuche. Die Reizpunkte, mit denen man derartige Instinkthandlungen auslösen kann, liegen nicht in der Rinde, sondern in tieferen Hirnteilen, im sogenannten Hirnstamm, den man bislang für »stumm« gehalten hatte. Die Art der durch solche Hirnstamm-Reizversuche ausgelösten Bewegungsabläufe hängt wiederum von der Stelle ab, an welcher die blanke Spitze der Reizelektrode liegt. In großen Versuchsreihen wird so Punkt für Punkt das Hühnergehirn abgetastet. In dem Laboratorium von Professor v. Holst gibt es Hühner, die sich auf Knopfdruck hinlegen und einschlafen (man sieht richtig, wie sie müde werden, und sie sind dann sehr »ungehalten«, wenn man sie wach halten oder wecken will!). Andere wieder glauben sich von einem »Luftfeind« bedroht, wenn jener bewußte Hebel betätigt wird. Wieder andere werden plötzlich hungrig oder durstig oder sind unvermittelt am anderen Geschlecht interessiert oder reagieren auf alle Vorgänge mit panikartigen Fluchtbewegungen. Andere entwickeln ein ausgesprochenes Zärtlichkeitsbedürfnis, je nachdem, wo im Gehirn der Reizpunkt gerade liegt.

Der Gewinn derartiger Versuche für die wissenschaftliche Erkenntnis ist unschätzbar. Der Außenstehende jedoch kann nicht umhin, das Ganze auch ein klein wenig unheimlich zu finden. Holst und seine Kollegen sind Wissenschaftler, und alle Wissenschaftler leiden an einer seltsamen Berufskrankheit: Sie sind gänzlich außerstande, eine Gänsehaut zu bekommen. Nur beiläufig wird daher, als einer belanglosen Nebensächlichkeit, der Tatsache Erwähnung getan, »daß es im Prinzip auch ohne Draht geht«. Das sähe dann so aus, daß die Hühner innerhalb eines abgegrenzten Wiesenstückes frei umherlaufen, über dem eine Antenne angebracht ist. Sobald diese auf der spezifischen Welle ihre Impulse auszustrahlen beginnt, verhalten sich die Hühner nach dem Wunsch und Programm dessen, der durch einen Knopfdruck von ihren Gehirnen Besitz ergriffen hat. Soweit Hühner überhaupt imstande sind, sind sie dabei aber ohne jeden Zweifel davon überzeugt, alles aus eigenem, »freiem« Willen zu tun. Für die Wissenschaftler ist diese Methode deshalb von geringerem Interesse, weil sich bald herausstellte, daß der bei dieser Versuchsanordnung ständig wechselnde Abstand zwischen der Antenne und dem Hühnergehirn zu Schwankungen der Reizstärke führt, welche die exakte Vergleichung der Versuchsergebnisse unmöglich macht.

Die durch manch andere Errungenschaften des wissenschaftlich-technischen Fortschritts möglicherweise bereits leicht neurotisierte Phantasie des schlichten Laien zeigt die Neigung, die Akzente anders zu verteilen. Sie wird mit Schrecken dessen inne, daß auch nicht der leiseste Schimmer einer Hoffnung darauf besteht, daß es zunehmender technischer Perfektion nicht gelingen sollte, eines Tages eine Methodik zu entwickeln, bei der es auch ohne vorher in das Gehirn eingepflanzte Elektroden »geht«. Und dann, wenn das Versuchsobjekt nicht mehr operativ vorbereitet zu werden braucht, sind der Ausdehnung derartiger Versuche ja keine praktischen Grenzen mehr gesetzt; dann ist auch der Zeitpunkt gekommen, wo Versuche am Menschen möglich sind. Sie werden uns ebenfalls ungeahnte Erkenntnisse erschließen. Und Möglichkeiten in die Hand geben, die man nicht auszudenken wagt. Technische Utopie? Heute noch, gewiß. Aber der Weg vom ferngelenkten Hahn bis zum ferngelenkten Menschen ist nicht weiter als der vom Schneider von Ulm bis zum modernen Düsenflugzeug.

1950

Geschäfte mit der Gänsehaut

Von der Anziehungskraft des Gruselfilms

In der Bundesrepublik läuft seit einigen Wochen »Psycho«, der neueste Hitchcock-Film, mit nicht nachlassendem Erfolg. Einer seiner Höhepunkte ist die Szene, in der eine junge Frau unter der Dusche von einem Geisteskranken mit peinlicher Sorgfalt und mit Hilfe eines Küchenmessers in eine der für Filme dieser Gattung obligatorischen Leichen verwandelt wird. Der außerordentliche Kassenerfolg solcher Filme, für die sich neuerdings der treffende Terminus *»shocker«* als Gattungsbegriff durchzusetzen beginnt, läßt, und das erscheint verständlich, die Herzen aller jener Zeitkritiker höher schlagen, die keine Gelegenheit versäumen, uns daran zu erinnern, daß wir samt und sonders dekadent, morbide und ein des Aussterbens würdiges Geschlecht seien. Gibt Hitchcocks Einkommen ihnen recht? Welche Bedürfnisse sind es, die das Geschäft mit der Gänsehaut des Publikums heutzutage so rentabel machen?
Hören wir die Psychoanalytiker: Die neurotische Anziehungskraft des technicoloriert auf Breitwände projizierten Grauens sei zu deuten als Folge und aufschlußreicher Maßstab verdrängter Aggressionen. Wenn man diese Formulierung ihres Taktes entkleidet, so heißt das etwa: Man geht in einen Hitchcock-Film, weil man zwar zu feige ist, sich mit der Polizei anzulegen, aber andererseits von sadistischen Trieben doch auch zu sehr erfüllt, um es sich verkneifen zu können, die eigenen Wunschvorstellungen wenigstens in Gestalt einer Ersatzbefriedigung auf der Leinwand zu erleben. Wenn das stimmt, leben wir auf einem schlummernden Vulkan. Es ist kaum möglich,

eine Karte für eine solche Gruselvorführung ohne Vorbestellung zu bekommen. Vor den Kinos bilden sich Schlangen, sobald die Reklame für einen Film mit der listigen Warnung verbunden wird, er sei »nur für Menschen mit starken Nerven geeignet«. Wäre jeder Besucher ein verhinderter Frankenstein? Man braucht seine Ohren den favorisierten Auguren unserer Zeit, den Psychoanalytikern, nur einmal zu verschließen und dem Kinovolk der Gruselfreunde aufs Maul zu schauen, um zu erfahren, daß kein Wort davon wahr ist.
Ich verbürge mich für folgende Episode: Vor dem Schaukasten eines Kinos stehen zwei Halbwüchsige, noch unschlüssig die Frage erörternd, ob der Film »wirklich gut« sei. Der Regisseur hatte sich in diesem Falle – im Gegensatz übrigens zu Hitchcock mit seinem »Psycho« – wirklich Mühe gegeben: Ein Wissenschaftler hat eine Maschine erfunden, mit der es möglich ist, Materie drahtlos zu transportieren. Bei einem Selbstversuch erleidet er einen gräßlichen Unfall. Unbemerkt ist eine Fliege mit in die Sendeapparatur geraten, die Maschine verwechselt die Ingredienzen ihres Inhalts, und der unglückliche Experimentator landet im Empfangsgerät als fliegenköpfiges Monstrum! Nachdem alle Versuche, die Panne rückgängig zu machen, achtzig strapaziöse Filmminuten lang gescheitert sind, beschließt er, sich umzubringen. Jedoch hat dies mit Rücksicht auf die Nerven des Filmsohnes – welch bezaubernde Inkonsequenz! – auf eine Weise zu geschehen, welche die monströse Entstellung geheim bleiben läßt. Große Ratlosigkeit bemächtigt sich des Schauspielers und seines Publikums. Schließlich aber entledigt sich die verständnisinnige Gattin dieser anspruchsvollen Aufgabe unter Verwendung einer hydraulischen Schmiedepresse, welche zu bedienen sie gleich zweimal Gelegenheit hat, weil beim erstenmal von ihrem Mann noch ein bißchen übriggeblieben ist. Alles in Technicolor, mit liebevoll ausgemalten Details und auf Breitwand. Man konnte es auch in den hinteren Reihen noch wunderbar erkennen. Zu den beiden Jugendlichen, die mangels hinreichender Erfahrung in bezug auf eben diesen Film – sie hatten ihn, wie gesagt, noch nicht gesehen – und im Besitze ausreichender Erfahrungen hinsicht-

lich der nur relativen Glaubwürdigkeit zeitgenössischer Werbeargumente noch unentschlossen waren, stieß dann ein Freund. Er kannte den Film und sah sich in der Lage, ihre Zweifel mit einem Schlage zu beheben. »Der Film ist so!« sagte er und hob die Faust in jener Gebärde, die in Halbstarkenkreisen höchste Qualität bezeugt. »Neben mir saß einer, ein Kerl wie ein Schrank, der hat richtig geheult vor Angst!« Das war es! Im Handumdrehen wurden aus zweifelnden Interessenten überzeugte Kunden, und der Absatz von zwei Kinokarten war gesichert.

Die Pointe dieser Geschichte liefert den Schlüssel zu dem Verständnis des ganzen Problems, eines der eigenartigsten unserer Tage. Das Ächzen, das sich der Brust eines *»shocker«*-Besuchers entringt, es ist ja gar nicht der lustvolle Seufzer ersatzbefriedigten Vergnügens! Die schiere Angst hat den Mann gepackt. Er gäbe etwas darum, wenn er jetzt heraus könnte aus dem Kino, ohne sich zu blamieren. Zunächst aber hat er, und das ist es, was uns interessiert, zwei Mark gegeben, um hereinzukommen. Und wenn die Angst, die er dafür als Gegenwert einzuhandeln gedachte, ihn nicht wirklich schüttelt, wird er im Bekanntenkreise enttäuscht berichten, daß der Film »schlecht« sei. Der Brave ist, mit einem Wort, gar kein verhinderter Hamann. Er ist einer, der auszog, das Gruseln zu lernen. Auch dieses Phänomen dünkt uns noch immer erstaunlich genug. Aber es läßt sich verstehen, auch ohne den Rückgriff auf das »Unbewußte«, der sich, ich kann den Verdacht nicht loswerden, oft doch nur deshalb solcher Beliebtheit erfreut, weil er auch die kompliziertesten Probleme dankenswert vereinfacht: Er versieht die menschliche Seele einfach mit einer Art doppeltem Boden, um hernach, ohne weitere große Mühe, alle zur Lösung erforderlichen Argumente aus diesem Geheimfach hervorzuzaubern. Machen wir es uns weniger leicht und halten wir fest, daß die nackte Angst heute offenbar einen Kurswert erlangt hat, der so solide ist, daß sich Geschäftserfolge auf ihm begründen lassen. Wie das? Ist nicht die Angst ihrem Wesen nach ein Negativum, ein Relikt mittelalterlicher Umdüsterung der Vernunft, neben Schmerz und Krankheit eines der Sympto-

me einer noch unvollkommen entwickelten Menschheit? Und sollte unser Bestreben, auch diesen Dämon aus der Sphäre unseres Lebensbereiches auszutreiben, etwa nicht legitim sein? Unsere Erfolge waren groß. Wo sind sie denn geblieben: Rübezahl, der menschenfressende Riese, Hexen, Zwerge, Zaubersprüche, wo sind sie denn, die Schrecknisse und Gespenster, die vor wenigen Generationen noch leibhaftig waren und die Herzen der Menschen ängstigen konnten? In den Kindermärchen führen sie noch ein herablassend geduldetes Schattendasein, und die das Lächerliche streifende Form einer solchen Domestizierung des Unheimlichen schlechthin erscheint uns wie das Siegel der schmählichsten Niederlage.
Wissenschaft und Technik haben auch diesen Feind geschlagen. Die wissenschaftliche Erklärung erwies sich als unwiderstehliche Waffe in dem Kampf gegen eine beseelte, eigenständige Natur, deren Gesetze unseren Vorfahren fremd und oft genug auch feindlich erscheinen mußten. Die Technik schützt vor dem Blitz nicht nur durch den Blitzableiter, sondern noch weit wirksamer durch die Reduktion des mit seinem Feuer auf uns zielenden Dämons auf ein objektives Naturgesetz, das nichts von uns weiß. Immerhin, gestehen wir es schon ein, so ganz vollständig ist der Sieg auch wieder nicht gewesen. Sind wir wirklich ganz sicher, daß es keine Geister mehr gibt? Wir haben uns verschanzt, in zentralgeheizte Wohnungen, in das Licht und den Lärm unserer Städte, die doch auch den Sinn haben: uns zu bewahren vor einer allzu nahen Berührung mit der Natur. Wir scheuen uns, die soliden asphaltierten Straßen oder doch wenigstens die vom Verkehrsverein markierten Wanderwege zu verlassen, die wärmende Nähe unserer Mitmenschen. Wir könnten uns verirren und, wer weiß, vielleicht doch dem Rübezahl begegnen. Aber wie dem auch sei, halb Sieg, halb Waffenstillstand, wir hatten allen Grund, uns wenigstens innerhalb der von unserer Zivilisation abgesteckten Zone vor solchem Spuk sicher zu fühlen und die Gespenster, die es mit Neonlicht, Auspuffgasen und anderen Verteidigungsmitteln nicht aufnehmen können, draußen zu glauben. So meinten wir. Und was geschieht? Mitten in der uneinnehmbar geglaubten

Festung des Fortschritts und der Zivilisation taucht der Feind wieder auf. Die Technik – die Technik! – projiziert ihn uns überlebensgroß auf die Leinwände unserer Filmtheater! Jeder einzelne dieser zahllosen *»shocker«*-Freunde, die zwei Mark dafür hergeben, um zwei Stunden Angst durchzumachen, widerlegt all unsere Illusionen und führt für seinen Teil den Glauben an eine Verwandlung des Menschen durch Aufklärung und Hygiene *ad absurdum.* Die Brüder Grimm wußten es besser: Wer sich nicht fürchten kann, der muß es lernen – wenn er ein Mensch bleiben will. Man kann nicht die eine Hälfte des Menschen abschaffen, auch wenn diese Hälfte Krankheit, Schmerzen oder Angst heißt.

Es gibt so etwas wie ein Grusel-Soll, und das wird vom modernen Menschen allem Anschein nach untererfüllt. Der Ausgleich stellt sich zwangsläufig ein, wie noch immer im auf Gleichgewicht bedachten Haushalt der Natur, zu der auch wir gehören. In unseren Tagen in Gestalt dieses so eigenartig triebhaft aufbrechenden Bedürfnisses nach wenigstens einem Surrogat des Grusels, dem sogenannten *»shocker«*.

Der *»shocker«* ist nicht Symptom der Perversität, nichts Krankhaftes überhaupt, man könnte ihn eher fast für ein Naturheilmittel halten: Der Angstschweiß, dessen Geruch die Luft unserer Kinos erfüllt, läßt diese zu einer Art Sauna werden, in welcher der moderne Mensch das Virus eines falsch verstandenen Fortschrittsglaubens auszuschwitzen sich bemüht.

1961

Auszug aus dem Wasser

Einer der geheimnisvollsten Schritte in der Geschichte irdischen Lebens

Die Entwicklung jedes höheren Lebewesens aus der befruchteten Eizelle zum ausgewachsenen Individuum ist stets eine Wiederholung des Evolutionsprozesses, in dessen Verlauf sich die jeweilige Art entwickelt. Diese biologische Rekapitulation ist ganz wörtlich zu verstehen. Sie erfolgt tatsächlich so pedantisch, daß sich zum Beispiel während bestimmter Epochen der Embryonalzeit Organe ausbilden, die das ausgewachsene Lebewesen gar nicht benötigt und die daher auch vor der Geburt wieder verschwinden, einzig und allein als Folge dessen – und als biologische Erinnerung daran –, daß die betreffende Art vor Jahrmillionen, in einem früheren Stadium ihrer Entstehung, eine völlig andere biologische Umgebung, andere körperliche Funktionen und daher auch ein anderes Aussehen gehabt haben muß.

Eines der bekanntesten Beispiele dieses biogenetischen Grundgesetzes ist die Tatsache, daß sich beim menschlichen Embryo vorübergehend Kiemen ausbilden – ein untrüglicher Beweis dafür, daß es in unserer langen vormenschlichen Ahnenreihe Hunderte von Jahrmillionen vor den affenähnlichen Urmenschen und kaum weniger lange Zeit auch noch vor deren nagetierähnlichen Urahnen kiemenatmende Meeresbewohner gegeben haben muß. Wenn auch faszinierend, so ist dieser Umstand dennoch im Grunde nicht erstaunlich, denn wir wissen heute, daß alles Leben auf der Erde im Wasser seinen Anfang genommen hat, und spätestens seit Darwin haben wir uns auch daran gewöhnen müssen, daß Ahnenstolz dem Menschen nur über einen relativ beschränkten Zeitraum hinweg möglich ist. Mit einer Präzision, die einem fossilen Abdruck gleichkommt, rekapituliert so das Individuum bei seiner Entstehung die Entstehung seiner ganzen Art – nicht nur als »morphologische Momentaufnahme«, sondern ungleich wirklichkeitsgetreuer, nämlich als vollständigen zeitlichen Ablauf.

Ein Spezialfall solchen biologischen »Wiederholungszwanges« hat neuerdings das verstärkte Interesse der Biologen gefunden: die Verwandlung einer im Wasser lebenden Kaulquappe in einen landbewohnenden Frosch. Diese Metamorphose ist mehr als nur ein beliebiges weiteres Beispiel für das erwähnte biologische Gesetz. Denn der Schritt, den der Frosch bei seiner Entstehung mit dieser Metamorphose vollzieht, stellt allem Anschein nach die Wiederholung eines der größten Experimente dar, die das Leben auf unserer Erde je gemacht hat: die Wiederholung des Auszugs aus dem Wasser, in dem es entstand, zur Eroberung des festen Landes, das ihm zu Beginn des originalen Experimentes vor etwa einer halben Milliarde Jahren nicht die geringste Existenzchance zu bieten schien.

Es mag hundert Millionen Jahre gedauert haben, bis die belebte Natur den richtigen Weg gefunden hatte, der zum Erfolg führte. Wie viele Versuche dabei in einer Sackgasse endeten, können wir höchstens ahnen; von ihnen ist keine Spur geblieben. Doch die Gene der Kaulquappe beherrschen noch heute die Lektion, welche die Natur damals lernte. Was in Hunderten von Jahrmillionen im Rahmen eines gewaltigen Experimentes »erfunden« worden war, ist bei der Metamorphose der Kaulquappe wie mit einem Zeitraffer auf den Ablauf von 12 bis 15 Monaten zusammengepreßt: die vielfältigen und komplizierten Einzelschritte der Evolution. Diese Einzelschritte lassen sich also an der Verwandlung der Kaulquappe zum Frosch analysieren, und somit wird der Forschung ein Blick in die Urgeschichte des Lebens gewährt.

Wie in so vielen anderen Fällen ist es auch hier wieder ein anthropozentrisches Vorurteil, das uns Wasser als ein feindliches Element erscheinen läßt. Unsere Angst vor dem Wasser ist, biologisch gesehen, nur ein Indiz für die Gründlichkeit, mit

der wir uns den eigentlich abnormen Existenzbedingungen angepaßt haben, denen ein lebender Organismus auf dem Festland ausgesetzt ist.
Es ist der vielleicht rätselhafteste – und ganz sicher der folgenreichste – Schritt gewesen, den die Evolution je getan hat, als sie in einer ungeheuren, durch keinerlei biologische »Zweckmäßigkeit« zu legitimierenden Anstrengung Lebewesen dazu veranlaßte, das bergende, alles Leben tragende Wasser gegen eine Umwelt einzutauschen, in der sie sich nur durch die »Erfindung« zahlloser, bis dahin gänzlich überflüssiger, höchst komplizierter und neuartiger biologischer Mechanismen behaupten konnten. Wenn man die Gefahren bedenkt, die dieser Auszug aus dem Wasser auf das fremde, lebensfeindliche Land für die Meeresbewohner mit sich brachte, so läßt sich ihr Ausmaß nur mit den Problemen und Risiken vergleichen, vor denen wir heute bei der Eroberung des Weltraums stehen. Der Vergleich ist keineswegs so kühn, wie es im ersten Augenblick erscheinen mag. In beiden Fällen handelt es sich um das Problem des Überlebens in einem fremden, für die eigene Konstitution tödlichen biologischen Milieu. Und wie wir sehen werden, sind nicht nur die grundsätzlichen mit einem solchen Problem verbundenen Aufgaben in beiden Fällen ähnlich, sondern sogar die elementaren Prinzipien ihrer Lösung, obwohl es sich bei ihnen in dem einen Falle um biologische, durch Mutation und Selektion hervorgebrachte »Erfindungen« handelt, in dem anderen aber um technische Erfindungen des menschlichen Geistes.
Das ist nun in der Tat sehr erstaunlich, wenn auch unglaublich nur für den, der übersieht, daß unser derartiger technischer Leistungen fähiges Gehirn seine Entstehung letztlich dem gleichen als Evolution bezeichneten Prozeß verdankt, der vor undenkbar langer Zeit dem Leben schon einmal den Zugang zu einem Bereich eröffnete, für den es nicht geschaffen schien. In beiden Fällen handelt es sich um die Aufgabe, eine in Äonen der Entwicklung auf ein spezifisches biologisches Milieu zugeschnittene Lebensform in einer geradezu konträren, ihrer Existenz durchaus feindlichen Umgebung am Leben und aktions-

fähig zu halten. Im Falle der Weltraumfahrt besteht eine der Lösungen darin, daß die existenznotwendigen biologischen Bedingungen einfach mitgenommen werden: Der gewaltige technische Aufwand der Astronautik dient ja nicht zum kleinsten Teil dazu, die Versorgung des Raumschiffes mit atembarer Luft und ausreichender Verpflegung sicherzustellen, Abfallstoffe weiterzuverarbeiten oder auszustoßen, die Temperaturkonstanz zu gewährleisten.

Es berührt eigenartig, wenn einem aufgeht, daß die Evolution schon einmal die gleichen Probleme mit praktisch den gleichen Methoden – wenn auch naturgemäß mit biologischen Mitteln – gelöst hat. An der Kaulquappe kann die Wissenschaft heute noch rekonstruieren, wie die Natur es fertigbrachte, die Organe und Funktionen der urtümlichen Meeresbewohner so abzuwandeln, daß sie in der Lage waren, ihre lebenserhaltenden Funktionen anstatt im Wasser auch in der freien Luft auszuüben. Auch hier erwies es sich als die einfachste Lösung, das Medium, in dem sich alles Leben seit seiner Entstehung abgespielt hatte, mitzunehmen, nämlich Wasser. Die erste Voraussetzung dazu war die Schaffung einer Haut, welche die Verdunstung des Wassers verhütet, so, wie ein Raumanzug das Entweichen der Atemluft verhindert. (Die Kaulquappe vertrocknet an der frischen Luft in kürzester Zeit.) Gleichzeitig bilden sich im Blut neuartige Eiweißkörper, die Albumine, welche die Eigenschaft haben, Wasser besonders stark zu binden.

Mit dem auf diese Weise auf das Land »hinübergeretteten« Wasser muß aber äußerst sparsam umgegangen werden, und damit taucht ein zunächst fast unlösbar erscheinendes Ausscheidungsproblem auf: Das ursprüngliche Endprodukt des Eiweißstoffwechsels ist Ammoniak. Daß Ammoniak giftig ist, braucht den Meeresbewohner nicht zu kümmern. Ihm steht Wasser in solchen Mengen zur Verfügung, daß er dieses giftige Endprodukt laufend so schnell wieder ausscheiden kann, wie es in seinem Organismus entsteht. Der Landbewohner aber kann sich einen so verschwenderischen Umgang mit dem kostbar gewordenen Wasser nicht mehr leisten. In dieser Zwickmühle ist die Natur nun bemerkenswerterweise auf genau die gleiche Lösung verfallen, mit deren Hilfe auch die Raumfahrtmedizin das analoge Problem der Ansammlung von Ausscheidungs- und Abfallprodukten während eines längeren Aufenthaltes im Weltraum lösen will: auf das Prinzip der Weiterverarbeitung.

Während der »Froschwerdung« entwickeln sich im Körper der Kaulquappe neue Fermente, mit denen das bisherige Endprodukt Ammoniak weiter abgebaut wird bis zum Harnstoff. Dieser ist ungiftig und kann von einem Landbewohner in relativ hoher Konzentration von Zeit zu Zeit mit nur kleinen Flüssigkeitsmengen ausgeschieden werden.

Besonders interessant ist ein weiterer Punkt, nämlich die – beim Frosch freilich noch nicht verwirklichte – Tendenz zur Entwicklung einer aktiven Temperaturkontrolle, die ebenfalls als Folgeerscheinung des Auszugs aus dem Meer aufzufassen ist. Auch in dieser Hinsicht erweist sich das Wasser wieder als das sehr viel lebensfreundlichere, zumindest aber als das »bequemere« Element: Schon relativ dicht unter der Wasseroberfläche herrscht eine praktisch konstante Temperatur. Ein Lebewesen, das sich auf dem freien Lande aufhält, ist dagegen den ständigen Temperaturschwankungen von Tag und Nacht und den noch viel krasseren Temperaturunterschieden des jahreszeitlichen Wechsels ausgesetzt.

Der Organismus kann sich diesen Rhythmen fügen, indem er bei Kälte erstarrt und nur in der Wärme zur Aktivität erwacht, wie es die Kaltblüter tun, die in Wirklichkeit »wechselwarme« (poikilotherme) Lebewesen sind. Aber diese durch den Aufenthalt in der freien Luft neu auftauchende Einengung brachte schließlich auch einen neuen Ast am Stammbaum der Lebewesen hervor, den der Warmblüter, der »homoiothermen« Lebewesen, die in der Lage sind, ihre Körpertemperatur aktiv konstant zu halten, unabhängig von der jeweils gerade herrschenden Umgebungstemperatur. Auch diese Aufgabe stellt sich in ähnlicher Form bei der Weltraumfahrt. Die Mission der Venus-Sonde wäre um Haaresbreite daran gescheitert, daß es nicht gelang, die Temperaturbilanz des Raumfahrzeuges ausgeglichen zu halten, als es sich dem sonnennahen Zielplaneten näherte.

Aber die Erfindung der aktiven Temperaturkonstanz, die Homoiothermie, die durch den Auszug auf das freie, ungeschützte Land provoziert wurde, ist vor allem aus einem ganz anderen Grunde interessant: Sie markiert eine Tendenz der Evolution zur zunehmenden Distanzierung von den Bedingungen der Umwelt. Der am Uranfang vom nährenden Meer passiv getragene Meeresbewohner, der auf dem Lande einen großen Teil seiner Stoffwechselenergie allein schon dafür verbraucht, sein eigenes Gewicht zu tragen, entwickelt sich in den folgenden Jahrmillionen immer mehr zu einem Lebewesen, das seiner Umwelt aktiv agierend, selbständig gegenübersteht. Und den bisherigen Endpunkt dieser Evolutionsrichtung bildet nun ein Organ, das diese umweltabhängige Selbständigkeit in einem Maße zu verwirklichen gestattet, das wahrhaft »absolut« genannt werden muß: das menschliche Gehirn, das seinem Träger nicht nur den freien Umgang mit der Umwelt, die ihn hervorbrachte, ermöglicht, sondern auch noch die reflektierende Distanz sich selbst gegenüber.
Wir sagten eingangs, daß der Auszug des Lebens aus dem Wasser ein durch keine Art biologischer Zweckmäßigkeit zu erkärendes Rätsel sei. An dieser Stelle erkennen wir, daß dieser biologisch als sinnlos zu betrachtende Schritt die erste Stufe einer Entwicklung war, die dem Leben einen immer größeren Grad von Freiheit eröffnete bis hin zu der Freiheit des über sich selbst reflektierenden lebendigen Geistes.
Völlig losgelöst hat sich das Leben, auch das bewußt gewordene Leben, von der Umgebung freilich nie. In dem gleichen Maße, in dem es sich in mancher Beziehung der Umwelt gegenüber verschloß, am entscheidensten erstmals durch die Erfindung der Konstanthaltung der Körpertemperatur eines Individuums, in dem gleichen Maße hat es andere Eigenschaften der umgebenden Natur buchstäblich in sich aufgenommen. Das ist hinsichtlich der natürlichen Bedingungen geschehen, die, im Unterschied zur regellosen Willkür von Temperaturschwankungen, durch die unveränderliche Regelmäßigkeit ihres Ablaufs ein Element der Ordnung darstellen, auf denen die biologische Evolution aufbauen konnte. Das zentrale Beispiel

ist der Rhythmus von Tag und Nacht, der eigentliche Grund dafür, daß sich die Existenz aller auf dem Lande lebenden Tiere und des Menschen zwischen den Polen von Schlafen und Wachen, zwischen Ruhe und Aktivität abspielt.

Gibt es, angesichts der Astronautik, vielleicht auch eine Analogie zu dieser zuletzt besprochenen Tendenz der Evolution? Ein hypothetischer Beobachter, der die mühsamen und verlustreichen Versuche des Lebens mit angesehen hätte, das Wasser zu verlassen und auf dem Lande Fuß zu fassen, hätte gewiß verständnislos den Kopf geschüttelt. Denn es war schlechthin unerfindlich, welchem Zweck das Unternehmen hätte dienen können. Daß das Resultat nicht nur in der endgültigen Eroberung des Landes bestehen würde, sondern auch in der Erschließung einer neuen Welt sozialer und geschichtlicher Zusammenhänge, war ja nicht vorauszusehen.

Man sollte den Gedanken nicht ohne weiteres beiseite schieben, daß eine Verwandtschaft bestehen könnte zwischen jenem rätselhaften Drang, der das Leben auf das Festland übergreifen ließ, und der ebenso unerklärlichen Tendenz des Erben dieser Entwicklung, seine Hände nach dem Weltraum auszustrecken. Auch diese Tendenz ist unbestreitbar durch keine Art von »Zweckmäßigkeit« legitimiert. Aber wer vermag vorherzusehen, welche neuen Welten dem Selbstverständnis des Menschen erschlossen werden könnten durch diesen Schritt, der eine weitere Distanzierung bedeutet, diesmal eine Distanzierung von der Erde?

1964

Gefährliche Zwiespältigkeit

»Lebende Fossilien« in unserem Gehirn

Es gibt eine eigenartige Paradoxie menschlichen Verhaltens, die darin besteht, daß jeder von uns dann, wenn in seiner unmittelbaren Nähe ein Gegenstand zu Boden fällt, erschrocken zusammenzuckt, daß eine laute Detonation in einigen Kilometern Entfernung uns dagegen innerlich nicht berührt. Dieser in der Tat alltägliche und uns daher aus Gewohnheit sogar selbstverständlich erscheinende Unterschied ist heutzutage in Wirklichkeit aber deshalb paradox, weil Rechtsstaatlichkeit einerseits und die Entwicklung weitreichender Geschütze andererseits längst dazu geführt haben, daß die Wahrscheinlichkeit einer Gefahr im zweiten Fall ganz sicher größer ist als im ersten.

Die Pointe dieses Sachverhalts besteht darin, daß das nicht immer so war. Die hier als Beispiel angeführte Paradoxie ist mit anderen Worten das Resultat eines historischen Vorgangs oder, genauer ausgedrückt, ein spezielles Ergebnis eines Entwicklungsprozesses, der, jedenfalls in seinem augenblicklichen Stadium, dadurch charakterisiert ist, daß zwischen dem Tempo unserer historisch-soziologischen Entwicklung und dem unserer biologisch-adaptiven Evolution eine Diskrepanz von wahrhaft astronomischen Ausmaßen besteht. Das klingt sehr abstrakt. Wie außerordentlich bedeutungsvoll das Vorhandensein dieser Diskrepanz jedoch für jeden von uns ist, in welchem Maße es geradezu unser Schicksal bestimmt, das beginnt den Verhaltensphysiologen und Anthropologen gerade eben erst aufzugehen. Von konkreter Bedeutung sind vor allem die im Verlaufe der historischen Entwicklung rasch zunehmenden

Unstimmigkeiten zwischen den sich uns fortlaufend neu eröffnenden Möglichkeiten technisch rationalen Tuns und dem in diesem Zusammenhang als anachronistisch zu bezeichnenden Repertoire unserer angeborenen Instinktausstattung.
Unser einleitendes Paradoxon ist ein Beispiel. Ein anderes ist das vor allem von Konrad Lorenz wiederholt hervorgehobene furchtbare Risiko, dem wir uns heute gegenübersehen, weil der auch uns Menschen angeborene arterhaltende Instinkt der Tötungshemmung durch die uns technisch gegebenen Möglichkeiten, den Artgenossen zu töten, einfach überspielt werden kann. Unsere instinktive Tötungshemmung ist noch immer auf die archaische Situation eingestellt, in der jeder Angreifer, welche Waffe auch immer er wählte, das, was er anrichtete, anzusehen und anzuhören gezwungen war. Das ist der Grund dafür, weshalb die Natur dafür gesorgt hat, daß ein normaler Mensch kein Blut sehen und das Schmerzgeschrei eines anderen nur schwer ertragen kann. Es würde bei dem Schneckentempo der biologischen Anpassung einige hunderttausend Jahre dauern, bis sich bei uns Hemmungsmechanismen entwickeln könnten, die mit vergleichbarer Wirksamkeit auch in einer Situation ansprächen, in der es möglich ist, durch bloßen Knopfdruck eine weit hinter dem Horizont gelegene Stadt voller Menschen auszulöschen. Die Frage ist, ob wir so viel Zeit haben.
Die Situation wäre aussichtslos, wenn der biologische Prozeß der Evolution beim Menschen nicht durch eine geistige Entwicklung ergänzt und in mancher Hinsicht sogar abgelöst worden wäre. Die gleiche Entwicklung, die den Zwiespalt hat entstehen lassen, gibt uns auch die Möglichkeit, die uns fehlenden Instinkte durch Einsicht zu ersetzen. Unser Problem besteht bekanntlich darin, daß sich das als weitaus schwieriger erweist, als es theoretisch der Fall sein sollte.
Ich glaube, daß die Natur dieses Problems in der Regel verkannt wird. Unsere geistesgeschichtliche Tradition krankt an der Tendenz, den biologischen Teil des Menschen zu ignorieren, und diese Haltung führt zu dem folgenschweren Trugschluß, der menschliche Geist sei prinzipiell trägheitslos. Die unübersehbare Erfahrung, daß er das realiter nun aber nicht ist,

hat in der menschlichen Geschichte eine Fülle von Hypothesen entstehen lassen, die diesen Widerspruch erklären sollen. Sie hat aber erst seit neuestem dazu geführt, die Ausgangsthese einmal genauer unter die Lupe zu nehmen. Selbstverständlich ist die Verstocktheit und ist auch die Sündhaftigkeit der menschlichen Seele eine ausreichende Erklärung für den Widerspruch zwischen Einsicht und tatsächlichem Verhalten. Diese Erklärung hat auch noch nichts von ihrer Gültigkeit verloren. Wir haben heute aber die Möglichkeit, sie sehr viel konkreter zu formulieren. Der Widerspruch ist zu einem entscheidenden Anteil darauf zurückzuführen, daß wir gezwungen sind, die Gegenwart mit einem Repertoire von Verhaltensweisen zu meistern, das archaischer Herkunft ist. Das ist biologisch, nicht etwa historisch oder soziologisch gemeint.

Wir halten es für selbstverständlich und natürlich, daß uns »das Wasser im Munde zusammenläuft«, wenn wir Küchendüfte aus des Nachbars Wohnung riechen. In Wirklichkeit ist das ein grotesker Anachronismus. Gemeinsam mit unseren Speicheldrüsen erwacht in dieser Situation in uns nämlich auch ein angeborenes, instinktives Verhaltensschema, das uns dazu treibt, alles andere stehen- und liegenzulassen und uns dieser Nahrung auf der Stelle und notfalls unter Anwendung von Gewalt zu bemächtigen. Es ist nicht zu bezweifeln, daß es uns heute gar nicht gäbe, wenn unsere prähistorischen Urahnen durch diesen Instinkt nicht in die Lage versetzt worden wären, in einer Umwelt überleben zu können, in der Nahrung knapp und nur durch strapaziöse und gefahrvolle Jagd zu ergattern war. In einer Zeit der Selbstbedienungsläden bringt dieses Erbe uns aber nur in Verlegenheit.

Gewiß, wir wollen nicht übersehen, daß der Willensimpuls, mit dem wir diesem und anderen ererbten Trieben – es gibt bekanntlich mehrere davon – zu widerstehen gezwungen sind, den eigentlichen Motor aller menschlichen Kultur darstellt. (»Du sollst nicht begehren ...«) Aber so bewundernswert das ist, so ist es doch auch nicht ungefährlich. In gewissem Sinne gleicht unsere Situation der von Weltraumreisenden, die auf einen Planeten verschlagen worden sind, auf dem eine technische

Zivilisation existiert, die der menschlichen um Jahrtausende voraus ist. Da stehen sie nun, die Unglücklichen, in einer Umgebung, in der sich ihre menschlichen Fähigkeiten als hoffnungslos unzulänglich erweisen, und dennoch zum Handeln gezwungen. Die unvermeidlich fatalen Konsequenzen ihrer Aktionen sind in utopischen Romanen so oft geschildert worden, daß vermutet werden darf, die Autoren hätten diese alptraumartige Situation als Schlüsselsituation, als Parabel unserer eigenen Lage durchschaut. Nichts macht mehr Angst als die Erkenntnis, daß die Konsequenzen der eigenen Handlungen zunehmend unvorhersehbar werden. Hier liegt der Grund für die Vollbeschäftigung unserer Psychotherapeuten. Die stolze Illusion, unser Geist sei frei und der Prozeß unserer Einsicht vollziehe sich außerhalb der Dimension der historischen Zeit, ist gefährlich, weil sie dazu führt, daß wir resignierend für Schläge eines blinden Schicksals halten, was in Wirklichkeit die Folge der Zwiespältigkeit unserer Konstitution ist. Archanthropus und Neandertaler hatten es in dieser Hinsicht leichter als wir, deren Geist gerade dabei ist, sich zu häuten.

Die Hülle, die wir bei diesem Häutungsprozeß abstoßen, wird von der naiven Fixierung an eine anthropozentrisch geordnete Umwelt dargestellt: Dem Larvenstadium des Geistes entspricht es, daß er sich in einer perspektivisch auf sich selbst hin geordneten Welt erlebt. Rudolf Bilz hat diese archaische Form des Bewußtseins in letzter Zeit hervorragend analysiert und ihre Struktur treffend als »Subjektzentrismus« bezeichnet. Wir kennen diese auf das erlebende Subjekt zentrierte Umwelt auch heute noch aus dem Erleben des Tieres, des Kindes und des Primitiven. Blitz und Donner – oder auch ein im Nebenzimmer mit erhobener Stimme geführtes Streitgespräch – treiben einen Hund unweigerlich deckungssuchend unter das Sofa, das Kind unter die Bettdecke oder in die Arme der Mutter. Beide fühlen sich »gemeint«. Es ist leicht, diese direkte, instinkthaft-unmittelbare Bindung an Veränderungen der Umwelt, die subjektiv als Ichbezogenheit aller Vorgänge erlebt wird, als einen biologischen Mechanismus der Sicherung zu erkennen, auf den Leben auf seiner animalischen Stufe angewiesen ist.

Bestimmte Geisteskrankheiten, bestimmte Formen des »Verfolgungswahns« zum Beispiel, scheinen die Folge davon zu sein, daß dieses archaische Umwelterleben unter Umständen, die wir noch nicht kennen, gelegentlich in das heutige, »rezente« Bewußtsein wieder einbrechen kann. Das Opfer einer solchen Störung kann sich dann dem zwingenden Eindruck nicht entziehen, daß alles, was sich in der Umgebung abspielt, »etwas zu bedeuten« hat. So werden harmlose Passanten zu Verfolgern, ein im Metzgerladen mit angehörtes banales Gespräch zum Beweis einer gegen das eigene Wohl gerichteten Verschwörung und ein aus einem fremden Fenster hängendes Laken zu einem »Signal«, an dessen Bedeutung verzweifelt herumgerätselt wird. Daß wir im Gegensatz dazu normalerweise imstande sind, uns zu »distanzieren«, daß wir Situationen, Menschen und die Fülle der Eindrücke überhaupt, denen wir ausgesetzt sind, in einer Weise differenzieren können, die uns die Feststellung erlaubt, daß wir nicht gemeint sind, das ist ohne Zweifel die höchstentwickelte, die »menschlichste« Funktion unseres Bewußtseins. Es ist dementsprechend auch die labilste, die am leichtesten störbare. Wir brauchen nur daran zu denken, mit welcher Regelmäßigkeit diese menschlichste unserer Fähigkeiten durch Emotionen jeglicher Art außer Funktion gesetzt wird.

Es entspricht dem schon erwähnten Übergangscharakter unserer Konstitution, daß diese Fähigkeit sich nur auf einen Teil unseres Bewußtseins bezieht. In einem weiten Bereich, insbesondere unserer sinnlichen Erfahrung, leben auch wir bisher immer noch in einer archaisch geordneten, also auf uns zentrierten Umwelt. Davon waren wir ja ausgegangen: Der durch das fremde Fenster zu uns gelangende Essensgeruch lockt auch unseren Speichel immer noch, obwohl uns unser Verstand längst einsehen läßt, daß uns diese Speise nichts angeht. Es entspricht unserer Übergangsrolle innerhalb der Entwicklungslinie, der wir biologisch angehören, weiterhin, daß jeder einzelne von uns diesen Übergang vom animalisch-archaischen Bewußtsein zu jenem Bewußtsein höherer Ordnung, jedenfalls soweit es von der Gattung »Homo« bisher schon erreicht

worden ist, während seiner Individualentwicklung, nämlich mit dem Übergang vom Kind zum Erwachsenen, zu absolvieren hat. Und es entspricht dieser Übergangsposition schließlich auch, daß sich dieser Häutungsprozeß unseres Bewußtseins seit längerem schon nicht mehr nur auf der Ebene biologischer Evolution, sondern auch als geistiger Prozeß auf der Ebene der historischen Entwicklung abspielt.
Von hier aus erst wird man nun eines Aspektes der Naturwissenschaft gewahr, der bisher noch kaum beachtet wurde und von dem ich doch glaube, daß er erst ihr eigentliches Wesen, ihre wirkliche Rolle verständlich werden läßt. Ich glaube, daß es wichtig ist, die naturwissenschaftliche Forschung als jene Form geistiger Aktivität zu erkennen, mit deren Hilfe der Mensch es unternommen hat, sich in einer gewaltigen, Jahrhunderte dauernden Anstrengung von jenem anthropozentrischen Weltbild zu befreien, das ihn als Fossil einer vormenschlichen Vergangenheit bis heute noch umgibt. Welchen anderen Sinn könnte die Aussage haben, die Naturwissenschaft sei der Versuch des Menschen, ein »objektives« Bild der Welt zu gewinnen?
Bei der üblichen Betrachtung stehen ganz andere Aspekte im Vordergrund, vor allem die des technisch-zivilisatorischen Fortschritts. Gewiß, die Naturwissenschaft hat uns die Möglichkeit verschafft, uns vor dem Blitz dadurch zu schützen, daß wir einen Blitzableiter auf das Dach montieren. Die Begeisterung über die damit gewonnene Sicherheit läßt uns aber allzu leicht übersehen, daß dieser Fortschritt lediglich eine Begleiterscheinung des eigentlich entscheidenden Schrittes ist, der darin bestand, daß die Naturwissenschaft den Dämon, der mit seinem Blitz auf mich zielte, auf ein unpersönliches Naturgesetz reduziert hat, das nichts mehr von mir weiß.
Wenn die Astrophysiker einen Kometen spektographisch untersuchen und dabei feststellen, daß dieser auf einer Keplerschen Bahn umlaufende Himmelskörper aus Eis- und Steinbrocken besteht und sein Schweif aus ionisiertem Gas, das vom »Sonnenwind« davongetrieben wird, so vermehrt das unsere Kenntnisse auf eine Weise, die früher oder später zweifellos

auch einmal konkrete Konsequenzen haben wird. Aber ist es nicht mindestens von der gleichen Bedeutung, wenn diese Betrachtung gleichzeitig auch die Einsicht mit sich bringt, daß das Erscheinen eines solchen Himmelskörpers uns nichts »angeht«? In dem gleichen Maße, in dem die Naturwissenschaft einen Kometen »objektiviert«, indem sie zum Beispiel seine Bahn berechnet oder seine Zusammensetzung aufklärt, macht sie es unmöglich, daß ein solcher Komet jemals wieder als »Vorzeichen«, etwa eines Krieges oder einer Seuche, aufgefaßt wird. Das aber schafft psychologisch erst die Voraussetzung dafür, an wirksame Maßnahmen gegen Krieg oder Seuchen überhaupt denken zu können. Die naturwissenschaftliche Erkenntnis steht damit im Rahmen des hier erörterten Entwicklungsprozesses wiederum in erstaunlicher Parallele zu jenem Vorgang, durch den – auf der biologischen Ebene des Übergangs zwischen beiden Bewußtseinsstufen – durch den Abbau starrer Instinktmuster erst die Möglichkeit zur Entstehung »freier« Verhaltensweisen geschaffen wird.
In dem gleichen Maße, in dem wir die Welt mit Hilfe der Naturwissenschaft objektivieren, gewinnen wir Klarheit über unsere eigene Stellung. Die zeitgenössischen Entdeckungen und Entwicklungen sind im Augenblick dabei, die Einsicht vorzubereiten, daß uns der Kosmos, der heute vor unserem Bewußtsein aufzutauchen beginnt, so wenig »angeht«, daß es tatsächlich im ganzen Universum kein Gesetz und keine Instanz gibt, die den zeitlich unbegrenzten Bestand unserer Gattung garantieren. (Unser naives anthropozentrisches Weltbild enthält bezeichnenderweise auch die eine gefährliche Sicherheit vorspielende Illusion, daß dem so sei.) Auch diese Erkenntnis bezieht sich nicht nur auf die Natur, sondern in dem gleichen Maße auch auf uns selbst. Ihr Gewicht ist groß, wenn wir Glück haben, vielleicht sogar groß genug, um den technischen Konsequenzen der heutigen naturwissenschaftlichen Entdekkungen die Waage halten zu können.

1965

Verwandt auch mit der Bäckerhefe

Alles Leben ist eines Stammes

Die Vergangenheit ist nie vorbei. Selbst ein Lied, vor Jahrtausenden gesungen, hat Spuren hinterlassen, die grundsätzlich heute noch existieren. Dennoch wird die Reaktionskette von Molekülbewegungen, die Sappho einst in der Atmosphäre durch ihren Gesang bewirkte, eine nachträgliche Rekonstruktion von Melos, Text und Aussprache der antiken Sängerin kaum jemals mehr zulassen.
Zwar ist die kinetische Energie der Luftmoleküle, welche die Spur ihrer Lieder trug, grundsätzlich auch heute noch nicht verschwunden. (Energie kann bekanntlich nicht verlorengehen.) Jedoch hat sich das spezifische, unverwechselbare Bewegungsmuster, das den Klang des originalen Gesangs ausmachte, längst so hoffnungslos verwischt, daß sich die ursprüngliche Ordnung daraus nicht mehr rekonstruieren läßt. Sapphos Lieder sind für uns, physikalisch gesprochen, in dem alles einhüllenden Nebel der Entropie unauffindbar verlorengegangen.
Mit negativen Voraussagen dieser Art muß man allerdings immer vorsichtiger werden. Die Wissenschaftler entdecken seit einigen Jahren eine Möglichkeit nach der anderen, um die heute noch existierenden Spuren der Vergangenheit auf immer neue Weise zum Reden zu bringen. Was einst mit der Untersuchung von Fossilien und Sedimenten begann, ist heute zu einem Bereich der Forschung geworden, in dem systematisch zutage gefördert wird, was unwiederbringlich im Dunkel der Vergangenheit verloren schien.

Wir wissen heute nicht nur, wie Panzerfische und Ichthyosaurier ausgesehen haben, sondern längst auch, wie warm die Meere waren, in denen sie sich tummelten. Und nicht nur dies: Das unterschiedliche Verhältnis, in dem sich verschiedene Kalziumisotope in den Frühjahrs- oder Herbstablagerungen innerhalb der Jahresringe der Kalkschalen kleiner fossilierter Urweltkrebse finden, erlaubt es heute noch, sogar die jahreszeitlichen Temperaturschwankungen auf den Grad genau zu bestimmen, denen die von diesen Krebschen bewohnten Gewässer vor Hunderten von Jahrmillionen unterworfen waren.
Mikrobiologen haben Mittel und Wege gefunden, urzeitliche Bakterien wieder zum Leben zu erwecken, die 50, 100 oder auch 500 Millionen Jahre lang in unterirdischen Salzkristallen eingeschlossen waren. Setzt man die Tiere nach ihrer Wiedererweckung auf Nährböden unterschiedlicher Zusammensetzung, so kann man untersuchen, wie sie diese chemisch verändern, was Rückschlüsse auf ihren Stoffwechsel zuläßt. Vergleicht man mit dieser Methode Serien von Mikroorganismen zunehmenden Alters, so resultiert daraus vor den Augen der Experimentatoren das Nebeneinander unterschiedlicher phylogenetischer Entwicklungsstufen des Stoffwechsels, die in der historischen Wirklichkeit durch viele Jahrmillionen voneinander getrennt waren.
Die Geophysiker haben das Phänomen des Paläomagnetismus entdeckt: Die Richtungen, in denen magnetisierbare Kristalle in Lava oder anderen Gesteinsarten eingeschlossen sind, verraten, wie die untersuchte Schicht zum Nordpol orientiert war, als sie erstarrte. Der Wechsel dieser Orientierung in Schichten unterschiedlichen Alters, erklärbar nur durch Bewegungen des betreffenden Teils der Erdkruste, läßt mit einem Male den seit Jahrzehnten diskutierten Prozeß der Kontinentalwanderung konkret sichtbar werden. Wie in einem Zeitrafferfilm treten hier den Wissenschaftlern plötzlich die gewaltigen Veränderungen wieder vor Augen, die sich an der Erdkruste in einer unvorstellbar fernen Vergangenheit abgespielt haben.
So phantastisch diese Methoden und die durch sie ermöglichten Einsichten aber auch sind – die meisten von ihnen wären noch

vor zehn Jahren für utopisch gehalten worden –, sie alle werden in den Schatten gestellt von den Perspektiven, die sich aus einem neuen amerikanischen Experiment ergeben. Die Biochemikerin Margaret Oakley Dayhoff hat mit ihren Mitarbeitern eine Methode entwickelt, welche die Aussicht eröffnet, eines Tages den genetischen Code, den kompletten biologischen Bauplan, längst ausgestorbener Urwelttiere rekonstruieren zu können. Die Wissenschaftlerin berichtet darüber in der amerikanischen Zeitschrift »Scientific American«. Man muß das zweimal lesen, denn die sich daraus ergebenden Möglichkeiten sind schwindelerregend. Was sollte zukünftige Biologen daran hindern, einen solchen Code früher oder später im Laboratorium auch zu synthetisieren? Mit anderen Worten, nicht in der Terminologie der Wissenschaft, sondern im Klartext der Alltagssprache ausgedrückt: Wenn sich der Ansatz des amerikanischen Teams als richtig erweist (und alles spricht dafür, daß er es ist), dann mag es irgendwann in der Zukunft möglich sein, den Keim zu schaffen für die Wiedererstehung irgendeines seit unausdenkbaren Zeiten ausgestorbenen Lebewesens. Werden wir also die Saurier wiedersehen?
Aber betrachten wir zunächst einmal die Methode, um die es sich handelt. Sie baut auf der in den letzten Jahren entwickelten vergleichenden Sequenzanalyse spezifischer Eiweißkörper auf. Das klingt kompliziert, setzt in der Realität des Laboratoriums auch eine phantastische Experimentierkunst voraus, ist im Prinzip aber ganz einfach zu verstehen. Wenn ein Chemiker eine Reaktion bewirken will, muß er in der Regel mit relativ »aggressiven« Substanzen – Säuren oder Basen – arbeiten und diese im Reagenzglas meist noch über dem Bunsenbrenner erhitzen, damit die Reaktion überhaupt in Gang kommt. Die Natur steht demgegenüber vor der Aufgabe, die gleichen Reaktionen in der lebenden Zelle, also bei Körpertemperatur und in einem gewebsverträglichen »neutralen« Milieu, ablaufen zu lassen. Sie hat dazu zahlreiche »Enzyme« entwickelt, kompliziert gebaute Eiweiße, deren jedes eine einzige ganz bestimmte chemische Reaktion auch bei Körpertemperatur in Gang setzt. Der aus der Spezifität der Enzyme resultierende Aufwand ist

enorm. So erfolgt der anaerobe Abbau von Traubenzucker zu Milchsäure, aus dem unsere Muskeln ihre Energie beziehen, zum Beispiel in nicht weniger als elf verschiedenen aufeinanderfolgenden Schritten. Jeder einzelne von ihnen wird durch ein gesondertes Enzym bewirkt. So groß der Aufwand auch ist, er bringt den entscheidenden Vorteil mit sich, daß es auf diese Weise möglich wird, Tausende von chemischen Prozessen nebeneinander in der gleichen Zelle ablaufen zu lassen, ohne daß diese sich gegenseitig stören.

Die Enzyme, die das ermöglichen, sind kompliziert gebaute Kettenmoleküle, zusammengesetzt aus einer großen Zahl verschiedener Aminosäuren, die man sich ihrerseits wie lauter kurze Ketten vorzustellen hat. Diese Aminosäuren sind nun in dem Enzymmolekül nicht längs »aufgefädelt«, sondern quer, so daß sie rundherum nach allen Seiten abstehen wie die Borsten einer Flaschenbürste. Da ihre feinen Enden aber unterschiedliche elektrische Ladungen tragen, die sich gegenseitig teils anziehen, teils abstoßen, knäuelt sich der ganze Molekülstrang zu einer unregelmäßig gewundenen Spirale zusammen. Dadurch aber geraten Aminosäuren, die in dem ursprünglichen Strang weit voneinander getrennt waren, an benachbart liegende Schraubenwindungen der entstandenen Spirale und damit unmittelbar nebeneinander. Einige von ihnen bilden auf diese Weise die sogenannten Wirkgruppen des jeweiligen Enzyms und erklären dessen Spezifität: Ort und Zusammensetzung der Wirkgruppe legen die Eigenschaften und die Wirkungsweise eines Enzyms mit der gleichen Präzision fest wie die spezifisch gezackte Umrißlinie des Schlüsselbartes die Zugehörigkeit eines bestimmten Safeschlüssels.

Die erste aufregende Entdeckung war die Feststellung, daß die wichtigsten Enzyme bei allen bisher untersuchten Lebewesen identisch sind. Aufregend ist das deshalb, weil es einen praktisch unwiderlegbaren Hinweis darauf bildet, daß alles heute existierende Leben eines gemeinsamen Stammes ist, daß Einzeller, Fische, Insekten, Vögel und Säugetiere, dazu aber auch alle Pflanzen, von einer einzigen Urform des Lebens abstammen. Wenn man irgendwann einmal auf zwei oder sogar mehrere

Safeschlüssel stieße, die alle in das gleiche Schloß passen, dann würde ja auch niemand auf den Gedanken kommen, das für Zufall zu halten. Die einzige mögliche Erklärung bestände darin, daß sie alle in der gleichen Werkstatt entstanden sind.

Noch aufregender wurde die Geschichte, als die Wissenschaftler begannen, sich einige dieser »identischen« Enzyme einmal etwas genauer anzusehen. Dabei zeigte sich nämlich sehr bald, daß sie gar nicht wirklich identisch sind. Identisch sind nur ihre Wirkgruppen. Nehmen wir als Beispiel den bisher am besten untersuchten Fall des Enzyms »Cytochrom c«. Die Wirkgruppen von Cytochrom c sind bei Mensch, Pferd, Kaninchen, Huhn, Thunfisch und Bäckerhefe die gleichen. (Wir sind also auch mit der Bäckerhefe verwandt!) Es ist leicht einzusehen, warum sie identisch sein müssen: Cytochrom c ist für die sogenannte innere Atmung, also für die Sauerstoffaufnahme in die Zelle, notwendig. Sicher ist auch das Molekül dieses Enzyms im Verlaufe der riesigen Zeiträume der Erdgeschichte wiederholt durch Mutationen (spontane »Erbsprünge«) verändert worden. Immer dann aber, wenn das an der Wirkgruppe geschah, war die Folge der Tod des betreffenden Organismus an innerer Erstickung. Alle Arten, die heute noch leben, müssen daher einfach identische Wirkgruppen an ihren Enzymen haben.

Nun sind aber von den 104 verschiedenen Aminosäuren, aus denen das Cytochrom-c-Molekül besteht, nur relativ wenige an der Bildung der Wirkgruppen beteiligt. Alle anderen stellen gleichsam nur das statische Gerüst des Moleküls dar und können ohne biologisch nachteilige Folgen ausgetauscht werden. Das ist im Laufe der stammesgeschichtlichen Entwicklung ganz offensichtlich auch wiederholt geschehen, denn in der Zusammensetzung der »bloß statischen« Teile unterscheiden sich die Moleküle von Cytochrom c von Spezies zu Spezies durchaus, und zwar, und das war die nächste faszinierende Feststellung, ganz offensichtlich in gesetzmäßiger Abhängigkeit vom Grad der Verwandtschaft zwischen den Arten, von denen sie stammen. Auch dafür gibt es einen sehr einfachen Grund. Mutationen sind eine Frage der Zeit: Je länger die

Zeitspanne, desto häufiger treten sie auf. Auf Grund verwickelter Berechnungen und Kalkulationen schätzen die Biologen heute, daß es etwa zehn Millionen Jahre dauert, bis in der Molekülkette eines Enzyms eine ganze Aminosäure durch eine komplette andere mutativ ausgewechselt worden ist. Wenn man das aber weiß, braucht man »nur« noch zu ermitteln, an wie vielen Stellen sich die Aminosäuren in den Cytochrom-c-Molekülen verschiedener Arten unterscheiden, um berechnen zu können, seit wann sich die Moleküle unabhängig voneinander mutativ weiterverändert haben, mit anderen Worten also: wann die Arten, von denen sie stammen, sich im Verlaufe der Evolution voneinander getrennt haben müssen.

Auf Grund solcher Untersuchungen glauben wir heute zu wissen, daß wir und das Huhn vor 280 Millionen Jahren einen gemeinsamen Vorfahren gehabt haben. 490 Millionen Jahre ist es her, seit sich unsere damals noch amphibischen Vorfahren von den Fischen trennten. Und vor 750 Millionen Jahren muß es auf der Erde ein Lebewesen gegeben haben, das der gemeinsame Stammvater nicht nur aller Wirbeltiere, sondern auch der Insekten gewesen ist.

So phantastisch es aber auch anmutet, daß wir diese Daten aus einer so unvorstellbar weit zurückliegenden Vergangenheit heute noch zutage fördern können, für Frau Dr. Dayhoff und ihre Mitarbeiter ist das alles nur der Ausgangspunkt für den nächsten, sich folgerichtig anschließenden Schritt: Aus dem Vergleich der Reihenfolge, in der die Aminosäuren in den Strängen der Cytochrome verschiedener Spezies angeordnet sind (aus ihrer »Aminosäure-Sequenz«), läßt sich mit Hilfe von Wahrscheinlichkeitsrechnung und Statistik unter Berücksichtigung bestimmter physiko-chemischer Gesetzlichkeiten (nicht jede Aminosäure verträgt sich als »Nachbar« mit jeder anderen gleich gut) nämlich die Zusammensetzung ermitteln, die das Enzym des jeweils gemeinsamen Stammvaters gehabt haben muß.

Schon das ist ein außerordentlich mühsamer und langwieriger kombinatorischer Prozeß, zu dessen Bewältigung das amerikanische Team Computer eingesetzt hat. Will man darüber noch hinausgehen und auf diesem Wege etwas über die Eigenschaften eines nicht mehr existierenden Lebewesens erfahren, so muß man alle diese Untersuchungen natürlich nicht nur am Cytochrom c, sondern an möglichst vielen Enzymen – bis heute sind schon weit über tausend bekannt! – und darüber hinaus an möglichst vielen anderen Eiweißarten durchführen.

Gewiß ist das eine ungeheure und heute ihres Umfangs wegen auch noch unlösbare Aufgabe. Aber entscheidend erscheint mir die Tatsache, daß diese Unlösbarkeit angesichts der neuesten Entwicklung nicht mehr grundsätzlicher Natur ist, sondern nur noch eine Frage der Methodenentwicklung und damit der Zeit. Und daher werden wir eines Tages das komplette Enzymrepertoire eines Urweltwesens kennen und aus ihm die Umwelt rekonstruieren können, an die es angepaßt war, vor Hunderten von Jahrmillionen. Und eines Tages werden Wissenschaftler auf diesem Wege auch in den Besitz des vollständigen Bauplanes eines Trilobiten oder eines Sauriers kommen. Aber auch mit dem Rezept für die Synthese des genetischen Codes eines Brontosauriers in der Tasche könnten sie noch nicht ohne weiteres an die Errichtung eines »paläontologischen Zoos« gehen und diesen nach Belieben mit archaischen Lebensformen bevölkern. Sie brauchten archaische Pflanzen dazu, um ihre Tiere zu ernähren. Eine künstliche, archaische Atmosphäre wäre ebenfalls vonnöten. Auf die beschriebene mühsame Weise müßten schließlich auch zahllose urweltliche Bakterien erst »errechnet« und dann gezüchtet werden, auf welche die Saurier und ihre Zeitgenossen als Symbionten ebenso angewiesen sein dürften wie die heutigen Lebensformen. Das Ganze erwiese sich somit als eine endlos erscheinende Kette unabdingbarer Voraussetzungen, die zu schaffen außerordentlich viel Zeit kosten würde. Und damit das biologische System eines solchen Zoos im Gleichgewicht bleiben könnte, wäre auch sehr viel Platz nötig. Vielleicht würden die Biologen der Zukunft, wenn sie ihre Computer nach den erforderlichen Bedingungen für ein solches Projekt fragten, zur Antwort bekommen: »Nehmt einen geeigneten Himmelskörper von 12000 Kilometern Durchmesser und rechnet mit einer Versuchsdauer von zwei bis

drei Milliarden Jahren!« Unter diesen Voraussetzungen ist das Experiment immerhin schon einmal erfolgreich verlaufen.
Fest steht in jedem Falle, daß wir heute die ersten Anfänge einer Entwicklung miterleben, welche die Vergangenheit in einer uns noch unvorstellbaren Vollständigkeit wieder zum Leben erwecken wird. Schon das, was heute in wenigen Jahren erreicht wurde, wäre noch vor kurzer Zeit als gänzlich undenkbar erschienen. Aber endgültig ist die Vergangenheit eben niemals vorbei. Und wer wollte daher mit Sicherheit sagen, daß es niemals Menschen geben wird, die Sappho nicht vielleicht doch noch einmal singen hören werden?

1969

Amoklauf eines Einäugigen

Besprechung des Buchs »Adam und der Affe« von Peter Bamm

Es gibt Bücher, die mehr über die Mentalität ihres Verfassers aussagen als über den im Titel angekündigten Gegenstand. Auch das kann faszinierend und lohnend sein, weitaus häufiger aber ist es einfach nur peinlich.

Leider gilt das auch für das neueste Buch von Peter Bamm[1]. Als Armin Eichholz vor 15 Jahren ausgerechnet »Die unsichtbare Flagge« für eine Bamm-Parodie auswählte, gehörte ich zu jenen zweifellos zahlreichen Verehrern des Attackierten, in deren Gelächter sich ein kleines Quentchen erstaunte Entrüstung mischte. Nachträglich zeigt sich, daß die »Flagge am Zaunpfahl« eine weit vorausschauende Diagnose gewesen ist. Die Eitelkeit eines Menschen sei, so soll Bismarck gesagt haben, einer Hypothek vergleichbar: Wertvolle Gebäude vertrügen auch hohe Belastungen. Mit seinem letzten Buch hat Bamm sein Konto definitv überzogen.

Bamm schreibt brillant, wer wüßte das nicht. Und er läßt sich nicht die kleinste Gelegenheit entgehen, dem Leser zu zeigen, was er alles weiß. »Wer heute noch an Wissenschaft glaubt«, ja was ist mit dem wohl? »Der ist nicht einmal mehr ein Don Quichotte, sondern nur noch ein Pécuchet.« Weh dem, der da nicht sofort »Aha!« sagt. Denn Bamm ist, und auch das weiß jeder, eminent eingebildet. Dies jedoch ist er strikt im Sinne des traditionellen deutschen Humanismus, der bis heute an einem unheilbaren Winckelmann-Komplex[2] leidet und daher unerbittlich darauf besteht, daß seine Katecheten die Welt nur mit einem Auge zur Kenntnis nehmen dürfen: Über Homer, Thomas von Aquin und Schelling muß man Bescheid wissen, über Newton, Darwin oder Einstein dagegen nicht. So heißt es auf Seite 107 des Buches denn auch zustimmend, daß es ein Merkmal humanistischer Bildung sei, »Naturwissenschaft als eine Angelegenheit zweiten Ranges zu betrachten«.

Nun soll es gewiß jedem unbenommen bleiben, seinen geistigen Horizont innerhalb frei gewählter Grenzen nach Belieben einzuschränken. Leider hält die selbstauferlegte und offen deklarierte Einäugigkeit den Verfasser aber nun keineswegs davon ab, höchst dezidierte Urteile über naturwissenschaftliche Sachverhalte abzugeben. Im Gegenteil: Der Essayband »Adam und der Affe« ist eine einzige Philippika gegen die »Anmaßung«, »Oberflächlichkeit« und »Naivität« der Naturwissenschaft und ihrer Adepten. Was dabei dann nach über 200 Seiten auf der Strecke bleibt, ist allerdings die Reputation des Verfassers.

Bamm geht mit seinen Kontrahenten nicht zimperlich um. Da wird kein Pardon gegeben. Mal bissig, mal mehr ironisch, stets jedoch im Tone triumphierender Herablassung läßt er sie seine Überlegenheit spüren, kostet er es genüßlich aus, ihnen ihre Ignoranz, ihre Unlogik, ihre mangelhafte philosophische Bildung vor Augen zu führen. Allerdings macht sich die entschlossene Einäugigkeit seiner Betrachtungsweise dabei hinderlich bemerkbar. Wenn er auch jenes andere Auge benutzt hätte, das er als Humanist strenger Observanz so pflichtbewußt zukneift, dann wäre es ihm vielleicht doch noch rechtzeitig aufgefallen, daß ihm gerade einige seiner triumphierendsten Formulierungen zu Kalauern wahrhaft bombastischen Kalibers geraten sind. Wie anders soll man folgende »Argumentation« gegen die »Naivität« der Abstammungslehre qualifizieren: Daß der Mensch vom Affen abstamme, sei schon deshalb unmöglich, weil es dann mindestens einmal einen Menschen gegeben haben müsse, dessen Vater ein Affe war (so wörtlich auf Seite 19).

Das Ansehen des Verfassers und die Verbreitung des Phänomens der Einäugigkeit in unserem Kulturkreis zwingen dazu, solchen Unfug zu widerlegen. Nicht vorhalten sollte man Bamm, daß er offensichtlich noch niemals etwas von Dobzhanskys Populationsgenetik gehört hat, ganz zu schweigen von neueren Befunden über die Eiweißverwandtschaft zwischen verschiedenen Arten. Niemand kann heute mehr überall Bescheid wissen. Doch ist die Frage hier zulässig und angebracht, ob der Anspruch auf Bildung nicht in jedem Falle auch das selbstkritische Wissen über die Grenzen der eigenen Kompetenz einschließt, mit der Folgerung einer gewissen Zurückhaltung dort, wo diese Grenzen überschritten werden.

Unverzeihlich ist dagegen bei einem Manne, der sich so viel auf seine philosophische Bildung zugute hält, der logische Salto, der hier vollführt wird, um aus dem Wesensunterschied zwischen Mensch und Affe die Unmöglichkeit von Übergangsformen abzuleiten und so mit einem Federstrich die ganze Evolutionstheorie zu »widerlegen«. Definitorische Unterschiede wie der zwischen Tier und Mensch gehören einem von uns Menschen erfundenen Gradnetz an, das wir über die Natur geworfen haben, um uns in der Fülle der Erscheinungen leichter zurechtfinden zu können. Wer glaubt oder verkündet, daß es sich bei ihnen um unüberschreitbare Grenzen innerhalb der Natur selbst handele, begibt sich in die geistige Nachbarschaft jenes Schiffsjungen, der sich bei seiner ersten großen Reise dazu verleiten läßt, den Äquator, der doch so dick auf allen Seekarten eingezeichnet ist, mit dem Fernglas auf dem Wasser zu suchen.

Die Begriffe »tot« und »lebendig« beziehen sich auf einen weiß Gott eindeutigen und fundamentalen Unterschied. Daß es in der Praxis gleichwohl während langer Übergangsphasen grundsätzlich unmöglich sein kann zu entscheiden, ob ein Mensch noch lebendig oder schon tot ist, weiß seit der öffentlichen Diskussion über das Problem der Herz-Spender jeder »Bild«-Leser. Für Bamm liegt diese Einsicht offenbar im Gesichtsfeld seines geschlossenen Auges. So geht es erbarmungslos weiter. Unter Beziehung auf Diracs »Löchertheorie«: »Eine Dimension, in der es eine negative Energie gibt, kann nur transphysischer Natur sein.« Also laßt uns Desy und die anderen großen Teilchenbeschleuniger umgehend aus den naturwissenschaftlichen Fakultäten herausnehmen und den philosophischen Seminaren einglie-

dern, denn mit ihnen produziert man heute Anti-Teilchen, treibt also so etwas wie »experimentelle Metaphysik«.
»Nichts von dem, was 1859 der Stand der Wissenschaft war, wird heute für eine gültige Wahrheit gehalten.« Schade um die ganze Himmelsmechanik, nicht zu sprechen von den Energiesätzen, der Abstammungslehre und einigem anderen. Darwins Theorie wende sich »notwendig gegen den Bericht im 1. Buch Mose von der Erschaffung des Lebens auf Erden«. Ja, will Bamm den etwa wörtlich verstanden wissen? Überhaupt durchzieht das Buch die bedauerliche Tendenz, den Leser von der angeblichen Unvereinbarkeit religiösen Glaubens mit wissenschaftlicher Wahrheitssuche zu überzeugen. Das Ganze ist ein Trauerspiel. Es ist nicht zu begreifen, daß sich in dem auf sein naturwissenschaftliches Engagement sonst so stolzen Verlag niemand gefunden hat, der Bamm vor diesem Buch bewahrte. Im Gegenteil, voller Stolz spricht der Klappentext von einem »Duell des Geistes mit Themen unserer Zeit«. In Wirklichkeit ist es der Amoklauf eines Einäugigen geworden, und die Fetzen, die dabei in der Gegend herumfliegen, sind lediglich die Überreste vom Autor selbst flüchtig zusammengebastelter Pappkameraden, deren Vorbilder meist ein ehrwürdiges Alter haben.
Unter den vielen befremdlichen Feststellungen dieses befremdlichen Buches findet sich auch der aufschlußreiche Satz: »Die Anfälligkeit für Tatsachen ... ist das Zeichen einer eigentümlichen Schwäche des westlichen Geistes.« Nun, daß das für seinen eigenen Geist nicht gilt, das wenigstens hat Bamm mit seinem Buch überzeugend bewiesen. Gegen Tatsachen, insbesondere gegen wissenschaftliche Tatsachen, ist er ganz offensichtlich weitgehend immun.

1970

Ein Splitter der Welt in unserem Auge

Was man beim Sehen übersieht

»Wenn mir ein Optiker ein Gerät von der mangelhaften Qualität des menschlichen Auges ablieferte, dann würde ich es entrüstet zurückweisen.« Dieses abfällige Urteil über ein im allgemeinen besonders hoch geschätztes Organ stammt nicht von irgend jemandem, sondern von dem genialen Physiker Hermann von Helmholtz, der sich in der Mitte des vorigen Jahrhunderts unter anderem durch die Erfindung des Augenspiegels weltweiten Ruhm erwarb.

Für die herbe Kritik gab es handfeste Gründe. Was dem Physiker mißfiel, war vor allem der kleine Gesichtsfeldbereich, in dem allein das Auge die Umwelt wirklich scharf abbildet. In der Tat: Wir sehen die Welt eigentlich nur durch ein Schlüsselloch.

Wenn man einen einzelnen Buchstaben des hier gedruckten Textes einmal genau fixiert und dabei auf die rechts und links unmittelbar benachbarten Buchstaben achtet, kann man sich davon mühelos überzeugen. Schon diese Nachbarbuchstaben sieht man nicht mehr wirklich scharf. Einen Fotoapparat aber, der auf einer postkartengroßen Aufnahme nur ein knapp einen Quadratzentimeter großes Feld im Zentrum scharf abbildete und alles andere unscharf verschwimmen ließe, gibt es nicht. Er wäre unverkäuflich. Kein Wunder, daß Helmholtz Anstoß nahm. Dennoch irrte der große Gelehrte. Das Auge ist nicht, wie man jahrhundertelang geglaubt hat, ein Organ, das die Außenwelt abbildet wie eine Kamera. Viel berechtigter wäre der Vergleich mit einem Computer. In unseren Augen sind, wie die Sinnesphysiologen herausgefunden haben, nicht weniger als vier verschiedene Wahrnehmungssysteme untergebracht, von denen zwei mit dem, was wir gewöhnlich unter »Sehen« verstehen, gar nichts mehr zu tun haben.

Wollten wir die Leistungen, die diese Systeme vollbringen, elektronisch nachahmen, so wären dazu, trotz der modernen Möglichkeiten, Hunderte von Schaltungen auf einer briefmarkengroßen Fläche anzuordnen, ein Computer etwa von der Größe eines Konzertflügels notwendig. Doch die Natur hat alles in der wenige Quadratzentimeter großen und nur einen halben Millimeter dicken Netzhaut untergebracht, der lichtempfindlichen Schicht, die das Innere unserer Augen wie eine Tapete auskleidet.

Das Auge liefert dem Gehirn auch nicht etwa Bilder, sondern Informationen, die an ein Morsealphabet erinnern. Und die Farben, die wir sehen, gibt es in der Außenwelt in Wirklichkeit gar nicht, sie sind Empfindungen unseres Gehirns. Je weiter die moderne Wissenschaft in die Geheimnisse des Sehens eindringt, um so zahlreicher werden die Überraschungen und um so rätselhafter erscheinen die Prozesse, die sich zwischen Auge und Gehirn beim Sehen abspielen.

Vielleicht die bedeutsamste Erkenntnis der letzten Jahre: Wir sehen die Welt nicht so, wie sie ist, sondern so, wie unser Gehirn sie uns sehen läßt. Die Gesetze aber, die dem Sehen zugrunde liegen, sind so speziell auf die Bedingungen unserer irdischen Umwelt abgestimmt, daß Wissenschaftler neuerdings ernsthaft eine verblüffende Möglichkeit diskutieren: Astronauten könnten sich beim Besuch fremder Himmelskörper plötzlich von optischen Halluzinationen genarrt sehen und dadurch in ihrer Handlungsfähigkeit beeinträchtigt werden.

Der Vergleich zwischen dem Auge und einem von Menschenhand gearbeiteten optischen Gerät muß den Zeitgenossen von Helmholtz aber nicht nur berechtigt, sondern sogar relativ modern vorgekommen sein. Denn, daß das Auge nach dem Prinzip einer Kamera funktioniere, diese Theorie war damals noch gar nicht so sehr alt.

Die Griechen hatten geglaubt, daß die Augen unsichtbare

Strahlen aussenden, mit denen sie die Gegenstände wie mit Fühlern abtasten. Das Argument für diese befremdlich wirkende »Emanationstheorie« (das lateinische Wort »emanare« bedeutet »ausstrahlen«) lieferte ein Phänomen, dessen Erklärung bis heute nicht überzeugend gelungen ist: Wir sehen die Dinge tatsächlich ja »draußen«, in der Außenwelt, und nicht im Innern unserer Augen.

2000 Jahre lang blieb es bei der Emanationstheorie, obwohl schon Aristoteles (384 bis 322 v.Chr.) gegen sie Bedenken angemeldet hatte: Wenn der Vorgang des Sehens durch Strahlen zustande käme, die vom Auge ausgehen, so folgerte der griechische Philosoph, dann müßten wir eigentlich auch unabhängig von äußeren Lichtquellen sehen können, also auch im Dunkeln.

Erst fünf Jahre vor der Erfindung des Fernrohrs, im Jahre 1604, äußerte der Schwabe Johannes Kepler, damals Astronom in Prag, die Vermutung, daß das Auge wie eine Kamera funktioniere: Von der Linse werde ein kleines Abbild des Gesehenen auf die Netzhaut projiziert, und diese müsse daher der Ort der Sehwahrnehmung sein. Diese Hypothese wurde 21 Jahre später von Christoph Scheiner, einem astronomisch interessierten Jesuiten, endgültig bewiesen. Die Beweisführung des deutschen Jesuiten war ebenso einfach wie schlagend. In einem sorgfältig verdunkelten Zimmer bohrte Scheiner ein Loch in einen der Fensterläden. Dort hinein steckte er das Auge eines frischgeschlachteten Rindes, und zwar so, daß die Pupille nach außen wies. Dann kam der entscheidende Teil des Experimentes: Vorsichtig kratzte Scheiner mit einem scharfen Messer Schicht um Schicht von der Rückseite des Auges ab, bis er die durchsichtige Netzhaut freigelegt hatte. Und siehe da, sie trug, wie Kepler es vorausgesagt hatte, ein verkleinertes farbiges Bild: das Abbild der Außenwelt, wie sie sich aus dem Blickwinkel des Ochsenauges darbot.

200 Jahre lang suchten Forscher vergeblich nach den lichtempfindlichen Elementen, mit denen die Netzhaut Bilder aufnehmen und an das Gehirn weitergeben kann. Die Sehzellen der Netzhaut konnten erst entdeckt werden, als es leistungsfähige

Mikroskope gab. Der Bremer Gymnasialprofessor Gottfried Treviranus war 1835 der erste, der die Sehzellen beobachtete. Diese »Stäbchen« und »Zapfen«, wie die lichtempfindlichen Zellen des Augenhintergrundes ihrer Form wegen genannt werden, sind winzig. Die kleinsten haben einen Durchmesser von nur einem tausendstel Millimeter. Wären diese Zellen nicht so winzig, würde uns die Welt gerastert erscheinen, gleich Bildern in schlecht gedruckten Zeitungen. Solche Bilder liefern die grob gebauten Facettenaugen der Insekten.

Noch vor der Entdeckung der Sehzellen hatte der englische Physiker und Arzt Thomas Young mit Hilfe einer scharfsinnigen Schlußfolgerung eine Theorie des Farbensehens ersonnen, die erst 1964 bewiesen werden konnte. Young stellte die Behauptung auf, daß es in der Netzhaut nur drei verschiedene Typen farbempfindlicher Sehzellen gebe. Der Forscher begründete seine Voraussage etwa folgendermaßen: Der Mensch könne mehrere hunderttausend (moderne Schätzung: fünf Millionen) verschiedene Farbschattierungen unterscheiden. Es sei aber unmöglich, daß es im Auge für jeden einzelnen dieser Farbtöne spezielle Sinneszellen gebe. Durch Projektionsversuche mit farbigem Licht fand Young heraus, daß sich alle überhaupt möglichen Farbnuancen durch die Mischung von nur drei Komponenten – Rot, Grün und Blau – erzeugen ließen. Er erklärte daher, alle mit dem Auge wahrgenommenen Farbtöne kämen durch die von Fall zu Fall unterschiedliche Erregung von rot-, grün- und blauempfindlichen Zellarten zustande. Eine völlig gleichmäßige Erregung lasse den Eindruck »weiß« entstehen. Mit dieser Auffassung wurde der Engländer zu einem geistigen Vater der modernen Farbfotografie, die genau nach diesem Dreifarben-Prinzip arbeitet. Bei seinen Zeitgenossen fand Young mit seiner Theorie keine Beachtung. Ein halbes Jahrhundert später aber griff Helmholtz sie wieder auf und untermauerte sie durch weitere Untersuchungen. Seitdem ist sie in Physikbüchern als »Young-Helmholtzsche Dreifarben-Theorie« verzeichnet.

Doch bewiesen wurde sie erst 1964. Amerikanische Wissenschaftler, unter ihnen vor allem Professor George Wald – er erhielt 1967 einen Nobelpreis für Medizin –, gelangten in ausdauernden und kniffligen Experimenten zu dem Ergebnis, daß die menschliche Netzhaut genau drei verschiedene, auf unterschiedliche Farben ansprechende Arten von Zapfen aufweist, ganz so, wie es Young 163 Jahre früher vorausgesagt hatte. Inzwischen aber stand längst fest, daß die Dreifarben-Theorie bei weitem nicht genügt, die menschliche Farbwahrnehmung zu erklären. Young, Helmholtz und alle ihre Nachfolger hatten sich allein auf das Auge konzentriert. Fast völlig vergessen hatten sie dabei das Gehirn.

Größtes Aufsehen erregten daher in den fünfziger Jahren Versuche, die der amerikanische Physiker Edwin H. Land ausführte. Land, der während seines Studiums gleichsam nebenbei die Polaroid-Kamera erfunden hatte, wiederholte die Farbmischungsversuche von Young mit einem kleinen, aber entscheidenden Unterschied: Er projizierte auf seine Leinwand nicht einfach farbiges Licht, wie es der Engländer getan hatte, sondern zeigte bekannte Gegenstände und alltägliche Schnappschüsse. Bei diesen Versuchen warfen drei Projektoren dasselbe Bild auf die Leinwand – nur jeweils in einer anderen Youngschen Grundfarbe. Als Ergebnis sah der Betrachter ein normales Farbbild. Doch seltsam: Als Land seine Bilder aus nur zwei Farben mischte, also etwa die grüne Komponente einfach wegließ, merkten seine Zuschauer davon nichts. Nach wie vor »sahen« sie auf den Bildern grünes Gras und grüne Bäume. Der Experimentator ging noch einen Schritt weiter: Er ersetzte auch die blaue Komponente durch ein gewöhnliches Schwarzweißbild. Für die Betrachter aber behielt der Himmel die gewohnte Farbe, obwohl das Bild physikalisch jetzt nur noch aus roten Farbtönen unterschiedlicher Helligkeit und Sättigung bestand.

Wie diese grotesken, inzwischen vielfach bestätigten Befunde zu erklären sind, weiß bis heute niemand. Eines aber demonstrieren sie mit aller Deutlichkeit: Unsere Augen zeigen uns die Welt nicht einfach so, »wie sie ist«, unser Gehirn sagt uns vielmehr, wie wir die Welt sehen sollen.

Aber auch sonst ist das Bild, das Wissenschaftler sich vom Sehen zu machen versuchen, seit den Tagen von Young und

Helmholtz mit jeder neuen Entdeckung immer komplizierter und geheimnisvoller geworden. Als gewiß nur vorläufiges Zwischenergebnis steht heute fest, daß das so trügerisch an eine simple Kamera erinnernde Auge mindestens vier verschiedene Wahrnehmungs- oder Ortungssysteme in sich vereinigt, von denen jedes auf eine andere Leistung spezialisiert ist.

Da gibt es einmal ein farbempfindliches System zum Sehen im Hellen. Ihm dienen sieben Millionen zapfenförmige Sehzellen auf jeder Netzhaut. Die Zapfen konzentrieren sich in der »Zentralgrube«, die im Mittelpunkt der Netzhaut liegt. Nur mit dieser winzigen Netzhautregion, die kaum einen Millimeter Durchmesser besitzt, können wir wirklich scharf sehen. Dieser Umstand erklärt den von Helmholtz beanstandeten »Schlüssellocheffekt«.

Dann ist da ein helligkeitsempfindliches System zum Sehen bei schwacher Beleuchtung (»Dämmerungssehen«). In seinem Dienste stehen die rund 125 Millionen Stäbchen jeder Netzhaut. Sie sind besonders lichtempfindlich, aber farbuntüchtig. Deshalb werden wir farbenblind, sobald unsere Augen bei abnehmender Helligkeit vom ersten auf das zweite System umschalten (»Nachts sind alle Katzen grau«). Weil in der Zentralgrube überhaupt keine Stäbchen vorkommen, hat unser Gesichtsfeld im Dunkeln in der Mitte ein »Loch«. Die Folge: Wenn man bei fortgeschrittener Dämmerung einen Gegenstand genau fixiert, verschwindet er. Dies ist einer der Gründe dafür, daß in der Dämmerung die Fähigkeit, rasch bewegte kleine Gegenstände zu erfassen – etwa Tennisbälle –, schon relativ früh nachläßt, zu einem Zeitpunkt, zu dem man meint, es sei noch »ziemlich hell«. Das Stäbchensystem besitzt eine staunenerregende Lichtempfindlichkeit: Unter günstigen Umständen können wir den Schein einer einzelnen Kerze noch aus 27 Kilometern Entfernung wahrnehmen.

Ein drittes im Auge verborgenes optisches System wurde erst in jüngster Zeit entdeckt. Es stellt eine Art »Frühwarnsystem« dar, das die am äußersten Netzhautrand gelegenen Stäbchen bilden. Diese Stäbchen sind jeweils zu Dutzenden oder gar Hunderten an eine einzelne Nervenfaser angeschlossen, sie bilden eine Art »Verdrahtung«, die sie zum normalen Sehen von vornherein als untauglich erscheinen ließ. Die Aufgabe dieses Systems besteht darin, Reflexbewegungen der Augen zur Seite auszulösen, sobald am Rande des Gesichtsfeldes ein rasch bewegter Gegenstand auftaucht. Niemand von uns würde nur einigermaßen sicher Auto fahren können, wenn es diesen Reflex nicht gäbe. Wahrscheinlich wäre auch die Menschheit ohne diesen Schutzmechanismus schon frühzeitig durch wilde Tiere ausgerottet worden.

Schließlich sind unsere Augen auch noch – wie Biologen sagen – ein »photobiologisches Rezeptorsystem«. Nicht alle Nervenbahnen des Sehnervs nämlich enden in den Sehzentren des Gehirns. Ein kleiner Teil biegt in den Hirnstamm ab und verästelt sich dort in einer Region, die für die Steuerung von Stoffwechselprozessen und den Rhythmus von Wachen und Schlafen verantwortlich ist. Schon vor Jahrzehnten fiel Augenärzten auf, daß bei blinden Menschen bestimmte Stoffwechselvorgänge gestört sein können. Die Entdeckung der Nervenverbindungen zwischen Netzhaut und Stammhirn bot eine Erklärung für solche Störungen. Das normalerweise in die Augen einfallende Licht dient zu einem kleinen Teil auch zur Steuerung des Stoffwechsels. Blinde jedoch müssen auf diese Lichtreize verzichten. Fremd ist ihnen auch jene durch Licht ausgelöste angenehme und angeregte Stimmung, die uns Sehende an einem strahlenden Sonnentag scheinbar grundlos befallen kann.

Kein Zweifel: Die Netzhaut, die alle diese Leistungen vollbringt, ist nicht die einfache Projektionsleinwand, für die sie lange Zeit gehalten wurde. »In der menschlichen Netzhaut spielen sich Schaltungen und Verrechnungsprozesse ab, deren Kompliziertheit die aller modernen Rechenautomaten weit übertrifft«, stellte der Münchner Sinnesphysiologe Professor Hansjochem Autrum kürzlich fest. Die Netzhaut transportiert auch nicht etwa Bilder ins Gehirn, sie leitet kein Licht und keine Farbe. Im Gehirn ist es dunkel. Was die Netzhaut weitergibt, ist von ihr zuvor in eine ganz andere Form übersetzt worden, in eine Sprache, die das Gehirn versteht: ein kompliziertes Muster elektrischer Nervenimpulse. Von der

Netzhaut, so stellten Hirnforscher fest, gelangen die elektrischen Impulse an eine ganz bestimmte Stelle des Gehirns, die nach ihrer Funktion »Sehzentrum« getauft wurde. Dort spielen sich unsere optischen Erlebnisse in Wirklichkeit ab. Reizt man dieses Gebiet bei einer Hirnoperation vorsichtig mit elektrischem Strom, so löst das beim Patienten – der bei einer Hirnoperation nur örtlich betäubt wird – vielfältige optische Erlebnisse aus: Er sieht Lichtblitze, bunte Kugeln, die langsam durch unendliche Räume schweben, oder auch wirklichkeitsgetreue Straßenszenen. Seltsamerweise liegt das Sehzentrum ausgerechnet in der von den Augen am weitesten entfernten Region der Hirnrinde, nämlich am Hinterkopf.

1959 schoben die amerikanischen Physiologen David Hubel und Torsten Wiesel einen Draht, der 50mal feiner war als ein Menschenhaar, in einzelne Sehrinden-Zellen einer Katze und verbanden sein anderes Ende mit einem elektronischen Verstärker. Als die Forscher der Katze Lichtreize anboten, registrierte ihr Gerät die Impulse, die von der Netzhaut in der angezapften Hirnregion eintrafen.

Auch die Form, in der diese Impulse vom Auge zum Sehzentrum geleitet werden, ist heute bekannt. Die Sprache, in der das Auge dem Gehirn seine Geschichte erzählt, ist eine eigenartige Mischung von Wellensignalen und Morsealphabet: Helligkeitswerte werden offenbar durch Variationen in der Aufeinanderfolge der Wellenschwingungen übermittelt, Farben dagegen durch den Rhythmus kurzer »Impulspakete« von nur einer Tausendstelsekunde Dauer.

Was aber mit den auf diese Weise verschlüsselten Informationen auf dem langen Weg zwischen Netzhaut und Sehrinde vor sich geht, liegt noch völlig im dunkeln. Sicher ist lediglich, daß sie auch auf dieser Strecke noch vielfältigen und komplizierten Verarbeitungsprozessen unterworfen werden. Was am Ende in der Sehrinde eintrifft, hat mit einem Bild nicht mehr die geringste Ähnlichkeit.

Und dennoch: Die elektrischen Erregungsmuster, die hier in den haarfeinen Verästelungen von mehreren hundert Millionen kompliziert gebauter Nervenzellen ablaufen, sind auf geheimnisvolle Weise identisch mit dem, was wir optisch erleben. Sie bilden einen »verzauberten Webstuhl, auf dem Millionen hin und her schießender Schiffchen ein vergängliches Muster weben, immer bedeutungsvoll, niemals beständig«, wie es der englische Hirnforscher Sir Charles Sherrington (Nobelpreis für Medizin 1932) poetisch umschrieb.

Wie dieser Webstuhl arbeitet, weiß bis heute niemand. Fest steht allein, daß sein Mechanismus in den Hunderten von Jahrmillionen, die die Natur aufwendete, um ihn hervorzubringen, optimal an die auf der Erde herrschenden Bedingungen angepaßt worden ist. Diese Vollkommenheit der Anpassung aber beschwört die Gefahr herauf, daß Astronauten, wenn sie diese Erde verlassen, sich auf Weltraum-Expeditionen plötzlich seltsamen und gefährlichen Sinnestäuschungen ausgeliefert sehen könnten.

So hat sich das Auge unter dem Zugriff der modernen Forschung als ein weitaus vielseitigeres und unendlich komplizierteres Gebilde erwiesen, als die Pioniere unter den Sehforschern es sich träumen ließen. Trotzdem finden auch deren Nachfolger heute wieder Anlaß zur Kritik an der Leistungsfähigkeit unseres Sehapparates. Als Mangel empfinden sie den Umstand, daß unsere Augen in einer Welt, die erfüllt ist von einem breiten Spektrum elektromagnetischer Wellen, nur einen winzigen Bereich dieses Spektrums empfangen können. In dieser Hinsicht gleichen unsere Augen einem Radioapparat, der auf den Empfang eines einzigen Senders festgelegt ist, während um ihn herum die Luft erfüllt ist von einer Unzahl anderer Programme. Wie die Welt aussehen würde, wenn wir nicht nur diesen winzigen Ausschnitt der uns umgebenden Wirklichkeit wahrnehmen könnten, kann keine noch so üppige Phantasie sich ausmalen.

»Wenn man bedenkt, wie klein dieser Ausschnitt ist (den unser Auge sieht)«, so mäkelte kürzlich der namhafte englische Wahrnehmungsforscher Richard L. Gregory, »dann muß man zu der Feststellung kommen, daß wir eigentlich so gut wie blind sind.« 1973

Giordano Bruno
Der unbekannte Revolutionär

Es ist ein bemerkenswerter Umstand, daß der erste Mensch, der die astronomische Situation unseres Planeten im Kosmos durchschaute, von seinen Mitmenschen dieser Erkenntnis wegen hingerichtet worden ist. Hinter der unnachsichtigen Strenge des Urteils stand entscheidend die durch Gesetz und Tradition legitimierte Überzeugung der kirchlichen Autoritäten, daß ein Angriff auf die von ihnen gehütete offizielle Heilslehre eine Verteidigung auch in dieser Form nicht nur rechtfertige, sondern sogar unausweichlich erfordere.
Wie sich diese Überzeugung in den Augen jenes Mannes ausgenommen haben würde, um dessen Lehre es, wie die Autoritäten versicherten, nach wie vor ging, das hat uns hier nicht zu interessieren. Wir dürfen uns unsere nachträgliche Entrüstung über das, was unsere Vorfahren dem Giordano Bruno aus Nola angetan haben, nicht zu leicht machen. Um zu verstehen, was damals geschah, müssen wir zur Kenntnis nehmen, daß die Verbreitung der Lehre von der Unendlichkeit des Universums, von einer unendlich großen Zahl bewohnter, unserer irdischen grundsätzlich gleichberechtigter Welten in seinen Konsequenzen in der Tat auf einen Angriff gegen das hinauslief, was die Kirche vor vierhundert Jahren verkündete.
Und wenn es uns schwerfällt einzusehen, wie die astronomische oder kosmologische, also jedenfalls eine naturwissenschaftliche Aussage mit einer religiösen Lehre überhaupt so direkt und verhängnisvoll hat kollidieren können, dann ist die Frage durchaus berechtigt, ob wir auf diese Schwerfälligkeit

stolz sein sollten. Zur Zeit Brunos hatte man das Bild, das man sich von der Welt und der eigenen Existenz in ihr machte, noch nicht so säuberlich in eine »geisteswissenschaftliche« und eine »naturwissenschaftliche« Hälfte gespalten, wie wir das als die Erben der uns vorausgegangenen Epochen aus Überzeugung tun. Damals nahm man daher auch naturwissenschaftliche Erkenntnisse noch ernst als Aussagen über die eine, immer identische Welt, als Feststellung folglich, die, wenn sie die Welt im ganzen betrafen, unvermeidlich auch etwas über die Stellung des Menschen und seine Rolle im Kosmos aussagten. Mit dieser Auffassung steht auch Bruno selbst seinen Richtern noch näher als uns.

Hinter der Unnachsichtigkeit des Urteils verbarg sich aber auch der Schock, den das revolutionäre Weltbild des nolanischen Naturphilosophen bei seiner Mitwelt auslöste. Daß sich kein Protest erhob, als man den in ganz Europa bekannten Gelehrten schließlich bei lebendigem Leib öffentlich verbrannte, ist nicht nur auf die in den südlichen Ländern damals noch selbstverständliche Loyalität gegenüber der Kirche zurückzuführen und ganz gewiß auch nicht nur auf die fraglos ebenso verbreitete Angst vor der allgegenwärtigen Inquisition, die hier ein Exempel statuiert hatte. Das abenteuerliche Leben des Verurteilten und die Abenteuerlichkeit der Lehren, die er Jahr um Jahr an zahllosen Universitäten Europas mit der polemischen Kompromißlosigkeit eines Besessenen verkündigt hatte, ließen es den meisten Zeitgenossen – auch nördlich der Alpen – vermutlich verständlich und geradezu natürlich erscheinen, daß die Autoritäten über ihn den Stab brachen.

Das an Giordano Bruno vollstreckte Urteil wurde nicht nur von dem »Mann auf der Straße« gebilligt, der, damals so einseitig informiert wie heute, keine Ahnung hatte, was sich eigentlich abspielte. Für ihn war Bruno einfach ein abtrünniger Mönch und Ketzer, den die gerechte und für solche Fälle gesetzlich vorgesehene Strafe ereilt hatte.[1] Daran wäre nichts Besonderes. Bezeichnenderweise findet sich aber auch in den Schriften der Gelehrten jener Tage kein Protest und kein Widerspruch. Sie bedauern den »Nolaner« zwar seines Schicksals wegen, seine

Ansichten aber teilen sie nicht. Das gilt sogar für einige der Bedeutendsten unter ihnen, für Männer wie Kepler und Galilei, deren Namen uns mit Recht als der personifizierte Inbegriff wissenschaftlichen Fortschritts gelten. Sie alle nahmen Bruno als Astronomen und Naturphilosophen ernst, und sie diskutierten auch noch nach seinem Tode seine Argumente. Das von dem Hingerichteten mit solcher Unbeirrbarkeit gelehrte neue Weltbild aber war selbst diesen Männern unheimlich.

Charakteristisch ist ein Brief, den Kepler zehn Jahre nach Brunos Hinrichtung an Galilei schrieb, als dieser bei seinen ersten Fernrohrbeobachtungen vier Monde des Jupiter entdeckt hatte. Kepler kannte die Schriften des Nolaners sehr genau, und seit Jahren hatte ihn nach eigenem Zeugnis der Gedanke beschäftigt, daß die Sterne am nächtlichen Himmel, wenn sie – wie Bruno behauptet hatte – wirklich Sonnen wären wie unsere eigene, auch Planeten, und womöglich bewohnte Planeten, haben müßten. Galilei hatte nun aber mit seinem neuartigen Instrument glücklicherweise nur Monde des Jupiter gesehen, und Kepler schreibt ihm, spürbar erleichtert: »Hättest Du auch Planeten entdeckt, die einen Fixstern umlaufen, dann würde das für mich eine Verbannung in das unendliche All Brunos bedeutet haben.« Ihm bereite, so schrieb er an anderer Stelle, »schon der bloße Gedanke einen dunklen Schauder, mich in diesem unermeßlichen All umherirrend zu finden«, das »jener unglückselige Bruno in seiner grundlosen Unendlichkeitsschwärmerei« gelehrt habe. An dieser Reaktion eines Pioniers des geistigen Fortschritts läßt sich indirekt ermessen, welche Wirkung die Behauptungen des Nolaners auf seine Zeitgenossen gehabt haben müssen.

Tatsächlich ist die geistige Revolution, zu der die Entwicklung des astronomischen Weltbilds im 16. Jahrhundert führte, ungeachtet der sprichwörtlichen Redeweise von der »kopernikanischen Wende«, weit mehr auf Giordano Bruno als auf Kopernikus oder irgendeinen anderen Menschen zurückzuführen. Aber versuchen wir jetzt zunächst, uns den chronologischen Ablauf vor Augen zu führen und zu rekonstruieren, warum das Leben dieses Mannes in einer solchen Katastrophe enden mußte.

Bruno wurde 1548 in Nola bei Neapel, etwa zehn Kilometer nordöstlich des Vesuvs, als Sohn eines Soldaten geboren und auf den Namen Filippo getauft. Er wuchs auch in seinem Geburtsort auf (zeitlebens hat er selbst sich als »der Nolaner« bezeichnet), bis er, gerade erst vierzehnjährig, in das Dominikanerkloster San Domenico in Neapel eintrat. Bei dieser Gelegenheit erst erhielt er den Vornamen »Giordano« als Klosternamen.

Schon der junge Novize fiel durch unstillbaren Wissensdurst auf. Er las, was ihm die Klosterbibliothek zur Verfügung stellen konnte (und, wie wir sehen werden, nicht nur das). Vor allem las er die Schriften der antiken Philosophen, dann alle Kirchenväter, wobei ihn Nikolaus von Kues besonders interessierte, und die Schriften des Kopernikus, die damals von der Kirche noch nicht beanstandet wurden.

Auch dies scheint mir übrigens ein Fingerzeig dafür zu sein, daß die geistesgeschichtliche Revolution, die wir traditionsgemäß mit dem Namen des Kopernikus verbinden, von diesem großen Forscher allenfalls eingeleitet worden ist. Zu welchen Konsequenzen der Weg der vom aristotelisch-ptolemäischen Lehrgebäude emanzipierten Astronomie führen mußte, das ist nicht ihm oder Kepler (und auch nicht Galilei), sondern als erstem Menschen eben Bruno aufgegangen. Es ist in dieser Hinsicht bezeichnend, daß die bereits 1543 veröffentlichten sechs Bücher des Kopernikus »Über die Umläufe der Himmelskörper« erst mehr als siebzig Jahre später, nämlich 1616, auf den Index gesetzt worden sind, sechzehn Jahre nach Brunos Tod, zu einer Zeit also, zu der kein Zweifel mehr daran möglich war, welche Folgerungen die »neue Richtung« der Astronomie haben würde.

Als der junge Mönch 1572 die Priesterweihen empfing, galt er bereits als überdurchschnittlich gebildet. Daß es sich bei ihm in den Augen seiner Umgebung schon damals um einen sehr ungewöhnlichen jungen Mann gehandelt haben muß, wird man auch der Tatsache entnehmen dürfen, daß Papst Pius V. schon ein Jahr zuvor den erst Dreiundzwanzigjährigen zu sich zitierte, um sich seine Ansichten über die »lullische Kunst« erläutern zu lassen.[2] Besonders gerühmt wird von allen Augenzeugen immer wieder das phänomenale Gedächtnis, das es Bruno ermöglichte, den ungeheuren Wissensstoff, den er mit nie erlahmendem Eifer ständig in sich aufnahm, zu verarbeiten und zur Grundlage seiner Überlegungen zu machen.

Der Umfang jedoch und die Unbefangenheit des Horizonts, in dessen Rahmen Bruno sein Wissen zu erweitern trachtete, brachten den jungen Klosterbruder schon früh in Konflikte. Im achtzehnten Lebensjahr befielen ihn erste Zweifel an der Lehre von der Dreieinigkeit. Anfang 1576 wurde vom Ordensvorstand offiziell Anklage wegen Ketzerei gegen ihn erhoben. Das bedeutete damals, zur Zeit der Gegenreformation, keine Kleinigkeit.[3] Bruno entschloß sich, aus dem Kloster zu fliehen.

Damit beginnt die entscheidende, geistesgeschichtlich fruchtbare Epoche seines Lebens. Sie dauerte nur sechzehn Jahre. Bruno war achtundzwanzig Jahre alt, als er aus dem Kloster floh; als ihn die Inquisition 1592 in Venedig verhaftete, war er vierundvierzig. In den dazwischenliegenden Jahren war er fast pausenlos auf der Flucht durch halb Europa, oft nur Wochen, meist nur Monate, nie länger als höchstens drei Jahre an einem Ort. Nicht, daß er buchstäblich verfolgt worden wäre. Vor dem Zugriff der Inquisition fühlte er sich nördlich der Alpen mit Recht sicher. Gelegentlich fand er in Deutschland sogar Obdach in einem Kloster, dessen Abt tolerant und furchtlos genug war, den Flüchtling für einige Zeit zu beherbergen.

Bruno blieb auch katholisch, trotz vieler Sympathien für Luther, den er »einen neuen Herkules« nannte und dessen Kampf gegen »römischen Aberglauben« er wiederholt pries. Den theologischen Lehren Luthers stand er jedoch scharf ablehnend gegenüber. Der Flüchtling wurde (ohne Prozeß) auch nicht exkommuniziert, und er hat im Laufe der Jahre mehrmals versucht, sich mit seiner Kirche offiziell auszusöhnen. Auf alle Anfragen jedoch bekam er nur immer wieder den Bescheid, daß er sich als Vorbedingung für weitere Gespräche zuerst in die Zucht seines Ordens zurückzubegeben habe, eine Auflage, zu deren Erfüllung sich Bruno verständlicherweise nicht durchringen konnte.

Unter diesen Umständen besteht kein Zweifel daran, daß Bruno in Frankreich, England oder Deutschland hätte zur Ruhe kommen können – wenn er nur selbst Ruhe gegeben hätte. Gerade das aber war diesem Mann gänzlich unmöglich. Jetzt, nach dem Ausbruch aus dem Kloster, wurde plötzlich offenbar, daß sein Gehirn nicht einfach passiv fast das ganze Wissen seiner Zeit in sich aufgenommen hatte, sondern daß es sich als fähig erwies, dieses Wissen auch souverän zu handhaben, daß es produktiv genug war, mit diesem Pfunde zu wuchern.

In den nur sechzehn Jahren zwischen Klosterflucht und Verhaftung, zwischen seinem 28. und 44. Lebensjahr, schrieb und veröffentlichte Giordano Bruno während seiner unsteten Wanderung durch Mitteleuropa sein Lebenswerk. Die Zahl seiner Schriften ist groß, sowohl jener, die seinen Namen bis auf den heutigen Tag berühmt machen, als auch die der anderen, die uns Heutigen nichts mehr sagen, weil sie Themen gewidmet sind, die der Vergangenheit angehören (darunter zahlreiche magische Schriften, Werke über Gedächtniskunst, die sogenannten »lullischen Schriften«, eine derbe Komödie, umfängliche mythologisch-allegorische Abhandlungen und anderes mehr).

Die für die kosmologischen Anschauungen Brunos grundlegenden Werke finden sich unter den sechs in italienischer Sprache verfaßten Schriften der Londoner Zeit. Es sind »Das Aschermittwochsmahl« (La cena delle ceneri), »Von der Ursache, dem Anfang und dem Einen« (De la causa, principio ed uno) sowie »Über das unendliche Universum und die Welten« (De l'infinito universo e mondi). So groß der Rang der in diesen Schriften gelehrten Ansichten und Erkenntnisse auch ist, so schwer lesbar, nahezu unverdaulich erscheinen uns diese Werke heute aus formalen Gründen. So großartig sich manche Passagen auch lesen, die zusammenhängende Lektüre wird uns nicht nur durch die ungewohnte Form der Darbietung in Sonetten und weitschweifigen Dialogen erschwert; das Ganze ist auch durchsetzt mit ermüdend ausgedehnten mythologischen Abschweifungen.

Von größter Bedeutung für das Verständnis Brunos ist ferner

ein Werk, das ebenso wie die eben genannten während der nur drei Londoner Jahre entstand: »Über die heroischen Leidenschaften« (Degli eroici furori).

Wer diese Schriften Brunos kennt, oder doch wenigstens die in deutscher Übersetzung vorliegenden Auszüge, dem ist klar, warum ihr Autor nicht zur Ruhe kommen und warum er auch keine Ruhe geben konnte. »Heroische Leidenschaften«, das sind, nach Brunos Ansicht, die Leidenschaften, von denen der wahre Philosoph unwiderstehlich ergriffen wird, wenn ihm eine Erkenntnis von grundlegender Bedeutung zuteil wird. Wem dies widerfährt, der weiß sich eins mit dem All, der spürt das Göttliche in sich, der fühlt sich aber auch herausgehoben aus der Masse seiner Zeitgenossen. Er darf keine Rücksicht nehmen, nicht auf sich, auf sein persönliches Ergehen, und erst recht nicht auf die Vorurteile der anderen, denen seine Erkenntnis noch verborgen ist.

Die Wahrheit, die er erkannt hat, weiterzugeben, immer, unter allen Umständen, auch an die, die sie nicht hören wollen, das ist die Leidenschaft des wahren Philosophen, das ist seine Pflicht und sein unwiderstehliches Bedürfnis zugleich. Er muß die anderen Menschen aus dem Zustand ihrer Unkenntnis erlösen, damit auch sie teilhaben an dem, was ihm offenbar geworden ist. Die Wechselfälle des äußeren Lebens werden vor dieser Mission unwichtig. Sie können dem, der von der heroischen Leidenschaft wahren Philosophierens wirklich beseelt ist, im Grunde auch nichts mehr anhaben.

Bruno wünscht »aufrichtig ..., daß die Frucht meiner Arbeit der Welt nützlich und rühmlich erscheine und sie denen, die des Lichtes beraubt sind, den Geist wecke und das Gefühl aufschließe«, und er fährt fort: »Wenn ich rede und schreibe, so streite ich nicht aus Lust am Siege, denn wo keine Wahrheit ist, scheint mir Ruhm und Sieg gottverhaßt, niederträchtig und jeder Ehre bar. Nur aus Liebe zur Wahrheit ... mühe ich mich, plage und quäle ich mich.«

Wer so denkt und von der selbsterkannten Wahrheit so erfüllt ist, der nimmt auch auf andere keine Rücksicht. Seine Feindschaft muß vor allem den »etablierten« Philosophen und Gelehrten gelten, die am Katheder wiederkäuen, was sie aufgelesen haben, ohne einen eigenen Gedanken beisteuern zu können: den *pedanti,* wie Bruno sie nennt, die sich kraft akademischer Autorität gegen die neuen Ansichten sträuben, die das Volk durch ihre geistige Trägheit verdummen und die darauf beharren, man könne den Wahrheitsgehalt von Argumenten dadurch prüfen, daß man sie am Inhalt der Schriften des Aristoteles mißt.

Sie bekämpft Bruno denn auch mit wütendem Haß, mit massiver Polemik und allem Spott, der diesem geschulten Rhetoriker zu Gebote steht. »Allergelehrtester Herr Polyhymnius«, so läßt er in einem seiner Dialoge einen dieser akademischen *pedanti* anreden, »wenn Ihr alle Sprachen beherrschtet – unsere Prediger sagen, es gäbe ihrer zweiundsiebzig –, dann könntet Ihr doch nicht vermeiden, das komischste Tier zu sein, das mit menschlichem Antlitz lebt.« Zur vollen Würdigung dieser und unzähliger ähnlicher (oft noch sehr viel schärferer) Stellen muß man noch wissen, daß Bruno die Namen der in seinen Dialogen auftauchenden Figuren in der Regel so zu verschlüsseln pflegte, daß der sachkundige Leser genau wußte, welcher der dem Autor mißliebigen Professoren, Philosophen oder Kardinäle im konkreten Fall gemeint war.

Dieses Sendungsbewußtsein, gekoppelt an einen ungeduldigen, leidenschaftlichen Charakter, der unfähig war, irgendwelche Zugeständnisse zu machen, und der zu impulsiven Ausbrüchen neigte, das alles machte Bruno zu einem Menschen, mit dem nicht leicht auszukommen war. Nicht die Inquisition ist es gewesen, die ihn in den entscheidenden sechzehn Jahren seines Lebens ruhelos von einer Universität Europas zur anderen ziehen ließ. Die äußere Ursache waren vielmehr die sich nördlich der Alpen abspielenden konfessionellen Auseinandersetzungen im Zuge der Gegenreformation mit ihren geographisch ständig wechselnden Einflußbereichen. Auch sie aber waren sicher nur die vordergründige Ursache. Bruno wäre von den Fluktuationen dieses Kampfes sicher nicht wie ein Spielball durch halb Europa getrieben worden, wenn er es seiner Umgebung nicht immer wieder außerordentlich schwer gemacht hätte, ihm gegenüber tolerant zu sein. Auf Beispiele werden wir noch reichlich stoßen.

Nach der Flucht aus Neapel versuchte Bruno zunächst in mehreren norditalienischen Städten Fuß zu fassen. Die Pest und die Nähe der Inquisition ließen ihn schon zwei Jahre später (1578) die Alpen überqueren. Nach kurzem Aufenthalt in Genf (wo man ihm den Übertritt zum Calvinismus zur Bedingung längeren Bleibens machte) gelangte er über Lyon nach Toulouse, in dessen damals gerade protestantischer Atmosphäre er eine erste Ruhepause erlebte. Dort las er zwei Jahre lang über aristotelische Philosophie. 1580 trieben ihn die Wirren des Bürgerkriegs nach Paris.

Der zweiunddreißigjährige Flüchtling war jetzt schon berühmt. König Heinrich III. lud ihn zu sich, um sich von ihm in der »lullischen Kunst« unterweisen zu lassen. Bruno sprach außer Latein fließend französisch und spanisch und war bei Hofe und in einflußreichen Häusern ein gesuchter Gesellschafter. Er hielt stark beachtete Vorlesungen an der Universität und schrieb während der Pariser Jahre mehrere Bücher, darunter sein philosophisches Erstlingswerk »Vom Schatten der Ideen« (De umbris idearum), eine sich auf Platon gründende Naturphilosophie.

1583 ging er nach London. Der Grund für den Wechsel ist nicht bekannt. Bruno muß Paris aber in aller Freundschaft verlassen haben, denn er reiste mit einer Empfehlung des französischen Hofes. Der englische Gesandte in Paris kündigte sein Kommen in London brieflich mit den Worten an: »Dr. Jordanus Bruno Nolano, ein Doktor der Philosophie, beabsichtigt, nach England zu kommen. Er ist ein Mann, dessen religiöse Ansichten mir nicht empfehlenswert erscheinen.« Die maßvolle Formulierung des Einwands und die Tatsache, daß seine Übermittlung den Aufenthalt Brunos in England weder verhinderte noch im Laufe der folgenden Jahre trübte, sind ein beredtes Zeugnis für die wenn auch nicht in politischen, so doch in weltanschaulichen und religiösen Fragen tolerante Atmosphäre im London Königin Elisabeths I., die zahllosen Flüchtlingen aus ganz Europa Asyl gewährte.

Hier also verbrachte Bruno bis 1585 seine fruchtbarste Zeit; hier entstanden oder erschienen alle seine Hauptwerke. Diese wohl glücklichste Epoche seines Lebens begann aber mit einem typischen Eklat, wie er sich später noch mehrfach wiederholen sollte. Die schon damals in hohem Ansehen stehende Universität Oxford erwies dem Flüchtling die Ehre, ihn zu regelmäßigen Vorlesungen einzuladen. Bruno nahm dankbar an, begann eine Vorlesung über die Unsterblichkeit der Seele, konnte es sich daneben aber nicht verkneifen, die Theologische Fakultät, die zu seinem Mißfallen noch gänzlich in der ptolemäischen Irrlehre verharrte, zu einer Serie öffentlicher Streitgespräche herauszufordern, aus denen er regelmäßig als Sieger hervorging. Es waren, wie später bei gleicher Gelegenheit noch mehrmals, Pyrrhussiege. Bruno hatte seinem Spott über die Rückständigkeit und konservative Verbohrtheit der Hohen Fakultät so unmißverständlich Ausdruck verliehen, daß er die Universität nicht mehr betreten durfte. Er rächte sich für den Hinauswurf mit einer bissigen Streitschrift, in welcher er Oxford als die »Witwe wahrer Wissenschaft« verhöhnte.
Den erneut obdachlos Gewordenen nahm jetzt der französische Gesandte in sein Londoner Haus auf, Michel de Castelnau, Marquis de Mauvissière. Bruno blieb während des ganzen Aufenthalts in England sein Gast. Zwischen den beiden Männern entwickelte sich rasch ein freundschaftliches Verhältnis; das Zusammentreffen mit Castelnau ist einer der großen Glücksfälle im Leben Brunos gewesen. Der Marquis war ein ungewöhnlicher Mann von seltenen menschlichen Qualitäten. Selbst strenggläubiger Katholik, war er gleichwohl bekannt für seine Toleranz und den großen persönlichen Mut, mit dem er in der haßerfüllten Atmosphäre der konfessionellen Auseinandersetzungen bei seinen eigenen Parteigängern für Gnade gegenüber Andersgläubigen plädierte. In seinen Memoiren beschwor dieser ungewöhnliche Mann seinen Sohn unter dem Eindruck der Schrecken der Bartholomäusnacht, den rechten Glauben stets nur durch ein persönliches Beispiel zu verbreiten und niemals durch Unterdrückung oder Blutvergießen, das die Übel der Welt nie vermindern, sondern nur vermehren könne.[4]

Im Haus Castelnaus fand Bruno für drei Jahre die Atmosphäre, die er brauchte, um sein ungeheures Wissen und seine Begabung voll ausspielen zu können. Unter diesen Umständen genügte ihm diese kurze Zeitspanne zur Niederschrift seines in den sechs schon erwähnten umfänglichen Büchern niedergelegten Hauptwerks. Die unglaubliche Schnelligkeit, mit der er schreibt – und die zu einem nicht geringen Teil auf sein phänomenales Gedächtnis zurückzuführen sein dürfte, das es ihm ersparte, immer wieder nachlesen und sich die dazu benötigten Bücher beschaffen zu müssen –, erweist sich bald als Segen für die Nachwelt. Schon Ende 1585 verliert der Flüchtling abermals sein Asyl. Diesmal trifft das Unglück seinen Gastgeber Castelnau. Der Marquis gerät in finanzielle Schwierigkeiten und wird im Zusammenhang damit nach Paris zurückberufen.[5] Bruno schließt sich seinem Freund und Gönner an.

Auf der Rückfahrt wird Castelnau zu allem Überfluß auch noch beraubt, er verliert sein gesamtes Gepäck. Als die beiden Freunde in Paris eintreffen, muß der Marquis seinem Schützling eröffnen, daß er nicht mehr in der Lage ist, sich seiner anzunehmen. Die beiden trennen sich.[6] Bruno findet bei Bekannten Aufnahme und beginnt Anfang 1580 in Paris Vorlesungen zu halten. Bereits wenige Monate später, im Mai desselben Jahres, ist es mit seiner Lehrtätigkeit jedoch wieder vorbei, und nicht nur das: Er muß Paris verlassen. Der Grund ist wieder einmal ein von Bruno selbst provoziertes Streitgespräch, selbstverständlich auch diesmal über die aristotelische Philosophie und das Weltbild des Ptolemäus.

Bruno war seines Sieges diesmal so sicher, daß er gar nicht selbst auftrat, sondern einen seiner Studenten mit der Aufgabe betraute, seine Thesen öffentlich zu verteidigen. Die ob dieser verächtlichen Behandlung mit Recht erboste Fakultät schickte daraufhin einen ihrer brillantesten Rhetoriker in die Debatte, dem es dann tatsächlich auch gelang, seinen unerfahrenen Gegner vor versammeltem Publikum hoffnungslos in die Ecke zu treiben. Bruno war gezwungen, sich für geschlagen zu erklären, was ihn in der Fakultät, die er eben noch mit ätzendem Spott herausgefordert hatte, unmöglich machte.

In den folgenden beiden Monaten versuchte er in Mainz und Wiesbaden unterzukommen, jedoch vergeblich. Am 25. Juli 1586 gelingt es ihm aber, in die Philosophische Fakultät der Universität Marburg aufgenommen zu werden. Deren Mitglied war er allerdings nur wenige Tage. Denn die Fakultät ist zwar bereit, den umstrittenen Flüchtling aufzunehmen, man will sich aber nicht die Tumulte und öffentlichen Diskussionen auf den Hals ziehen, die hervorzurufen der Italiener in der Vergangenheit eine so große Begabung an den Tag gelegt hat. Also lädt ihn der Rektor der Universität in sein Haus ein, um ihm zu eröffnen, daß er in Marburg gern gelitten sei, daß er auch in privatem Kreise innerhalb der Universität ungehindert lehren möge, daß er ihm im Einverständnis mit der Fakultät öffentliche Auftritte allerdings untersagen müsse.

Es versteht sich von selbst, daß der brave Mann mit dieser Eröffnung bei Bruno an den Falschen geriet. In dem Protokoll, das der Rektor nach der Unterredung aufsetzte, hat er entrüstet festgehalten, daß Bruno ihn auf diese Mitteilung hin so ausfällig beschimpft habe, »als ob ich gegen die Gesetze aller Länder, die Gepflogenheiten aller Universitäten Deutschlands und die Interessen der Wissenschaft selbst verstieße«.[7] Am Ende seines Zornesausbruchs erklärte Bruno, daß er nicht den Wunsch verspüre, der dortigen Universität länger anzugehören – eine Absichtserklärung, der selbstredend prompt stattgegeben wurde.

Die nächste Station war Wittenberg. Bruno wurde an der von Lutheranern beherrschten Universität bereitwillig aufgenommen. In der Einleitung zu zwei neuen Büchern, die er alsbald schreibt (einmal mehr über die lullische Kunst und über Methoden der Rhetorik), und in einer berühmt gewordenen Abschiedsrede preist er Rektor und Fakultät, die ihn, den Flüchtling aus Frankreich, ohne Empfehlung angenommen und nicht einmal nach seinen religiösen Ansichten gefragt hätten. Hier nehme niemand Anstoß daran, daß er Lehren verkünde, die nicht allein der herkömmlichen, durch die Kirche sanktionierten Weltanschauung widersprächen, sondern geradezu der Theologie ein Ende bereiten müßten. Im Unterschied zu den

Professoren von Toulouse, Oxford und Paris hätten sie über seine neue Weltansicht »nicht die Nase gerümpft, Grimassen geschnitten... und auf das Pult geklopft, sondern ihn... die volle philosophische Freiheit genießen lassen«[8].

Fast schien es so, als habe Bruno an dieser »wahren Universität«, in deren freiheitlicher Luft ihm ganz Deutschland wie ein »Bollwerk der Geistesfreiheit« erscheinen wollte, eine neue Heimat gefunden. Schon bald aber machten sich die Folgen eines dynastischen Wechsels bemerkbar. Dem schon Anfang 1586 gestorbenen, gut lutherischen Kurfürsten August von Sachsen war sein Sohn Christian als Regent gefolgt. Dieser jedoch war entschiedener Calvinist und als solcher in religiösen und weltanschaulichen Fragen weitaus weniger tolerant als sein Vater. Im Lauf der Zeit bewirkte der damit einhergehende Umschwung auch an der Wittenberger Universität einen so tiefgreifenden Wandel, daß sich Bruno nach erst achtzehnmonatiger Lehrtätigkeit im März 1588 entschloß, eine neue Zuflucht zu suchen.

Jetzt wandte er sich nach Prag, wo er versuchte, Kaiser Rudolf II. durch ein diesem gewidmetes Werk mit dem für seinen Autor bezeichnenden Titel: »160 Thesen gegen die Mathematiker und Philosophen unserer Zeit« für sich einzunehmen.[9] Er mußte sich jedoch mit einem Geldgeschenk zufriedengeben, das immerhin groß genug war, um seinen Lebensunterhalt für ein Jahr zu sichern.

Es folgt ein etwa einjähriger Aufenthalt in Helmstedt, wo der für seine Toleranz und seine Bildung gleichermaßen berühmte Herzog Julius von Braunschweig zur Stützung des Protestantismus in seinem Lande 1576 eine Universität gegründet hatte, die es rasch zu einem ausgezeichneten Ruf und entsprechendem Zulauf brachte. Bruno war dort zunächst wohlgelitten, mußte aber auch diesen Ort schon Anfang 1590 nach einer schweren Auseinandersetzung mit dem Rektor der Universität und dem örtlichen Kirchenvorstand wieder verlassen. Der Grund des Konflikts ist aus den Quellen nicht mehr ersichtlich. Erhalten ist eine Eingabe Brunos an den Rektor, in der er sich darüber beschwert, daß man ihn nicht anhören wolle und verurteile, ohne ihm überhaupt die Gründe mitzuteilen. Er scheint nie eine Antwort bekommen zu haben, wofür er sich in der schon bekannten Weise dadurch rächt, daß er den Rektor in einem lateinischen Gedicht als Lügner, Ignoranten und Lümmel beschimpft.

Ungeachtet dieser Auseinandersetzungen, die spätestens Anfang Oktober 1589 einsetzten, hat Bruno auch in Helmstedt wieder eine ganze Reihe von Schriften fertiggestellt, an denen er zum Teil schon seit Jahren gearbeitet hatte, darunter die drei wichtigen Werke »De minimo«, »De monade« und »De immenso et innumerabilibus«, die den Kern seiner philosophisch-metaphysischen Anschauungen enthalten.

Zur Veröffentlichung dieser Manuskripte kam es in Helmstedt jedoch nicht mehr. Zu diesem Zweck geht Bruno im Frühjahr 1590 nach Frankfurt am Main, damals mit zwei jährlichen Buchmessen und dem Sitz bedeutender Verlage das Zentrum des europäischen Buchhandels. Zwei namhafte Verleger, Johann Wechel und Peter Fischer, erklären sich bereit, die Manuskripte zu drucken und den Autor bis zum Erscheinen der Bücher zu unterhalten. Das Angebot, ihn auch bei sich aufzunehmen, scheitert, weil der Rat der Stadt sich weigert, dem umstrittenen Renegaten eine Aufenthaltserlaubnis zu geben. Den Verlegern gelingt es daraufhin, ihren Mann in einem Frankfurter Karmeliterkloster unterzubringen.

Von einem Abstecher nach Zürich abgesehen, blieb Bruno bis zum Herbst 1591 in Frankfurt. Dann folgte er einer Einladung des jungen venezianischen Adligen Giovanni Mocenigo und betrat erstmals wieder italienischen Boden. Mocenigo, Angehöriger einer der angesehensten Familien des Stadtstaats, war auf eines der Bücher gestoßen, die Bruno über die Gedächtniskunst geschrieben hatte, und wünschte in diesem Fach unterrichtet zu werden. Warum Bruno der Einladung folgte, ist nicht sicher festzustellen. Sein Unterhalt war zu diesem Zeitpunkt gesichert, das Erscheinen mehrerer Bücher stand unmittelbar bevor, und Einladungen ähnlicher Art in Orte, in denen der Boden weniger heiß für ihn gewesen wäre, wird er nicht selten bekommen haben.

Zwar dürfte er sich in dem als Stadtstaat souveränen Venedig und als Gast einer Familie, aus der schon mehrere Dogen hervorgegangen waren, sicher gefühlt haben. Andererseits war auch ihm bekannt, daß es ebenso ein venezianisches Inquisitionsgericht gab. So ist man versucht, daran zu denken, daß der jetzt Dreiundvierzigjährige des langen ziellosen Wanderns wenigstens in diesem Augenblick doch müde geworden sein könnte. Manches spricht auch dafür, daß er seit Jahren unter Heimweh litt. Jedenfalls ging er nach Venedig, wo er im Hause der Mocenigos wohnte und schnell in lebhaften Verkehr mit Gelehrten und anderen angesehenen Venezianern kam. Aber auch außerhalb Venedigs bewegte er sich mit bemerkenswerter Unbekümmertheit, was daraus hervorgeht, daß er sogar nach Padua reiste, um einigen dort studierenden Bekannten aus Deutschland Unterricht zu geben.
Das Ende bahnte sich dann aber in Venedig, im Frühjahr 1592, aus einem wahrhaft läppischen Anlaß an: Mocenigo fühlte sich von Bruno übervorteilt. Der junge Mann scheint sich Wunderdinge von der gedächtnis- und verstandesfördernden Wirkung des Brunoschen Unterrichts versprochen zu haben. Als die erwarteten Effekte auf seinen eigenen Verstand, für die er seinen Gast bezahlt zu haben vermeinte, ausblieben und auch wiederholte Ermahnungen nichts fruchteten (Mocenigo glaubte allem Anschein nach, daß Bruno ihm gegenüber mit bestimmten magischen Geheimlehren hinter dem Berg hielt), zeigte er seinen Lehrer bei der venezianischen Inquisition an. Am 22. Mai 1592 wurde Bruno in seinem Haus verhaftet, als er, durch vorangegangene Drohungen vorgewarnt, sein Gepäck schon wieder auf den Weg nach Frankfurt gebracht hatte.
Das erste Verhör fand zehn Tage später statt. Einige der Anklagepunkte: Bruno bestreite die Verwandlung des Brotes während der Messe; er behaupte, daß die Welt ewig sei (was der Lehre vom »Jüngsten Tag« widersprach) und daß es unendlich viele Welten gebe. Er klage die Kirche an, selbst gegen die Lehren Christi zu verstoßen, indem sie das Volk nicht, wie die Apostel es getan hätten, durch Predigt und gutes Beispiel bekehre, sondern Gewalt anwende. Im Verlauf anschließender

Verhöre kommt dann noch eine unübersehbare Anzahl neuer Punkte hinzu, selbstverständlich auch die in den Büchern des Angeklagten sorgfältig aufgespürten Attacken gegen die römische Kirche und, umgekehrt, die sich darin findenden Loblieder auf die englische Königin »und andere Ketzer«.

Bruno erwidert, daß seine Lehren nicht als die eines Kirchenmannes, sondern als die Werke eines Philosophen und Gelehrten beurteilt werden müßten. Er erklärt sich sogar bereit, alle seine Irrtümer und Verfehlungen zu widerrufen, soweit sie den christlichen Glauben und die Lehren der Kirche beträfen. Das ist ein für Bruno ungewöhnliches Zugeständnis. Es läßt sich möglicherweise damit erklären, daß Bruno zu dieser Zeit, wie durch zahlreiche Äußerungen belegt ist, noch ernstlich darauf hofft, die Kirche von der Richtigkeit seiner wissenschaftlichen Auffassungen überzeugen zu können.

Seine Richter gehen auf den Vorschlag nicht ein, das Verfahren schleppt sich hin. Am 12. September meldet sich die römische Kurie, die von der Verhaftung des berühmten Abtrünnigen gehört hat, und verlangt die Auslieferung. Nach einigem Hin und Her lehnt der Rat Venedigs in höflicher Form ab unter Berufung auf die Souveränität der eigenen Gerichtsbarkeit, die man aus politischen Gründen und im Hinblick auf zukünftige Fälle nicht durch einen Präzedenzfall einschränken könne. Wohl ist den Ratsherren bei dieser Entscheidung aber nicht. Der Zwang, sich dem Wunsch des Vatikans, wenn auch aufgrund einer eindeutigen Rechtslage, widersetzen zu müssen, ist ihnen äußerst unangenehm. Auch Rom möchte auf die Aburteilung des berühmten Häretikers nicht verzichten. Was ist in einer solchen Lage zu tun?

In einer solchen Lage haben die Herrschenden noch immer Mittel und Wege gefunden. Am 22. Dezember 1592 erschien der päpstliche Nuntius persönlich vor dem Rat der Stadt Venedig und setzte dessen bereitwillig zuhörenden Mitgliedern auseinander, daß Bruno nicht Venezianer sei, sondern aus Neapel stamme, und daß seit seiner Flucht aus dem Kloster sechzehn Jahre zuvor ein noch immer nicht abgeschlossenes Verfahren gegen ihn anhängig sei, dessen Akten sich in Rom befänden.

Unter Zitierung von nicht weniger als zwei Dutzend parallel gelagerten Fällen wies er seinem dieser Argumentation interessiert folgenden Auditorium nach, daß unter diesen Umständen aus rein rechtlichen Gründen einzig und allein das Oberste Inquisitionsgericht in Rom als aburteilende Instanz zuständig sei. Und außerdem, so fügte er dann noch hinzu, handle es sich bei dem Verhafteten schließlich nicht um einen gewöhnlichen Fall.

Nach einer kurzen Anstandsfrist und der Einholung eines Rechtsgutachtens, das zu dem von beiden Seiten gewünschten Ergebnis kam, beschlossen Senat und Dogen am 7. Januar 1593 mit 142 von 172 Stimmen, daß Bruno nach Rom auszuliefern sei. Zur Überraschung der Ratsherren begrüßte der Verhaftete diese Entscheidung. Er freue sich darauf, so erklärte er ihnen, dem Heiligen Vater seine Auffassungen selbst vortragen und begründen zu können. So wurde er am 27. Februar 1593 in das Gefängnis des Heiligen Offiziums in Rom eingeliefert, das er bis zum Tage seines Todes sieben Jahre später nicht mehr verlassen sollte.

Über diesen langen Zeitraum, der bis zum endgültigen Prozeß, der Verurteilung und der kurz darauf erfolgten Hinrichtung verstrich, wissen wir seltsamerweise so gut wie nichts. Das fällt um so mehr auf, als wir die so ungewöhnlich detaillierte Lebensgeschichte Brunos zu wesentlichen Teilen eben der Quelle verdanken, die uns jetzt mit einemmal fast völlig im Stich läßt: dem Geheimarchiv des Vatikans (und, was den Ablauf bis 1592 betrifft, auch den Protokollen des venezianischen Inquisitionsgerichts). Die ausführlichen Schilderungen, die Bruno auf das Verlangen seiner kirchlichen Untersuchungsrichter über sein Leben und seine Ansichten abgab, wurden ebenso sorgfältig protokolliert wie die Aussagen zahlloser Zeugen.

Alle diese Unterlagen blieben jedoch länger als zwei Jahrhunderte unzugänglich im Vatikan vergraben, bis erstmals 1849 die Republik unter Mazzini eine Öffnung des Archivs erzwang.[10] Bei dieser Gelegenheit stieß man unter anderem auch auf Teile der Akten dieses inzwischen fast vergessenen Prozesses. Die

Unterlagen über die in Venedig durchgeführten Verhöre waren wenige Jahre zuvor ebenfalls entdeckt worden. Weitere Unterlagen fanden sich in späteren Jahren, zuletzt noch 1940. In ihnen allen aber steht so gut wie nichts über die Zeit, die Bruno im Gefängnis verbracht hat.

Daß seine Lage während der langen Haft nicht komfortabel war, ergibt sich indirekt aus einer kurzen Notiz, die besagt, daß ihm im Dezember 1593 nach einem Besuch seiner Richter im Gefängnis, bei dem man ihn auch nach seinen Bedürfnissen gefragt habe, ein Umhang und ein Kissen zugestanden wurden und zum Lesen die »Summa« des Thomas von Aquin. In etwa halbjährlichen Abständen stößt man dann auf die stereotype Formel »Bruder Jordanus wurde verhört und nach seinen Bedürfnissen gefragt«. Ende Dezember 1598 wurde angeordnet, dem Bruder Jordanus sei Schreibpapier zu geben, das er jedoch ausschließlich zur Anfertigung von Auszügen aus dem Brevier benutzen dürfe.

Was der rastlose, lesehungrige und so unglaublich produktive Mann in diesen endlosen sieben Jahren unter solchen Umständen durchgemacht haben muß, läßt sich nur ahnen. Erst Anfang 1599 entschließt sich das Heilige Offizium, das Verfahren ernstlich voranzutreiben. Warum man damit so lange gezögert hat, geht aus den aufgefundenen Akten ebenfalls nicht hervor. Die Vermutung liegt nahe, daß man hoffte, die Zeit werde den stürmischen Apostaten zur Besinnung bringen, an dessen öffentlichem Widerruf der Kirche der Prominenz des Angeklagten wegen gelegen gewesen sein dürfte. 1599 entscheidet der Papst selbst, man solle dem Gefangenen alle die Stellen aus seinen Büchern vorhalten, die nach Ansicht der theologischen Sachverständigen häretischer Natur seien, und ihn fragen, ob auch er sie für ketzerisch halte. Die betreffenden Stellen werden Bruno am 18. Februar 1599 vorgelesen. Im August bekommt er Papier und Tinte, mit der Aufforderung, schriftlich zu widerrufen, was er weiterhin verweigert.

Am 21. Dezember des Jahres schließlich gibt Bruno selbst eine endgültige Antwort. Nach sieben Jahren Haft, endlosen Verhören, ohne Kontakt zu Freunden oder Gesprächspartnern, ohne

die gewohnte Lektüre oder andere geistige Anregung ist er angesichts der offenkundigen Konsequenzen seiner Haltung stark genug, rundheraus zu erklären, daß er nicht widerrufen werde, daß er nichts zu widerrufen habe und daß er gar nicht wisse, was er überhaupt widerrufen solle.
Zwei vom Heiligen Offizium ausgewählte hohe Geistliche bemühen sich noch einmal, ihn umzustimmen. Bruno beharrt auf seinem Standpunkt. Jetzt gibt Papst Clemens VIII. den Befehl, das Urteil zu sprechen und den Verurteilten der weltlichen Gerichtsbarkeit zur Aburteilung zu überstellen. Am 8. Februar 1600 wird Bruno das Urteil verlesen, das ihn als »unbußfertigen und hartnäckigen Apostaten« bezeichnet. Dem Verurteilten werden die Weihen abgesprochen, er wird aus der Kirche ausgestoßen und der weltlichen Gewalt überantwortet.
Seine Bücher, alle, auch die, welche vielleicht in Zukunft noch entdeckt werden sollten, werden verboten und sollen öffentlich vor den Stufen des Petersdoms verbrannt werden. Das Urteil schließt mit der Bitte an die weltlichen Richter, den Verurteilten »so milde wie möglich zu bestrafen« – eine routinemäßig angewandte Formel, der allenfalls eine äußerliche Alibifunktion zukommen konnte, da alle Beteiligten wußten, welche Strafe einen vom Obersten Inquisitionsgericht verurteilten Ketzer erwartete.[11] Bruno gab seinen Richtern die berühmt gewordene Antwort: »Es verursacht Euch möglicherweise mehr Furcht, das Urteil zu verkünden, als mir, es zu empfangen.« Es folgt ein nochmaliger Bekehrungsversuch, den Bruno mit den Worten ablehnt, er gehe gern in den Tod und sei gewiß, daß seine Seele mit dem Rauch ins Paradies emporsteigen werde. Am 17. Februar 1600 wird er in Rom auf dem Campo de' Fiori öffentlich verbrannt.
Was er an diesem Tag erlitt, hatte Giordano Bruno lange zuvor durchdacht. In einer Schrift mit dem Titel »Sigillus sigillorum«, die schon 1583 erschienen war (und die vor allem die »Gedächtniskunst« zum Inhalt hat), hatte sich Bruno in einer der vielen, für seine Schriften charakteristischen Abschweifungen mit der Frage beschäftigt, welche seelische Haltung die Märtyrer der christlichen Geschichte wohl befähigt habe, sich auch durch

körperliche Torturen nicht von ihrem Glauben abbringen zu lassen. Seine Antwort: »Wer noch um seinen Leib fürchtet, dem würde ich nicht leicht glauben, daß er jemals mit Gott eins gewesen ist. Der wahrhaft Weise und Tugendhafte ist so vollkommen glucklich, daß er den Schmerz nicht mehr spürt.«
Betrachten wir zum Abschluß noch die wesentlichen Punkte der kosmologischen Ansichten Brunos und ihren erkenntnisgeschichtlichen Zusammenhang, um zu verstehen, warum sie eine Wende bedeuten.[12]
Die revolutionäre Bedeutung Brunos für die Geschichte der Entwicklung des menschlichen Bewußtseins – oder, wie man meist sagt: für die Geistesgeschichte – wird sofort deutlich, wenn man die fundamentale Rolle bedenkt, welche die »Abstraktion vom Augenschein« in dieser Geschichte spielt. Über seine Stellung im Kosmos hat der Mensch nicht wie mit einem Schlage Klarheit gewonnen, sondern in einem langen, stufenweise sich vollziehenden Prozeß, der auch heute noch keineswegs abgeschlossen ist.
Jede einzelne der Stufen, die diesen fortschreitenden Erkenntnisprozeß bilden, wird markiert von einer Einsicht, welche die Fassade des Augenscheins durchstößt, um eine erst hinter ihr gelegene »Wirklichkeit« der Welt zu erfassen. Der Augenschein lehrt uns ganz offensichtlich, daß wir im Mittelpunkt einer ruhenden Scheibe wohnen, über der sich eine sternenübersäte Himmelskuppel wölbt, die sich in einem vierundzwanzigstündigen Rhythmus um uns dreht. Wie suggestiv dieser unmittelbar erlebte Augenschein wirkt, zeigt sich unter anderem darin, daß wir 400 Jahre nach Kopernikus noch immer vom »Aufgehen« oder »Untergehen« der Sonne oder eines Sterns reden, obwohl diese Formulierung, wie wir inzwischen sehr wohl wissen, die wirkliche Situation nicht richtig wiedergibt.
Rund hundert Jahre nach Bruno kam Newton zu der allem Augenschein, aller unmittelbaren sinnlichen Erfahrung Hohn sprechenden Erkenntnis, daß das weiße Licht der Sonne »in Wirklichkeit« zusammengesetzt sei, nämlich aus den Spektralfarben des Regenbogens. Wie schwer auch diese Einsicht »wider den Augenschein« zu gewinnen war, zeigt die Tatsache, daß

ihr noch Goethe, wieder hundert Jahre später, in seiner Farbenlehre leidenschaftlich widersprach, weil er nicht bereit war, eine solche Kluft zwischen Augenschein und Wirklichkeit zu akzeptieren.

Aber hier irrte Goethe. Wie unüberbrückbar tief und wie grundsätzlich diese Kluft in Wahrheit ist, das hat uns dann, um ein letztes Beispiel anzuführen, die Einsteinsche Kosmologie gelehrt. Sie läuft, in der »allgemeinen Relativitätstheorie«, letztlich auf die Einsicht hinaus, daß uns unser an irdische Bedingungen angepaßtes Anschauungsvermögen völlig im Stich läßt, wo es um die Wirklichkeit der Welt als Ganzes geht. Im Bereich sehr großer Distanzen und sehr hoher Geschwindigkeiten, die der des Lichts nahekommen, hat die Wirklichkeit der Welt mit dem, was unsere Sinne wahrnehmen, nicht mehr die geringste Ähnlichkeit.

Am Anfang dieser nicht nur für unsere gesamte Wissenschaft (und Technologie), sondern vor allem für unser Selbstverständnis so bedeutsamen geistigen Entwicklungsreihe steht Brunos Erkenntnis von der Unendlichkeit der Welt und der in ihr enthaltenen Himmelskörper. Wie groß die sich hinter ihr verbergende Abstraktionsleistung war, erkennt man rückblickend an der Länge und Mühsal des Weges, der zu ihr hinführte.

Daß die Erde eine Kugel ist, wußte schon Aristarch von Samos, 300 Jahre vor Christi Geburt. Aber eineinhalb Jahrtausende lang, bis zu Kopernikus, schien es unfraglich, daß die Erde selbst unbewegt in der Mitte der Welt ruhe. Das »lehrte« nicht nur die alltägliche unmittelbare Erfahrung, sondern auch die wissenschaftliche Beobachtung. Die antiken Astronomen wußten sehr wohl, daß eine Bewegung der Erde um die Sonne – eine Möglichkeit, an die auch Aristarch schon gedacht hatte – den Eindruck entsprechender seitlicher Bewegungen der nächstgelegenen Fixsterne am Himmel (»parallaktische Verschiebungen«) hervorrufen muß, so, wie sich auch für einen im Wagen Reisenden die nahegelegenen Straßenbäume vor dem Hintergrund der Landschaft zur Seite bewegen. Schon in der Antike und später im Mittelalter hat man nach diesem Effekt immer wieder gesucht. Daß er sich nicht feststellen ließ, war

zweifellos ein gewichtiges Argument gegen die Spekulation von einer Eigenbewegung der Erde im Kosmos und damit gegen das immer wieder diskutierte heliozentrische System.[13]
Es ist eigentümlich, auf welch mühsamen Umwegen man schließlich doch weiterkam. Im 14. Jahrhundert hatte Albert von Sachsen, ein bedeutender Naturforscher, später Bischof von Halberstadt, scharfsinnig gefolgert, daß sich der Schwerpunkt der Erde im Verlaufe der Entstehung neuer Gebirge und als Folge des ständigen Transports von Schottermassen durch das Strömen der Flüsse eigentlich ständig verlagern müsse.[14] So geringfügig der Effekt auch immer sein mochte, die Erde mußte sich jeweils um den betreffenden Betrag bewegen, um ihren Mittelpunkt mit dem Mittelpunkt der Welt in Übereinstimmung halten zu können. Auf diese Weise wurde das aus dem Augenschein täglicher Erfahrungen abgeleitete Dogma von der Unbeweglichkeit der Erde als dem ruhenden Bezugspol aller natürlichen Bewegungen schließlich erschüttert. Als das aber erst einmal geschehen war, konnte Kopernikus endlich das komplizierte System der ptolemäischen Planetenbahnen dadurch genial vereinfachen, daß er ihren Umlauf nicht auf eine als ruhend gedachte Erde, sondern auf die Sonne als Mittelpunkt bezog.
Eine geniale Leistung, gewiß, aber doch nur der erste Schritt auf dem Weg zu der entscheidenden Wende: Kopernikus hatte lediglich die Rollen von Erde und Sonne vertauscht. Sonst blieb auch bei ihm noch alles beim alten. Jetzt ruhte die Sonne unbewegt und unbeweglich im Mittelpunkt der Welt. Und auch diese Welt des Kopernikus hatte nur eine einzige Sonne, die von den halbkugelförmigen Schalen der Fixsternsphären eingeschlossen und umkreist wurde.
An diese Welt glaubte auch Kepler noch, dem es gelang, das kopernikanische Planetensystem dadurch auf eine solide mathematische Basis zu stellen, daß er sich von dem Dogma der für Himmelskörper bis dahin allein denkbaren idealen Kreisbahn als Umlaufbahn freimachte. Elliptische Bahnen sind es, auf denen die Planeten um die Sonne laufen. Da dabei die Sonne aber in einem der beiden Brennpunkte aller dieser Bahn-

ellipsen steht, war auch sie plötzlich, wenn man es genau nahm, aus dem Mittelpunkt der Welt hinausversetzt. Auch diese Konsequenz ist Kepler jedoch keineswegs aufgegangen, jedenfalls hat er keine Folgerungen aus ihr gezogen. Auch für ihn ruht die Sonne noch immer unbewegt »im Schoß der Welt«, geborgen in den Schalen der sich um sie drehenden Sternsphären.

Worauf alle diese Korrekturen, die sich Schritt für Schritt ergaben, insgesamt aber hinausliefen, wie die Wirklichkeit beschaffen war, auf die sie hinwiesen, das ist als erstem Giordano Bruno aufgegangen.[15] Er ist der erste Mensch gewesen – und das scheint mir der Kern und Angelpunkt seiner geistesgeschichtlichen Bedeutung zu sein –, der die anthropozentrische, scheinbar auf das erlebende Subjekt bezogene Ordnung des Kosmos als perspektivische Illusion durchschaut hat.

Die entscheidende Wende für das Selbstverständnis des Menschen, die mit dieser Erkenntnis unweigerlich verbunden war, ist ihm klar bewußt gewesen. Mit immer neuen Argumenten hat er versucht, seinen Zeitgenossen diese Erkenntnis zu vermitteln. Besonders anschaulich ist sein Vergleich mit der Situation des Wanderers, der auf seinem Weg durch die Landschaft auch die Erfahrung mache, daß jeder Punkt des Horizonts, den er erreicht, für ihn alsbald wieder zum Mittelpunkt werde. »So würden auch wir uns auf einem anderen Stern wieder im Mittelpunkt des Universums glauben und den Eindruck haben, daß jetzt die Erde am Rande stände« (aus den Pariser Thesen des Jahres 1586). Und im »Aschermittwochsmahl« findet sich, ganz in dem gleichen Sinne, die großartige Formulierung: »Denn nicht mehr ist der Mond Himmel für uns, als wir Himmel für den Mond sind.«

Daher ist es Bruno auch selbstverständlich, daß die unzähligen Sterne am Himmel Sonnen sind wie unsere eigene, daß auch sie von Planeten umkreist werden und daß es eine unendliche Zahl bewohnbarer, erdähnlicher Himmelskörper geben muß. Daß die Sterne am Himmel so ganz anders aussehen, ist, so lehrt er, auch nur wieder die Folge unseres einseitigen Beobachtungsstandpunkts.

Bruno schildert in diesem Zusammenhang ein Jugenderlebnis:

Der Monte Cicada, an dessen Fuß er aufwuchs, sei ihm immer als Musterbeispiel einer blühenden Landschaft erschienen, der Vesuv dagegen, dessen düster drohende Silhouette er als Junge tagtäglich am Horizont gesehen habe, als Inbegriff unfruchtbarer Öde. Bis er sich dann eines Tages aufgemacht habe, den Vesuv zu besuchen: Und siehe da, aus der Nähe habe dieser sich als ebenso fruchtbar erwiesen wie der Monte Cicada, und von ihm aus habe nun sein heimatlicher Berg mit einem Mal den gleichen öden Anblick geboten, der ihm bis zu dieser Erfahrung als typisch für den Vesuv gegolten habe. »So erkennen wir also, daß alle Himmelskörper, daß Kometen, Planeten und unsere Erde alle von derselben Art sind« (»De immenso«) – eine generalisierende Abstraktion von revolutionierender Kühnheit.

Natürlich hat ein solches Weltbild Konsequenzen auch in anderen als astronomischen Bereichen. Wenn es eine unendlich große Zahl erdähnlicher Himmelskörper im Kosmos gibt, so muß man, nach dem gleichen revolutionären Prinzip der Relativierung des eigenen Standpunkts, auch davon ausgehen, daß deren Bewohner Gott mit dem gleichen Recht auf ihre Weise suchen und verehren, wie wir das auf unsere irdische Weise tun. Das aber läuft wiederum auf eine Relativierung des Anspruchs der »alleinseligmachenden« römischen Kirche hinaus, was die Inquisitoren Bruno um so weniger verzeihen konnten, als sie sein neues Weltbild und damit die Voraussetzungen seiner Schlußfolgerungen gar nicht verstanden.

Letzteres wird man nun den kirchlichen Richtern des großen Mannes auch nachträglich kaum vorwerfen dürfen, denn die Erkenntnisse Brunos überstiegen nicht nur ihr Fassungsvermögen. Wie gewaltig der Schritt war, mit dem sich der Nolaner vom Kosmos des alltäglichen Augenscheins löste, um die Wirklichkeit des Universums und die Rolle der Erde in diesem Universum zu erkennen, ergibt sich daraus, daß auch die bedeutendsten und fortschrittlichsten Astronomen seiner Zeit, Kepler und Galilei, ihm auf diesem Weg nicht zu folgen vermochten.

1974

An der Grenze zwischen Geist und Biologie

Besprechung des Buchs »Biologie der Erkenntnis« von Rupert J. Riedl

Allein der Titel des Buches[1] dürfte genügen, beim traditionell, sprich geisteswissenschaftlich Gebildeten, bei der überwiegenden Mehrzahl unserer Mitbürger also, ein veritables Magengrimmen hervorzurufen. Die Reaktion wäre nicht nur verständlich, sie wäre, im ideengeschichtlichen Zusammenhang betrachtet, sogar noch als moderat einzustufen. Denn wer sich vom bedingten Reflex der ihm von unserer Bildungstradition andressierten Abwehr nicht übermannen läßt, sondern das Buch liest, wird rasch entdecken, daß ihm nicht weniger zugemutet wird als eine radikale Revision seines bisherigen Selbstverständnisses. Die Rede von einer neuen kopernikanischen Wende ist in diesem Zusammenhang nicht zu hoch gegriffen. Auf Revolutionen dieses Ranges aber haben Menschen seit je heftig reagiert, meist weitaus weniger zurückhaltend als bloß mit einem Brennen der eigenen Magenschleimhaut.

Der Wiener Zoologe und Wissenschaftstheoretiker Rupert Riedl hat das Konzept der »evolutionären Erkenntnistheorie« erstmals auf ein systematisches Fundament gestellt, das fest genug ist, um das neue Verständnis von der Geschichtlichkeit unserer Vernunft als Bestandteil der Erkenntnislehre endgültig zu etablieren. Die Schwierigkeit des Gegenstandes und die unvermeidlich abstrakte Form seiner Behandlung werden den Leserkreis des Buchs in Grenzen halten. Die Bedeutung seines Inhalts aber verpflichtet zu dem Versuch, wenigstens skizzenhaft zu erläutern, um was es geht.

Es geht, wie stets bei ideengeschichtlichen Revolutionen, um die Überwindung einer Grenze. Im Rahmen des dadurch gewonnenen neuen Horizonts nimmt alles, auch das längst Bekanntgeglaubte, eine neue Bedeutung an. Im Falle des Kopernikus oder vielmehr des Giordano Bruno (nur versehentlich hat man die Wende nach dem ersten benannt, so, wie man es davor etwa versäumte, die Neue Welt nach ihrem Entdecker Kolumbus zu taufen) war das die Grenze zwischen Erde und Himmel. Die Entdeckung, daß das Weltall das übergeordnete System ist und nicht der eigene irdische Standort, daß die Sonne nur einer unter unzähligen, gleichartigen Bausteinen eines alle menschliche Vorstellung übersteigenden Kosmos ist, hat das menschliche Selbstverständnis bleibend geprägt, bis hin zu dem revolutionierenden Gedanken von der Möglichkeit einer Gleichheit aller Menschen.

Die evolutionäre Erkenntnistheorie, deren Urheberschaft mit einer ganzen Reihe von Namen verknüpft ist, bricht mit einem anderen Tabu: Sie überschreitet die seit Jahrtausenden, seit den Anfängen der abendländischen Philosophie für unüberschreitbar gehaltene Grenze zwischen unserer geistigen und unserer biologischen Natur. Alle bisherige Philosphie bestand darauf, die Grundlagen unserer Vernunft aus deren eigenen Prinzipien abzuleiten. Sie ist dabei gescheitert. Die Fiktion, daß unser Geist frei über den Tiefen der Materie schwebe, trieb sie bei allen Versuchen nur immer wieder auf die Klippen der Aprioris und der Zirkelschlüsse. Die evolutionäre Erkenntnistheorie betrachtet die traditionelle Beschränkung des Erklärungshorizonts als willkürlich. Sie hat in ihre Analyse alle Prozesse einbezogen, die zum Gewinn von Erkenntnis führen, ob sie sich nur auf psychischer oder aber auf biologischer Ebene abspielen. Dabei entdeckte sie die Tatsache, daß das Leben selbst ein erkenntnisgewinnender Prozeß ist.

Konrad Lorenz ist wohl der erste gewesen, der aussprach, daß Evolution »Gesetzlichkeit aus der Welt extrahiert«. Gemeint ist damit die höchst wunderbare Tatsache, daß zum Beispiel ein Auge alle von unserer Wissenschaft in geduldiger Mühsal aufgedeckten optischen Grenzen sozusagen angeboren widerspiegelt oder daß Körperbau und Flossen eines Meeresbewohners die physikalischen Eigenschaften des Wassers »abbilden«. Evolutive Anpassung setzt das »Erkennen« gesetzlich festliegender Eigenschaften der Umwelt voraus. Die Grenze, mit der hier aufgeräumt wird, ist folglich die zwischen dem bewußten Erkennen unserer Psyche und dem vorbewußten Erkenntnisvermögen aller belebten Natur. Unser Geist ist nicht vom Himmel gefallen, sondern zu verstehen nur als das Resultat einer langen Entwicklungsgeschichte. Sie hat in unserem Denken und Erleben bleibende Spuren hinterlassen. Als unser Bewußtsein schließlich erwachte und die Welt wahrzunehmen begann, war längst darüber entschieden, wie es diese Welt interpretieren, was an ihr es für wahr halten würde und was nicht.

Rupert Riedl handelt die wichtigsten Fälle systematisch ab, ebenso minuziös wie brillant. Elementarste Ausgangsbasis ist die Einsicht, daß allein die Existenz der Evolution schon das Vorhandensein von Ordnung in der Welt beweist. Andersherum gesagt: Das Überleben schon der primitivsten Urzelle hatte zur Voraussetzung, daß es in der Umwelt Bedingungen gab, die mit vorhersehbarer Regelmäßigkeit wiederkehrten. Nur für Bedingungen, auf die das zutrifft, läßt sich ein noch so einfaches Programm angeborener Reaktionen oder Verhaltensweisen entwickeln. Diese Programme aber sind damit nichts anderes als »angeborene Hypothesen über die Welt« (Karl R. Popper). Mit ihnen hat die Evolution ihren Lebewesen bereits vor Jahrmilliarden Reaktionen angezüchtet, die von der Annahme ausgehen, daß die Welt dreidimensional strukturiert ist, daß es in ihr linear-kausal zugeht (»auf A folgt B«) und daß gleiche Wirkungen auf identische Ursachen schließen lassen (um nur einige der wichtigsten Beispiele zu nennen).

Als unser Bewußtsein dann unermeßliche Zeiträume später die Augen aufschlug, hielt es die Welt allein deshalb für dreidimensional und für linear-kausal organisiert, weil ihm die »angeborenen Lehrmeister« (Konrad Lorenz) gar keine andere Wahl mehr ließen. Das Apriori der Philosophen enthüllt sich dem evolutionären Erkenntnisforscher so als Aposteriori der Stammesgeschichte. Damit sind, so scheint es, einige klassische Probleme der Erkenntnistheorie endlich befriedigt beantwortet.

Das Thema geht aber nicht nur die Philosophen an. Der ganze Umfang der Bedeutung einer biologischen Erkenntnisforschung beginnt einem aufzugehen, wenn man erfährt, daß die angeborenen Hypothesen, die während einer Jahrmilliarden überspannenden Stammesgeschichte den Überlebenserfolg garantierten, ausnahmslos falsch sind (dann jedenfalls, wenn man die Sache genau nimmt). Die Relativitätstheorie hat uns darüber belehrt, daß von einer dreidimensionalen Struktur des Raumes in Wirklichkeit nicht die Rede sein kann. Die Naturwissenschaftler haben längst herausgefunden, daß die Hypothese von einer einfach-linear ablaufenden Kausalität in der realen Welt keine Entsprechung hat, daß es sich in der Realität vielmehr stets um ein kompliziertes Netzwerk rückgekoppelter, in vielfältigen Kreisen ablaufender Wirkungen und Rückwirkungen handelt.

Der Grund für die Ungenauigkeit, mit der uns die angeborenen Lehrmeister die Welt auslegen, ist sehr einfach: Es gehört zur Ökonomie der lebenden Natur, nur das unbedingt Notwendige zu tun. Und zum Überleben haben die uns angeborenen Näherungshypothesen über die Beschaffenheit der realen Welt völlig ausgereicht. Außerhalb der ursprünglichen Selektionsbedingungen aber wird aus Vernunft im Handumdrehen angeborener Unsinn.

Dies ist der für unsere Situation entscheidende Punkt. Im Falle der Dreidimensionalität ist der Schaden relativ gering. Er äußert sich allein darin, daß wir es bekanntlich nicht fertigbringen, uns das Weltall als geschlossen, aber dennoch unbegrenzt vorzustellen (obwohl das, wie die Physiker herausgefunden haben, der Realität entspricht).

Anders ist es schon im zweiten Fall. Riedl analysiert mit unwiderleglicher Akribie, was es bedeutet, daß wir unter dem Einfluß der uns angeborenen Hypothesen unfähig sind, uns die wahren Wirkungszusammenhänge in der realen Welt mit ihren »gegenläufigen Ursachen« und Rückkoppelungen vor Augen zu führen. Hier liegt einer der fundamentalen Gründe dafür, daß uns unsere Vernunft so oft so übel mitspielt.

Solange der Mensch ein Naturwesen war, existierte er unter

Anleitung der angeborenen Lehrmeister wie alle andere Kreatur in paradiesischer Geborgenheit. Seit wir uns aber als erkennende und reflektierende Subjekte der Welt als einem Gegenstand zugewandt haben, den wir in zunehmendem Umfang manipulieren, sehen wir uns nur allzuoft in die Situation des weiland König Midas versetzt: Allzuoft wenden sich die Resultate unserer Pläne wie von einem bösen Geist ins Negative verkehrt gegen uns selbst. »Denn für dieses Leben ist der Mensch nicht schlau genug.« So ist es. Die evolutionäre Erkenntnistheorie liefert eine präzise Begründung der Brechtschen Erklärung für das Mißlingen der meisten unserer Pläne: Die angeborenen Lehrmeister veranlassen uns nicht nur, diese Welt für dreidimensional und linear-kausal organisiert zu halten, sondern auch dazu, Ordnung zu sehen und Absichten zu vermuten, wo diese real nicht existieren, und Wahrscheinlichkeiten als Gewißheiten zu interpretieren.

Als biologische »Lebenshilfe« hat sich diese Strategie über Jahrmilliarden hinweg bewährt. Es ging bisher ja auch nie darum, wie die Welt wirklich ist, sondern allein darum, wie ihr am sichersten und einfachsten beizukommen war (Riedl). Das Gehirn ist ursprünglich eben kein Organ zum Erkennen der Welt, sondern bloß ein Organ zum Überleben. Wir bekommen den Unterschied zu spüren, seit wir versuchen, der Welt mit unserer planenden »Schläue« beizukommen, nicht nur mit angeborenen Verhaltensweisen. Das ist das Dilemma unserer Vernunft, daß sie ohne die uns angeborenen »Vorurteile« über die Welt jeden Halt und jede Orientierung verliert und daß sie gleichzeitig die Wahrheit über die Welt in dem Maße verfehlt, in dem sie sich den ihr angeborenen Lehrmeistern anvertraut.

Wem es gelingt, hinter der unvermeidlichen Abstraktion der Darstellung und dem Dickicht einer reizvoll-eigenwilligen, mitunter aber auch unnötig komplizierten Sprache die konkrete Bedeutung der Riedlschen Analysen zu erkennen, dem erschließt sich mit diesem Buch ein radikal neuer Horizont des Selbstverständnisses.

Bleibt nur zu hoffen, daß dieses Erlebnis auch denen zuteil wird, denen ihr Vorurteil jede Einbeziehung biologischer Erkenntnisse in die Untersuchung der Grundlagen unserer Vernunft als »materialistische« Zumutung erscheinen läßt. Wenn sie das Buch nicht einfach ablehnen, sondern vielmehr erst lesen würden, müßte eigentlich wenigstens einigen von ihnen aufgehen, daß die für die evolutionäre Erkenntnistheorie kennzeichnende Erweiterung der analytischen Ausgangsbasis keineswegs schnurstracks zu einem reduktionistischen, biologistischen Verständnis des Menschen führt. Das Gegenteil ist der Fall. Denn erst die von diesem Denkansatz vollzogene Grenzüberschreitung macht uns die Grenzen unseres Erkenntnisvermögens in aller Deutlichkeit sichtbar. Sie aber zu kennen ist die Voraussetzung aller geistigen Freiheit.

1979

Der Mensch – einzig denkendes Wesen im All?

Besprechung des Buchs »Intelligenzen im Kosmos?« von Heinrich K. Erben

Erben[1] glaubt nicht an die Möglichkeit von Leben oder gar Intelligenz irgendwo im Kosmos außerhalb der Erde. Er hält sie für ausgeschlossen. Um seine Ansicht zu untermauern, häuft er, belesen, wortgewandt, bissig und mitunter auch witzig, einen Einwand auf den anderen und kommt dabei zeitweise so in Fahrt, daß er das Thema mehr oder weniger weit aus den Augen verliert. Mein anfängliches Vergnügen wich nach wenigen Kapiteln indessen zunehmendem Verdruß. Nicht deshalb, weil ich das Pech habe, zu den vom Autor vehement attackierten Fürsprechern der »exobiologischen Hypothese« zu gehören. (Zur Frage der persönlichen Betroffenheit gleich in etwas anderem Zusammenhang noch ein Wort.) Verdrießlich stimmte mich die Lektüre vielmehr wegen eines zentralen Widerspruchs der Argumentation und wegen einer das ganze Buch durchtränkenden polemischen Attitüde, die so überzogen ist, daß der Autor sich damit selbst im Wege steht.
Der zentrale Widerspruch: Erben identifiziert »Leben« nachdrücklich mit »irdischem Leben« – jedenfalls immer dann, wenn es um die Titelfrage geht. Wie ein Leitmotiv kehrt dann die Versicherung wieder, daß es Leben oder gar Intelligenz in anderer als der irdischen Form nicht geben könne. Er ist dabei so unerbittlich konsequent, daß er die Kritik an dem bekannten Argument Jacques Monods, für die spezifische Zusammensetzung von Enzymen gebe es keine Alternative und deren Unwahrscheinlichkeit mache das irdische Leben daher zu einem einmaligen, für den Kosmos atypischen Zufall, als »uferlose

Verallgemeinerung« des Lebensbegriffs zurückweist. Nun gut, das Argument ist nicht neu, nichtsdestotrotz aber ernst zu nehmen. Gleichzeitig betont Erben aber nun – an anderen Stellen – mit Recht immer wieder, daß die Evolution als historisch offener Prozeß mit jedem ihrer konkreten Schritte jeweils nur eine einzige von unzählbar vielen Möglichkeiten realisiert und damit alle diese anderen Möglichkeiten ausgeschlossen habe. »Jeder Entwicklungsschritt erscheint wie eine (relativ) freie Entscheidung bei einer Wahl zwischen alternativen Möglichkeiten« (S. 177). Auf Seite 183 ist dann sogar von der Denkbarkeit der Entstehung einer »Art von Antileben« bei anderen Evolutionsansätzen die Rede, durch welches »das ursprüngliche Leben« bedroht werden könnte.
Immer dann jedoch, wenn das Thema »Exobiologie« wieder in den Mittelpunkt der Betrachtung rückt, hat Erben diese »alternativen Möglichkeiten« augenblicklich wieder vergessen. Im Gegenteil: Wo immer er einen Exobiologen bei dem Gedankenspiel mit anderen als irdischen Lebensformen ertappt, springt er hart mit ihm um. Warum Erben in diesem Punkt sozusagen »zweigleisig fährt«, liegt auf der Hand: Als Vertreter (und Verteidiger!) der Evolutionstheorie – speziell den ideologisch verbohrten »Kreationisten« gegenüber – muß er auf der historischen Offenheit aller stammesgeschichtlichen Abläufe bestehen. Als Streiter gegen die exobiologische Vermutung sieht die Beweislage für ihn aber plötzlich ganz anders aus. Dann nämlich läßt sich die von ihm unterstellte Irrationalität dieser These nur behaupten, wenn man von der absoluten Festlegung aller denkbaren Evolutionsabläufe auf irdische Lebensformen ausgeht. Dann nämlich gibt die Tatsache den Ausschlag, daß es »überastronomisch unwahrscheinlich« ist, daß sich der zufallsgesteuerte irdische Evolutionsprozeß irgendwo im Kosmos identisch wiederholt haben könnte.
Das ist dann auch schon der Kern der Erbenschen Beweisführung. Sie entpuppt sich als alter Bekannter. Monod hat das gleiche Argument schon 1970 vorgetragen (in seinem berühmten Buch »Zufall und Notwendigkeit«). Natürlich ist das kein Einwand gegen den Autor. Auch Erben aber muß sich dann

eben, wie seinerzeit der Franzose, vorhalten lassen, daß er das Resultat seines Beweisganges quasi »vorfabriziert«, wenn er sich an den entscheidenden Stellen jeweils auf die angebliche Unmöglichkeit anderer als der uns bekannten Lebensformen zurückzieht.

Abgesehen einmal davon, daß mir das keine überzeugende Beweisführung zu sein scheint: Merkt Erben eigentlich gar nicht, daß er mit der Verwendung des Dogmas von der Exklusivität der irdischen Lebensformen den von ihm zu Recht bekämpften »Kreationisten« gleich wieder ein Hintertürchen öffnet? Denn wenn das Dogma gilt, dann wäre doch auch die Entstehung des irdischen Lebens von genau der gleichen »überastronomischen Unwahrscheinlichkeit« gewesen – hätte es dann aber nicht vielleicht doch, wie die »Kreationisten« behaupten, einer übernatürlichen Starthilfe bedurft?

»Intelligenz, vor allem die technisch orientierte, manifestiert sich nur auf der materiellen Grundlage des menschlichen Gehirns.« (H. Erben) Ja, wenn das so ist! Dann freilich könnten wir die Möglichkeit der Existenz nichtmenschlicher Intelligenzen getrost streichen. Aber eben, ob es so ist, das wäre doch die eigentlich interessante Frage. Auf sie aber geht Erben mit keinem Wort ein.

Warum diese einseitige Festlegung? Und warum die ätzende Aggressivität gegenüber allen Vertretern einer von der eigenen abweichenden Meinung, die das ganze Buch durchzieht? Allem Anschein nach deshalb, weil Erben von der Vorstellung beherrscht wird, daß die Rationalität unserer Gesellschaft in Gefahr sei, unter einer schier übermächtigen Woge des Aberglaubens und der Irrationalität begraben zu werden. Ganz unbegründet ist diese Sorge nun gewiß nicht. Bei Erben aber ist sie offenbar zur beherrschenden Phobie geworden. Und so schlägt der Autor denn um sich, um nur ja niemanden entwischen zu lassen, den er im Verdacht hat, auf diese oder auf jene Weise an dem Ast unserer Rationalität zu sägen.

Daß an dieser Sägeaktion auch jeder mitwirkt, der sich weigert, dem Gedanken an die Möglichkeit außerirdischen Lebens feierlich abzuschwören, ergibt sich dabei aus dem üppig bemesse-

nen Radius des Erbenschen Rundumschlags quasi ganz von selbst. Und da angesichts der Größe der Gefahr zu irgendwelchen Differenzierungen weder ein Anlaß vorliegt, noch die Zeit bleibt, macht es da weiter keinen Unterschied, ob jemand die vom Autor gezogenen Grenzen nun mit einer Narretei à la Däniken verletzt oder als Astrophysiker oder – Titelthema hin, Titelthema her – als Wissenschaftstheoretiker.
So kommt es denn dazu, daß in dem von Erben für die Transporteure irrationaler Konterbande bereitgestellten Abfalleimer nicht nur fernöstliche Gurus, islamische Fundamentalisten, Psi-Gläubige und Ufo-Fanatiker ihren fraglos verdienten Platz finden, sondern in schöner Eintracht mit ihnen auch die studentischen Rebellen von 1968 (ja, ich finde das auch reichlich weit hergeholt, aber Erben besteht darauf, und außerdem kommt es sowieso noch viel dicker) und so mancher Gelehrte von Rang und Namen, der außerhalb der von Erben dekretierten Maßstäbe eigentlich einen ganz passablen Ruf genießt – wie Teilhard de Chardin zum Beispiel oder Carl Friedrich von Weizsäcker oder der Physik-Nobelpreisträger Erwin Schrödinger, um nur ein paar Namen zu nennen, die einen ersten Begriff geben können von der Gründlichkeit, mit der Erben die Aufräumungsarbeiten anpackt.
Mir selbst wirft der Autor übrigens – unter anderem – vor, daß ich mir durch sowohl monistische als auch dualistische Äußerungen zum Leib-Seele-Problem selbst widerspräche. Nun liegt die einzige jemals von mir gelieferte monistische Äußerung gut 15 Jahre zurück (bei der von Erben zitierten Quelle handelt es sich, wie dort vermerkt, um einen Nachdruck[2]). Alle meine späteren Veröffentlichungen dagegen begründen einen unmißverständlichen dualistischen Standpunkt. Es ist doch wohl kaum vorwerfbar, wenn man im Verlaufe von anderthalb Jahrzehnten einen Lernprozeß absolviert. Vorwerfbar erscheint es mir dagegen, wenn jemand daraus, ohne den zeitlichen Abstand zu erwähnen, einen inneren Widerspruch konstruiert. Ich erwähne dieses objektiv unwichtige Detail allein deshalb, um dem Verdacht vorzubeugen, ich versuchte durch sein Verschweigen womöglich persönliche Betroffenheit zu kaschieren.

Zu dieser aber besteht nicht der geringste Anlaß, denn die blindwütigen Attacken des Autors lassen einen in die feinste Gesellschaft geraten.
Auch Popper, man höre und staune, muß sich vor den Richterstuhl Erbens zerren lassen. Die Art und Weise zum Beispiel, in der dieser Philosoph das berühmte Induktionsproblem abgehandelt hat, hält Erben für wenig gelungen. Und das nicht minder berühmte »Falsifikations-Kriterium«? Die definitorische Orientierungshilfe, nach der eine Hypothese nur dann wissenschaftlichen Charakter beanspruchen kann, wenn sie nachprüfbar und wenigstens im Prinzip widerlegbar (»falsifizierbar«) ist? (Die Aussage, der liebe Gott habe einen Bart, gehört also nicht dazu, womit, wohlgemerkt, nichts darüber gesagt ist, ob sie stimmt oder nicht, sondern eben lediglich, daß sie keinen wissenschaftlichen Charakter hat.) Erben hält auch diesen Popperschen Einfall nicht für sehr glücklich. Im Gegenteil, er hält das Falsifikationsprinzip für den Ausdruck einer »Konzeptionsschwäche« innerhalb des Systems der Popperschen Philosophie. Begründung: Wenn es konsequent angewendet werde, könne es zu unsinnigen Urteilen führen. Erbens Beispiel: »Die Astrologie vertritt zwar Nonsens, aber sie ist falsifizierbar, also müßte sie theoretisch als legitim wissenschaftlich klassifiziert werden!«
Das ist nun aber wirklich starker Tobak. Muß man Erben, der nicht müde wird, seinen zahllosen Kontrahenten logische Mängel, »unbedachte Schnelldenkerei« und Schlimmeres vorzuwerfen, muß man ihn wirklich erst darauf hinweisen, daß er hier »notwendige« und »hinreichende« Bedingungen durcheinanderbringt und daher bei einem falschen Umkehrschluß landet? Zwar kann eine These, die grundsätzlich nicht widerlegbar ist, nicht als wissenschaftliche These gelten. Aber deshalb ist doch nicht, umgekehrt, jeder widerlegbare Unsinn schon Wissenschaft. Wenn ich die Behauptung aufstellen würde, der Mond bestehe aus erstklassigem Edamer Käse, dann ließe sich das mühelos »falsifizieren«. Aber daraus würde sich doch nun auf keinem logischen Wege die Folgerung ableiten lassen, daß der Ausgangsbehauptung wissenschaftlicher Rang zukäme.

Unser Autor aber läßt sich von solchen Haarspaltereien nicht anfechten. Auch Heisenbergs Unschärferelation und das Komplementaritätskonzept von Niels Bohr (dem zufolge die Elementarteilchen der Materie auf eine für uns unvorstellbare Weise Korpuskel und Welle zugleich sind) finden vor seinen Augen keine Gnade. Beide Konzepte seien in fataler Weise von dem modischen Wunsche nach irrationalen Visionen beeinflußt und letztlich Ausgangspunkte einer »fast schon neognostisch zu nennenden Verirrung«. Begründung? Sie widersprächen der »klassischen Logik«. Das allerdings ist nun auch schon vor Erben ein paar Leuten aufgefallen. Bisher wurde dieser Umstand in den Fachkreisen allerdings als Indiz dafür interpretiert, daß die Strukturen der Welt als Ganzes nicht (ausschließlich) an die Grenzen der uns angeborenen logischen Strukturen gebunden sind.

Wer eine Ahnung davon hat, welche bedeutsame und fruchtbare Rolle die genannten Konzepte der »Kopenhagener Schule« bis auf den heutigen Tag für die Weiterentwicklung der theoretischen Physik gespielt haben, dem bleibt hier kurz die Luft weg vor Verblüffung über die selbstsichere Leichthändigkeit, mit der der Paläontologe Erben sie auf zweieinhalb Seiten vom Tisch fegt. Für alle, denen der Gedanke, sie läsen nicht genug, permanent das berufliche Gewissen belastet, mag es ein Trost sein, wenn ihnen mit diesem Buch *ad oculos* demonstriert wird, daß man des Guten offensichtlich auch in diesem Falle zuviel tun kann. Dergleichen also, so etwa werden sie sich sagen, kann einem zustoßen, wenn man sich dazu hinreißen läßt, mehr zu lesen, als man zu verdauen imstande ist.

Affekte trüben den Blick. Das wirkt sich auch bei dem Versuch aus, den Gegner so exakt ins Visier zu nehmen, daß ein Blattschuß gelingt. Erben steht sich denn bei seinem paradoxen Unternehmen, nämlich seinem hochemotionalen Sturmlauf gegen alles Irrationale, auch ständig selbst auf den Füßen. Dafür noch ein einziges Beispiel: Der Autor erwähnt eine 1982 erschienene Anzeige, mit der für die finanzielle Unterstützung der radio-astronomischen Suche nach Signalen außerirdischer Zivilisationen geworben wurde. Erben informiert seine Leser dahingehend, daß es sich bei den Initiatoren des Aufrufs um Persönlichkeiten gehandelt habe, »die in der einen oder anderen Weise – sei es wegen der Finanzierung ihrer Forschungen, sei es wegen publizistischer Tantiemen – bisher von der Extraterrestrier-Saga nicht schlecht profitiert hatten«. Beiläufig, in einem Nachsatz, folgt dann noch die Bemerkung, daß der Aufruf »allerdings auch die Unterschriften von einigen Wissenschaftlern« trage, »für die das alles ganz bestimmt nicht zutrifft«.

Inzwischen etwas mißtrauisch geworden, machte ich mir die Mühe, in der nächstgelegenen Universitätsbibliothek die angegebene Quelle einmal selbst nachzulesen. Und siehe da: Bei mindestens sechzig der insgesamt siebzig Unterschriften handelte es sich um weltweit angesehene Wissenschaftler, darunter nicht weniger als sieben Nobelpreisträger, mit den piekfeinsten akademischen Adressen, von Harvard über Princeton bis Berkeley und von Oxford über die Max-Planck-Gesellschaft bis zur Sowjetischen Akademie der Wissenschaften! Dies also, so stellte ich einigermaßen verblüfft fest, war die illustre Runde, die sich hinter der herabstufenden Formulierung Erbens verbarg. Natürlich bleibt es jedem unbenommen, den Aufruf und die ganze exobiologische Hypothese nach wie vor für den größten Unfug zu halten. Nur: Was soll eigentlich der Leser von der Beweiskraft der Ausführungen eines Autors halten, der unter einem so starken Affekt steht, daß seine Objektivität schon bei der noch relativ einfachen Prozedur des Abzählens von Unterschriften zu versagen beginnt?

Unbestreitbar gibt es auf dem weiten Felde der Spekulation über die Möglichkeit außerirdischen Lebens auch wahre Berge intellektuellen Mülls. Erben macht sich mit Recht über sie lustig.

Leider aber läßt er sich von ihnen den Blick verstellen auf den ernst zu nehmenden Grundgedanken hinter der ganzen Diskussion, an der ja, im Gegensatz zu Erbens Unterstellung, nicht nur Schwachköpfe beteiligt sind. Dieser Grundgedanke besteht in dem Verdacht, daß es sich bei unserer Neigung, den Menschen für das einzige denkende Wesen im ganzen unermeßlich großen Weltall zu halten, vielleicht nur um eine neue

Variante des alten, uns von der Evolution – aus biologisch einsichtigen Gründen – angezüchteten »Subjektzentrismus« (Rudolf Bilz), sprich: anthropozentrischen Mittelpunktwahns, handelt.
Frühere Generationen haben diesen Wahn buchstäblich mit Feuer und Schwert zu verteidigen versucht, als es wissenschaftlicher Einsicht zu dämmern begann, daß Erde und Menschheit nicht das Zentrum sind, um das sich das ganze Universum dreht. Drückt sich in dem Festhalten an der These von der kosmischen Einmaligkeit des Lebens auf der Erde – dessen Gipfel wir selbst bilden – vielleicht noch ein Rest der alten Verblendung aus, jener Rest, der sich im Licht modernen kosmologischen Wissens heute gerade eben noch verteidigen läßt? (Ein ironischer Gedanke, daß dann auch hinter dem Erbenschen Affekt eine Spur dieses uralten, irrationalen, da instinktiv-angeborenen Widerstands stecken könnte.)
Es geht bei der ganzen Frage letztlich um einen Spezialfall des klassischen »Kontingenzproblems«. Es geht um die uralte Frage danach, ob Erde und Welt aus unentrinnbarer Notwendigkeit so sind, wie sie sind, oder ob (und wenn, dann in welchem Umfange) sie auch anders hätten ausfallen können. Anders ausgedrückt und auf unser Thema zugeschnitten: Halten wir das irdische Leben womöglich nur deshalb für das einzig mögliche Resultat biologischer Entwicklung, weil wir keine andere Lebensform kennen und daher auch den Zufallscharakter der speziell irdischen Variante nicht zu erkennen vermögen? Oder deshalb vielleicht, weil wir über das Problem naturgemäß nur mit der Hilfe eines Organs nachdenken können, das selbst aus eben dieser speziell irdischen Evolutionsgeschichte hervorgegangen ist? Oder ist es, dies die andere Möglichkeit, vielleicht wirklich so, daß es aufgrund irgendeiner Gesetzlichkeit, die uns (noch) verborgen ist, »nicht anders kommen konnte«, daß wir also tatsächlich, auch aus kosmischer Perspektive, die einzige überhaupt realisierbare Lebensform verkörpern? So daß also in diesem Falle erstmals, im Gegensatz zu allen vorangegangenen historischen Fällen – die hier nur mit den Namen Kopernikus, Charles Darwin und Sigmund Freud in Erinne-

rung gerufen seien–, unser Anthropozentrismus kein Wahn, sondern zutreffende Abbildung der Wirklichkeit wäre?
Das sind die grundlegenden, die auch für unser Selbstverständnis fundamentalen Fragen, um die es in der seriösen Diskussion über die exobiologische Hypothese (die es, weiß Gott, auch gibt) in Wahrheit geht. In Erbens Buch erfährt der Leser kein Wort davon. »Die Antwort der Evolutionsbiologie«, wie der Untertitel es verheißt? Wohl kaum. Eher die Antwort eines Mannes, der sich entsetzlich geärgert hat und dessen Argumente von den Spuren dieses Ärgers tiefer gezeichnet sind, als ihnen guttut.

1984

Weltbild zwischen Wissenschaft und Glauben

Einleitung zum Sammelband »Im Bann der Natur«

»Wer sieht nicht, daß die Welt bereits auf ihrem Abstieg ist und daß sie nicht mehr die gleichen Kräfte und die gleiche Lebensfülle besitzt wie ehemals?« Der Satz trifft das sich in unserem abendländischen Kulturkreis heute ausbreitende Lebensgefühl mit solcher Präzision, daß man an seinem Alter zweifeln möchte. Aber Cyprianus, Bischof von Karthago, schrieb ihn schon um 250 nach Christus. Auch wir glauben heute, mehr als anderthalb Jahrtausende später, »die allgemeine Ermattung der Welt zu spüren«. Endzeitstimmung greift um sich. Wieder einmal.

Aber: Wird mit eben dieser Erinnerung an frühere Endzeitvisionen der Ernst unserer Lage nicht sogleich wieder in Zweifel gezogen? Widerlegt eine in historischer Wiederholung auftretende Endzeitgewißheit sich nicht aus logischen Gründen kraft inneren Widerspruchs eben deshalb, weil es möglich war, daß sie sich wiederholte? Es sind doch die gleichen apokalyptischen Reiter, deren Hufschlag wir wieder einmal zu vernehmen glauben, auch wenn es nicht die Pestilenz oder altherkömmlicher Krieg ist, was sie heute ankündigt, sondern nuklearer Holocaust und biosphärischer Kollaps. Können wir nicht beruhigt sein, haben wir nicht das Recht, unsere Ängste als bloße Trugbilder zu verdrängen, weil sich die gleiche Prophezeiung in allen geschichtlich vorangegangenen Fällen doch offensichtlich als »Falschmeldung« erwiesen hat?

Andererseits: Wer den Begriff der »historischen Erfahrung« nicht willkürlich auf die wenigen Jahrtausende der dokumentierten Geschichte unserer eigenen Art einengt, der mag sich mit diesem raschen Trost nicht leicht zufriedengeben. Wir müßten ernstlich die Möglichkeit in Rechnung stellen, daß die so unvorstellbar lange Vorgeschichte, wie sie von der naturwissenschaftlichen Paläoanthropologie neuerdings aufgedeckt und rekonstruiert worden sei, den Charakter einer »anonymen Heilsgeschichte« habe, mahnte Karl Rahner noch in seinem letzten Vortrag.[1] Daß auch sie sich schon auf – ungeachtet aller Primitivität und »Kindlichkeit« – auch im theologischen Sinne wahre Menschen bezogen habe. So daß sich die theologisch ebenfalls zulässige Frage stelle, ob diese lange anonyme Heilsgeschichte womöglich »die eigentliche Heilsgeschichte« sei und das, »was wir üblicherweise so nennen, vielleicht der Anfang des Endes«?

Vielen Bildungsbürgern gilt eine ernsthafte Beschäftigung mit der Natur und der Wissenschaft von ihr – im Vergleich zu der Beschäftigung mit den künstlerischen, geistigen oder historischen Leistungen eines Menschen selbst – auch heute noch als ein Zeitvertreib minderen kulturellen Ranges. Das Argument des großen katholischen Theologen kann sie eines Besseren belehren. Ein auf die Epoche überlieferter Historie eingegrenztes Geschichtsverständnis greift grundsätzlich zu kurz. Erst dann, wenn wir mit den Mitteln der Naturwissenschaften anfangen, die reale, die quasinatürliche Geschichte in ihrem vollen Umfange zu rekonstruieren, entdecken wir die Proportionen, die wir unserem Urteil anstelle unseres anthropozentrischen Zeitmaßstabs zugrunde legen müssen, wenn es einen objektiven Wert haben soll.

Dann endlich vermögen wir auch zu erkennen, daß eine Endzeit-Prophezeiung nicht schon deshalb falsch sein muß, weil ihre Erfüllung ein paar Jahrtausende auf sich warten läßt. »Die Schöpfung ist nicht das Werk von einem Augenblicke«, konstatierte Immanuel Kant. Die Feststellung gilt gleichsam spiegelbildlich ebenso für den Tod einer Art. Das »Aussterben« ist innerhalb der realen Geschichte der irdischen Natur nicht die Ausnahme, sondern der Regelfall. Die Zahl bisher ausgestorbener Arten übertrifft die der in der Gegenwart existierenden

Arten mindestens um einen Faktor von der Größenordnung 1:10000. In allen Fällen aber hat sich das Aussterben über eine für unser Zeitgefühl unermeßlich scheinende Dauer hingezogen, über Jahrzehntausende, wenn nicht Jahrhunderttausende. Karl Rahner wußte das alles. Allein deshalb vermochte er den Gedanken zu fassen, daß das, was wir üblicherweise Geschichte (oder Heilsgeschichte) zu nennen pflegen, in Wahrheit »der Anfang des Endes« sein könnte.

Das ist nur ein einziges Beispiel. Eines der erstaunlichsten – und bisher am wenigsten beachteten – geistesgeschichtlichen Phänomene ist die anthropozentrisch verblendete Hartnäckigkeit, mit der wir uns in den letztvergangenen Jahrhunderten darauf versteift hatten, die rationale Suche nach unserem eigenen Wesen und nach dem Sinn unserer Existenz ausschließlich auf die eigenen geistigen und kulturellen Hervorbringungen zu konzentrieren. Die Natur, in der wir uns vorfinden, degenerierte dabei für unser Verständnis zu einer Art Kulisse, in die hineinversetzt wir das Drama unserer spezifisch menschlichen Geschichte aufzuführen und uns zu bewähren hatten. Gänzlich verfehlt ist dieser Aspekt gewiß nicht. Aber doch von beklagenswerter (und erkenntnishemmender) Einseitigkeit.

Selbstredend blieb die Natur für den gläubigen Menschen auch während dieser ganzen Epoche immer noch »Schöpfung«. Soweit er außerhalb offenbarter Wahrheit nach Antworten auf die Frage nach dem Sinn seiner Existenz suchte, teilte aber auch er in aller Regel die Überzeugung, daß zwar Kunst und Literatur, Philosophie und Geschichte zur »Erhellung« unserer existentiellen Situation beizutragen vermögen, nicht aber das Studium der Natur. So erstaunlich und mitunter nahezu unglaublich die Ergebnisse auch immer sein mochten, welche die auf diesem ein wenig abseitigen, jedenfalls aber außerhalb des eigentlichen kulturellen Areals gelegenen Gebiet tätigen Spezialisten zutage förderten, den vom Geheimnis seiner eigenen Existenz beunruhigten Menschen gingen sie im Grunde nichts an.

Aus dieser Sicht bleibt die Natur ihrem Wesen nach das unergründliche Fremde. Ob »animistisch« von Dämonen oder anderen nichtmenschlichen Wesen beseelt, erst recht dann, wenn

als eine Art gigantischer Maschine gedacht, die blind und fühllos nach ihren eigenen Prinzipien funktioniert, die Gesetze, die den Gang der äußeren Welt lenken, sind dem Menschen fremd und nehmen auf ihn keine Rücksicht. Noch vor wenig mehr als zwanzig Jahren formulierte der französische Nobelpreisträger Jacques Monod dieses Lebensgefühl in äußerster Einprägsamkeit mit seiner Parabel vom Menschen, der wie ein Zigeuner am Rande eines Universums existiere, das gleichgültig sei gegen seine Hoffnungen, Leiden oder Verbrechen.
In Wirklichkeit ist die Hypothese von der existentiellen Beziehungslosigkeit zwischen Mensch und Natur schon vor vier Jahrhunderten in einem ersten, noch ganz auf die psychologische Ebene beschränkten Schritt erschüttert worden. Bemerkenswerterweise geschah das in der Konsequenz einer Entdekkung, die (fast) alle Welt bis heute als endgültige Besiegelung eben dieser »Beziehungslosigkeit« ansieht: der »kopernikanischen Wende«. Sie – die eigentlich die »Wende des Giordano Bruno« heißen müßte – schleuderte den Menschen, so schien es jedenfalls und so wurde es von den Zeitgenossen ohne jeden Zweifel empfunden, aus dem Zentrum einer göttlichen Naturordnung in die unausdenkbare Leere eines toten Universums, dessen schiere Unermeßlichkeit Entsetzen auslösen mußte. Es spricht für sich, wenn selbst Johannes Kepler von dem »dunklen Schauder« sprach, den ihm der bloße Gedanke bereite, sich in einem solchen All umherirrend zu finden.
Aber Giordano Bruno hatte eine Vision, die darüber noch hinausging. Während Kopernikus lediglich die Rollen von Sonne und Erde vertauscht und sonst alles beim alten belassen hatte – für ihn ruhte jetzt die Sonne unbeweglich im Mittelpunkt der von den »Sphären« der Fixsterne definierten kosmischen Kugel –, vollbrachte der abtrünnige Dominikaner die eigentliche Revolution: Mit einer nachträglich kaum zu ermessenden Abstraktionsleistung, Kennzeichen aller wahrhaft genialen Erkenntnisse, durchschaute er als erster Mensch den Anblick des Sternhimmels als relativierbare, lediglich durch den eigenen kosmischen Standpunkt erzeugte perspektivische Illusion. Wo auch immer wir uns im Kosmos befänden, immer würden wir

den Eindruck haben, im Mittelpunkt zu stehen, während die Erde dann, von »dort« aus, »am Rande« zu stehen scheine. »Denn nicht mehr ist der Mond Himmel für uns, als wir Himmel für den Mond sind« – für das Weltverständnis des 16. Jahrhunderts eine These von wahrhaft atemberaubender Genialität (von deren Stichhaltigkeit sich im Zeitalter der Apollo-Raumflüge inzwischen jeder Fernsehbesitzer angesichts der frei über dem Mondhorizont im Raum schwebenden Erde durch eigenen Augenschein hat überzeugen können).

Aber auch darüber ging der geniale Apostat noch hinaus. Auch im Kosmos des Kopernikus hatte es immer noch nur eine einzige Sonne gegeben: unsere eigene. Erst Bruno lehrte, daß die Sterne am Himmel Sonnen seien von der gleichen Art, verstreut über ein unermeßlich weites Universum und ihrerseits womöglich umgeben von einer »Unendlichkeit bewohnter Welten«.

Ich rekapituliere dieses wichtige Kapitel unserer geistigen Geschichte hier deshalb in einiger Ausführlichkeit, weil es die Absurdität des in unserem kulturellen Umfeld noch immer grassierenden Vorurteils besonders kraß erhellt, Naturkenntnis bleibe für das menschliche Selbstverständnis letzlich ohne Bedeutung. Denn die »Revolution des Giordano Bruno« hatte nun wahrhaftig eine Revolution zur Folge. In dem Maße nämlich, in dem die geniale Einsicht sich im Bewußtsein der Gesellschaft allmählich durchsetzte, verlor die feudale Ordnung der damaligen Gesellschaft Schritt für Schritt ihre fundamentale Legitimation. Die »Demokratisierung der kosmischen Verhältnisse« zog, ganz unvermeidlich, schließlich auch die Demokratisierung der gesellschaftlichen Verhältnisse nach sich. Denn, wie nicht weiter begründet zu werden braucht, hatte die kosmische Hierarchie – mit der Erde im Zentrum, darüber die Sphäre der Fixsterne und hinter diesen die Regionen der Heiligen, der Engel und Erzengel, bis hinauf zu Gott als oberstem Herrscher – die vergleichbare Hierarchie der irdischen Gesellschaftsordnung im allgemeinen Lebensgefühl bis dahin als scheinbar am Himmel sichtbarer Beweis, quasi als »gottgewollt«, legitimiert.

Auch wenn das seinerzeit kaum irgend jemand bewußt so erlebt haben dürfte – im historischen Rückblick wird erkennbar, daß der revolutionierende Gedanke von der prinzipiellen Gleichrangigkeit aller kosmischen Orte und Objekte eine der entscheidenden Voraussetzungen für die Möglichkeit gewesen ist, den Gedanken von der grundsätzlichen Gleichrangigkeit auch aller Menschen denken zu können.

Dies ist nur ein einziges Beispiel für einen von den meisten noch immer erstaunlich total verdrängten Zusammenhang. Ein weiterer Wendepunkt war die wissenschaftliche Argumentation, mit der Charles Darwin in der Mitte des vorigen Jahrhunderts den schon von Immanuel Kant und anderen geahnten »nichtstationären«, geschichtlichen Charakter aller lebenden Natur bewies und in wesentlichen Punkten auch erklären konnte. Seine Evolutionstheorie ist in den anschließenden 130 Jahren durch eine Fülle neuartiger Befunde und Resultate auf überwältigende Weise bestätigt und – zahlreicher noch offener Fragen ungeachtet – nicht in einem einzigen Punkt widerlegt worden. Darüber hinaus hat sich das Konzept der permanenten Evolution weit über den Bereich der belebten Natur hinaus als ein Erklärungsmodell von außerordentlicher Kraft und heuristischer Fruchtbarkeit erwiesen. Schon seit einigen Jahrzehnten sprechen Astronomen und Kosmologen auch von einer »kosmischen« Evolution. Wir wissen heute, daß nicht nur lebende Organismen, sondern auch Sterne, ja ganze Sternsysteme (Galaxien) eine »Biographie« haben: daß sie entstehen, »sich entwickeln« und in endlicher Zeit auch wieder vergehen. Wir wissen – eine Erkenntnis von ungeheurer Bedeutung –, daß das Universum selbst eine Geschichte hat, daß es einen – von uns wenigstens näherungsweise sogar datierbaren – Anfang gehabt hat, daß es in früher Vergangenheit anders ausgesehen hat als heute und daß es, so unvorstellbar groß seine »Lebenserwartung« auch immer sein mag (eine grobe Schätzung kommt auf etwa achtzig Milliarden Jahre), ganz sicher nicht »ewig« weiter so existieren wird, wie wir es kennen.

Das alles sind Einsichten in das Wesen der uns umgebenden Realität der Welt, die Eingang in unser Lebensgefühl (und

damit in die Voraussetzungen unserer Urteile und Handlungen) unmerklich auch dann finden, wenn wir sie nicht bewußt zur Kenntnis nehmen. Man braucht nichts von Kosmologie zu wissen, man kann ahnungslos sein hinsichtlich elementarer astronomischer Grundkenntnisse – dem Einfluß des Gedankens von der prinzipiellen Gleichberechtigung aller Menschen vermag sich heute dennoch niemand mehr zu entziehen.
Daher ist als selbstverständlich davon auszugehen, daß auch die jüngsten Fortschritte der Naturerkenntnis uns im Zentrum unseres Wesens beeinflussen und verändern werden, auch wenn die Langsamkeit des Prozesses und die Sichterschwerung infolge allzu großer historischer Nähe uns daran hindern, die Art dieser Veränderung heute schon konkret zu erkennen. Es ist undenkbar, daß der zentrale Gehalt der Einsteinschen Entdekkung ohne Einfluß darauf bleiben sollte, wie kommende Generationen die Welt sehen und ihre Rolle in dieser Welt interpretieren werden, ohne Einfluß also auch darauf, wie sie sich verhalten, wie sie mit sich und der Welt umgehen werden. Weltbilder sind letztlich Handlungsanleitungen, das lehrt unter anderen der historische Fall der astronomischen Wende, die wir traditionsgemäß (wenn auch sachlich eigentlich falsch) mit dem Namen des Kopernikus verbinden.
Was aber ist der »zentrale Gehalt« der ihrerseits revolutionierenden Entdeckung Albert Einsteins? Man muß das, bezeichnend für das Mißverständnis in unserer Gesellschaft hinsichtlich des Wesens naturwissenschaftlicher Entdeckungen, ausdrücklich erläutern: Es ist nicht die Verfügbarkeit der atomaren Energie. Diese ist bloß eine der praktischen Konsequenzen, die wir aus seinen Entdeckungen gezogen haben: technischer »Fall-out« sozusagen, und die Folge davon, daß wir wissenschaftliche Erkenntnis eben genaugenommen gar nicht zur Kenntnis nehmen, daß wir sie in jedem Falle zuallererst auf ihre möglichen Nutzanwendungen hin abklopfen. Es ist dies auch eine Folge davon, daß wir sie, grob formuliert, fortwährend als Hure zur Befriedigung unserer Lebensansprüche und Machtgelüste zu mißbrauchen pflegen. So daß die Erkenntnis selbst uns gar nicht erst zum Bewußtsein kommt. Die »eigentliche« Er-

kenntnis, die wir Albert Einstein verdanken, besteht in der Entdeckung der Abhängigkeit des Ablaufs der Zeit vom Bewegungzustand des Beobachters. In der Entdeckung eines – uns unvorstellbaren, nur mathematisch faßbaren, andererseits aber empirisch-experimentell als real belegbaren – Zusammenhangs von Raum und Zeit. Sie besteht in der Entdeckung, daß sich Geschwindigkeiten in der Realität dieser Welt nicht (wie die uns angeborene »arithmetische Logik« es uns unkorrigierbar suggeriert) fortlaufend beliebig addieren lassen mit der Konsequenz, daß die Geschwindigkeit des Lichts die nicht mehr überschreitbare größte überhaupt mögliche Geschwindigkeit ist. In der Entdeckung schließlich, daß der »Raum« dieser Welt nicht euklidisch ist, wie unsere Vorstellung es uns wiederum unbelehrbar vorgaukelt, sondern in einer unserem kognitiven Verständnis ebenfalls definitiv verborgen bleibenden Weise »gekrümmt« – wobei das Wort »Krümmung« als ein aus purer Sprachnot für einen nur abstrakt-mathematisch faßbaren Sachverhalt geltender und als letztlich daher grob irreführender Verlegenheitsbegriff aufzufassen ist.
Der zentrale Gehalt der Entdeckungen Einsteins läßt sich mit anderen Worten in der knappen, unser Weltverständnis wieder einmal von Grund auf erschütternden Aussage zusammenfassen, wir hätten, ob wir uns das nun vorstellen könnten oder nicht, ein für allemal zur Kenntnis zu nehmen, daß die wirkliche Beschaffenheit der Welt unserem Verstand definitiv unerreichbar und jedenfalls total anders ist, als der Augenschein sie uns präsentiert. Und die – in ihren wesentlichen Punkten auf die Lebensarbeit von Konrad Lorenz zurückgehende – »evolutionäre Erkenntnistheorie« hat in den letzten beiden Jahrzehnten dann auch noch die Erklärung hinzugeliefert, warum es unaufhebbar dazu kam.
Das sind, wie mir scheint, geistige Leistungen von einem Range, der sich neben denen eines Johann Sebastian Bach oder eines William Shakespeare sehr wohl behaupten kann und deren Bedeutung für unsere Suche nach dem Sinn unserer Existenz nicht geringer zu veranschlagen ist. Woher dann aber diese allgemeine Tendenz zu einer unübersehbaren Diskrimi-

nierung der Aussagen der Naturwissenschaften gegenüber den Aussagen von Kunst und Philosophie (an deren existentiellem Gewicht zu zweifeln niemandem in den Sinn käme)? Es gibt darauf viele Antworten. Eine der gewichtigsten besteht in dem Hinweis darauf, daß mit der Ausmalung noch so tiefgründiger und wahrhaft weltbewegender naturwissenschaftlicher Erkenntnisse nur die eine Seite der Medaille vorgezeigt wird. Den Kontrapunkt zu allen diesen Einsichten bildet die unbestreitbare Tatsache, daß diese Erkenntnisse uns zugleich auch eine wahre Pandora-Büchse unüberbietbarer Bedrohungen geöffnet haben.

Hygiene und naturwissenschaftliche Medizin haben nicht nur unsere Lebenserwartung erhöht und unsere Chancen, vor einem Übermaß an physischem Leid bewahrt zu bleiben. Sie haben zugleich – und in der Regel, was nicht aus dem Auge verloren werden darf, als ganz unvermeidliche Folge eben des Fortschritts, den sie uns bescherten – auch das über Äonen hinweg stabile Gleichgewicht von Leben und Tod innerhalb weniger Generationen derart aus den Fugen gebracht, daß wir uns heute der Bedrohung einer »Bevölkerungsexplosion« mit allen ihren wirtschaftlichen, politischen und nicht zuletzt ökologischen Folgen gegenübersehen. Physik und Chemie haben nicht nur unseren Lebensstandard auf ein noch vor hundert Jahren unvorstellbares Niveau angehoben und die Fruchtbarkeit unserer Äcker multipliziert. Sie haben uns erstmals in unserer Geschichte auch die Mittel in die Hand gegeben, die endlich ausreichen, unsere Feinde wirklich zu vernichten (und uns selbst gleich noch dazu). Das von der Wissenschaft kürzlich noch verheißene Paradies der Freiheit von Hunger, Krankheit und Armut hat sich unter unseren Händen innerhalb weniger Generationen in ein Szenario apokalyptischer Bedrohungen und Ängste verwandelt. Ist es wirklich so überraschend, daß Wissenschaftsfeindlichkeit um sich zu greifen beginnt? Daß Empfehlungen laut werden, auf Wissenschaft fürderhin zu verzichten, ja aller Rationalität prinzipiell zu mißtrauen?

Wir wären jedoch endgültig verloren, wenn wir diesem Rezept

folgten. Denn wenn wir aus der gegenwärtigen Krisensituation (in die uns, das freilich ist unbestreitbar, eine offensichtlich allzu bedenkenlose Anwendung wissenschaftlicher Erkenntnisse hineingebracht hat) mit heiler Haut wieder herauskommen wollen, dann brauchen wir nicht weniger, sondern ganz im Gegenteil mehr Wissenschaft – und gewiß mehr Rationalität – als bisher.

Das klingt manchen Ohren im ersten Augenblick sicher paradox. Aber es genügt, nochmals an den sooft übersehenen und dabei so grundsätzlichen (und grundsätzlich wichtigen) Unterschied zu erinnern, der zwischen naturwissenschaftlicher Erkenntnis (das heißt der Einsicht in die objektiven Strukturen der Natur und in unsere wahre Stellung in ihr) und der Ausnutzung dieser Erkenntnisse zur technischen Manipulation der Natur im selbstsüchtigen Interesse der menschlichen Gesellschaft besteht. Wenn man ihn nicht aus dem Auge verliert, liegt auf der Hand, wo die allerdings überlebensnotwendige Kritik schleunigst einzusetzen hätte: an der Bedenkenlosigkeit, mit der wir in den vergangenen Jahrhunderten von jeder dieser Möglichkeiten umgehend Gebrauch gemacht haben, sobald sie nur, und sei es noch so kurzfristig, einen Zuwachs von Annehmlichkeiten und Macht versprachen.

Unser »Erfolg« auf diesem Wege ist einzigartig zu nennen. Wir haben uns die Erde und die irdische Natur in einem Maße unterworfen, für das es keine Parallele gibt. Zum erstenmal in der Erdgeschichte ist eine Art, unsere eigene, im Begriff, die gesamte übrige Natur ihrem eigenen Nutzen und Gewinn zu unterwerfen. Wir stehen vor dem »Endsieg« in dem größten Verdrängungswettbewerb, der in der Konkurrenz belebter Arten jemals stattgefunden hat. Und wenn wir uns nicht sehr rasch der uns zu Gebote stehenden kritischen Rationalität bedienen, wenn wir weiterhin in einer Art speziesegoistischen Machtrauschs die Gesetze der Natur ignorieren, innerhalb deren wir überleben müssen, werden wir womöglich zu spät entdecken, daß der Sieg, dem wir so unbeirrt zustreben, identisch wäre mit dem Selbstmord unserer Art.

Der Biologe Hubert Markl hat darauf aufmerksam gemacht,

daß wir wie selbstverständlich allenfalls dreißig bis vierzig Tier- und Pflanzenarten unter dem Gesichtspunkt der Nützlichkeit für unsere eigene Art aus den insgesamt etwa zehn bis fünfzehn Millionen Arten herausgreifen, die es auf unserem Planeten heute noch geben mag. Alle anderen gelten uns als Schädlinge, Parasiten oder Unkraut, die wir bekämpfen, weil sie unseren Interessen im Wege stehen – bestenfalls sind sie uns gleichgültig. Unserem Egoismus stehen heute unvergleichliche Mittel zur Verfügung, die irdische Natur unseren Wünschen entsprechend »umzubauen«. Schon heute verschwindet Tag für Tag eine Tier- oder Pflanzenart auf Nimmerwiedersehen von diesem Planeten. Wenn die Tendenz dieses lautlosen Massensterbens anhält – und bisher gibt es kein Indiz dafür, daß das nicht der Fall sein sollte –, werden es um die Jahrtausendwende – in wenigen Jahren also – vierundzwanzig Arten pro Tag sein, in jeder ablaufenden Stunde eine. Dieses heutige Massensterben übertrifft alle bisherigen »Faunenschnitte« der Erdvergangenheit in seinem Ausmaß und vor allem in seinem Tempo um viele Größenordnungen. Im Unterschied zu diesen zurückliegenden Katastrophen kennen wir seine Ursache: Wir sind es selbst. »Die Stadt der Menschen, einstmals eine Enklave in der nichtmenschlichen Welt, breitet sich über das Ganze der irdischen Natur aus und usurpiert ihren Platz«, schreibt Hans Jonas in seinem Buch »Das Prinzip Verantwortung«, jener Gegenthese zu der Vision eines »Umbaus des Sterns Erde« mit den Mitteln technisch-wissenschaftlicher Manipulation, wie sie noch vor wenigen Jahren Ernst Bloch in seinem berühmten »Prinzip Hoffnung« als erstrebenswertes Ziel, ja als Verheißung ausmalte. Wir sind, um es kurz zu sagen, dabei, uns erdweit als planetare Monokultur zu etablieren.

Die Zahl der Menschen ist noch immer beunruhigend groß, die diesem Prozeß mit Gleichgültigkeit, wenn nicht gar mit Zustimmung zusieht. »Warum nicht?«, so antworten sie auf Einwände und Warnungen. »Warum sollten wir von der Macht, die uns nun einmal zugefallen ist, im Interesse unserer eigenen Art denn nicht nach Belieben Gebrauch machen?« Aber wer so denkt, verrät, daß er von der Natur zu wenig weiß. In der Tat, wir brauchen mehr Wissenschaft, vor allem mehr biologisches Wissen, um endlich die Bedingungen in den Blick zu bekommen, die auch unserem Überleben gesetzt sind.

Monokulturen sind lebensfähig nur bei ständigem pflegerischen Einsatz »von draußen«. Keines unserer Gemüsefelder, keiner unserer Äcker oder Gärten würde ohne diesen Einsatz auch nur Wochen überleben können. Es ist an der Zeit, daß sich der »eigentliche Gehalt« der Erkenntnis Darwins in unserem Bewußtsein durchsetzt: Er lautet, daß wir zwar nicht ohne Recht den Anspruch erheben können, unserer Bestimmung nach »Geistwesen« zu sein, daß wir unsere Rolle innerhalb der Natur jedoch in bedenklicher Weise einäugig betrachten, solange wir gleichzeitig ignorieren, daß wir deshalb beileibe noch nicht aufgehört haben, immer noch auch biologische Organismen zu bleiben. »Nicht mehr Tier«, so hat Blaise Pascal uns treffend definiert, aber hinzugesetzt hat er im gleichen Satz: »...und noch nicht Engel.«

In der Hybris unserer vermeintlich absoluten »Sonderstellung« scheinen wir vergessen zu haben, daß wir selbst ein Teil der irdischen Natur sind, den gleichen Gesetzen unterworfen wie alle übrige lebende Kreatur. Das Mißverständnis verrät sich selbst noch in der Mahnung, Erbarmen zu haben mit der nichtmenschlichen Natur. Der Appell übersieht, daß es letztlich Erbarmen mit uns selbst ist, auf das wir uns besinnen müssen, wenn wir die Geschichte unseres Geschlechts nicht abbrechen lassen wollen. So überwältigend unsere Machtmittel auch sind, als Teil der Natur sind wir, glücklicherweise, denn doch außerstande, sie zugrunde zu richten. Was bevorsteht, wenn wir von unserem blindwütigen Versuch nicht alsbald ablassen sollten, den »Stern Erde« nach unserem menschlichen Gutdünken »umzubauen«, ist eine Katastrophe, die vor allem uns selbst beträfe: Wir würden die Biosphäre so weit aus dem natürlichen Gleichgewicht bringen, daß der Strudel des angelaufenen Massensterbens schließlich auch uns selbst erfassen müßte. Wenn wir uns durch den Entzug der biologischen Lebensgrundlagen (dazu gehören: atembare Luft, trinkbares Wasser, ein giftfreier, fruchtbarer Boden und, nicht zuletzt,

eine möglichst große Vielfalt der verschiedensten biologischen Arten) aber selbst eleminieren sollten, dann könnte die Natur sich alsbald wieder erholen. Es würde wieder Friede herrschen auf Erden. Dann würde die Natur sich mit der schöpferischen Kraft, die sie in den Jahrmilliarden der bisherigen Erdgeschichte an den Tag legte, aufs neue aus dem Trümmerfeld erheben, das wir hinterlassen haben. Die wenigen Jahrtausende unserer Anwesenheit auf diesem Planeten würden auf den Rang einer bloßen Episode herabsinken: einer Episode ohne Folgen und von fraglicher Bedeutung. Schon nach wenigen Jahrhunderten würde keine Spur mehr von uns existieren.
Mitleid mit der Natur werde von uns verlangt? Schon recht, als moralische Forderung duldet die Maxime keine Abstriche. Als Ausdruck der Überzeugung jedoch, die Natur sei unserer Gnade anheimgegeben (anstatt wir der ihren), stellt sie die tollste anthropozentrische Hybris dar, seit eine Handvoll Gelehrter uns vor einigen Jahrhunderten gegen unseren heftigen Widerstand von der Wahnvorstellung befreite, wir bildeten den Mittelpunkt des Universums.
Noch aus einem zweiten Grund ist es heute für uns überlebensnotwendig, den biologischen Teil unseres Wesens endlich zur Kenntnis zu nehmen und seine Konsequenzen realistisch zu bedenken. Wer das einmal getan hat, der muß tiefe Sorge empfinden, wenn er beobachtet, mit welcher Hilflosigkeit und gleichzeitig unbeirrbaren Hartnäckigkeit die offizielle Sicherheitspolitik im nuklearen Zeitalter die Bewahrung des Friedens auf einem Wege zu gewährleisten versucht, auf dem sich die Bedrohungsängste auf beiden Seiten unweigerlich ins Maßlose steigern müssen. Wir werden uns auf diesem Weg mit Sicherheit früher oder später gegenseitig ausrotten, wenn es nicht rechtzeitig gelingen sollte, die nur aus unserer biologischen Vorgeschichte verstehbaren Strukturen menschlicher Bedrohungsängste und zwanghaft-phobischer »Fremden«-Abwehr intellektuell ans Licht zu ziehen. Solange das nicht geleistet ist, werden sie uns weiterhin aus der Verborgenheit der archaischen Schichten unseres Bewußtseins dem Verderben zusteuern.
Alle diese gänzlich verschiedenen und für unser unvollkom-

men bleibendes Verständnis zum Teil sogar widersprüchlichen Aspekte, die der Anblick der Natur uns bietet, von der Ebene des noch ganz unreflektiert-naiven Erlebens ihrer verlockenden und bedrohenden, ihrer unser Gemüt erhebenden oder in Furcht und Zittern versetzenden Gesichter bis hin zur Erkenntnis ihrer für uns nur in abstrakten mathematischen Formeln und Symbolen faßbaren objektiven Strukturen in ihrer unseren Geist überwältigenden Harmonie und Schönheit, sie alle sind einbezogen in das fundamentale, zentrale Konzept, das all unser heutiges Wissen von der Natur umgreift: vom übergeordneten Konzept der Evolution, der Geschichtlichkeit des ganzen Kosmos, von dem unsere irdische »Welt« nur ein winziger Teil ist. Wenn wir endlich akzeptieren, daß auch wir selbst ein Teil dieser Natur sind, so schließt das die Einsicht ein, daß wir teilhaben an dieser kosmischen Geschichte, die uns wie alles andere, was es in der Realität gibt, hervorgebracht hat: wie Galaxien, Sonnen und Planeten und alle irdische Kreatur, mit der wir, wie die moderne Biologie uns über jede Möglichkeit des Zweifels hinaus bewies, bis in die Kerne unserer Zellen hinein blutsverwandt sind.

Das aber ist ein Gedanke, der uns tröstlich erscheinen kann als Bewohnern dieser Welt, deren Anblick uns so oft Angst macht. Denn wenn wir uns diese Geschichte von ihren Anfängen her vor Augen führen, so, wie die heutige Naturwissenschaft sie hat rekonstruieren können, dann wird eine Tendenz sichtbar, deren Richtung für einen unvoreingenommenen Betrachter über die Grenzen dieser sich in einer gewaltigen Entwicklung entfaltenden Welt hinausweist. Unbestreitbar ist, daß diese Entwicklung immer neue Strukturen höherer Ordnung hervorgebracht hat bis hin zu lebenden Organismen wiederum in weltgeschichtlicher Zeit immer weiter zunehmender Ordnungshöhe. Unbestreitbar ist auch, daß im Ablauf dieser Geschichte immer deutlichere und immer vollkommenere Manifestationen des geistigen Prinzips aufgetreten sind, bis hin zu der durch uns selbst verkörperten Existenz eines seiner selbst bewußten Bewußtseins, in dem sich erstmals die Geschichte zu spiegeln beginnt, aus der es hervorgegangen ist. Bedenkt man aber, wie jung das Universum noch ist, dann erweist sich der Gedanke an die Möglichkeit, dieses Bewußtsein des heutigen Menschen sei in kosmischem Rahmen als Gipfel und Endpunkt, als Abschluß und endgültiges Ziel der bisherigen Entwicklung anzusehen, als bloße Variante des alten anthropozentrischen Mittelpunktwahns. Weshalb der Gedanke erlaubt (und auch naturwissenschaftlich zulässig) ist, daß dieses geistige Prinzip, das sich bei uns selbst in einem ersten Aufleuchten der Fähigkeit zu bewußter Selbstreflexion manifestiert hat, den ganzen Kosmos im Verlaufe seiner noch bevorstehenden, in eine unermeßliche Zukunft hinein fortgesetzten Geschichte immer weiter und immer mehr durchdringen wird. Dann wird der Gedanke möglich, daß diese kosmische Geschichte identisch sein könnte mit einer immer weiter fortschreitenden »Vergeistigung« der natürlichen Welt. Diese sich aus dem bisherigen Ablauf der Evolution ergebende Mutmaßung steht nun gewiß nicht im Widerspruch zu dem, was religiöse Überlieferung von jeher über das künftige Schicksal der Welt ausgesagt hat. Die beiden seit so langer Zeit im Streit miteinander liegenden Parteien, die naturwissenschaftliche und die theologische, sollten daher heute endlich ins Gespräch kommen darüber, ob es nicht doch vielleicht die gleiche Welt ist, die jede von ihnen aus ihrem eigenen Blickwinkel und in ihrer eigenen Sprache, als »Natur« oder aber als »Schöpfung«, zu beschreiben und zu verstehen sich bemüht.

1985

VORTRÄGE

Naturwissenschaft und menschliches Selbstverständnis

Die Geisteswissenschaften liefern nur die halbe Wahrheit

Ich möchte eine diagnostische Attacke reiten. Eine Attacke gegen eine spezielle Form der Bewußtseinsspaltung, die in unserer Gesellschaft grassiert und ihre geistige Weiterentwicklung zu behindern droht, gegen eine Störung unseres Verhältnisses zur Realität, die uns allen den freien Blick auf die Wirklichkeit der uns umgebenden Welt behindert – und nicht zuletzt den freien Blick auf uns selbst.

Diese Störung, von der hier die Rede sein soll, dokumentiert sich in der uns von unserer Tradition mit suggestiver Selbstverständlichkeit oktroyierten begrifflichen Scheidung aller wissenschaftlichen Betätigung in Geisteswissenschaften auf der einen und Naturwissenschaften auf der anderen Seite. Eine im Laufe von Jahrhunderten eingefahrene Gewöhnung und eine unter dem Einfluß dieser Gewöhnung in dem gleichen Zeitraum gewachsene Terminologie lassen uns längst nicht mehr daran denken, daß wir die Welt auf diese Weise in zwei Hälften zerlegen, die nichts mehr miteinander zu tun zu haben scheinen.

Die Geisteswissenschaften, so etwa könnte man diese von der Tradition scheinbar legitimierte Dichotomie umschreiben, bewegen sich in der Dimension der vom Menschen selbst repräsentierten Realität sowie der von ihm geschaffenen Wirklichkeiten. Anthropologie, Philosophie und Theologie sind dementsprechend ihre Domäne, und ebenso die schönen Künste. Diese Hälfte der Welt wird in unseren Augen letztlich also vom Menschen selbst gebildet und von all dem, was sein Geist im

Laufe der menschlichen Geschichte über dem Fundament der »unberührten« Natur errichtet hat. Dies ist, so scheint sich überzeugend weiter zu ergeben, und zwar dies allein ist der Raum, in dem alle wissenschaftliche Betätigung letztlich zu der Frage nach dem Sinn menschlicher Existenz führt. Hier, und nur hier, sind, so glauben viele, auch die Antworten zu finden, wenn wir nach sittlichen Orientierungspunkten fragen.
Unterhalb oder, wertneutraler formuliert, neben dieser Welt des Geistes steht ein seinem ganzen Wesen nach vollkommen anderer Bereich der Wirklichkeit. Es ist das objektive Reich der vom Menschen vorgefundenen Natur. Dieser Teil der Welt hat, wie es scheint, am Geist keinen Anteil. Die Natur ist, sozusagen, einfach bewußtlos da. Sie kann Staunen und Bewunderung erregen, und sie mag unermeßlich und voller Rätsel sein. Immer aber bleibt sie das dem aktiv handelnden und reflektierenden Menschen passiv gegenüberstehende Objekt. Dementsprechend scheint der durch naturwissenschaftliche Betätigung hergestellten Beziehung zwischen dem Menschen und der Natur auch jegliche moralische Qualität zu fehlen. Die Fragen, die der Naturforscher seinem Objekt stellt, haben mit der Suche nach dem Sinn menschlicher Existenz angeblich nichts mehr zu tun. Über sich selbst erfährt der Mensch in diesem Bereich der Welt angeblich nichts.
So überzeugend die zitierten Unterscheidungen auch klingen mögen, die uns durch die gewohnten Definitionen von Geisteswissenschaften einerseits und Naturwissenschaften andererseits nahegelegt werden, so grundfalsch sind sie in Wirklichkeit. Sie sind durch nichts legitimiert als durch Gewohnheit.
Natürlich lassen sich historische Gründe aufspüren, die verständlich machen, wie es zu dem großen Mißverständnis gekommen ist, das unsere Gesellschaft heute so sehr zu ihrem Schaden beherrscht, bis in konkrete Einzelheiten unserer Kultur- und Bildungspolitik hinein. Ich will mich jedoch darauf beschränken, Ihnen an einigen Beispielen vor Augen zu führen, wie irrig und wie gefährlich insbesondere das noch immer weitverbreitete Vorurteil ist, Naturwissenschaft habe zur Selbsterkenntnis des Menschen nichts beizutragen. Naturwis-

senschaftliche und geisteswissenschaftliche Erkenntnisse sind einander in Wirklichkeit komplementär. Sie bedürfen einander als notwendige Ergänzung und Vervollständigung, wenn ihren Aussagen ein verbindlicher Sinn zukommen soll. Dies gilt so unbedingt und ausnahmslos, daß philosophische und anthropologische Aussagen über den Menschen auf eine bedenkliche und mitunter sogar groteske Weise in die Irre führen können, wenn sie das Resultat von Überlegungen sind, die auf naturwissenschaftliche Erkenntnisse als Quelle verzichten zu können glauben. Ich möchte dies an drei fundamentalen Beispielen belegen.

Wenn wir die Geisteswissenschaft um Auskunft über das Wesen des Menschen bitten, so bekommen wir drei grundlegende Antworten.

Die erste Antwort lautet: Der Mensch ist die Krone der Schöpfung.

Ich bin darauf gefaßt, daß man mir vorhalten könnte, diese Antwort sei heute in dieser Form nun doch nicht mehr wirklich aktuell. In dieser Form vielleicht nicht. Was mit dieser Aussage letztlich aber gemeint ist, das ist nach wie vor eine verbreitete und von zahlreichen Autoritäten gestützte Überzeugung. Ich möchte mich hier auf Teilhard de Chardin als Kronzeugen berufen. Einen in diesem Zusammenhang gewiß über alle Zweifel erhabenen Kronzeugen, denn wie Sie alle wissen, wurde Chardin von seiner eigenen Kirche heftig kritisiert, weil er bei seinen Aussagen über das Wesen des Menschen nach dem Urteil seiner geistlichen Oberen einen zu sehr von der modernen Naturwissenschaft beeinflußten Standpunkt eingenommen hatte.

Dieser Teilhard de Chardin schreibt in seinem Buch »Der Mensch im Kosmos«: »Einmal, und nur einmal im Lauf der planetarischen Existenz konnte sich die Erde mit Leben umhüllen. Ebenso fand sich das Leben einmal, und nur einmal fähig, die Schwelle zum Ich-Bewußtsein zu überschreiten. Eine einzige Blütezeit für das Denken wie auch eine einzige Blütezeit für das Leben. Seither bildet der Mensch die höchste Spitze des Baumes. Das dürfen wir nicht vergessen. Allein in ihm, mit

Ausschluß von allem übrigen, finden sich von nun an die Zukunftshoffnungen der Noosphäre konzentriert, das heißt aber die der Biogenese und schließlich die der Kosmogenese.« Und jetzt der entscheidende Satz: »Nie könnte er (der Mensch) also ein vorzeitiges Ende finden oder zum Stillstand kommen oder verfallen, wenn nicht zugleich auch das Universum in seiner Bestimmtheit scheitern soll!«[1]

Und jetzt stellen wir uns einmal die Größenverhältnisse und Proportionen vor, unter denen unser Sonnensystem in der Relation zum Kosmos gesehen werden muß: Allein der Andromedanebel – zum Beispiel –, »Zwilling« unseres eigenen Milchstraßensystems, besteht aus etwa hundert bis zweihundert Milliarden Einzelsternen (»Sonnen«) mit schätzungsweise mindestens zehn Milliarden Planetensystemen. Je weiter die modernen Teleskope in den Weltraum eindringen, um so zahlreichere derartige Systeme kommen ins Blickfeld. Das also ist das Universum, von dem Teilhard de Chardin sagt, daß es an seiner Bestimmung scheitern würde, wenn die Menschheit ausstürbe oder durch eine selbstverschuldete Katastrophe ein vorzeitiges Ende fände. Ich glaube, ich kann mich eines weiteren Kommentars zu diesem Punkt enthalten.

Jetzt zum nächsten Beispiel für die Sackgassen, in die man sich verirren kann, wenn man glaubt, das Wesen des Menschen aus nur einer Hälfte der Wirklichkeit ableiten zu können, aus jener Hälfte, die sich mit den Methoden der Geisteswissenschaft fassen läßt.

Die zweite Antwort, die wir unter diesen Umständen bekommen, lautet: »Der Mensch steht außerhalb der Natur.«

Auch hier möchte ich mich sicherheitshalber auf einen Kronzeugen berufen, und zwar auf den Arzt und Schriftsteller Peter Bamm. Auch er ist zu dieser Funktion fraglos prädestiniert, da er die hier diskutierte Behauptung vor nicht allzulanger Zeit in dankenswerter Deutlichkeit und aller Ausführlichkeit formuliert hat.

Ich zitiere aus dem 1969 veröffentlichten Essay »Adam und der Affe« einige charakteristische Sätze, mit denen Bamm der Evolutionslehre und speziell der Möglichkeit einer Abstammung des Menschen von tierischen Vorformen widerspricht: »Es ist also (angesichts der zahlreichen Fossilfunde) die Meinung der Evolutionisten, daß es eine kontinuierliche anatomische Entwicklung vom Affen zum Menschen gegeben habe, durchaus verständlich. Aber damit eben sollten sie sich begnügen. Sie haben nichts als Knochen in der Hand. Es ist ebenso lächerlich wie anmaßend, die Schlüsse, die sie aus diesen Knochen ziehen, als eine Wahrheit auszugeben über die Entstehung des Menschen als eines Wesens, das sich von allen Tieren dadurch unterscheidet, daß es persönlich aus dem Transzendenten ins Physische und Psychische, in die Natur hinein- und über sie hinausragt. Es ist zweifellos nicht Sache der Naturwissenschaft, über das Wesen des Menschen Urteile abzugeben.« Und dann lakonisch: »Es kann keine Vormenschen, keine Menschen-Tiere und keine Tiermenschen geben. Das ist wesensmäßig unmöglich.«[2]

Diese Sätze aus der Feder eines Arztes dürften vor allem in den Ohren von Ärzten befremdlich klingen. Denn jeder Grippekranke, der eine heiße Zitrone zu sich nimmt, macht sich eine Erfahrung zunutze, die dies alles widerlegt. Er trinkt den Saft dieser Frucht nämlich, weil Ärzte die Erfahrung gemacht haben, daß er damit seine Genesung fördern kann. Wie ist das möglich? Weil Zitronensaft Vitamin C enthält. Und warum ist Vitamin C ihm nützlich? Weil es den Baustein oder die Vorstufe eines Enzyms darstellt. Was aber ist ein Enzym? Eine Art von Schlüssel, der hochspezifisch einen und nur einen ganz bestimmten Stoffwechselschritt innerhalb der Zelle auslöst.

Wie kann ein Schlüssel, der mit einer jeden Tresorschlüssel um astronomische Größenordnungen übertreffenden Spezifität in den Stoffwechselablauf einer menschlichen Zelle paßt, wie kann ein solcher Schlüssel in eine Zitrone kommen?

Hinter der Antwort auf die Frage verbirgt sich ein aufregender Befund. Vergleichen wir nämlich die spezifische Aminosäuresequenz des Enzyms Cytochrom c bei verschiedenen Spezies (Mensch, Rhesusaffe, Hund, Kaninchen, Huhn, Frosch, Thunfisch, Schmetterling, Weizen, Neurospora und der gewöhnlichen Bäckerhefe), so ergeben sich zwar zunehmende Unterschiede; jedoch selbst bei einem Vergleich zwischen Menschen und Bäckerhefe besteht noch eine Übereinstimmung in der Zusammensetzung des komplizierten Moleküls auf mehr als vierzig Positionen. Bei 20^{104} möglichen Kombinationen für die Zusammensetzung des Enzyms insgesamt ist diese Übereinstimmung nur mit der Annahme einer gemeinsamen Abstammung zu erklären. (20^{104} ist um ungefähr 10^{20} mehr als die Gesamtzahl aller Elementarteilchen im Universum.)

Es ist eben einfach nicht wahr, daß die »Evolutionisten nichts als Knochen in der Hand« hätten. Sie haben den genial geführten Indizienbeweis Darwins längst mit so vielen voneinander unabhängigen Befunden untermauert, daß kein Zweifel mehr möglich ist: Wir sind mit allem verwandt, was hier auf Erden kreucht und fleugt. Nicht nur mit allen Wirbeltieren, sondern mit allen irdischen Lebensformen insgesamt und auch, wenngleich entfernt, selbst noch mit der Zitrone, deren Saft uns bei einer Erkältung allein aus diesem Grunde zum Nutzen gereichen kann.

Hinter Befunden dieser Art wird heute folglich nach und nach das großartige Bild eines gewaltigen, einheitlichen Lebensbaumes sichtbar, der sich, aus einer einzigen Wurzel sprossend, seit dreieinhalb oder vier Milliarden Jahren auf der Oberfläche dieser Erde entfaltet. Warum sollte uns der Gedanke stören, daß auch wir selbst aus ihm hervorgegangen sind? Ist der Mensch, ist die Tatsache, daß sich das Leben auf der Erde bis zur Entstehung von Bewußtsein und bis zu der Möglichkeit von Reflexion entwickelt hat, durch diese Entdeckung etwa weniger wunderbar geworden?

Nach wie vor bleibt dem Menschen außerdem seine Sonderstellung als unbestreitbarem Gipfel und Höhepunkt der Entwicklung. Allerdings müssen wir auf dieser durch naturwissenschaftliche Einsichten erworbenen Stufe der Erkenntnis nunmehr einschränkend hinzusetzen: ... als dem bisherigen Höhepunkt der Entwicklung des irdischen Lebens. Die Notwendigkeit der zweiten Einschränkung haben wir uns eben bei der Diskussion des kosmischen Horizontes schon vor Augen geführt. Die andere ergibt sich einfach aus der grundsätzlichen

Überlegung, daß die seit Milliarden von Jahren ablaufende Entwicklungsgeschichte heute keineswegs zum Stillstand gekommen ist und daß wir nicht wissen können, wohin sie noch führen wird.

Die dritte grundlegende Aussage, mit der Philosophie und Anthropologie das Wesen des Menschen zu bestimmen versuchen, besteht in der Feststellung, daß der Mensch über Geist verfüge. Dies klingt zunächst selbstverständlich. Daß das spezifisch menschliche Ich-Bewußtsein in der Tat unserer Art vorbehalten ist, daß diese psychische Dimension den höheren und erst recht den niederen Tieren verschlossen ist, von den Pflanzen ganz zu schweigen, bedarf keiner Diskussion und ergibt sich gewissermaßen schon *per definitionem.*

Aber wenn wir sagen, daß es zum Wesen des Menschen gehöre, Geist zu besitzen, dann meinen wir damit noch sehr viel mehr. Wir meinen damit zugleich auch, daß ganz bestimmte Leistungen wie Phantasie oder Kreativität, die Fähigkeit zum Wählen und Probieren oder die Begabung, sich speziellen Bedingungen zweckmäßig anzupassen, daß Leistungen dieser besonderen Art nur von der Psyche des Menschen vollbracht werden können. Wir denken in der Regel überhaupt nicht nach, weil es uns selbstverständlich erscheint, daß alle diese Fähigkeiten nur in Verbindung mit Bewußtsein möglich sind, und zwar in Verbindung mit der Art von Bewußtsein, wie es uns (als einziges uns bekanntes Beispiel) aus unserer Selbsterfahrung geläufig ist.

Wenn wir den Menschen als Träger oder Besitzer von Geist definieren, so drücken wir damit gleichzeitig unsere Überzeugung aus, daß die Natur außerhalb des Menschen über diesen Geist und damit über alle die eben genannten Fähigkeiten nicht verfügt.

Wir sind, anders formuliert, also der Ansicht, daß die Natur rund vier Milliarden Jahre lang ohne Geist hat auskommen müssen und auch hat auskommen können. Wir glauben, daß Geist, Phantasie und Kreativität in dieser Welt erst erschienen sind, nachdem es einer blind waltenden Natur nach dieser gewaltigen Frist schließlich auf geheimnisvolle Weise gelungen war, unser Gehirn, das menschliche Gehirn, hervorzubringen und damit wie mit einem Schlage die Voraussetzung für die Anwesenheit von Geist überhaupt erst zu schaffen.

Ich muß an dieser Stelle einräumen, daß dies heute implizite auch noch die Auffassung der Naturwissenschaft ist. Worauf es mir ankommt, ist, jetzt abschließend zu erläutern, warum ich glaube, daß wir hier vor einer Wende stehen. Es gibt eine ganze Reihe von Hinweisen darauf, daß die Naturwissenschaft heute im Begriff ist, die Auffassung zu widerlegen, Geist trete in der Natur nur gebunden an den Menschen auf, indem sie diese als eine neue Form der Verkleidung vorkopernikanischen Denkens durchschaut.

Wir neigen unausrottbar und unausweichlich dazu, uns stets im Mittelpunkt des Geschehens zu sehen. Diese perspektivische Verzerrung der Wirklichkeit durch unser Erleben hat ursprünglich wahrscheinlich biologische Gründe. Sie erinnert uns an die gelegentlich übersehene Tatsache, daß unser Gehirn vor der Evolution ganz sicher nicht zu dem Zweck entwickelt worden ist, uns eine objektive Anschauung der Welt zu verschaffen, sondern einzig und allein dazu, uns als biologischer Gattung in einer von zahllosen Gefahren strotzenden Umwelt das Überleben zu ermöglichen.

Aber wie dem auch sei, angefangen hat alles jedenfalls mit der Überzeugung des Menschen, er lebe im Mittelpunkt einer Scheibe, die auf dem Weltozean treibe. Unser unmittelbares, naives optisches Erleben vermittelt diesen Eindruck ja heute noch. Es bedurfte einer nicht unbeträchtlichen Entwicklung und Anstrengung der menschlichen Abstraktionsfähigkeit, bis es gelang, sich von diesem Augenschein zu lösen und durch indirekte, gedankliche Operationen das wirkliche Bild des Aussehens der Erde zu rekonstruieren. Bekanntlich können wir es uns erst seit wenigen Jahren nun auch unmittelbar vor Augen führen. Auch beim nächsten Schritt war es wieder der scheinbar zwingende Eindruck des Augenscheins, nämlich der Anblick des sich Nacht für Nacht um den eigenen, menschlichen Standort drehenden Himmels, der länger als ein Jahrtausend die Erkenntnis aufhielt, daß die Erde nicht der Mittelpunkt des

Kosmos ist und daß auch die Sonne nur einen unter ungezählten Milliarden anderer Sterne darstellt.
In der Linie dieser geistesgeschichtlichen Entwicklung müssen wir schließlich auch Darwin sehen mit seiner revolutionierenden Entdeckung, daß wir Menschen nicht, wie wir bis dahin glaubten, gleichsam von außen in die Natur hineinversetzt worden sind, als etwas »ganz anderes«, sondern daß wir dazugehören, von der gleichen Entwicklung hervorgebracht wie alle anderen Formen des Lebens, die wir um uns wahrnehmen. Dieser Schritt der Erkenntnis liegt kaum mehr als hundert Jahre zurück und ist auch heute keineswegs von allen Menschen nachvollzogen worden.
Ich glaube, daß der nächste Schritt, der uns im Verlaufe dieses historischen Prozesses bevorsteht, auf die Entdeckung hinauslaufen könnte, daß das Phänomen des Geistes nicht ein ausschließlich uns zukommendes Privileg ist, wie wir in anthropozentrischer Befangenheit bisher geglaubt haben.
Wenn wir uns Beispiele von Mimikry vergegenwärtigen, kann man eigentlich nicht mehr daran zweifeln, daß es die Fähigkeit der Nachahmung der Phantasie, der listigen Täuschung, der Erfindungsgabe, des Lernens aus Erfahrung oder wie immer man es nennen will, daß es alle diese Fähigkeiten und Möglichkeiten in der Natur schon gegeben hat, längst ehe wir Menschen auf der Bildfläche erschienen. Und nicht nur das: Diese von uns im allgemeinen als »psychisch« charakterisierten Leistungen waren in der Natur offensichtlich schon am Werke, lange bevor es überhaupt Gehirne gab, denen sie entspringen konnten. Dies gilt selbstverständlich nicht nur für ausgefallene Beispiele, sondern ebenso für jede andere belebte Form, es gilt für die Entstehung eines Auges ebenso wie für die einer Flosse, für die Bildung eines Zahnes in gleicher Weise wie für die Entwicklung der einfachsten einzelnen Zelle. Wir stehen hier, wenn wir die Dinge so betrachten, mit anderen Worten also vor der zunächst paradox erscheinenden Situation, daß wir in der Natur die Wirksamkeit des Verstandes zu entdecken glauben, ohne daß ein Gehirn sichtbar wäre, das diesen Verstand beherbergte.

Aber vielleicht ist die Situation in Wirklichkeit gar nicht so paradox, wie sie uns erscheint? Vielleicht müssen wir es bloß über uns bringen, auch hier wieder einen anthropozentrischen Standpunkt zu überwinden, den unmittelbaren Augenschein, der uns weismachen will, nur wir verfügten über Begabungen dieser Art? Der uns glauben läßt, Phantasie und schöpferischer Einfall seien nur als die Produkte eines konkreten Gehirns denkbar, einfach deshalb, weil wir selbst es aus eigener Erfahrung nicht anders kennen?
Wenigstens in einem Falle gibt es heute schon einen sehr aufregenden konkreten Befund, der den Gedanken nahelegt, daß wir hier in der Tat umlernen müssen. Ich beziehe mich dabei auf die seit etwa eineinhalb Jahrzehnten in verschiedenen amerikanischen Instituten laufenden Versuche, bestimmte Gewöhnungen oder Lerninhalte auf chemischem Wege von einem Tier auf ein anderes zu übertragen. Diese Versuche sind bis heute in vielen Punkten umstritten. Sie haben andererseits im Laufe der Jahre jedoch auch einige reproduzierbare Resultate erbracht. Dazu gehören Hinweise darauf, daß die Speicherung von individuellem Gedächtnisbesitz auf irgendeine noch nicht näher bekannte Weise durch ein sehr kompliziertes Molekül, und zwar die sogenannte Desoxyribonukleinsäure oder DNS, vermittelt wird.
Das ist sehr bemerkenswert. Dieser Befund weist auf einen Zusammenhang hin, den wir vor dieser Entdeckung so gar nicht sehen konnten. Bekanntlich wurde die DNS von den Biologen schon vor längerer Zeit als Molekül entdeckt, mit dessen Hilfe die Natur die genetische Information einer Art im Zellkern speichert. Wir stehen hier folglich vor der Tatsache, daß der Mechanismus der Vererbung – den wir als die Speicherung der Erfahrungen einer ganzen Art, also als das »Art-Gedächtnis«, anzusehen haben – nach dem gleichen Prinzip zu funktionieren scheint wie das Gedächtnis des Individuums.
Daraus aber ergibt sich eine außerordentlich bedeutsame Schlußfolgerung: Als die Natur lange Zeit nach den Anfängen des Lebens schließlich darangehen konnte, Gehirne hervorzubringen, die erstmals ein individuelles Sich-Erinnern ermöglich-

ten, da brauchte sie, wenigstens was diese eine spezielle Leistung anging, gar nichts grundsätzlich Neues mehr zu entwickeln. Sie hat damals ganz offensichtlich einfach – »einfach!« – auf ein schon vorhandenes Prinzip zurückgegriffen: auf das Prinzip der Speicherung einzelner Informationen, wie sie es im Rahmen der Entwicklung des genetischen Codes schon mindestens eine Milliarde Jahre früher »erfunden« hatte. Das heißt aber doch nichts anderes, als daß es zumindest diese eine »psychische« Fähigkeit, diesen Teilaspekt des »geistigen Prinzips«, die Fähigkeit des »Erinnerns«, nachweislich schon lange gab, bevor erstmals ein individuelles Bewußtsein auftauchte.
Die Wissenschaft, und zwar notabene die Naturwissenschaft, bereitet also Schritt für Schritt die Einsicht vor, daß unser menschlicher Geist nicht vom Himmel gefallen ist. Geist, so können wir das Ergebnis dieser Überlegungen zusammenfassen, gibt es in dieser Welt nicht deshalb, weil es uns gibt und unser menschliches Gehirn. Vielmehr ist es ganz offensichtlich umgekehrt so, daß die Natur lebende Organismen von zunehmend komplizierterer Struktur und so schließlich auch uns und unser Gehirn nur deshalb hat hervorbringen können, weil Geist, Phantasie und Verstand in dieser Natur von allem Anfang an gegenwärtig und wirksam gewesen sind, lange bevor sie von der Evolution schließlich dann auch in individuellen Gehirnen zusammengefaßt werden konnten.
Keine dieser hier erörterten Einsichten, die alle das menschliche Selbstverständnis so zentral berühren, ist uns in den Schoß gefallen. Jede von ihnen hat sich mit der Hilfe mühsamer und geduldiger empirischer Untersuchungen gegen festverwurzelte Denkgewohnheiten und gegen die uns allen angeborene anthropozentrische Weltansicht langsam durchsetzen müssen. Dies wird auch in Zukunft so bleiben. Hier liegt auch in Zukunft die eigentliche Aufgabe und die ungeheure Bedeutung aller naturwissenschaftlichen Arbeit. Darum ist die Hartnäckigkeit so beängstigend, mit der große Teile unserer Gesellschaft noch immer an dem Vorurteil festhalten, Naturwissenschaft habe mit dem Selbstverständnis des Menschen nichts zu tun, nichts mit seiner Bildung und nichts mit seiner Fähigkeit,

Klarheit zu gewinnen über sich selbst und über seine Existenz in dieser Welt.

Natürlich ist es falsch, den Menschen etwa nur biologisch verstehen zu wollen. Naturwissenschaft ohne Philosophie ist dumm. Das mag schon sein. Einseitigkeit führt immer in die Irre. Aber gerade deshalb gilt auch umgekehrt: Wer den Menschen und seine Stellung im Kosmos nur mit den Mitteln der Geisteswissenschaften verstehen will, hat auch nur die halbe Wirklichkeit in der Hand. Philosophie ohne Naturwissenschaft ist blind.

1973

Der »blinde Fleck« in der Forschung

Die Suche nach Erkenntnislücken

Vorträge über wissenschaftliche Themen haben in der Regel irgendeine neue Entdeckung oder ihre Konsequenzen zum Gegenstand. Ich möchte heute von dieser Regel abweichen und einige Bemerkungen über ein zu Unrecht nur wenig beachtetes Hindernis machen, das aller wissenschaftlichen Arbeit im Wege ist. Dieses Hindernis wird durch die Tatsache gebildet, daß es wider alles Erwarten außerordentlich schwierig ist, die für den wissenschaftlichen Fortschritt relevanten Probleme überhaupt zu entdecken.

Dieser zunächst vielleicht paradox klingende Sachverhalt hat psychologische Ursachen. Jedes Weltbild, es mag noch so unvollkommen sein, suggeriert den Eindruck innerer Geschlossenheit. Daraus aber erwächst für den Forscher die Gefahr, daß sich bei ihm ein Wahrnehmungsdefekt ausbildet, eine Art »blinder Fleck«, der ihm die bestehenden Wissenslücken verdeckt. Darauf möchte ich im ersten Teil etwas näher eingehen. Nicht weniger bedeutsam ist außerdem aber der Einfluß, den bestimmte Bewußtseinshaltungen auf die wissenschaftliche Forschung ausüben, mit anderen Worten also Vorurteile und Tabus, die auch in unserer heutigen Gesellschaft noch weitaus lebendiger und wirksamer sind, als wir uns das im allgemeinen eingestehen. Über sie will ich im zweiten Teil meines Vortrages einiges sagen.

Zunächst also einige Bemerkungen zu dem »blinden Fleck«, dem Wahrnehmungsdefekt, der sich unter dem Einfluß eines »gültigen Weltbildes« einzustellen pflegt.

Bekanntlich laufen wir alle – jeder einzelne von uns – mit einem »Loch« in unserem Gesichtsfeld herum, dessen Besonderheit darin besteht, daß wir es normalerweise überhaupt nicht wahrnehmen.
In vielen Zeitschriften und Schulbüchern wird der einfache Trick beschrieben, mit dem es möglich ist, sich dieses Loch vor Augen zu führen, es sich bewußt zu machen. Aber es bedarf eben eines kleinen Tricks dazu, und der »blinde Fleck« wird von den Physiologen auch »Mariottescher Fleck« genannt, nach seinem Entdecker, denn er mußte, bezeichnend genug, buchstäblich erst einmal entdeckt werden.
Warum erwähne ich hier diesen relativ banalen wahrnehmungsphysiologischen Sachverhalt? Deshalb, weil wir uns weder durch die Einfachheit seiner Erklärung noch durch die alltägliche Gewöhnung darüber hinwegtäuschen lassen dürfen, daß wir es hier mit einem Phänomen zu tun haben, dem grundsätzliche Bedeutung zukommt. Es ist nicht einfach nur erstaunlich, daß wir mit einem angeborenen Wahrnehmungsdefekt herumlaufen, den wir überhaupt nicht registrieren. Der »blinde Fleck« ist, auf einer ganz elementaren, physiologischen Ebene, der Beweis dafür, daß in der Realität Dinge existieren können, die wir nicht wahrnehmen. Wir stoßen hier auf die Tatsache, daß die Wirklichkeit der Welt nicht identisch ist mit dem, was wir erleben.
Wenn man die Sache einmal unter diesem Aspekt betrachtet, dann geht einem sofort auf, daß das gleiche Phänomen auch auf einer höheren, geistigen Ebene existiert. Es gibt den »blinden Fleck« auch in der Forschung. Es gibt ihn auch bei jener Weise des Sehens im übertragenen Sinne, die wir meinen, wenn wir von einer bestimmten Weltansicht reden oder von einem bestimmten naturwissenschaftlichen Weltbild.
Ich möchte Ihnen das an einer Erfahrung verdeutlichen, die sicher der eine oder andere von Ihnen auch schon einmal gemacht hat, wenn ihm ein altes Lexikon oder ein Lehrbuch aus Großvaters Zeiten in die Hände fiel. Die Lektüre einer solchen alten Schwarte kann höchst unterhaltsam sein. Zum Teil mag das einfach an dem relativ billigen Vergnügen liegen,

das es bereiten kann festzustellen, wie sehr sich unsere Vorgänger auf diesem oder jenem Gebiet mit Problemen herumgeschlagen haben, deren Lösung wir heute kennen.
Wirklich interessant wird die Lektüre aber in dem Augenblick, in dem man nach Gründen zu suchen beginnt, aus denen man auf die uns heute geläufigen Antworten damals nicht gekommen war. Bei dieser Suche kann man nämlich fast regelmäßig eine sehr erstaunliche Erfahrung machen: In den meisten Fällen stellt sich heraus, daß die Probleme nicht etwa deshalb ungelöst blieben, weil ihre Lösung zu schwierig gewesen wäre, sondern deshalb, weil sie als Probleme überhaupt nicht gesehen wurden. Anders ausgedrückt: Die meisten Antworten wurden nicht gefunden, weil man die Fragen, die zu ihnen hätten führen können, erst gar nicht gestellt hatte.
Lassen Sie mich das an einem konkreten Beispiel zeigen: Vor einiger Zeit interessierte es mich, wie wohl die Astronomen um die Jahrhundertwende das Problem der Energiebilanz unserer Sonne behandelt haben könnten. Folgendes Problem ist gemeint: Es ist rechnerisch leicht zu beweisen und daher auch schon lange bekannt, daß die Strahlung der Sonne nicht über ausreichend lange Zeiträume hinweg konstant bleiben könnte, wenn die Sonne ihre Energie ausschließlich aus einem normalen (chemischen) Verbrennungsprozeß bezöge.
Wir wissen heute, daß es atomare Fusionsprozesse sind, Kernreaktionen, aus denen die Sonne ihre Energie bezieht, und daß diese Prozesse ergiebig genug sind, um unsere Sonne rund zehn Milliarden Jahre lang mit der Kraft strahlen zu lassen, mit der sie auch uns heute am Leben erhält. Von der Existenz einer solchen Energiequelle ahnten die Astronomen um die Jahrhundertwende aber noch nichts. Wie also hatten sie sich damals mit dem Problem auseinandergesetzt?
Wer dieser Frage in den zeitgenössischen Lehrbüchern nachgeht, der wird die überraschende Entdeckung machen, daß das Problem für die damaligen Astronomen überhaupt nicht existiert hat, jedenfalls nicht in der Form, in der es sich uns heute darstellt. Man wußte sehr wohl, daß die bloße Verbrennung der Sonnenmaterie nicht genügte. Aber man brauchte bloß die

Gravitationsenergie zu Hilfe zu nehmen, man brauchte bloß anzunehmen, daß die gewaltige Masse der Sonne sich unter ihrem eigenen Gewicht im Verlaufe sehr langer Zeiträume ganz langsam zusammenzöge. Auch eine solche Kontraktion produziert Wärme. Und die Berechnungen zeigten nun, daß dieser Kontraktionsmechanismus die Sonne sicher zehn, vielleicht sogar hundert Millionen Jahre lang als Stern am Leben erhalten konnte.

Wo war da noch ein Problem? Denn, und das ist das Entscheidende, um 1900 wußte man nicht nur nichts von atomaren Reaktionen als möglicher Energiequelle, sondern die Wissenschaftler der damaligen Zeit, also die Zeitgenossen unserer Großväter, hatten auch noch völlig unzureichende Kenntnis über das Alter der Erde und die Zeiträume, in denen auf unserer Erde schon Leben existiert hat. Deshalb konnte die ungeheure Diskrepanz zwischen der von ihnen für ausreichend erachteten Lebensdauer der Sonne – höchstens hundert Millionen Jahre – und dem Erdalter von ihnen gar nicht gesehen werden.

Hier ergänzten sich folglich zwei angesichts der Realität absolut unzulängliche Informationen in einer Weise, die ein in diesem Punkt nahtloses und daher scheinbar zutreffendes Bild der Natur entstehen ließ. Die in Wirklichkeit hier klaffende, ganz entscheidende Wissenslücke wurde überhaupt nicht sichtbar. Das gilt ebenso für die meisten anderen ungelösten wissenschaftlichen Probleme, die es aus heutiger Sicht in der gleichen Epoche gab.

Das naturwissenschaftliche Weltbild auch der damaligen Zeit war – von einigen Ausnahmen abgesehen – in sich geschlossen. Alte Lehrbücher fallen nicht, wie man meinen könnte, durch die Aufzählung einer Fülle von offenen, ungelösten Problemen auf. Ihr Charakteristikum für den heutigen Leser besteht vielmehr darin, daß in ihren Registern fast alle Stichworte fehlen, die sich auf die Probleme beziehen, an denen wir heute arbeiten.

Es kann nun nicht der geringste Zweifel daran bestehen, daß unsere Situation genau die gleiche ist. Kommende Generationen werden bei der Lektüre unserer Lehrbücher den gleichen Eindruck haben. Auch sie werden erstaunt sein über die große Zahl von Lücken in unserem Wissen, die wir gar nicht gesehen haben, und auch sie werden sich über die vielen Fragen wundern, die zu stellen wir versäumt haben, obwohl sie auf der Hand zu liegen schienen. Denn auch unser Weltbild erscheint uns im wesentlichen als in sich geschlossen. Das Wenige, was man weiß, tendiert immer dazu, sich nahtlos aneinanderzufügen. Und ganz so, wie beim »blinden Fleck« der Wahrnehmungspsychologie, von der ich ausgegangen bin, verschwinden dabei die Lücken aus dem Erleben.

Wir brauchen bloß an den Neid zu denken, der einen vor allem als jungen Menschen leicht befallen kann, wenn man an die großen weißen Flecken denkt, die auf der Landkarte und im Wissen vorangegangener Generationen so verlockend zum Fragen und Forschen einluden, während die eigene Gegenwart nichts Vergleichbares mehr zu bieten scheint.

Dieser Neid ist ganz sicher nicht berechtigt. Er beruht auch nur auf dem Phänomen, von dem hier die ganze Zeit die Rede ist. Unsere Zeit unterscheidet sich in den Chancen für einen jungen Forscher in keiner Hinsicht von früheren Epochen. Die Ergebnisse und Einsichten, zu denen die Wissenschaft in den letzten Generationen gekommen ist, mögen noch so imponierend und tiefgründig sein, gemessen an dem, was es in der Natur insgesamt zu erforschen gibt, hat sich durch sie bis auf den heutigen Tag so gut wie nichts geändert. Die weißen Flecken unerforschter Areale existieren nach wie vor in kaum veränderter Ausdehnung auf allen Gebieten, nur wird uns als Zeitgenossen der Ausblick auf sie allzu leicht durch »blinde Flecke« verstellt: durch Denkgewohnheiten, Tabus und den Eindruck festgefügter Geschlossenheit unseres Weltbildes.

Es erhebt sich hier folglich die Frage, an welchen Stellen unseres wissenschaftlichen Weltbildes wohl die für unsere eigene Generation charakteristischen »blinden Flecke« zu suchen sein mögen. Selbstverständlich läßt diese Frage sich nicht in einem Vortag und überhaupt nicht von einem einzelnen beantworten. Denn die Fähigkeit, einen dieser »blinden Flecke« in irgendeinem Detail des für gültig gehaltenen Wissensbestandes zu entdecken, das ist es ja gerade, was bei näherer Betrachtung das Wesen der originalen wissenschaftlichen Leistung ausmacht. Der Fortschritt der Wissenschaften ist die Folge davon, daß die richtigen Fragen gestellt werden. Produktive wissenschaftliche Arbeit besteht in der Suche nach diesen so schwer zu entdeckenden Lücken in unserem Wissen. Trotzdem ist es nützlich und wichtig, sich klar darüber zu sein, daß es diese »blinden Flecke« gibt, auch wenn wir nicht den Finger auf sie legen können. Das Wissen, daß sie existieren, kann einen davor bewahren, unsere heutigen Kenntnisse und Ansichten für so endgültig und unbezweifelbar zu halten, wie sie sich manchmal präsentieren.

Eines aber ist möglich, und damit komme ich zum zweiten Teil: Es lassen sich allgemeine Tendenzen namhaft machen, geistige Gewohnheiten und Bewußtseinshaltungen, die bewirken, daß die Zahl und die Ausdehnung von »blinden Flecken« in ganz bestimmten Forschungsbereichen besonders groß bleiben. Das gilt heute, wie mir scheint, besonders für jenen ganzen Bereich, den man die wissenschaftliche »Erforschung des Menschen durch den Menschen« nennen könnte.

Ein Wissenschaftler des Mittelalters könnte in einem modernen Biologie- oder Astronomiebuch keine einzige Zeile mehr verstehen, er würde jedoch kaum nennenswerte Mühe haben, einer Diskussion zwischen unseren Psychologen und Soziologen über zwischenmenschliche Probleme zu folgen. Das mag etwas zugespitzt formuliert sein, trifft im wesentlichen aber zu. Im Vergleich zu praktisch allen anderen Bereichen wissenschaftlicher Tätigkeit hinkt die Erforschung menschlichen Verhaltens in einem erstaunlichen Maße hinterher.

Wie ist die Unterentwicklung gerade dieses Forschungsbereichs zu erklären? Es gibt eine ganze Reihe von Gründen. Ohne jeden Zweifel ist der Mensch ein besonders schwieriges und komplexes Untersuchungsobjekt. Ohne Zweifel ist auch eine Situation, in der das forschende Subjekt sich selbst zum Objekt der Untersuchung machen muß – ohne Introspektion und Selbstbeobachtung ist auf diesem Felde nichts zu holen –, mit besonderen Schwierigkeiten behaftet. Aber das allein reicht zur Erklärung nicht aus. Hinzu kommt eine ganze Reihe von Tabus, die uns auch heute noch den unbefangenen Blick auf uns selbst verlegen.

Wir mokieren uns gern über jene dunklen Zeiten, in denen die Anatomen gezwungen waren, sich die Leichen, die sie für ihre Untersuchungen brauchten, nachts auf den Friedhöfen zu stehlen, weil es als unmoralisch galt und verboten war, menschliche Körper zu sezieren. Wir vergessen dabei, wie dunkel unsere eigene Zeit in dieser Hinsicht noch immer ist. Der menschliche Körper ist zwar inzwischen zur Untersuchung zugelassen, das menschliche Verhalten jedoch noch keineswegs.

Woran sonst liegt es denn, daß wir noch immer so verzweifelt unzureichend Bescheid wissen über die Bedingungen und gesellschaftlichen Konsequenzen der menschlichen Sexualität? Über die Zusammenhänge etwa zwischen frühkindlichem Sexualverhalten und späterer Kriminalität? Unser Recht führt mehr als fünfzig sexuelle Verhaltensweisen auf, die mit Strafe bedroht werden. Demgegenüber gibt es in der Bundesrepublik ein einziges Universitätsinstitut, das sich um eine wissenschaftliche Erforschung des menschlichen Sexualverhaltens bemüht. Liegt in diesem Mißverhältnis nicht schon ein Teil der Anwort?

Gewiß, es ist in den letzten Jahren ein klein wenig besser geworden. Damit meine ich übrigens nicht etwa die sogenannte »Sexwelle«, die uns seit einigen Jahren heimsucht. Diese nämlich ist nicht, wie viele glauben, Ausdruck einer fortschreitenden oder sogar schon zu weit fortgeschrittenen Liberalisierung, sondern in ihrer penetranten Aufdringlichkeit und mit ihrem kommerziellen Hintergrund auch nur ein Symptom unseres gestörten Verhältnisses zur eigenen Leiblichkeit. Aber wir beginnen, wie es scheint, neuerdings doch, den »blinden Fleck« wenigstens zu entdecken, der unseren Blick auf diesen fundamentalen Bereich menschlichen Verhaltens bisher zugedeckt hat. Es gibt einige Wissenschaftler, und man muß hinzufügen: mutige Wissenschaftler, die angefangen haben, unserer Unkenntnis auf diesem Gebiet zu Leibe zu rücken. Mutig allerdings müssen sie immer noch sein, denn wie Sie alle wissen, wird ihnen ihre Arbeit von unserer Gesellschaft vorerst noch mit den gleichen Argumenten und mit den gleichen Methoden erschwert, mit denen frühere Generationen die Anatomen daran zu hindern versuchten, menschliche Leichen zu untersuchen. Es sind, wie Sie bitte beachten wollen, exakt die gleichen Argumente und exakt die gleichen Methoden.

Vorurteile behindern die Forschung aber auch in anderen Bereichen menschlichen Verhaltens. Dazu einige wenige Beispiele: Denken Sie an die Ablehnung, die den Wissenschaftlern entgegenschlägt, die den Versuch machen, zur Aufklärung unverständlicher und rational nicht motivierbarer Verhaltensweisen des »normalen« Menschen durch eine vergleichende Untersuchung tierischer Verhaltensweisen beizutragen. Natürlich kann man den Menschen nicht rein biologisch »erklären«. Aber es ist nichts als Ausdruck verletzten Stolzes, wenn wir uns gegen die Einsicht sträuben, daß auch unser Verhalten in weiten Bereichen auf einem biologischen, instinkthaften Erbe ruht und daß aus diesem Grunde verhaltensphysiologische Untersuchungen dazu beitragen können, irrational erscheinende Komponenten unseres Verhaltens verstehen zu lernen.

Oder: Warum fällt es uns so schwer, die Einsicht zu akzeptieren, daß kriminelles Verhalten – von Ausnahmefällen abgesehen – das Symptom einer individuellen Fehlentwicklung ist, an der immer auch die menschliche Umwelt mitschuldig ist, mit anderen Worten also wir selbst? Anstatt diesen Zusammenhang zum Mittelpunkt von Bemühungen um eine konsequente Prophylaxe zu machen, ziehen wir es auch heute noch vor, den Delinquenten als einen gleichsam aus freien Stücken schuldig Gewordenen zu verurteilen und zu bestrafen. Ist hier nicht der Verdacht angebracht, daß wir dieser Form der Erledigung deshalb den Vorzug geben, weil sie unser Selbstwerterleben von dem Gedanken an die eigene Mitverantwortung entlastet?

Die Liste ließe sich beliebig verlängern. Wir sind von unserer geistigen Mündigkeit, unserer menschlichen »Rationalität«, so überzeugt, daß es uns ungeheuer schwerfällt einzusehen, daß die Triebfedern und Bedingungen unseres Verhaltens einer wissenschaftlichen Analyse bedürftig sein könnten. Und dies, obwohl wir von Beispielen für die Irrationalität menschlichen Handelns buchstäblich umringt sind – von den mörderischen und selbstmörderischen Praktiken auf unseren Verkehrsstraßen bis zu dem blind wütenden Konfessionskrieg in Nordirland, um hier einmal nur vor der eigenen, europäischen Tür zu kehren.

Wer auf diese Zusammenhänge aufmerksam geworden ist, der muß zu der Überzeugung kommen, daß es heute zu einer Frage von existentieller Bedeutung geworden ist, ob wir es fertigbringen, diese Tabus und Vorurteile zu überwinden. Wenn wir uns nicht bald dazu aufraffen, unser eigenes Verhalten mit der gleichen Hartnäckigkeit und Rücksichtslosigkeit zum Gegenstand wissenschaftlicher Untersuchung zu machen, wie wir es bei der Erforschung des Atoms oder bei der Eroberung des Mondes getan haben, dann wird die neuerdings sooft zitierte »Qualität des Lebens« spätestens für unsere Kinder unerreichbar werden.

Lassen Sie mich nach diesen kritischen Bemerkungen mit einem konkreten Vorschlag schließen, mit einem Vorschlag, der Ihnen an einem einzigen Beispiel zeigen soll, was man tun könnte, der Ihnen gleichzeitig aber auch anschaulich werden lassen wird, wie weit wir heute noch davon entfernt sind, eine solche Möglichkeit, und mag sie noch so logisch und konsequent erscheinen, auch nur ernsthaft zu diskutieren:

Ich möchte hier einmal die Frage aufwerfen, warum unser Verteidigungsministerium nicht einen kleinen Teil der ihm zur Verfügung stehenden Gelder zur Einrichtung eines Instituts für Friedens- oder Konfliktforschung verwendet. Bitte sehr: Das wäre ein konkretes Beispiel für die wissenschaftliche Behandlung eines bestimmten Bereichs menschlichen Verhaltens. Unsere Bundeswehr hat, so heißt es doch, allein den Zweck, unsere Sicherheit zu erhöhen. Sie soll, wie der bekannte Slogan lautet, »Sicherheit produzieren«. Ich zweifele nicht daran, daß das wirklich die Absicht ist. Ich bin auch bereit, hier einmal zu unterstellen, daß Kampfflugzeuge und Panzer geeignete Instrumente zur Verwirklichung dieses Zwecks sind. Das gleiche läßt sich nun aber auch von einem Institut für Konfliktforschung mit mindestens der gleichen Bestimmtheit behaupten, für eine Einrichtung also, die bei hohem wissenschaftlichen Standard schon für die Kosten eines halben Kampfflugzeuges zu haben wäre.

Insofern wäre ein solches Institut, das ebenfalls »Sicherheit produziert«, also ein durchaus legitimer Bestandteil einer sich ausschließlich defensiv verstehenden Sicherheitspolitik. Und ein sehr billiger dazu. Die Tätigkeit eines solchen Instituts im Rahmen des Verteidigungsministeriums würde überdies die Überlegungen der für unsere Sicherheit Verantwortlichen in psychologisch sehr dienlicher Weise von einer ausschließlichen Fixierung auf die Möglichkeiten gewaltsamer Auseinandersetzungen befreien können. Es würde bewirken, daß der Rahmen der Planungen sich auf die Beseitigung und die Prophylaxe äußerer Spannungen erweiterte. Allein das wäre schon ein spürbarer Fortschritt. Und wer an der praktischen Verwertbarkeit der von einem solchen Institut erarbeiteten Resultate beim heutigen Stand der Konfliktforschung noch zweifelt, selbst der müßte immerhin zugeben, daß eine solche Institution zumindest die Glaubwürdigkeit des eigenen Standpunktes unterstreichen würde. Auch das aber liefe letztlich auf einen Gewinn an Sicherheit hinaus.

Die Logik scheint also dafür zu sprechen, daß ein Verteidigungsministerium, das seine Aufgabe wörtlich versteht, gut beraten wäre, wenn es den Gegenwert eines einzigen modernen Panzers dazu benutzte, ein solches Institut ins Leben zu rufen. Trotzdem sollten wir in dieser Hinsicht nicht allzu optimistisch sein. Denn »blinde Flecke« gibt es natürlich nicht nur in der Forschung.

1973

Evolutionäres Weltbild und theologische Verkündigung

Möglichkeiten einer »Harmonisierung« von Wissen und Glaube

Mein Beitrag steht zwischen denen von drei Naturwissenschaftlern und drei Theologen – und zwar in jedem Sinn des Wortes. Die mir gestellte Aufgabe – die Beziehungen des naturwissenschaftlichen Evolutionskonzepts zum theologischen Schöpfungsbegriff zu behandeln – erlaubt es mir nicht, mich auf das Zentrum meines eigenen disziplinären Reviers, das ich ja auch habe, zurückzuziehen und mich dort hinter einer Mauer fachspezifischer Begriffe zu verschanzen, die nach außen möglichst wenig Angriffsflächen bietet. Mein Thema zwingt mich vielmehr, die Heimatlosigkeit interdisziplinären Niemandslandes aufzusuchen, ungeachtet der Aussicht, dort dann von beiden Seiten Prügel zu beziehen. Unter diesen Umständen darf ich vorsorglich und in der Hoffnung auf Strafmilderung darauf hinweisen, daß die Revierüberschreitung, die zu begehen ich beabsichtige, nicht mutwillig erfolgt, sondern in der Überzeugung, daß an dieser Stelle nur ein wortwörtlich »interdisziplinärer« Beitrag der Zielsetzung dieses Symposions gerecht werden kann.

Wenn man über »Evolution und Schöpfung« reden soll, ist es angebracht, Überlegungen über die Art der Beziehung zwischen diesen beiden Begriffen voranzuschicken, bevor man auf konkrete Inhalte eingeht, die sich aus dieser Beziehung ergeben könnten.

Denn die erste Frage ist schon die, ob eine solche Beziehung überhaupt existiert. Ein überzeugter Positivist, ein prinzipiell positivistisch eingestellter Naturwissenschaftler, würde das ganz sicher verneinen. Für ihn endet die Wirklichkeit, der Bereich der Tatbestände, über die sich sinnvoll reden läßt, dort, wo seine Methode an ihre Grenzen stößt. Für ihn ist der Begriff »Schöpfung« letztlich ein Wort ohne Inhalt.

Vorausgesetzt wird daher hier die Anerkennung eines pragmatischen, eines nicht grundsätzlichen, nicht ontologischen Charakters der positivistischen Methode, mit der allein Naturwissenschaft sinnvoll betrieben werden kann. Die Beschränkung auf quantitative, reproduzierbare Sachverhalte hat bei dieser Einstellung den Charakter einer Konvention, eines aus guten Gründen erfolgenden Verzichts. Der pragmatische Positivist, wenn ich den Naturwissenschaftler einmal so charakterisieren darf, wird Wissenschaft daher auch weiterhin ausschließlich im Rahmen des objektiv Wägbaren und Meßbaren betreiben. Es geht nicht anders! Er wird jedoch nicht bestreiten, daß die Wirklichkeit den Horizont seiner Methode unausdenkbar überschreitet.

Aber auch einem gläubigen Christen gegenüber müßte ich darauf gefaßt sein, daß er der vom Titel meines Beitrags unterstellten Beziehung widerspricht. Die Erfahrung lehrt, daß viele gläubige Menschen hier eher eine Alternative zu sehen glauben – »Evolution oder Schöpfung« –, angesichts derer man zu wählen habe zwischen zwei Möglichkeiten, die einander ausschlössen. Und wenn der Gläubige sich dann entscheidet, die Welt als Schöpfung anzusehen und anzunehmen, dann fällt in seinen Augen jemandem, der sich dem Versuch verschrieben hat, diese Welt als das Resultat eines naturgesetzlichen, unserem Verstand zumindest partiell zugänglichen Prozesses zu begreifen, nur allzu leicht die Rolle eines Widersachers zu. Dann regt sich schnell die Befürchtung, daß alle Fortschritte auf dem naturwissenschaftlichen Weg als Einschränkungen, wenn nicht sogar als Widerlegungen der eigenen Position aufzufassen sein könnten.

Im Endeffekt resultiert daraus dann jene psychologisch bei solchen Voraussetzungen unausbleibliche Berührungsangst den Naturwissenschaften gegenüber, wie sie sich im kirchlichen Lager bis auf den heutigen Tag konstatieren läßt. Ihre Erscheinungsformen reichen von der Tendenz zur bloßen Verweigerung, dem einfachen Nicht-zur-Kenntnis-Nehmen, bis hin zu dem Extrem einer nachdrücklichen Verteufelung des naturwissenschaftlichen Ansatzes als materialistischer, glaubensfeindlicher Irrlehre.

Ich rede hier nicht von der Situation in der wissenschaftlichen Theologie (wenn es, andererseits, auch kaum mehr als dreißig Jahre her ist, daß Pius XII. in der Enzyklika »Humani generis« die Annahme, »der Ursprung des menschlichen Körpers aus einer bereits bestehenden und lebenden Materie [sei] bereits mit vollständiger Sicherheit bewiesen«, als »verwegene Überschreitung« der für einen Katholiken zulässigen Meinungsfreiheit rügte). Ich meine hier vor allem die Erfahrungen, die man, jedenfalls bei uns in der Bundesrepublik, auch heute noch in den kirchlichen Gemeinden und gläubigen Laienkreisen machen muß.

Man kann darauf in verschiedener Weise antworten. Ich würde an dieser Stelle meinen Gesprächspartner darauf hinweisen, daß es eine wirklichkeitsfremde Annahme wäre zu glauben, daß sich der Beziehung ausweichen ließe. Keine noch so konsequente Verweigerung kann heute mehr verhindern, daß das Konzept einer sich evoluierenden Welt so oder so Einfluß nimmt auf das System theologischer Aussagen und damit auch auf die Einstellung des einzelnen in Glaubensfragen. Ich muß, um das zu erläutern, kurz auf eine andere Beziehung eingehen: auf die von Religiosität und Theologie.

Religiosität im allgemeinsten Sinne des Wortes wird von mir hier als die Überzeugung von der Realität einer jenseitigen, den Horizont unserer sinnlich erfahrbaren Welt transzendierenden Wirklichkeit verstanden.

Nicht also als lediglich das Gefühl etwa einer Bindung an einen bestimmten Katalog moralischer Werte. Auch nicht als bloßer Ausdruck einer kulturellen »Als-ob-Haltung« im Sinne einer unentbehrlichen Grundlage zur Entwicklung gesellschaftlicher Moral, wie F. A. von Hayek es so überzeugend darlegte. Sondern ganz konkret als »Jenseitsglaube«.

Theologie läßt sich dann als der Versuch ansehen, diese Welt

und den Menschen in ihr vor dem Hintergrund jener jenseitigen Wirklichkeit zu verstehen und zu beschreiben.
Beides ist aufeinander bezogen. Ohne Theologie bliebe Religiosität stumm, ohne Möglichkeit des Ausdrucks und der Mitteilung. Und Theologie ihrerseits wäre ohne die Wirklichkeit religiösen Glaubens ohne Inhalt, leeres Gerede. Sosehr beide aber aufeinander bezogen sind und sich gegenseitig bedingen, ihre Beziehung steht nicht im luftleeren Raum. Sie läßt sich nicht ablösen von der Welt, in der sie sich realisieren muß. Es genügt, an das zentrale, gewissermaßen systemimmanente Problem aller Theologie zu erinnern, das aus dem Zwang resultiert, mit menschlicher Sprache und irdischen Begriffen glaubhaft von einer übermenschlichen und überirdischen Wirklichkeit reden zu müssen. Die Sprache aber, auf die die Theologie somit angeweisen bleibt, bezieht ihre Begriffe und Bilder von einer diesseitigen Welt, deren Bedeutungsgehalte sich in historischer Zeit fortlaufend ändern.
Der Anschaulichkeit und Kürze halber möchte ich mit zwei Beispielen kasuistisch erläutern, welcher Art der Bedeutungswandel ist, den ich meine, und wie er zustande kommt. Als besonders anschauliches Beispiel benutze ich in diesem Zusammenhang gern den Fall des gewöhnlichen Blitzableiters. Die Entdeckung elektrischer Felder in der Atmosphäre und der Gesetze ihrer Entladung hat uns eines Tages auf den Gedanken kommen lassen, Blitzableiter auf den Dächern unserer Häuser aufzustellen, um sie gegen Blitzeinschläge zu schützen. Mit dieser Beschreibung ist der Fall für die meisten Menschen abgetan. Damit aber übersehen sie, wie mir scheint, einen ganz anderen, sehr viel wichtigeren Aspekt des gleichen Sachverhalts. Die wichtigste, die wirklich entscheidende Neuerung hat sich hier nicht auf den Dächern unserer Häuser abgespielt, sondern in unseren Köpfen. Sie besteht darin, daß sich der mit seinem Blitz auf uns zielende Dämon, vor dem wir uns jahrtausendelang gefürchtet hatten, in ein Naturgesetz verwandelte, das nichts von uns weiß.
Ich verwende dieses Beispiel besonders gern deshalb, weil es schlaglichtartig verdeutlicht, wie unwichtig der bis in die aktu-

elle Diskussion unserer Tage hinein maßlos überschätzte technische Aspekt ist im Vergleich zu dem geistesgeschichtlichen Aspekt naturwissenschaftlicher Erkenntnis. Im Vergleich zu dem Bewußtseinswandel, der Korrektur unseres Weltverständnisses, der durch jede neue naturwissenschaftliche Erkenntnis bewirkt wird. Naturwissenschaft legt die Welt mit jedem ihrer Schritte neu aus. Darin besteht ihre eigentliche Bedeutung.

Ein weiteres Beispiel aus dem Bereich der Astronomie. Diese Disziplin eignet sich dazu besonders gut, weil ihre Ergebnisse ohne praktische Konsequenzen sind. Astronomie ist, unter praktischen Gesichtspunkten, »nutzlos«. Also bewirkt sie nichts, so möchte mancher folgern. Das Gegenteil ist der Fall: Sie kann die Welt verändern. Das Beispiel, an das ich denke, ist das der sogenannten kopernikanischen Wende (die eigentlich die Wende des Giordano Bruno[1] heißen müßte, weil er erst den wirklich entscheidenden Schritt getan hat). Bis zu dieser Wende war das Bild, das unsere Vorfahren von der Welt hatten, das einer auf Gott zentrierten kosmischen Hierarchie. Im Mittelpunkt des Alls, in der »sublunaren Sphäre«, ruhte die Erde als Wohnstätte des Menschen. Darüber wölbten sich die Sphären der Fixsterne. Hinter ihnen begann das Reich Gottes, auch dieses hierarchisch vielfach gestuft, von den Heiligen über die Engel und Erzengel bis zu Gottvater selbst als oberstem Herrscher.

Wir wissen heute, daß es sich bei diesem Bild der Welt um das gehandelt hat, was die Soziologen, etwa Ernst Topitsch, als »soziomorphe Projektion« bezeichnen: um die unbewußte Hineinverlegung der Strukturen der eigenen feudalen Gesellschaftsordnung in die unbekannten Regionen des Himmels. Für die Zeitgenossen aber war dieses in Wahrheit der eigenen Vorstellung entsprungene Bild geglaubte Wirklichkeit. Und so kam es unweigerlich zur »Rückprojektion«: Die geglaubte himmlische Ordnung bestätigte und legitimierte in ihren Augen die irdische Ordnung als offensichtliches Abbild des Gottesreiches und damit als naturgegeben und gottgewollt.

Wer auf diesen Zusammenhang erst einmal aufmerksam geworden ist, der wird, auch wenn sich das vielleicht nicht beweisen läßt, doch nicht daran zweifeln, daß zwischen der Revolution, die sich zu Beginn der modernen Astronomie am Himmel abspielte, und den gesellschaftlichen Umwälzungen, die in den anschließenden Jahrhunderten auf der Erde erfolgten, ein Zusammenhang besteht: Mit der Auflösung der kosmischen Hierarchie war der feudalen Gesellschaftsordnung ihre scheinbar überirdische, sie dem Bereich jeglichen möglichen Zweifels entrückende Legitimation entzogen. Die Entdeckung einer Vielzahl von Sonnen und »Welten«, gleichartig der unseren und vom gleichen Range, diese (wie gesagt tatsächlich erst von Bruno erstmals *expressis verbis* ausgesprochene) Relativierung der kosmischen Verhältnisse wird im Rückblick als eine der Voraussetzungen erkennbar, die es ermöglichten, den neuartigen und revolutionierenden Gedanken von der Gleichheit auch aller Menschen fassen zu können.

Weltbilder tendieren, sie mögen objektiv noch so unvollkommen sein, grundsätzlich zur Geschlossenheit. Sie lassen aus subjektiver Perspektive sozusagen keine Fragen offen. Deshalb haben die Menschen die Bilder, die sie sich von der Welt jeweils machten, auch von jeher in aller Unschuld für die Wirklichkeit selbst gehalten. Auch wir tun das. Fast niemals denken wir daran, daß auch wir selbstverständlich nicht in »der« Welt leben, sondern immer nur inmitten des Bildes, das wir uns von der Welt jeweils machen. Das ist sicher einer der tieferen Gründe dafür, daß es uns so außerordentlich schwerzufallen pflegt, dem Wechsel eines Weltbildes innerlich zu folgen, wenn ein neuer Schritt auf dem Wege der Naturerkenntnis ihn von uns verlangt. Allzu leicht haben wir dann den Eindruck, die Welt ginge unter, während alles, was uns zugemutet wird, eine Änderung alter Denkgewohnheiten ist, nur eine Korrektur des von uns selbst geschaffenen Bildes von der Welt.

Der letzte Schritt, der ein solches Ansinnen an uns stellt, ist nun das Konzept der Evolution. Um das zu sehen, muß man sich allerdings klar sein darüber, daß man die Bedeutung dieses Konzepts hoffnungslos unterschätzt, wenn man es allein mit der Theorie Darwins identifiziert. Darwin war der große Pionier, der geniale Bahnbrecher, der dem Entwicklungsgedanken in einer bestimmten naturwissenschaftlichen Spezialdisziplin

zur Anerkennung verhalf. Der Gedanke der Evolution aber ist längst nicht mehr auf den Bereich der Biologie beschränkt. Seit einigen Jahrzehnten hat sich immer deutlicher herausgestellt, daß das Entwicklungsprinzip nicht nur für den Bereich der belebten Natur gilt. Es ist weitaus umfassender. Es ist in unserer Zeit das umfassendste denkbare Prinzip überhaupt, da es den ganzen Kosmos einschließt. Ich habe das an anderer Stelle schon ausführlich begründet und kann hier außerdem auch auf den Vortrag von Carsten Bresch verweisen.[2]
Es geht um nicht weniger als um die Einsicht, daß der Kosmos nicht, wie wir jahrtausendelang geglaubt hatten, ein statisches Gebilde ist, so etwas wie das selbst unveränderliche Behältnis der Gesamtheit aller Dinge. Nach allem, was wir heute wissen, ist das Universum selbst ein alle anderen Entwicklungen umgreifender historischer Prozeß. Die biologische Evolution ist nur ein Ausschnitt aus diesem umfassenderen Geschehen. Um es kurz zu machen: Das Wort Evolution steht dafür, daß die Welt für den Menschen ihr Gesicht wieder einmal von Grund auf geändert hat.
Wer heute immer noch glaubt, es stände in seinem Belieben, diese geistesgeschichtliche Umwälzung anzuerkennen oder auch nicht, der möge folgendes bedenken: Die Entdämonisierung der Welt hat sich seinerzeit auch im Bewußtsein derer vollzogen, denen der Begriff des elektrischen Feldes zeitlebens unbekannt blieb. Daß die in der unbelebten Natur ablaufenden Prozesse nicht, wie es das archaische Weltbild uns suggerierte, »subjektzentristisch« (R. Bilz) auf den erlebenden Menschen gezielt sind, diese Erfahrung vermittelt sich auch jemandem, der gar nicht daran interessiert ist zu erfahren, wie ein Blitzableiter funktioniert. Und der Gedanke von der grundsätzlichen Gleichheit aller Menschen steckt heute in allen Köpfen, gänzlich unabhängig davon, wieviel deren Besitzer von der »kopernikanischen« Wende oder gar von moderner Astronomie wissen.
So hat auch der Entwicklungsgedanke längst begonnen, das Bewußtsein der Zeitgenossen zu prägen, völlig unabhängig davon, ob der einzelne die Details des Darwinschen Erklä-

rungsversuchs kennt oder ob er jemals etwas von den Befunden und Interpretationen der modernen Kosmologie gehört hat, die das Evolutionskonzept zum umfassendsten, das moderne Weltverständnis von Grund auf bestimmenden Deutungsprinzip haben werden lassen. Es geht hier gar nicht um individuelles Wissen, nicht um die Anerkennung oder Ablehnung dieser oder jener speziellen Theorie. Es geht um die Prägung des Welt- und Selbstverständnisses durch den Einfluß kulturellen Wissens, durch jene Art überindividuellen Wissens also, das nach F. A. von Hayek den denkenden Menschen überhaupt erst erschafft. Es geht – es ist wichtig genug, um es zu wiederholen – um die Tatsache, daß die Welt für den Menschen ein anderes Gesicht angenommen hat.

Daher ist es auch müßig, sich, wie es gelegentlich immer noch geschieht, über irgendwelche Details zu streiten. Darüber, ob diese oder jene Behauptung schon als bewiesen gelten könne oder nicht, als wie sicher schon begründet oder in welchem Maße noch hypothetisch diese oder jene Einzelheit der Darwinschen Theorie anzusehen sei. Das sind Fragen, die den Spezialisten überlassen bleiben können. Ihre Beantwortung wird nichts Grundsätzliches mehr ändern. Das Gespräch sollte sich besser der überfälligen Aufgabe zuwenden, den Sinn menschlicher Existenz in einer sich evoluierenden Welt neu zu beschreiben. Niemand wird der Theologie ihre Führungsrolle bei diesem Gespräch bestreiten, denn Naturwissenschaft, an die positivistische Methode unvermeidlich gebunden, kann zur konkreten Bestimmung des Sinns menschlicher Existenz nichts beitragen. Die Theologie wird jedoch die Befunde der wissenschaftlichen Welterklärung und deren Fortschreiten bei der Formulierung ihrer Antwort zu berücksichtigen haben, wenn ihre Auskunft nicht nur richtig, sondern überdies auch verständlich sein soll.

Jedenfalls können sich weder der Theologe noch der gläubige Laie heute dem Einfluß des Evolutionsgedankens auf irgendeine Weise mehr entziehen, darauf will ich hinaus. Sie können sich der genannten Aufgabe natürlich verweigern. Das aber können sie nur, indem sie sich von dem Weltbild ihrer Epoche, von dem überindividuellen Bewußtsein ihrer Kultur in einer Art geistigen Gewaltakts isolieren. Wer das tut, darf sich nicht beklagen, wenn er in die Isolation gerät. Wer sein Denken und seine Sprache von der zentralen geistigen Strömung seiner Zeit abkoppelt, riskiert, daß er zwar aufgrund ererbter Autorität auch weiterhin noch gehört, aber immer weniger verstanden wird.

Derartige Isolierungsbemühungen, derartige Verweigerungstendenzen sind im kirchlichen Lager, vor allem aber in vielen der Kirche nahestehenden Laienkreisen auch heute noch anzutreffen. Es mag unangebracht und sogar undankbar wirken, diese Feststellung ausgerechnet bei diesem Anlaß und in diesem Kreise zu treffen. Aufs Ganze gesehen, entspricht sie jedoch der immer noch herrschenden Situation. Diese Erfahrung ist um so schmerzlicher, als sie sachlich sicher nicht begründet ist. Unleugbar hat es eine Epoche gegeben, in der eine positivistisch maßlos gewordene Naturwissenschaft angesichts der Frage nach dem Sinn menschlicher Existenz so etwas wie einen Alleinvertretungsanspruch erhoben hat. Das liegt zwar mehrere Forschergenerationen zurück. Aber auch Naturwissenschaftler haben für die Sünden ihrer Väter offensichtlich bis ins dritte oder vierte Glied zu büßen.

Das von der Naturwissenschaft in den letzten Jahrzehnten immer klarer herausgearbeitete Bild einer sich evoluierenden Welt gibt objektiv jedenfalls längst zu keiner Berührungsangst mehr irgendwelchen Anlaß. Im Gegenteil: Mir scheint, daß es Sprachbilder und gedankliche Modelle bereithält, mit deren Hilfe sich bestimmte, zentrale theologische Aussagen zwangloser und damit überzeugender formulieren lassen, als das im Rahmen des statischen Weltbildes gelingt, dem die Sprache der Theologie vorläufig noch immer verhaftet ist.

Eigentlich braucht man sich darüber nicht zu wundern. Denn wenn die Annahme zutrifft, daß sich naturwissenschaftliche Erkenntnis der Wahrheit dieser Welt immer mehr nähert, wenn auch freilich asymptotisch, auf einem Wege, der sie niemals bis an das Ziel selbst gelangen lassen wird, so wird man die Hoffnung hegen dürfen, daß dieser Weg auch der Wahrheit,

von der die Theologen reden, nur näherkommen, sich jedenfalls nicht von ihr entfernen kann.
Ich will jetzt versuchen, diese Behauptung zu belegen, und an einigen Beispielen zeigen, daß die Berücksichtigung des evolutionären Weltbildes theologische Aussagen überzeugender zu formulieren gestattet: überzeugender, als es im Rahmen des statischen Weltbildes möglich ist, das ja in allen anderen Bereichen des geistigen Lebens inzwischen *ad acta* gelegt wurde.
Besonders eindrucksvoll ist für mich die Tatsache, daß insbesondere über die Realität einer transzendenten, jenseits unserer Welt gelegenen Wirklichkeit im Kontext einer evoluierenden Welt überzeugender gesprochen werden kann als im Rahmen des bisherigen Bildes einer seit ihrer Erschaffung unverändert dastehenden Welt. Selbstverständlich bleibt »das« Jenseits der naturwissenschaftlichen Argumentation auch weiterhin unerreichbar. Es bleibt nach wie vor geglaubte Wirklichkeit. Über diesen zentralen Begriff aller Religionen läßt sich aus evolutionärer Sicht jedoch plausibler reden als bisher. Das klingt in manchen Ohren vielleicht paradox. Tatsache aber ist, daß ausgerechnet das Evolutionskonzept, das in manchen Kreisen, ich denke da insbesondere an die in den letzten Jahren wieder so aktiv gewordenen vitalistischen und kreationistischen Zirkel, so erbittert als exemplarisch religionsfeindliches Konzept bekämpft wird, unsere Bereitschaft und unsere Fähigkeit, den Gedanken an eine jenseitige Realität ernst zu nehmen, vergrößern kann.
Der Grund ist die aus der evolutionären Betrachtung resultierende Einsicht, daß die Welt, in der wir uns vorfinden, nicht so geschlossen sein kann, wie sie sich unserem Erleben präsentiert. Daß es sich bei ihr nur um einen relativ winzigen Ausschnitt aus einer – durchaus noch diesseitigen! – sehr viel größeren Wirklichkeit handeln kann, die den Horizont des uns Erfahrbaren, Denkbaren und Vorstellbaren prinzipiell überschreitet. Der Grund ist die sich erst aus der evolutionären Betrachtung ergebende Entdeckung jenes Sachverhalts, den ich in bewußt paradoxer Formulierung als »weltimmanente Transzendenz« bezeichnet habe.[3]

Es gibt mehrere Möglichkeiten, sich vor Augen zu führen, was damit gemeint ist. Eines der Argumente folgt aus der Besinnung darauf, daß der Mensch in seiner heutigen Gestalt nicht als das unveränderliche Endprodukt eines einmaligen Schöpfungsaktes anzusehen ist, sondern, aus evolutionärer Perspektive, als das vorläufige Ergebnis einer Entwicklung, die weit über uns Heutige hinaus weiterlaufen wird in eine Zukunft hinein, an der wir unmittelbar nicht mehr teilhaben. Der Homo sapiens in seiner heutigen Gestalt erscheint aus dieser Perspektive gleichsam wie eine Momentaufnahme, die eine einzige Phase aus einer sich über gewaltige Zeiträume hinweg abspielenden Entwicklung herausgreift.
Das hat unter anderem etwa folgende konkrete Konsequenz: Wir verfügen über die Möglichkeit, die Geschichte der Entwicklung unserer Großhirnrinde mit einiger Zuverlässigkeit zu rekonstruieren. Es ist von großem Reiz, dabei zu verfolgen, wie im Verlauf einer stetigen Vergrößerung der Hirnrinde immer wieder neue »Zentren« entstanden, Ansammlungen von Nervenzellen innerhalb neu entstandener Rindengebiete, die bereit waren, neuartige Funktionen zu übernehmen, ja, diese in einem gewissen Sinne überhaupt erst zu erschaffen.
So sind vor etlichen Jahrhunderttausenden zum Beispiel die »hintere Zentralwindung« des menschlichen Gehirns (die das Erleben der eigenen Körperbewegungen und der räumlichen Stellung der verschiedenen Gliedmaßen zueinander vermittelt) und die im Hinterkopf gelegene »Sehrinde« mit unmerklicher Langsamkeit auseinandergerückt. Zwischen ihnen entstand dadurch ein neues Areal frei verfügbarer Nervenzellen.
Welche Funktion war diesen Abkömmlingen so unterschiedlicher »Eltern« zuzutrauen? Rückblickend wissen wir, was geschah. Die Neulinge schafften im Gehirn unserer Vorfahren die Voraussetzung zum Erleben des dreidimensionalen Raumes und im weiteren Ablauf dann auch noch die zur Entdeckung des Begriffs der Zahl, die Voraussetzung der Fähigkeit zum Rechnen.[4]
Nachträglich ist leicht einzusehen, warum es so kam. Das bewußte Erleben der eigenen Mobilität und die Fähigkeit, diese

in Beziehung zu setzen zur optisch erlebten Außenwelt, schaffen die Voraussetzungen, die zum Erkennen eines objektiv existierenden Außenraums notwendig sind. Und Zahlen sind, wie sich auch heute noch mit psychologischen Befunden belegen läßt, ursprünglich das Ergebnis eines ordnenden Umgangs mit den Dingen in diesem neu entdeckten, objektiven Raum. Nachträglich also ist das alles einleuchtend. Bevor das neue Hirnrindenareal, unser heutiger »Scheitellappen«, diese Funktionen oder Fähigkeiten jedoch erzeugte, waren sie weder vorherzusehen noch auf irgendeine Weise ausdenkbar.

Und jetzt brauchen wir uns in Gedanken nur um 180 Grad herumzudrehen und anstatt in die Vergangenheit in die Zukunft zu blicken, um zu erkennen, daß die Situation sich in dieser Hinsicht bis auf den heutigen Tag grundsätzlich nicht im mindesten geändert hat. Nur die von dem überholten Bild einer statisch unveränderlich bleibenden Welt suggerierte Unveränderlichkeit alles Bestehenden konnte zu der Annahme verleiten, daß wir in unserer heutigen Gestalt das letzte Wort der Schöpfung seien.

Aus evolutionärer Perspektive sieht die Angelegenheit ganz anders aus. Da ist nirgendwo ein Grund zu finden, der zu der Annahme berechtigte, daß die seit unausdenkbar langer Zeit ablaufende Entwicklung gerade und ausgerechnet mit uns zum Stillstand gekommen, an ihrem Endpunkt angelangt sein könnte.

So daß also, grundsätzlich, wenn die Zeit dazu bleibt – ich sehe von den offenkundigen Risiken einmal ab, die diese Zeit verkürzen mögen –, auch in Zukunft wieder neue Areale in der Hirnrinde von Nachfahren unseres Geschlechts entstehen könnten. Neue »Zentren« aus neu verfügbaren Nervenzellen, die ihren Besitzern neue, unvorhersehbare und für uns ganz unausdenkbare Eigenschaften dieser Welt erschließen würden. Die somit reale Eigenschaften der Welt zu subjektiv erlebter Wirklichkeit werden ließen, die für uns noch prinzipiell außerhalb des unserer Entwicklungsebene entsprechenden Erkenntnishorizonts liegen. Oder sollen wir etwa die Möglichkeit für plausibel halten, daß diese neuen Funktionen gleichsam ins

Leere greifen könnten, weil jenseits unseres Erkenntnishorizonts nichts mehr existiert?
Die gleiche Schlußfolgerung ergibt sich – ganz unabhängig von der Möglichkeit einer weiteren Evolution unseres Gehirns – unabweislich auch aus dem Nebeneinander so vieler verschiedener Erlebniswirklichkeiten (subjektiver »Umwelten«) unterschiedlicher Entwicklungshöhe, die heute gleichzeitig auf der Erdoberfläche existieren. Dann jedenfalls, wenn wir dieses Nebeneinander wiederum aus evolutionärer Perspektive anvisieren. Dann nämlich wird erkennbar, daß diese verschiedenen subjektiven Welten durch phylogenetische Zeit voneinander getrennt sind.
Daß eine Ameise von den Sternen nichts weiß, halten wir nicht für einer Erklärung bedürftig. Daß auch ein Affe noch hoffnungslos von der Möglichkeit getrennt ist, verstehen zu können, was es mit der gelben Scheibe auf sich hat, als die sich der Mond auch auf seinen Augenhintergrund projiziert, gilt uns ebenfalls als trivial. In dem Augenblick aber, in dem es um die Frage nach den Grenzen unserer eigenen Einsichtsfähigkeit geht, da halten wir mit einem Male das Gegenteil für selbstverständlich. Da glauben wir allen Ernstes an die Möglichkeit, daß der Umfang der Realität mit der von uns erlebten Welt identisch sei.
Wieder ist es die evolutionäre Betrachtungsweise, die uns von der Illusion befreien kann, es sei so. Die uns erkennen läßt, daß wir selbst in die Entwicklungsreihe hineingehören, die von niederen zu immer höheren Lebensformen führte und die dabei immer umfassendere Bereiche der Realität zu subjektiv erlebter Welt hat werden lassen. Auch wenn wir, auf der Erde jedenfalls, die Spitze dieser Entwicklung bilden: Es gibt keinen, es gibt nicht den geringsten Grund zu der Annahme, daß ausgerechnet unser Erkenntnishorizont, just heute, bis zu dem maximalen Umfang gediehen sein könnte, der die Voraussetzung dafür wäre, daß in unserem Erleben, erstmals in der Geschichte des Universums, subjektive Wirklichkeit und objektive Realität zusammenfielen.
Aus evolutionärer Perspektive ist die Wahrscheinlichkeit über-

wältigend, daß das Gegenteil zutrifft: daß es jenseits unseres Erkenntnishorizonts also unausdenkbar große Bereiche der Wirklichkeit geben muß, zu denen uns der Zugang durch die gleiche schwer faßbare, aber absolut unüberwindliche Barriere verlegt ist, die uns, jetzt wieder in der entgegengesetzten Blickrichtung gesehen, etwa daran hindert, auch dem intelligentesten Affen eine Ahnung davon vermitteln zu können, was wir von der Welt halten.

In einer sich entwickelnden Welt wird folglich eine die menschliche Wirklichkeit transzendierende Realität, konsequent gedacht, zur Selbstverständlichkeit. Diese noch immer diesseitige (»weltimmanente«) Transzendenz ist, wie nochmals ausdrücklich unterstrichen sei, zwar gewiß noch nicht identisch mit dem von den Religionen gemeinten »Jenseits«. Ihre Entdeckung führt uns jedoch die grundsätzliche Unvollständigkeit unserer Welt vor Augen und belehrt uns zugleich darüber, daß transzendente Wirklichkeiten nicht weniger real sind als der von uns erlebte Weltausschnitt.

Die evolutionäre Erkenntnistheorie, die wir vor allem der genialen Einsicht von Konrad Lorenz verdanken und die in den letzten Jahren von Rupert Riedl brillant und überzeugend auf ein systematisches Fundament gestellt wurde, hat hier eine Konsequenz, die, wie mir scheint, bisher noch nicht genügend beachtet worden ist: Sie widerlegt, und zwar endgültig, den positivistischen Einwand, daß jegliches Reden über die Realität transzendenter Wirklichkeit immer nur »sinnloses« Reden sein könne.

Darüber hinaus öffnet sie an dieser Stelle den Blick auf die Möglichkeit einer evolutiven Stufenleiter einander übergeordneter Erkenntnishorizonte und diesen jeweils entsprechender Wirklichkeiten, als deren oberste, selbst nicht mehr überschreitbare sich die des von den Religionen gemeinten Jenseits denken ließe. Ich habe diese Möglichkeit an anderer Stelle näher ausgeführt und muß mich hier mit dieser Andeutung begnügen.[5]

Beides dürfte dem Theologen das Reden vom Jenseits erleichtern, das vor dem Hintergrund einer unwandelbaren, in sich geschlossenen Welt heute so leicht als willkürliche, aller Vernunft Hohn sprechende Behauptung hingestellt werden kann. (Ich brauche nur an das böse Wort von der »Wohnungsnot Gottes« in einem wissenschaftlich erklärbaren Kosmos zu erinnern oder an die Befürchtung, Gott könne durch wissenschaftlichen Fortschritt aus dieser Welt »herauserklärt« werden.) Die Öffnung der statischen Welt für die Möglichkeit transzendenter Realität könnte daher unserer Bereitschaft zugute kommen, auch das Jenseits der Religionen wieder ernster zu nehmen, als es heute weitgehend noch der Fall ist. Dies ist einer der Punkte, in denen die evolutionistische Interpretation der religiösen Deutung nicht nur nicht widerspricht, sondern ihr sogar Hilfsargumente liefern kann.

Das evolutionäre Konzept verändert, und damit komme ich zu meinem nächsten Beispiel, auch die Möglichkeiten, über die Schöpfung selbst zu reden. Der Begriff »Evolution« schließt heute die Erkenntnis ein, daß das physische Universum in der Vergangenheit anders ausgesehen haben muß als heute und daß die Zukunft es weiterverändern wird. Aber nicht nur das. Als ein wesentliches Ergebnis unserer Bemühungen, die Geschichte dieses Universums zu rekonstruieren, ist die Entdeckung anzusehen, daß diese Geschichte sich der unvoreingenommenen Betrachtung als ein Ablauf präsentiert, der von seinem heute schon leidlich präzise datierbaren Anfang an, dem etwa 15 Jahrmilliarden zurückliegenden »Urknall«, fortlaufend Strukturen immer höherer Komplexität und Ordnung hervorgebracht hat.

Aus dem noch strukturlosen Plasmabrei der allerersten Sekunden gingen, wie die modernen Rechenmaschinen uns bestätigen, die ersten Elementarteilchen hervor. Minuten später bildeten sich Wasserstoff und Helium. Und so geht es nun weiter mit der sich dann über Jahrmilliarden hinziehenden Kontraktion riesiger Wasserstoffwolken, aus denen die ersten Sterne entstanden, durch gegenseitige Gravitation in die kunstvolle Ordnung von Milchstraßensystemen (Galaxien) gebracht. Mit der Entstehung von Sonnensystemen, von Planeten also, die ihren Stern als gemeinsames Zentrum umkreisen. Mit einer langwierigen, komplizierten Geschichte der geologischen und chemischen Differenzierung der Oberflächen dieser Planeten und ihrer Atmosphären. Bis hin zu dem einen Fall, von dem wir bisher konkret wissen, daß daran anschließend Großmoleküle zu den Bausteinen der ersten lebenden materiellen Systeme wurden. Womit, viele Jahrmilliarden nach dem Anfang, schließlich auch eine biologische Evolution einsetzte, die im Verlauf weiterer vier Jahrmilliarden auf der Erde schließlich bis zu uns, bis zum Auftreten des Menschen geführt hat.

Wenn wir uns diese umfassendste aller Geschichten vor Augen halten und bedenken, daß sie gegenwärtig noch im Gang ist, daß sie auch in Zukunft, über das bisher Entstandene hinaus, Gestalten immer höherer Ordnung hervorbringen wird – und wir können das mit solcher Sicherheit behaupten, weil wir einzusehen beginnen, daß der Fortgang dieser Geschichte im kosmischen Rahmen nicht berührt werden kann von der nicht zu leugnenden Ungewißheit des zukünftigen Fortgangs unserer eigenen, der menschlichen Geschichte –, dann können wir auf den Gedanken kommen, daß die Welt, auch wenn ihr Anfang schon so unvorstellbar weit zurückliegt, heute offenbar doch immer noch nicht fertig ist. Daß »Evolution« also als Begriff für eine Entwicklung steht, welche diese Welt ihrer Fertigstellung immer näherkommen läßt. Dann könnten wir auf den Gedanken kommen, daß Evolution identisch ist mit dem Augenblick der Schöpfung.

Der Hinweis auf die für unser Zeitgefühl geradezu quälende Langsamkeit des Ablaufs evolutiver Prozesse, auf die für unsere Maßstäbe ungeheuren Zeiträume, über die das evolutionäre Geschehen sich hinzieht, wäre in diesem einen besonderen Fall kein Einwand. Denn »Zeit« ist für das Verständnis der modernen Kosmologie zusammen mit Energie, Elementarteilchen, Raum und Naturgesetzen in jenem ersten Augenblick entstanden, auf den sich aus der Expansionsbewegung des heutigen Universums und davon unabhängigen anderen Beobachtungstatsachen zurückrechnen läßt. Sie ist keine die Welt insgesamt umgreifende, sie gleichsam »von außen« bestimmende oder enthaltende Kategorie. (Dies ist übrigens einer der Gründe dafür, warum es zwecklos ist, danach zu fragen, was »vor« diesem Anfang war.)

»Zeit« ist eine Eigenschaft dieser Welt, die aus jenseitiger Perspektive nicht in dem uns allein zugänglichen Sinn existiert. Von einem in Zeitlosigkeit existierenden Jenseits aus sind die in unserer Welt zeitlich aufeinanderfolgenden Ereignisse daher nicht notwendig auf irgendeine Weise voneinander getrennt.

Daher ist es sinnvoll, an die Möglichkeit zu denken, daß die kosmische Evolution – die alle anderen Evolutionen in diesem Universum einschließt – die Art und Weise sein könnte, in der sich der Schöpfungsakt in unseren unvollkommenen Gehirnen spiegelt. Daß die Entwicklungsgeschichte der unbelebten und belebten Natur die Form ist, in der wir »von innen« die Schöpfung miterleben, die »von außen«, aus transzendenter Perspektive, in Wahrheit also, das Werk eines Augenblicks ist.

So stützt die evolutionistische Betrachtung die Möglichkeit, die Welt als sich noch abspielende Schöpfung, als *creatio continua*, zu begreifen, anstatt als deren abgeschlossenes Produkt. Auch dies scheint mir ein geeignetes Argument zu sein, um die naturwissenschaftliche Deutung der Welt gegen den von nicht wenigen noch immer erhobenen Vorwurf grundsätzlicher Religionsfeindlichkeit in Schutz zu nehmen und zu zeigen, daß sie der theologischen Interpretation der gleichen Welt ganz im Gegenteil neue, dem Verständnis des heutigen Menschen angemessene Bilder und Ausdrucksformen anbietet.

In der statischen Welt liegt der einmalige Augenblick der Schöpfung im Abgrund einer unauslotbaren Vergangenheit. In dieser Welt ist das deistische Mißverständnis stets gegenwärtig, daß der Schöpfer seiner Schöpfung inzwischen so fern gerückt sein könnte, wie es dem zeitlichen Abstand zu dem Augenblick entspricht, in dem er ein einziges Mal als Schöpfer handelte. Damit einher geht ein weiteres Mißverständnis, das in die Frage mündet, wie die tätige Anwesenheit Gottes denn heute noch vorgestellt werden könne in einer Welt, die er vor so langer Zeit mit ihrer Fertigstellung gleichsam in die Selbständigkeit entließ.

Ich behaupte nicht, daß diese Zweifel sich aus dem statischen

Bild zwingend ergäben. Ich weise nur auf den wohl nicht zu leugnenden Umstand hin, daß dies Formen des Zweifels sind, die das statische Bild der Schöpfung typischerweise nahelegt. Die Entdeckung der Evolution aber hat die Welt auch in diesem Punkt entscheidend geändert.

Der von der evolutionistischen Interpretation ermöglichte Gedanke daran, daß der Schöpfungsaugenblick noch immer andauert, aktualisiert das Geheimnis. Er holt es aus dem Abgrund der Vergangenheit zurück in die Gegenwart. Er erleichtert damit die Vorstellung, daß unsere Welt zur göttlichen Transzendenz hin auch heute noch offen ist, so offen, wie es sich für den Fall eines Schöpfungsakts anders gar nicht denken läßt.

Am Rande sei erwähnt – zu mehr ist bei dieser Gelegenheit nicht die Zeit –, daß auch unsere moralische Verantwortung vor dem Hintergrund dieses sich aus dem evolutionären Blickwinkel darbietenden Bildes unüberbietbar radikal formuliert werden kann. Denn in dem Maße, in dem wir durch unseren Umgang mit dem Mitmenschen, mit der belebten und unbelebten Natur, noch so ungewollt oder neuerdings auch geplant, den Gang der Evolution beeinflussen, in dem gleichen Maße fällt uns durch unser Tun oder auch unser Unterlassen unvermeidlich auch Mitverantwortung zu für den Ablauf des Schöpfungsprozesses. Eine Konsequenz, die fürchten machen kann.

Evolution aber entwirft, und damit komme ich zu meinem letzten Beispiel, nicht nur ein Bild der Vergangenheit oder der Gegenwart. Sie weist auch auf zukünftige Möglichkeiten hin. In allgemeinster Form geschieht das durch die Vorhersage, daß die Entwicklung ein Ende haben wird. Daß sie zeitlich nicht unbegrenzt andauern kann. Nicht nur alles individuelle Leben ist sterblich, auch das einer ganzen Art und auch das einer ganzen planetaren Biosphäre.

Und nicht einmal das Universum selbst wird ewig existieren. Unsere Kosmologen und Astrophysiker begründen die Gewißheit seines in freilich unausdenkbar ferner Zukunft liegenden Endes mit unwiderleglichen Argumenten (siehe z.B. Paul Davies). Bei einer rein naturwissenschaftlichen, positivistischen

Betrachtung läßt sich daraus bekanntlich der Schluß ableiten, daß diese Welt keinen Sinn haben könne, daß sie, wie Jacques Monod vor zehn Jahren deklarierte, nichts als einen Zufall darstelle, ohne tiefere Bedeutung. In der Tat, ein Unternehmen, das im Nichts endet, muß sich, und sei der Aufwand noch so groß gewesen, den Verdacht der Sinnlosigkeit gefallen lassen.

Grundlegend anders wieder das Bild, wenn man es vor dem Hintergrund des Evolutionskonzepts in dem hier erläuterten Sinne betrachtet, wenn man also auch bedenkt, um wieviel enger der positivistische Rahmen ist als der Umfang der Wirklichkeit. Dann wird mit einem Male das Vertrauen darauf möglich, daß das Ende der Welt gleichbedeutend sein könnte mit ihrer Fertigstellung. Wenn Evolution, kosmische Evolution, der uns zugängliche Aspekt des Schöpfungsgeschehens ist, dann wäre das Ende des Evolutionsprozesses vorstellbar als der Augenblick der Vollendung der Welt.

Kritiker haben eingewendet, daß die von den Kosmologen entworfenen Szenarios einer solchen Deutung widersprächen. Wenn der ganze Kosmos dereinst im thermischen Gleichgewicht maximaler Entropie erstarrt sein werde, dann wäre er nichts als tot, nichts als ein gewaltiger Kadaver. Wie ließe sich dieses von den Naturwissenschaften entworfene Bild vom Ende der Welt mit der Behauptung vereinen, daß Evolution als Schöpfungsgeschehen den Kosmos seiner Vollendung entgegenführen werde?

Ich kann meine Antwort hier nur kurz und stichwortartig andeuten. Die naturwissenschaftliche Beschreibung erfaßt *per definitionem* nur die quantitativen, meßbaren, objektivierbaren Eigenschaften der Welt. Das hat unter anderem zur Folge, daß der Teil der kosmischen Wirklichkeit, der naturwissenschaftlich erfaßbar ist, im Ablauf der evolutiven Geschichte fortlaufend abnimmt.

Die ersten Kapitel des Universums lassen sich naturwissenschaftlich noch vollständig beschreiben, prinzipiell jedenfalls. Außer materiellen und energetischen Prozessen gibt es da noch nichts, so daß die naturwissenschaftliche Beschreibung der

ersten Jahrmilliarden unseres Kosmos noch ohne Rest möglich ist (siehe z.B. Steven Weinberg).
Das gilt aber schon nicht mehr für den gegenwärtigen Zustand der Welt. Unzugänglich bleibt der naturwissenschaftlichen Betrachtung heute, und zwar wiederum grundsätzlich, der ganze Bereich psychischer, geistiger Tatbestände, der in den jüngsten Phasen der Evolution in dieser Welt aufgetaucht ist: unser Bewußtsein nicht nur und die Art und Weise, in der wir die Welt erleben, nicht nur unsere Ängste und Hoffnungen, unsere guten und unsere bösen Gedanken, auch die ganze »Welt« unserer Ideen und gedanklichen Entwürfe, die »Welt 3« Karl Poppers, das alles bleibt, obwohl wesentlicher Teil unserer Wirklichkeit, auf dem Bild, das die Naturwissenschaften von dieser Wirklichkeit zeichnen, dennoch unsichtbar.
Und wenn man nun, wie ich an anderer Stelle zu begründen versucht habe[6], davon ausgehen muß, daß im weiteren Ablauf der Evolution geistige Phänomene immer größere Bereiche der Welt repräsentieren werden, so folgt daraus, daß diese Welt sich in den kommenden Phasen ihrer evolutiven Geschichte einer Beschreibung in naturwissenschaftlichen Kategorien immer mehr entziehen wird. Am Endpunkt der kosmischen Evolution würden dann alle wesentlichen Eigenschaften der Welt geistig und nicht mehr materiell zu denken sein.
Die Verwandlung, die das Universum bis zu diesem Endpunkt seiner Geschichte durchgemacht haben wird, ist folglich mit physikalischen Begriffen allein nicht mehr zu beschreiben. Sie ist uns aber auch auf keinerlei andere Weise faßlich. Dies deshalb nicht, weil auch in sie wieder der Wandel eingeht, den unsere Welt dadurch erfahren wird, daß sie sich in einem dem unseren auf unausdenkbare Weise überlegenen Bewußtsein abbilden wird. Es ist hier wieder der Unterschied zwischen der Welt und subjektiver Wirklichkeit (Weltbild) zu berücksichtigen: Das Universum ändert sich im Ablauf seiner Geschichte objektiv durch seine eigene Evolution. Bei allen Gedanken, die wir uns über seine Evolution machen, erfassen wir aber immer nur deren subjektives Abbild in unserem Bewußtsein. Daher wird die objektive kosmische Evolution für jeden Beobachter

in uns undurchschauberer Weise durch einen ganz anderen Wandel überlagert: durch den Wandel, den die Abbildung der kosmischen Evolution im Bewußtsein des Beobachters infolge der phylogenetischen Erweiterung von dessen Erkenntnishorizont crfährt.

Und was, das wäre nun meine Gegenfrage, sollte Naturwissenschaft, was also sollten Kosmologie und Astrophysik beim Blick auf dieses endzeitliche Stadium der kosmischen Entwicklung dann anderes vorfinden können als bedeutungslos gewordene materielle Überbleibsel der gewaltigen Geschichte, was anderes als einen kosmischen Kadaver? Die Situation scheint mir der angesichts eines menschlichen Leichnams durchaus analog zu sein. Naturwissenschaftler mögen einen solchen Leichnam und die Stadien seiner Verwesung mit noch so ausgeklügelten Methoden untersuchen. Was mit dem Menschen, der ihn hinterlassen hat, in Wirklichkeit geschehen ist, jedenfalls nach christlicher Überzeugung geschehen ist, das kann bei einer Beschränkung auf den ausschließlich naturwissenschaftlichen Aspekt des Endes einer individuellen Biographie sowenig sichtbar gemacht werden wie im Falle des »Jüngsten Tages«.

Das wären meine Beispiele. Ich möchte das, was mit ihnen gezeigt werden sollte, abschließend noch einmal in einigen Sätzen zusammenfassen.

Alles theologische Reden bleibt auf den Gebrauch weltlicher Sprache angewiesen. Die unvermeidliche Paradoxie dieser Situation läßt sich nur unvollkommen und nur durch den Rückgriff auf Bilder und Gleichnisse, durch die Verwendung sprachlicher Metaphern anstelle des direkten Wortsinns überwinden. Die Theologen haben sich dieser Möglichkeiten indirekten Redens denn auch zu allen Zeiten bedient.

Im Ablauf der zeitlichen Überlieferung entsteht dabei ein Problem, das mir zumindest für einen Teil der Schwierigkeiten verantwortlich zu sein scheint, denen sich religiöse Verkündigung in unserer heutigen Gesellschaft unbestreitbar gegenübersieht: Der ursprüngliche Sinn von Gleichnissen und sprachlichen Bildern erschließt sich nur im lebendigen Kontext des kulturellen Selbst- und Weltverständnisses, dessen Boden sie entstammen. Es ist daher ganz unausbleiblich, daß eine theologische Sprache, die ihren Sinn traditionell noch immer von einem statischen Weltverständnis herleitet, mit dem sich in der heutigen Gesellschaft ausbreitenden, ganz anderen, nämlich evolutionistischen Welt- und Selbstverständnis kollidieren muß. Es ist auch leicht einzusehen, daß jemand, der in der kirchlichen Tradition erzogen wurde, daraus den Schluß ziehen kann, dieses moderne, wissenschaftlich erschlossene Weltbild sei seinem Wesen nach religionsfeindlich.

Daß dieser Schluß ein Fehlschluß ist, der letztlich nur auf einem sprachlichen, semantischen Mißverständnis beruht, das ist das eine, was ich mit meinen Beispielen zu zeigen versucht habe. Wenn wir uns zur Umschreibung der alten Botschaft heute der Bilder und Metaphern bedienten, die auf dem Boden unseres heutigen Weltbildes gewachsen sind, dann widersprächen wir den Autoren der Überlieferung nicht, wir täten es ihnen vielmehr gleich. Sie haben selbst nichts anderes getan.

Das soll selbstverständlich nicht etwa heißen, daß nun alle Bilder und Gleichnisse der alten Texte in evolutionäre Metaphern und Sprachformeln zu übersetzen wären. Weitaus wichtiger sind an den meisten Stellen ganz andere, etwa existentielle, personale oder psychologische Bezüge. Dem evolutionären Welt- und Selbstverständnis entsprechende Formeln und Sprachbilder scheinen mir jedoch an all den Stellen am Platz zu sein, an denen einem überholten, statischen Weltbild entlehnte Bilder und Gleichnisse längst begonnen haben, das Verständnis der Botschaft unnötig zu erschweren.

Daß man, wenn man mit diesem Gedanken ernst macht, nicht in Widerspruch gerät zu den alten Aussagen, daß diese dann für uns Heutige eine, wie mir scheint, ganz neue, unmittelbare Lebendigkeit gewinnen können, das ist das zweite, was ich zu zeigen versucht habe. Daß die angeführten Beispiele unvollständig sind, daß sie weiter ausgearbeitet oder womöglich durch bessere ersetzt werden müssen, bedarf kaum der Erwähnung. Was alles sie offen und unerwähnt lassen, ebenfalls nicht. Es fällt aber allein in die Kompetenz des Theologen, im Rahmen der durch diese Beispiele angedeuteten Möglichkeiten in einer erneuerten Sprache von der persönlichen Beziehung zwischen dem einzelnen und Gott zu reden, von der Hoffnung auf ein Weiterleben nach dem Tode und den anderen Verheißungen, die erst den eigentlichen Kern der Religion unseres Kulturkreises ausmachen.

1982

Das Ende der Evolution – Plädoyer für ein Jenseits

Die Naturwissenschaften entdecken die Transzendenz

Der Titel unterstellt die Möglichkeit, über den physischen Begriff der Evolution und den methaphysischen Begriff des Jenseits sozusagen im gleichen Atemzug reden zu können. In ihm drückt sich, anders gesagt, die Überzeugung aus, daß es möglich ist, eine naturwissenschaftliche Grundeinsicht (wie das empirisch begründete Konzept der Evolution) anzuerkennen und zugleich die metaphysische Annahme einer jenseitigen Wirklichkeit für sinnvoll zu halten, ohne sich in ein logisches oder rationales Dilemma zu verstricken.

Das allein schon wäre angesichts noch immer vorherrschender entgegengesetzter Ansichten nicht wenig. Ich will darüber aber noch hinausgehen. Die Jenseits-Hypothese, so behaupte ich, steht nicht nur im Widerspruch zu dem, was wir als Naturwissenschaftler über die Welt zu wissen glauben. Sie erscheint im Licht eben dieses Wissens bei genauerer Betrachtung sogar plausibler als bisher. Diese Behauptung ist es, die ich im folgenden zu begründen versuche. Ich muß dazu unvermeidlich ausholen. Um das Ende der Evolution verstehen zu können, muß man mit ihrem Anfang beginnen. Und vom Anfang bis zum Ende ist es ein langer Weg. Jeder der Schritte auf diesem Wege wird sich am Schluß für das Verständnis als unentbehrlich erweisen.

Ausgangspunkt ist die Erinnerung daran, daß das Konzept der Evolution heute längst nicht mehr auf den Bereich der Biologie beschränkt ist, in dem es vor mehr als hundert Jahren erstmals formuliert und wissenschaftlich begründet wurde. Zu den bedeutungsvollsten Schritten der naturwissenschaftlichen Forschung der letzten Jahrzehnte gehört die Entdeckung, daß der Kosmos insgesamt einer Evolution unterliegt. Das Universum ist nicht, wie wir alle bis vor einer Generation noch glaubten, sozusagen das größte denkbare Behältnis für die Gesamtheit der Dinge. Es ist selbst ein historischer, alle anderen sich in ihm abspielenden Formen von Geschichte umgreifender und ermöglichender Prozeß.

Das Universum hat einen Anfang gehabt, der sich heute mit leidlicher Präzision sogar datieren läßt. Und es wird, nach allem was wir wissen, eines sehr fernen Tages unausweichlich auch ein Ende finden. Zwar gehen die Ansichten der Astrophysiker und der Kosmologen hinsichtlich der Art und Weise dieses Endes heute noch auseinander. Darüber jedoch, daß die Welt nicht *ad infinitum* existieren wird, besteht Einigkeit.[1] Auf Einzelheiten und Begründungen brauche ich nicht einzugehen. Nur eine Anmerkung noch zum Wesen von Evolution: Mit dem Wort meinen wir grundsätzlich einen Ablauf, der sich nicht lediglich in dem Aufbrauchen eines anfangs vorhandenen Potentials erschöpft. Auch im Verlauf der kosmischen Evolution ist nicht lediglich die Abnahme eines anfangs vorhandenen Energievorrats zu konstatieren (etwa in Gestalt einer Abnahme der Temperatur der kosmischen Hintergrundstrahlung oder der im Universum zu einem gegebenen Zeitpunkt vorhandenen Wasserstoffmenge). Zwar kann auch das Universum seine Geschichte nur auf Kosten einer Abnahme der in ihm existierenden Energiedifferenzen in Gang halten. Zugleich bringt jedoch der Ablauf dieser Geschichte Strukturen immer höherer Ordnung hervor.

Aus der Strahlung des Uranfangs entstanden im Verlaufe ihrer kontinuierlichen Abkühlung Elementarteilchen, dann Wasserstoff- und (in geringerer Zahl) Heliumatome. Äonen später bildeten sich in riesigen Wasserstoffwolken lokale Kondensationen, die sich, einmal entstanden, durch innere Gravitation rasch verdichteten und dadurch zu den Keimen der ersten Sterne wurden. Zunehmende Konzentration ließ in den Zentren dieser Proto-Sterne schließlich den atomaren Fusionspro-

zeß anspringen, der einen Stern zum Leuchten bringt und ihm dadurch relative Stabilität verleiht, daß der nach außen wirkende Strahlungsdruck seiner weiteren Kontraktion wenigstens vorübergehend Einhalt gebietet.
Das alles ist – wir müssen versuchen, uns das klarzumachen – reale Geschichte. Alle Materie, auch die, aus der wir selbst bestehen, ist einst in den Zentren längst untergegangener Sterne durch atomare Kernfusion erzeugt worden. Dies war der alle spätere Geschichte begründende und ermöglichende Anfang. Ein Anfang überdies, der durch ganz konkrete, scheinbar willkürliche Besonderheiten allen später aus ihm hervorgehenden Wirklichkeiten – schon Jahrmilliarden vor jeder Möglichkeit ihrer Realisierung, gleichsam vorwegnehmend – Plausibilität verlieh.
Ich spiele damit auf das von den Kosmologen seit einigen Jahren diskutierte »anthropische Prinzip« an. Hinter dem Wort verbirgt sich die höchst aufregende, in ihren Konsequenzen noch bei weitem nicht durchschaute Erkenntnis, daß die Evolution nur deshalb bis zur Entstehung von Leben und Intelligenz, also bis zur Hervorbringung auch von uns selbst, hat vorankommen können, weil einige grundlegende Naturkonstanten ganz bestimmte und offenbar sehr enge Voraussetzungen zur Lebensentstehung präzise erfüllen.
Wären die Bindungskräfte innerhalb des Atoms nur geringfügig stärker, als sie es sind, so hätten die zur Lebensentstehung unentbehrlichen Großmoleküle nicht entstehen können. Wären sie dagegen nennenswert schwächer, dann wäre die Verschmelzung von Wasserstoffatomen zu Heliumatomen in der ersten Phase der kosmischen Geschichte so viel schneller abgelaufen, daß für die Entstehung von Sternen kein Wasserstoff mehr zur Verfügung gestanden hätte (= Stillstand schon in dieser Phase). Ähnlich enge Bedingungen gelten für den Wert der Gravitationskonstante und andere konkrete Eigenschaften, mit denen das Universum aus dem Urknall hervorging.
Angesichts dieser Befunde scheint der Kosmos also gleichsam darauf angelegt, Leben und Intelligenz hervorzubringen. Das Weltall mag in seiner unermeßlichen Größe zwar »unsere

Wichtigkeit vernichten«, wie Kant formulierte, »kosmische Eckensteher« jedoch (so Nietzsche) sind wir allem Anschein nach nicht, auch keine am Rande des Universums belanglos existierenden »Zigeuner«, wie Jacques Monod noch 1971 behauptete. Im Gegenteil: Physiker scheuen sich heute nicht mehr vor der Aussage, es sehe so aus, als habe das Universum von Anfang an »in einem gewissen Sinn gewußt, daß wir kommen würden« (Freeman Dyson).

Die für jegliche Evolution charakteristischen Besonderheiten gelten nun – wie sollte es anders sein – auch für jenen späteren Abschnitt der kosmischen Geschichte, in dessen Verlauf materielle Strukturen entstanden, die wir aufgrund bestimmter Kriterien als »belebt« bezeichnen. Wir sprechen dann von der »biologischen Evolution« – salopp und eigentlich mißverständlich, denn genauer müßte es heißen: »biologische Phase der universalen Evolution«.

Aber wie auch immer: Auch für die biologische Evolution gilt, daß sie einen Anfang gehabt hat und daß sie ein Ende haben wird. Auch in ihrem Ablauf gehen fortwährend höhere und komplexere Strukturen aus elementareren hervor. Die chronologisch-genetische Abfolge, die bis dahin von der Strahlung des Urknalls über Elementarteilchen, Atome und Wasserstoffwolken zur Entstehung von Galaxien und Sonnensystemen führte und an die sich eine »chemische Evolution« anschloß, findet jetzt eine Fortsetzung, an deren Anfang einzelne lebende Zellen und an deren (vorläufigem Ende) wir selbst stehen.

Hier muß ich einen kurzen, aber wichtigen Exkurs einschieben. Das alles sieht im Rückblick zwingend aus, fast unausweichlich. Und es war ja auch schon die Rede davon, daß das Universum »in einem gewissen Sinne gewußt haben muß, daß es uns geben würde«. Wir würden dennoch einem grundsätzlichen Mißverständnis erliegen, wenn wir glaubten, daß wir selbst das Ziel der ganzen bisherigen Entwicklung gewesen seien. Denn wie alle historischen Abläufe, so ist auch die biologische Evolution undeterminiert und in die Zukunft hinein offen.

Zwar läßt sich die Wirklichkeit einschließlich ihrer Vorgeschichte in ihrer einsichtigen Kohärenz von uns offenbar nur als geplant, als »letztlich gewollt« denken (Karl Rahner). Es kann auch niemandem verwehrt werden, sie sich als das Ergebnis übernatürlicher Absicht vorzustellen. Zur Beantwortung konkreter Detailfragen der natürlichen Entwicklungsgeschichte taugt dieser teleologische Ansatz jedoch nichts. Für die objektive Betrachtung gilt, daß es keine aus der Zukunft wirkenden Ursachen und damit kein im voraus festliegendes Ziel der Evolution gibt.[2]

Das uns in diesem Zusammenhang provozierend erscheinende Paradoxon ist, bei Licht betrachtet, alltäglich. Wenn ich in einer fremden Stadt »zufällig«, also ohne vorherige Absprache, einen Bekannten treffe, dann steckt es auch in dieser Begegnung: Die Wahrscheinlichkeit, daß es zu ihr kommen würde, war astronomisch gering. Dem rekonstruierenden Rückblick andererseits, der alle die kleinen Einzelschritte kennt, die sie herbeiführten, erscheint sie unausweichlich.

Wer das durchdenkt, dem geht auf, daß das gleiche für alle Ereignisse gilt, soweit sie nicht von einem selbst absichtlich herbeigeführt werden. Denn auch Absichten und subjektive Entscheidungen sind unvorhersehbar, wenn es nicht die eigenen sind (und mitunter selbst dann). Das Tatsächliche also erscheint uns kraft seiner bloßen Existenz als unausweichlich geschehen. Ist das nicht trivial?

Es ist in jedem Falle zweckmäßig. Denn die Bedingungen, unter denen das Tatsächliche eintreten konnte, werden existentiell belanglos, sobald es Tatsache geworden ist. Das gilt ebenso für die unübersehbar große Zahl alternativer Möglichkeiten vergleichbarer Wahrscheinlichkeit, die es durch seine Realisierung für immer ausgeschlossen hat.

Man könnte es daher für eine Folge biologischer Anpassung halten, daß unsere Vorstellung für die Fülle dieser ausgeschlossenen Möglichkeiten blind ist. Es ist an die Möglichkeit zu denken, daß hier eine angeborene Orientierungshilfe im Spiel sein könnte, in Gestalt einer nach den Gesichtspunkten biologischer Bedeutsamkeit *a priori* gewichtenden Betrachtungsweise. So etwas wie ein angeborener Rat, keinen Gedanken auf nichtrealisierte Möglichkeiten zu verschwenden, in einer Lage, in der wir ohnehin alle Hände voll zu tun haben, um mit dem faktisch Gegebenen fertig zu werden.

Vielleicht liegt darin eine Erklärung für das Ausmaß, in dem unsere intuitive Gewißheit hier wieder einmal den objektiven Sachverhalt verfehlt: dafür, daß es uns so entsetzlich schwerfällt einzusehen, daß wir Menschen nicht das »Ziel« der Evolution sind, obwohl sie uns hervorgebracht hat. Sie hat uns nicht »gemeint«, und sie wird in Zukunft – bei einer weiteren Lebenserwartung des Universums, die seine bisherige Geschichte um ein Vielfaches übersteigt – mit Sicherheit undenkbar weit über uns hinweggehen.

Diesen Hintergrund dürfen wir nicht aus den Augen verlieren, wenn wir uns, und damit nehme ich den roten Faden wieder auf, dem Ende der Evolution zuwenden. Mit uns selbst wird dieses Ende unmittelbar nichts mehr zu tun haben. Der Mensch in seiner heutigen Gestalt wird in jener fernen Endzeit der kosmischen Geschichte allenfalls noch eine vage Erinnerung sein. Hat es unter diesen Umständen überhaupt einen Sinn, sich über das Ende der Evolution Gedanken zu machen? Und: Geht uns dieses Ende dann überhaupt noch etwas an?

Ich glaube, daß auch ein Naturwissenschaftler diese beiden Fragen mit einem vorsichtigen »Ja« beantworten kann. Zwar ist auch das konkrete Endergebnis der evolutiven Geschichte grundsätzlich »offen«. Angesichts des bisherigen Verlaufs, den wir heute einigermaßen zuverlässig rekonstruieren können, ergibt sich aber die Möglichkeit, bestimmte Tendenzen der Evolution in die Zukunft zu extrapolieren – ein in der Wissenschaft zulässiges und sogar übliches Verfahren.

So können wir zum Beispiel feststellen, daß die Evolution offensichtlich dazu tendiert, lebende Strukturen (»Organismen«) hervorzubringen. Das »anthropische Prinzip« ist nichts anderes als eine Formulierung dieser Tendenz. Das Adjektiv »anthropisch« ist allerdings höchst unglücklich gewählt und irreführend. Es verrät viel über die offensichtliche Unausrottbarkeit des uns angeborenen »Mittelpunktwahns« und viel zu wenig über das, was allein gemeint sein kann. Denn die durch dieses Prinzip beschriebene Tendenz der Evolution zielte ganz gewiß nicht darauf ab, *anthropoi* hervorzubringen, Menschen in der Gestalt des Homo sapiens.

Wenn man die Geschichte der Evolution auf der Erde bis zu ihrem Anfang vor rund vier Milliarden Jahren zurückdrehen und von da aus bei immer gleichen Startbedingungen wieder und wieder ablaufen lassen könnte, dann würde ganz sicher jedesmal etwas anderes dabei herauskommen. Der Homo sapiens jedenfalls wäre bei noch so vielen Wiederholungen nicht ein einziges Mal erneut das Ergebnis. Dazu ist die Zahl der evolutiven Zufallsschritte, die uns zur Tatsache haben werden lassen, bei weitem zu groß.

Eine exakte Wiederholung der zum Menschen führenden Evolutionsabfolge wäre daher genauso unmöglich, und dies aus dem gleichen Grunde, aus dem es mit Sicherheit auch nicht zum zweiten Male dazu käme, daß ein Diktator mit dem Namen Caesar von einem ehemaligen Freund Brutus in einer Stadt, die den Namen Rom trüge, während einer Senatssitzung erstochen werden würde, wenn man die menschliche Historie bis zur Steinzeit zurückdrehte, um sie von da an neu ablaufen zu lassen.

Ebenso ist es nun angesichts der vom »anthropischen Prinzip« verkörperten Bedingungen zulässig, davon auszugehen, daß die Hervorbringung zwar nicht speziell von *anthropoi,* wohl aber von lebenden Organismen – in welchen unvorhersehbar realisierten Gestalten auch immer – und darüber hinaus von Intelligenz und Reflexionsvermögen zu den immanenten Tendenzen des Evolutionsprozesses gehört. Tatsächlich konstatieren wir seit dem Einsetzen der biologischen Phase der Evolution denn auch nicht nur eine zunehmende Komplexität der organismischen Gestalten, sondern Hand in Hand damit eine zunehmend präzisere und umfassendere »Abbildung« der Außenwelt im Inneren des einzelnen Organismus. Auf sie will ich mich jetzt konzentrieren, da wir uns dem Ende der Evolution, wenn überhaupt, so nur auf dem Wege einer Extrapolation ihrer »zukunftsträchtigen« Tendenz gedanklich nähern können.

»Abbild« ist in diesem Zusammenhang nun in einem die alltagssprachliche Wortbedeutung überschreitenden Sinne zu verstehen. Jede biologische Anpassung ist ein Abbildungsvorgang: Die Flosse ist ein Abbild des Wassers, der Flügel ein Abbild der Luft und der Huf des Pferdes ein Abbild des Steppenbodens, so die wohl am häufigsten zitierten Beispiele, mit denen Konrad Lorenz beschrieben hat, was gemeint ist.

Die »Sonnenhaftigkeit« des menschlichen Auges wäre ein weiteres Beispiel. Es ist nicht trivial, es ist im Gegenteil Anlaß zum Staunen und zu gründlichem Nachdenken, daß dieses Organ in den Einzelheiten seines Baus und seiner Funktionen die Konsequenzen und die minuziöse Anwendung optischer Gesetze verkörpert, die seine Besitzer erst Jahrmillionen später in mühsamer wissenschaftlicher Kleinarbeit aufdecken konnten. In jedem beliebigen anderen Beispiel biologischer Anpassung ist der gleiche Sachverhalt verborgen. Bei jedem beliebigen Organismus (einschließlich des Menschen) bildet der Kontrast zwischen der Intelligenz, die sein Bauplan und die abgestimmte Gesamtheit seiner Funktionen und Fähigkeiten verkörpern, und dem Grad der Intelligenz, die er als Individuum besitzt, immer von neuem einen Anlaß zu staunender Bewunderung.

Biologische Anpassung an eine bestimmte Konfiguration von Umweltbedingungen ist also notwendig identisch mit der »Abbildung« dieser Bedingungen in dem Organismus, der die Anpassung vollzogen hat. Es ist nur eine andere Formulierung des gleichen Sachverhalts, wenn man sagt, daß Anpassung identisch sei mit dem Gewinn von Information über einen bestimmten Umweltausschnitt. Abbildung und Erkenntnis der Außenwelt, beides also ist so alt wie die biologische Evolution. »Das Leben selbst ist ein erkenntnisgewinnender Prozeß«, sagt Konrad Lorenz.

Philosophen nehmen an dieser Erweiterung des Begriffs »Erkenntnis« gelegentlich Anstoß. Im allgemeinen berechtigt die Dehnung eines Begriffs auch vor allem zu Zweifeln an seiner Schärfe. Im Fall des Erkennntisbegriffs liegen die Dinge etwas anders. Hans Sachsse hat vor einigen Jahren hier die Gründe vorgetragen, aus denen es unnötig und sogar falsch ist, etwa das Bewußtsein als notwendige Voraussetzung für die Möglichkeit

des Aufbaus innerer Weltmodelle und reflektierender Entscheidungen anzusehen. Das aber tut unter anderem, wer die Anwendbarkeit des Erkenntnisbegriffs auf den Prozeß biologischer Anpassung bestreitet.
Selbstredend sind es gute Gründe, die den Umfang des Begriffs im alltäglichen Sprachgebrauch auf eine Bedeutung eingeengt haben, die diese Fähigkeit als ausschließliches Privileg des Menschen erscheinen läßt. Bei evolutionären Überlegungen kann eine so unbefangen anthropozentrische Definition aber das Verständnis der genetischen Zusammenhänge behindern.
Selbstredend klaffen für unser Alltagsverständnis Welten zwischen der Methode, mit der ein Einzeller seine Überlebensprobleme zu lösen versucht, und den Problemlösungen etwa eines Albert Einstein. Trotzdem ist es, aus evolutionärer Perspektive, von der Amöbe bis zu Einstein »nur ein Schritt«, wie Karl Popper feststellt. Beide Methoden sind eben nicht absolut voneinander verschieden.
Wenn man das eingesehen hat und bereit ist, allen unbestreitbar bestehenden Unterschieden zum Trotz, beiden – nicht nur Einstein, sondern eben auch der Amöbe – Erkenntnisfähigkeit zuzugestehen, dann erst versteht man wirklich, daß beide der gleichen Entwicklungslinie angehören. Die Amöbe steht (fast) am Anfang. Einstein dagegen ist der Erbe einer über Jahrmilliarden hin fortgesetzten Verbesserung der Fähigkeit zum Gewinn von Erkenntnis über die Welt. Beide sind durch nichts voneinander getrennt als durch phylogenetische Zeit.
Deshalb ist es keine Metapher und auch nicht bloß eine Analogie, wenn man auch einem Einzeller schon ein »Weltbild« zuspricht (oder eine »subjektive Umwelt«, wie Jacob von Uexküll es nannte). Das Weltbild eines Pantoffeltierchens ist im Vergleich zu dem eines Menschen gewiß von unüberbietbarer Merkmalsarmut und Simplizität. Dennoch ist es ebenso unbestreitbar ein Weltbild in uneingeschränktem Sinne: in sich geschlossen und stimmig, in all seiner Armut, »wahr« insofern, als es dem Einzeller Informationen über die Außenwelt liefert, die ihm das Überleben in dieser Welt ermöglichen.
Dazu noch einmal Konrad Lorenz: »Auch die primitive Aus-

weichreaktion des Pantoffeltierchens, *Paramaecium*, das, wenn es auf ein Hindernis gestoßen ist, erst zurück und dann – in einer zufallsbestimmten anderen Richtung – wieder vorwärts schwimmt, ›weiß‹ etwas im buchstäblichen Sinne Objektives über die Außenwelt.« *Paramaecium* wisse über das Objekt zwar nur, daß es die Fortbewegung in der bisherigen Richtung nicht zulasse, und der menschliche Beobachter könne dem Einzeller oft Richtungen anraten, die günstiger seien als die von ihm auf gut Glück neu eingeschlagenen. Das Wenige aber, was der Einzeller wisse, sei durchaus richtig: Geradeaus gehe es in dem beschriebenen Fall tatsächlich nicht weiter.

Wenn wir, um mit unserem Gedankengang in der Richtung auf das Evolutionsende voranzukommen, von dieser Urform eines archaischen Weltbildes aus einen gewaltigen Sprung durch die Zeit machen, dann stoßen wir rund eine Jahrmilliarde später auf die ersten Spinnentiere. Zu ihnen gehört die Zecke, deren Umwelt Jacob von Uexküll beschrieben hat.

Die weibliche Zecke ist zur Reifung ihrer befruchteten Eier darauf angewiesen, sich mit Säugetierblut vollzusaugen. Der Satz von Kenntnissen, die ihr genügen, um die durch diese Bedingung gestellte Aufgabe zu lösen, ist verblüffend einfach. Das Tier verfügt über einen diffusen Lichtsinn, der es veranlaßt, auf den Zweigen von Büschen in der Richtung zunehmender Helligkeit, also bis zur Zweigspitze, zu klettern. Dort angelangt, verharrt die Zecke regungslos, notfalls nachweislich über viele Jahre hinweg. Das, worauf sie wartet, während ihr Weltbild vollkommen »leer« ist, ist der Geruch von Buttersäure, das einzige chemische Signal, das zu registrieren sie imstande ist. Trifft dieses Signal ein, läßt sie sich fallen.

Da Buttersäure ein charakteristischer Bestandteil jeden Schweißes ist (und da, wer schwitzt, notwendig ein Warmblüter ist), sind dabei die Chancen groß, daß ihr Sturz die Zecke auf dem Körper eines Säugetiers landen läßt. Ist das der Fall, so registriert sie ein Ansteigen der Umgebungstemperatur – das einzige Umweltsignal, das sie über Helligkeit und den Geruch von Buttersäure hinaus empfangen kann. Dieses thermische Signal löst dann den letzten Schritt des angeborenen Verhaltensprogrammes aus: Die Zecke bohrt sich in die Haut des von ihr im wahrsten Sinne des Wortes »befallenen« Warmblüters und saugt sich mit dessen Blut voll. Damit hat sie alle Teile der Aufgabe gelöst, deren Erfüllung Vorbedingung des Überlebens ihrer Art ist.

Das damit so gut wie vollständig beschriebene »Weltbild« der Zecke ist so merkmalsarm, daß es uns keine Mühe macht, die schon erwähnten Strukturen wiederzuerkennen: Auch dieses Weltbild ist in sich geschlossen und, ungeachtet seiner kaum überbietbaren Armseligkeit, »wahr«, was seine Information über die Welt betrifft. Wir sollten auch nicht übersehen, daß die in diesem Weltbild steckende erfolgreiche Definition eines Säugetiers durch die bloße Kombination von Buttersäuregeruch und Temperaturanstieg eine wahrhaft erstaunliche Abstraktionsleistung darstellt, vollbracht in Bewußtlosigkeit von der ohne Gehirn funktionierenden biologischen Anpassung.

Wir machen abermals einen Sprung durch die phylogenetische Zeit, diesmal bis zu den Warmblütern, und zwar den Vögeln. Von da aus sind es bis zum Auftauchen unseres eigenen Geschlechts nur noch rund hundert Millionen Jahre. Und hier beginnen denn auch sofort die ersten Mißverständnisse, die zu überwinden eine gewisse Mühe machen. In anthropozentrischer Unschuld halten wir es zum Beispiel für selbstverständlich, daß alle Augen, die den unseren grundsätzlich ähnlich konstruiert sind, ihren Besitzern wenigstens optisch auch ein vergleichbares Weltbild liefern müßten, ohne Rücksicht darauf, in wessen Köpfen sie stecken.

Nichts jedoch könnte weniger zutreffen als diese so unverfänglich scheinende Annahme. Wer die Resultate der Attrappenversuche kennt, mit denen Verhaltensforscher die »Weltbilder« verschiedener tierischer Spezies und so auch der Vögel analysiert haben, ist ein für alle Male darüber belehrt, daß der »gesunde Menschenverstand« – eben weil er »Menschen«-Verstand ist – hier total versagt.

Ein Hahn oder eine brütende Truthenne fürchtet sich zum Beispiel vor einer Fellrolle, an deren einem Ende zwei Glasperlen festgenäht sind, unter bestimmten Versuchsbedingungen mehr als vor einem realistisch aussehenden »Bodenfeind«. Systematisch variierte Versuche haben ergeben, daß das dann der Fall ist, wenn die Fellrolle langsam (»schleichend«) so auf die Tiere zubewegt wird, daß die Glasaugen in der Bewegungsrichtung vorn sitzen, was ihnen offenbar den Charakter von Augenattrappen verleiht. Ein bewegungslos verharrender naturalistischer Bodenfeind, also etwa ein ausgestopfter Fuchs oder ein Iltis, löst demgegenüber weder Flucht noch Angriff, noch überhaupt eine nennenswerte Reaktion aus.

Eine fellige Oberfläche also, zwei das Versuchstier »fixierende« Augen und der Bewegungsmodus schleichender Annäherung, das sind die Signale, deren Kombination für den Vogel einen Bodenfeind definiert. Wie rudimentär die von diesen Merkmalen gebildete Repräsentation des Feindes in unseren Augen ausfällt, läßt die Wirksamkeit der beschriebenen primitiven Fellattrappe ahnen. Hervorzuheben ist gleichzeitig aber auch hier wieder, daß die Reduzierung der vom menschlichen Beobachter in der gleichen Situation festzustellenden Merkmalsfülle auf die Kombination von nur drei verschiedenen Signalen keineswegs einfach als Mangel interpretiert werden kann und auch nicht lediglich als Ausdruck einer Tendenz zur Ökonomie.

Das Weglassen aller für den Überlebenserfolg nicht unbedingt notwendigen Merkmale – und dieser Überlebenserfolg allein ist ja die Ursache des Selektionsdrucks, der die biologische Anpassung erzwingt – hat objektiv auch hier wieder den Charakter einer generalisierenden Abstraktion. Einerseits ist die angeborene Fähigkeit zur Feinderkennung für jeden Vogel überlebensnotwendig. Andererseits aber ist es offensichtlich unmöglich, die Bilder sämtlicher einem Vogel während seines Lebens möglicherweise begegnenden Bodenfeinde als Voraussetzung dieser Fähigkeit in all ihrer individuellen Vielfalt im voraus genetisch zu speichern. Die Reduktion aller in Frage kommenden Merkmale auf die Kombination der drei genannten auslösenden Signale, die für alle überhaupt denkbaren Feinde zutrifft und diese folglich nach dem Prinzip des kleinsten gemeinsamen Nenners unter einen Hut bringt, stellt unter diesen Umständen eine Problemlösung dar, die wir getrost »genial« nennen sollten, auch wenn wir einräumen müssen, daß sie nicht einem menschlichen Gehirn entstammt.

Jetzt zu dem entscheidenden, dem letzten Schritt, der bei dem von der irdischen Evolution bisher erreichten Entwicklungsstand möglich ist, dem Schritt zu uns selbst: Wie sieht die Welt für uns aus? Die Antwort lautet offensichtlich: geschlossen und in sich stimmig, ohne erkennbare Lücken oder weiße Flecken; mit Eigenschaften ausgestattet, die unseren vitalen und ästhetischen Bedürfnissen entsprechen; so strukturiert, daß uns die Möglichkeit gegeben ist, uns in ihr emotional (instinktiv) und rational einzurichten und zu überleben.

Zusammengenommen verleihen diese Kriterien unserem Welterleben die suggestive Evidenz scheinbar objektiver Realität. Obwohl uns die Erkenntnisforschung seit Platon, seit mehr als zwei Jahrtausenden, davor warnt, eben das zu tun, erliegen wir ohne bewußte Anstrengung in fast jedem Augenblick unseres Lebens der Überredung des Augenscheins, der uns glauben machen will, daß das Bild, das wir von der Welt haben, identisch sei mit der Welt selbst.

Sich diesem Einfluß zu entziehen und Klarheit zu gewinnen über unsere wirkliche Situation, das ist wahrscheinlich das äußerste Maß an geistiger Freiheit, die uns zu Gebote steht. Der Versuch ist mühsam, aber er ist möglich, wenn offenbar auch immer nur für die Dauer der gedanklichen Anstrengung, die wir bewußt auf ihn verwenden. Wir dürfen dabei nur den historisch-genetischen Hintergrund nicht vergessen, von dem bisher die ganze Zeit die Rede war.

Wir dürfen nicht vergessen, daß Geschlossenheit und innere Kohärenz, Stimmigkeit und sogar die Wahrheit der Aussage über die Welt Kriterien darstellen, die für alle subjektiven Weltbilder gelten, völlig unabhängig von dem phylogenetischen Entwicklungsstand, den sie repräsentieren. Selbst eine Zecke, deren Weltbild nur aus drei undifferenzierten Signalen besteht, kann sich auf diese Kriterien berufen.

Ein Huhn würde zwar – wäre es in der Lage, sich über den Fall Gedanken zu machen – der Zecke eine, gemessen an der relativen Merkmalsvielfalt des eigenen Weltbildes, wahrhaft erbärmlich unvollständige Abbildung der existierenden Außenwelt vorhalten können. Das Huhn wäre erkenntnistheoretisch allerdings gut beraten, wenn es zwischen dem eigenen Weltbild, seiner augenscheinlichen Geschlossenheit ungeachtet, und der objektiven Welt ein vergleichbares Mißverhältnis voraussetzte. Denn von jeder übergeordneten Entwicklungsebene aus wird sichtbar, daß sich die Lage des Huhns von der der Zecke ontologisch nur dem Grade, nicht aber dem Grunde nach unterscheidet.

Es liegt auf der Hand und bedarf keiner weiteren Begründung, daß die Evolution in ihrem Ablauf organismische Umwelten (»Weltbilder«) hervorbringt, deren Merkmalsreichtum mit jedem ihrer Schritte zunimmt. Daher erweist sich jedes dieser Weltbilder rückblickend, von der jeweils nachfolgenden Entwicklungsebene aus betrachtet, auch als prinzipiell unvollständig. Von jeder Meta-Ebene aus käme der Beobachter zu dem gleichen Schluß, nämlich zu der Feststellung, daß die Informationen über die Welt auf allen vorangegangenen Entwicklungsstufen prinzipiell unvollständig sind und sich auf die zum Überleben jeweils unbedingt notwendigen Eigenschaften der Welt beschränken.

Das alles dürfen wir nicht vergessen, wenn wir jetzt die Frage nach der Gültigkeit unseres eigenen Weltbildes stellen, danach, wie sich in unserem Falle der Augenschein zur realen Welt verhält. Den archimedischen Punkt, der es möglich macht, die Autorität des Augenscheins auszuhebeln, liefert uns die Besinnung darauf, daß auch unser Gehirn als das unbestreitbare körperliche Substrat unseres Welterlebens ein Produkt der Evolution ist. Daß wir mit anderen Worten also eine Stelle der gleichen Entwicklungslinie markieren, die *Paramaecium*, Zekke und Huhn miteinander verbindet.

Wir dürfen weiter nicht vergessen, daß die Evolution, deren Ziel oder Endergebnis auch wir selbst ganz sicher nicht sind, noch eine Zeit vor sich hat, die ein Vielfaches der Jahrmillarden beträgt, über die hinweg sie in der Vergangenheit abgelaufen ist und wirksam war.

Ich kann es kurz machen: Es gibt nicht den geringsten Anlaß zu der Annahme, ausgerechnet unser Gehirn stelle in ausgerechnet diesem Weltaugenblick den Endpunkt und Gipfel aller Evolution dar. Nur anthropozentrischer Mittelpunktswahn wäre der aberwitzigen Unterstellung fähig, daß alle bisherige kosmische Geschichte in unserem Gehirn kulminiere, mit der Konsequenz, daß erstmals in dieser Geschichte ein subjektives Weltbild, nämlich unser eigenes, identisch sei mit der Welt selbst.
Zulässig und plausibel ist genau der umgekehrte Schluß. Plausibel ist allein die Annahme, daß es auch jenseits des uns angeborenen, des uns von der Evolution auf dem augenblicklichen Entwicklungsstand zur Verfügung gestellten Erkenntnishorizonts noch große, wahrhaft unausdenkbar große Bereiche der Realität geben muß, die unserem Verstand und unserer Vorstellung verschlossen sind. Bereiche, von denen wir durch die gleiche, auf keine Weise übersteigbare Barriere getrennt sind, die ein Insekt daran hindert, etwas vom Fixsternhimmel zu wissen, und die es auch dem klügsten Affen noch unmöglich macht, jemals wissen zu können, was es mit der kleinen gelben Scheibe auf sich hat, als die sich der Mond auch auf seinen Augenhintergrund schon projiziert. Wir bekommen die eigentümliche Schmerzlichkeit dieser Barriere zu spüren, wenn wir unseren Kopf etwa bei dem aussichtslosen Versuch strapazieren, uns ein Universum vorzustellen, das endlich ist, obwohl es keine Grenzen hat.
Das Konzept einer sich evoluierenden Welt zieht folglich die Annahme der Realität einer den eigenen Erkenntnishorizont übersteigenden Transzendenz als unabweisliche Konsequenz nach sich. Auch unser Gehirn ist von der Evolution als ein Instrument zum Überleben hervorgebracht worden und nicht zum Zwecke objektiver Welterkenntnis. Auch die uns angeborenen Denk- und Vorstellungsstrukturen beschränken unsere Erkenntnis daher grundsätzlich auf überlebensnotwendige Informationen über die Welt, ohne Rücksicht darauf, ob sie über diese Erfordernis hinaus »wahr« sind. Von der Amöbe bis zu Einstein ist es wirklich nur ein Schritt.
Dieser jenseits unseres Erkenntnishorizonts gelegene Bereich

der Welt, auf dessen reale Existenz wir aufgrund dieser evolutionären Argumentation zwingend rückschließen müssen, ist nun mit dem Jenseits der Theologen selbstredend nicht identisch. Ich habe ihn deshalb, um Mißverständnisse vorzubeugen, in bewußt paradoxer Formulierung »weltimmanente Transzendenz« genannt.

Auch diese »weltimmanente Transzendenz« scheint mir nun allerdings für die theologische Diskussion nicht ganz bedeutungslos zu sein. Immerhin belehrt sie uns doch darüber, daß es transzendente Wirklichkeiten geben muß, die nicht weniger real sind als der von uns erlebte Weltausschnitt. Der evolutionäre Ansatz hat damit eine Konsequenz, die bisher übersehen worden zu sein scheint: Er widerlegt das aller rationalen atheistischen Kritik zugrundeliegende »Axiom« von der prinzipiellen Sinnlosigkeit jeglichen Redens über eine jenseitige Realität. Das ist etwas, wozu die traditionelle Philosophie, die den historisch-evolutionären Hintergrund unserer Erkenntnis unberücksichtigt läßt, nicht in der Lage gewesen ist.

Und noch etwas kommt hinzu: Von dem jetzt gewonnenen Standpunkt aus erscheint es möglich, auch über das Ende der Evolution etwas auszusagen. Eine inhaltliche Aussage ist zwar grundsätzlich ausgeschlossen (unter anderem ist eben auch das konkrete Ende der Evolution selbst historisch »offen«). Wir dürfen jedoch die bis zur Gegenwart nachgezeichnete Evolutionstendenz bis zu jenem endzeitlichen Augenblick extrapolieren.

Diese Tendenz hatte darin bestanden, den subjektiven Erkenntnishorizont im Ablauf der phylogenetischen Zeit immer mehr zu erweitern. Schon bisher hat die Evolution auf dem Wege von der Amöbe bis zu uns immer größere Bereiche der objektiv existierenden Welt zu subjektiv erfahrbarer Wirklichkeit werden lassen. Diesen Prozeß dürfen wir uns nun in die Zukunft hinein fortgesetzt denken bis zu jenem letzten möglichen Schritt, der das Ende der Evolution insofern bedeuten und herbeiführen würde, als er ein Bewußtsein, einen Erkenntnishorizont hervorbringt mit einem Fassungsvermögen, das groß genug ist für die Wahrheit des ganzen Universums.

Das ist selbstredend keine naturwissenschaftliche Aussage mehr, sondern eine metaphysische Spekulation. Eine Spekulation jedoch, die insofern zulässig ist, als sie dem von uns rational, wissenschaftlich über die Welt gewonnenen Wissen in keinem Detail widerspricht und als sie sich darüber hinaus auch noch auf eine von uns bei der wissenschaftlichen Beschreibung der Welt entdeckte Tendenz der evolutiven Entwicklung berufen kann.

Evolution wäre dann letztlich zu definieren als die Bewegung des Kosmos durch die phylogenetische Zeit bis zu jenem seine Geschichte abschließenden Augenblick, in dem die Wahrheit über diesen Kosmos und über alles, was er im Ablauf seiner Geschichte hervorgebracht hat, in dieser Welt offenbar wird. Wir sind damit sehr nahe an altbekannte theologische Aussagen über diesen Augenblick gelangt. Erlauben Sie mir noch einige abschließende Sätze darüber, was von dieser Konvergenz zu halten ist:

Im Gegensatz zu einem noch immer nicht ausgeräumten Vorurteil steht das Resultat der Beschreibung, das die modernen Naturwissenschaften von der Welt geben, nicht im Widerspruch zu den Grundauffassungen der religiösen Tradition unseres Kulturkreises. Wie ich am Beispiel des Jenseitsbegriffs zu zeigen versucht habe, scheint die moderne Naturwissenschaftzentrale religiöse Aussagen darüber hinaus sogar zu stützen, indem sie sie plausibler erscheinen läßt, als das im Kontext des statischen Bildes einer unveränderlich dastehenden Welt, das wir gegenwärtig zu überwinden im Begriff sind, möglich gewesen ist.

Eine letzte Bemerkung: Soziologen und Kulturphilosophen haben wiederholt darauf aufmerksam gemacht, daß kulturelle Tradition ein überindividuell erworbenes Wissen bewahre und auf mancherlei Weise weitergebe – etwa in der Form bestimmter Werthaltungen oder überlieferter Überzeugungen –, das individuellem Wissen in mancher Hinsicht überlegen sei. Friedrich August von Hayek nennt in diesem Zusammenhang unser Gehirn ein Organ, das uns zwar befähige, Kultur aufzunehmen, aber nicht etwa dazu, Kultur zu entwerfen. Das Kultur

genannte System von Verhaltensregeln enthalte ursprünglich wahrscheinlich viel mehr »Intelligenz« als das Denken des einzelnen Menschen über seine Stellung in der Welt.
Gilt das nun nicht auch für die ebenfalls in der kulturellen Überlieferung wurzelnde religiöse Grundhaltung? Ist nicht auch sie dem von der individuellen Alltagsvernunft über sein Verhältnis zur Welt gefällten Urteil in entscheidenden Punkten überlegen? Bis heute sieht sich die religiöse Überzeugung dem Vorwurf ausgesetzt, sie sei widervernünftig und irrational. Die Alltagsvernunft jedoch, auf die der Einwand sich beruft, geht davon aus, daß die Welt, in der wir uns vorfinden, die einzige existierende Realität sei, daß sie aus sich selbst heraus zu erklären und daß auch der Sinn unserer eigenen Existenz nur in ihrem Rahmen zu finden sei.
Wenn uns die evolutionäre Betrachtung unserer Situation heute darüber aufklärt, daß alle diese Voraussetzungen falsch sind, dann ist es, wie mir scheint, an der Zeit, die üblichen Etiketten auszutauschen. Als vernünftig und rational kann dann nur noch eine Überzeugung gelten, die das alles von jeher behauptet hat, lange bevor wir die Möglichkeit bekamen, uns der gleichen Einsicht auf dem langen und mühsamen Weg zu nähern, den uns wissenschaftliche Forschung zur Überwindung unserer Vorurteile eröffnet.

1983

Kritische Anmerkungen zur monistischen Interpretation des Leib-Seele-Problems

Neuere Argumente zugunsten einer dualistischen Auffassung

Die Frage, wie Leib und Seele oder, konkreter, Gehirn und Bewußtsein zusammenhängen mögen – und daß sie zusammenhängen, das wenigstens hat noch niemand in Zweifel gezogen –, bezieht sich aller Wahrscheinlichkeit nach nicht auf ein wissenschaftliches Problem, sondern auf ein Geheimnis. Es besteht Grund zu der Vermutung, daß ein wirkliches Verständnis des sogenannten Leib-Seele-Problems erst von einer kognitiven Metaebene aus möglich wäre, die jenseits des von unserem Gehirn auf seinem heutigen Entwicklungsstand realisierten Erkenntnishorizonts liegt.

Wilhelm Griesinger, der »Vater« der wissenschaftlichen Psychiatrie, schrieb in seinem 1845 erschienenen Hauptwerk: »Wüßten wir auch alles, was im Gehirn bei seiner Tätigkeit vorgeht, könnten wir alle chemischen, elektrischen etc. Processe bis in ihr letztes Detail durchschauen – was nützte es?« Das alles sei »doch immer noch kein Seelenzustand, kein Vorstellen. Wie es zu diesem werden kann – dies Räthsel wird wohl ungelöst bleiben bis ans Ende der Zeiten, und ich glaube, wenn heute ein Engel vom Himmel käme und uns alles erklärte, unser Verstand wäre gar nicht fähig, es zu begreifen.«

Diese Worte sind 140 Jahre alt, aber sie gelten unverändert noch heute. Es genügt, an die plastisch-großartige Formulierung zu erinnern, in die Ernst Bloch das gleiche Problem gefaßt hat: »Selbst dann«, sagt Bloch, »wenn wir in einem Hirn umherspazieren könnten wie in einer Mühle, kämen wir nicht leicht darauf, daß hier Gedanken erzeugt werden.«

Wenn das aber so ist – warum dann überhaupt darüber reden? Wenn der »Weltknoten«, wie Schopenhauer das Leib-Seele-Problem genannt hat, von uns ohnehin nicht aufgedröselt werden kann – die Beziehung zwischen einem Gehirn, dessen Bau die Anatomie beschreibt und die Psychologie nicht versteht, und einem Bewußtsein, das sich nicht objektivieren, ja, über das sich nicht einmal intersubjektiv kommunizieren läßt –, wenn das so ist, warum sich dann überhaupt damit beschäftigen?

Die Antwort lautet, daß ein Problem diesen Ranges dann, wenn man es unbeachtet läßt, unter dem Einfluß der Dogmen des gerade herrschenden Weltbildes ganz unweigerlich unbewußt und unreflektiert eine Scheinantwort erfährt. Diese aber präjudiziert bestimmte Grundhaltungen und Einstellungen in fast allen Lebensbereichen. Sie produziert, mit anderen Worten, Vorurteile. Das aber ist, wie mir scheint, Grund genug, sich seiner anzunehmen.

Die meisten haben sich heute angesichts des Leib-Seele-Problems längst für eine ganz bestimmte Auffassung entschieden. Aus verschiedenen Gründen – deren wichtigster der naturwissenschaftlich geprägte Charakter unseres aktuellen Weltbildes ist – gelten den meisten von uns heute Gedanken, Vorstellungen und alle anderen Bewußtseinsphänomene als Hervorbringungen der Materie. Ihr wird eine primäre, wenn nicht die einzige Rolle zugeschrieben. Diese Position eines »materialistischen Monismus« darf insbesondere wohl als die quasi »offizielle Auffassung« innerhalb des naturwissenschaftlichen Lagers angesehen werden. Wer sich zum Dualismus bekennt, wer also die Materie (das Gehirn) und den »Geist« (das Bewußtsein) als je selbständige Kategorien begreift, spielt in diesen Kreisen daher unvermeidlich die Rolle des Häretikers. Eben das will ich in der kommenden Stunde nach Kräften zu tun versuchen.

Beide Positionen, die monistische und die dualistische, haben es bekanntlich mit jeweils charakteristischen Schwierigkeiten zu tun. Das Problem des materialistischen Monismus – und nur von ihm soll hier die Rede sein, also nicht auch noch von der idealistischen oder anderen Monismusvarianten, die heute eigentlich nur noch von historischem Interesse sind, auch wenn sie niemals widerlegt wurden –, das Problem dieses materialistischen Monismus also ist es, erklären zu müssen, wie Bewußtseinsphänomene als Hervorbringungen der Materie zu verstehen sein könnten. Und die dualistische Auffassung sieht sich der gewiß nicht geringeren Schwierigkeit gegenüber, verständlich machen zu müssen, wie die als selbständig vorausgesetzten beiden Kategorien, also Materie oder Gehirn einerseits und Bewußtsein andererseits, eigentlich zusammenhängen sollen. Es sei des weiteren daran erinnert, daß beide Auffassungen weder beweisbar noch widerlegbar sind. Sie stellen damit im Sinne der bekannten Definition Karl Poppers[1] nicht wissenschaftliche, sondern metaphysische Konzepte dar, zwischen denen sich allein aufgrund von Plausibilitätskriterien eine Wahl treffen läßt.

Ich will jetzt weiter so vorgehen, daß ich zunächst die Aspekte hervorhebe und die Gründe nenne, aus denen aus naturwissenschaftlicher Perspektive die monistische Position so besonders plausibel zu sein scheint, so sehr, daß sie wie von selbst die Rolle der »gültigen«, von kaum jemandem mehr in Frage gestellten Auffassung übernehmen konnte. Dabei soll diese scheinbare Plausibilität jeweils kritisch etwas genauer unter die Lupe genommen werden. Und abschließend muß dann naturgemäß, sozusagen komplementär, noch etwas zu den wichtigsten Gründen gesagt werden, die einen Naturwissenschaftler heute in aller Regel davon abhalten, die Alternative, also eine dualistische Auffassung, ernstlich in Betracht zu ziehen.

Allen monistischen Positionen gemeinsam ist, daß sie das Bewußtsein als Erzeugnis des Gehirns betrachten. Aus der unbestreitbaren Erfahrung, daß Bewußtsein nur an lebende Gehirne gebunden auftritt, folgert der Monist, daß es sich bei ihm um ein Produkt dieses Organs handele. Darüber, wie das zu verstehen ist, gehen dann aber auch die monistischen Meinungen auseinander.

Der frisch-fröhliche »Klotzmaterialist« unseligen Angedenkens, der schlicht deklarierte, alles Geistige sei bloße Fiktion und real allein die Materie, gehört heute zwar zu den ausgestorbenen Spezies (was in diesem Falle nicht zu bedauern ist). Gegeben aber hat es ihn. Eines der berühmtesten Beispiele hat sich vor 130 Jahren in Göttingen abgespielt. Damals erklärte der Züricher Physiologe Jacob Moleschott: »Wie der Urin ein Ausscheidungsprodukt der Niere, so sind auch die Gedanken nichts anderes als Ausscheidungen des Gehirns.« Der Satz trug ihm allerdings schon damals den schlagfertigen Zwischenruf des Göttinger Philosophen Hermann Lotze ein: »Wenn man den Kollegen Moleschott reden hört, könnte man fast glauben, es sei so!« »Klotzmaterialismus« dieses Kalibers war eben selbst damals nicht die Regel. Heute existiert er nur noch als Gespenst in den Alpträumen einseitig orientierter Bildungsschichten, die ein Alibi brauchen, um dem von ihnen unterstellten »platten Materialismus« der Naturwissenschaften und damit naturwissenschaftlichen Themen überhaupt mit gutem Gewissen aus dem Wege gehen zu können. Unter den Händen der modernen Kernphysiker hat die Materie schließlich auch den letzten Rest von Klotzhaftigkeit verloren. Es genügt, an die Formulierung C. F. von Weizsäckers zu erinnern, daß die Materie »vielleicht der Geist sei, insofern er sich der Objektivierung füge«, um klarzustellen, daß die Materie der Naturwissenschaft nicht als Material für jene ideologische Keule taugt, die so mancher Bildungsbürger heute noch gegen den angeblichen »Materialismus« dieser Disziplin schwingen zu können glaubt.

Sosehr der materialistische Monismus aber gegen ideologische Verleumdung in Schutz zu nehmen ist, so angebracht ist es andererseits, sich sachlich-kritisch mit ihm auseinanderzusetzen.

Für den heutigen Monisten ist der Zusammenhang zwischen Gehirn und Bewußtsein genetischer Natur. Ursprünglich gegeben ist allein die Materie. Bewußtseinsphänomene tauchen erst sekundär auf als das Resultat einer Entwicklung der Materie: Hinreichend komplex organisierte materielle Strukturen, konkret: neurophysiologische Strukturen, »erzeugen« psychische Phänomene quasi *ex nihilo*, und neurophysiologische Abläufe sind für viele Monisten mit diesen sogar identisch (so etwa Gerhard Vollmer *expressis verbis*). Bewußtseinsphänomene gelten im Licht dieser Auffassung folglich als im Ablauf der evolutiven Geschichte neu aufgetretene Systemeigenschaften. »Die Fakten der organischen Entwicklung, vor allem Erbänderung (Mutation) und Auswahl (Selektion), haben den menschlichen Geist erschaffen wie alle anderen Lebensgemeinschaften auch«, formulierte Konrad Lorenz erst kürzlich knapp und unmißverständlich. Man wird diese Formulierung als Kernsatz des monistischen Glaubensbekenntnisses bezeichnen dürfen.

Nun kann man die Naturwissenschaft insgesamt ja beschreiben als den Versuch, die Welt und den Menschen in ihr zu verstehen als das Ergebnis einer im Rahmen sehr großer Zeiträume ablaufenden Entwicklung materieller Systeme. Nach heutiger Auffassung hat diese Entwicklung bekanntlich vor rund fünfzehn Milliarden Jahren als »kosmische Evolution« eingesetzt und, ausgehend von dem noch strukturlosen Plasmabrei, als Überrest eines »Urknalls« nacheinander erst Elementarteilchen und Atome und danach nicht nur Galaxien, Sonnensysteme und Planeten, sondern auf deren Oberflächen schließlich auch immer komplexere chemische Verbindungen hervorgebracht. Die Evolution hat alle diese Gebilde und Verbindungen insofern »spontan« entstehen lassen, als sie alle als das Ergebnis ausschließlich des Zusammenwirkens der die evolutiven Abläufe bestimmenden Naturgesetze und Konstanten, der beteiligten atomaren Strukturen und Zufallsprozesse anzusehen sind. Ebenso spontan verbanden sich einige dieser Verbindungen im weiteren Verlauf beim Vorliegen bestimmter (einengender) Bedingungen dann zu materiellen Strukturen, die wir aufgrund charakteristischer Eigenschaften als »belebte« Strukturen bezeichnen. Daß das mehr ist als eine bloße Vermutung, wissen wir nicht zuletzt dank der Arbeiten von Manfred Eigen und seinen Mitarbeitern in Göttingen. »Leben« ist somit für den Naturwissenschaftler eine bei materiellen Systemen eines hinreichend hohen Komplexitätsgrades unter bestimmten Umständen neu auftretende Systemeigenschaft. Dies ist die beste Antwort auf die Frage nach dem Zusammenhang von Materie und »Leben«, die wir heute kennen. Es ist eine sehr gute und befriedigende Antwort.

Wenn man das berücksichtigt, leuchtet sofort ein, warum sich der Monismus in naturwissenschaftlichen Kreisen so verbreiteter Zustimmung erfreut. Denn alles, was der Monist der soeben skizzierten evolutiven Geschichte hinzufügt, ist ja die Behauptung, daß auch die Kategorie des Bewußtseins als eine solche neue Systemeigenschaft aufzufassen und der Kette der vorangegangenen evolutiven Schritte als weiteres Glied anzuhängen sei. Diese Auffassung wird von Konrad Lorenz, Gerhard Vollmer, Rupert Riedl und anderen *expressis verbis* und wohl der Mehrzahl ihrer Fachkollegen stillschweigend vertreten. Sie fügt sich nahtlos in ein naturwissenschaftliches Weltbild ein, das durch und durch vom Konzept einer alle Realität bestimmenden Evolution geprägt ist – womit ein Teil ihrer Vorzugsstellung zwanglos erklärt ist.

Die Überzeugungskraft dieser scheinbar so einleuchtenden »Passung« hält nun jedoch einer genaueren Betrachtung nicht stand, ohne ein paar Risse und Sprünge zu bekommen. Ich will einige davon kurz beschreiben.

Der erste: Die monistische »Erklärung« psychischer Phänomene wirkt vor allem deshalb so plausibel, weil sie auf einem Analogieschluß zu beruhen scheint. Das Argument läuft etwa wie folgt: Auch auf den vorangegangenen Evolutionsstufen seien immer wieder übergangslos neuartige Systemeigenschaften aufgetreten: aus dem Zusammenschluß von Elementarteilchen die verschiedenen Atomarten mit ihren neuen Eigenschaften, aus dem Zusammenschluß der so entstandenen Elemente wiederum die Vielfalt chemischer Verbindungen mit ihren abermals unvorhersehbar neuen Qualitäten. Und aus dem Zusammentreten bestimmter Großmoleküle dann sehr viel später das wiederum gänzlich neuartige Phänomen des »Lebendigen«. Mit seiner Behauptung, der Geist sei aus der Materie hervorgegangen, vermeint der Monist daher, der Entwicklungsreihe lediglich einen den vorangegangenen grundsätzlich gleichartigen weiteren Schritt hinzuzufügen. Das Auftauchen der psychischen Dimension ist in den Augen des Monisten nichts weiter als das Resultat eines abermaligen qualitativen Sprungs, den vorangegangenen prinzipiell analog.

Ich glaube, daß sich die Vorliebe der meisten Naturwissenschaftler für die monistische Auffassung etwa auf diese Weise erklären läßt. Wenn es so sein sollte, dann wäre allerdings entschieden Widerspruch einzulegen. Die der ganzen Argumentation zugrundeliegende und ihr überhaupt erst eine scheinbare Plausibilität verleihende Analogie besteht nämlich in Wirklichkeit nicht. Denn welchen der vorangegangenen Fälle man auch immer zum Vergleich heranzieht – Hegel erläuterte das Phänomen der plötzlich wie aus dem Nichts auftauchenden neuen Systemeigenschaft am Beispiel der unterschiedlichen Aggregatzustände des Wassers; Engels durch eine Gegenüberstellung der Eigenschaften von Ozon mit »normalem« Sauerstoff; Ernst Bloch anhand des Übergangs von toter zu belebter Materie; Konrad Lorenz schließlich beschrieb das Phänomen, für das er den Terminus »Fulguration« (von *»fulgur«* – der Blitz) einführte, am Beispiel der Entstehung elektromagnetischer Wellen durch das Zusammenwirken von Drahtspule und Magnet–, in allen diesen und allen anderen in diesen Zusammenhang gehörenden Fällen bleiben doch nun Start- und Zielpunkt des »fulgurativen« Sprungs innerhalb der materiellräumlichen Dimension. Deren Transzendierung aber ist es nun doch gerade, die erklärt werden soll: Als das Auftauchen einer neuen Kategorie von Phänomenen, die immateriell, nichträumlich, nicht lokalisierbar, die nicht wie alles andere, was die Evolution bis dahin hervorgebracht hat, objektivierbar sind, sondern die sich lediglich der inneren Selbsterfahrung als zugänglich erweisen.

Hinsichtlich dieser allein entscheidenden Punkte existiert die mit so großer Selbstverständlichkeit unterstellte Analogie also überhaupt nicht. Was der Monist insoweit als Argument vorbringt, erweist sich bei näherer Betrachtung also als bloße *petitio principii.* In aller Schärfe, der Deutlichkeit halber: Bei der monistischen These, Bewußtseinsphänomene seien Systemeigenschaften hinreichend entwickelter materieller Strukturen, handelt es sich nicht um eine durch irgendwelche Argumente nahegelegte Hypothese, sondern um eine bloße Behauptung.

Soviel zum ersten Einwand. Ein zweiter ergibt sich aus erkenntnistheoretischen und phänomenologischen Überlegungen. Zu seinem Verständnis muß ich einen kurzen Nachtrag liefern. Die beiden heute vorherrschenden Monismusvarianten sind der »monistische Epiphänomenalismus« sowie die monistische »Identitätstheorie«. Um es kurz zu rekapitulieren: Fur den »Epiphänomenalisten« stellen Bewußtseinsphänomene bloße Begleiterscheinungen (Epiphänomene) der in unseren Gehirnen ablaufenden neuralen Prozesse dar. Diese körperlichen, also materiellen Vorgänge sind für ihn das einzig Wesentliche (um nicht zu sagen: »Reale«), und den sie lediglich »begleitenden« psychischen Phänomenen spricht der Epiphänomenalist denn auch jede Möglichkeit ab, ihrerseits auf diese körperlichen, neuralen Abläufe einwirken zu können. Für die Anhänger der »Identitätstheorie« ist das Bewußtsein in der schon beschriebenen Weise als Systemeigenschaft von Gehirnen anzusehen, mit dem weiteren Zusatz, daß sich der eigentümliche, spezifische Charakter psychischer Phänomene nach dieser Auffassung einfach quasi aus der perspektivischen Situation des Beobachters ergibt: Es sind, so behauptet der Vertreter der »Identitätstheorie«, die gleichen (identischen) Abläufe, die wir von außen (objektiv) als neurale Prozesse beobachten oder von innen (subjektiv) als Bewußtseinszustände erleben können. Neurale Prozesse und psychische Erlebnisse sind im Lichte dieser Auffassung also identisch. Oder, wie Gerhard Vollmer es klipp und klar ausgedrückt hat: Psychische Erlebnisse sind »die Innenansicht des eigenen Gehirns«.

Auch gegen diese beiden Konkretisierungen der monistischen Position sind nun, wie mir scheint, gravierende Einwände vorzubringen. Der Epiphänomenalist erklärt in Wirklichkeit überhaupt nichts. Er drückt sich, salopp gesagt, bloß um das eigentliche Problem herum. Er geht der Notwendigkeit einer Erkärung des Zusammenhangs von Gehirn und Bewußtsein einfach aus dem Wege, indem er die Rollen willkürlich und ad hoc neu verteilt: Das eigentlich Wirkliche an aller Hirnaktivität sind die neuralen, körperlichen Abläufe. Die psychischen Erscheinungen »begleiten« diese lediglich als selbst einflußlos bleibende, nichts bewirkende Phantome. Damit aber wird ein, wie mir scheint, allzu hoher Kaufpreis für eine ohnehin wenig befriedigende »Lösung« entrichtet. Denn hier wird nicht nur die unmittelbare psychische Selbsterfahrung zum Opfer gebracht, sondern darüber hinaus auch die aus biologischer Sicht mehr als bedenkliche Konsequenz der Existenz funktionsloser Phänomene in Kauf genommen. »Wären Bewußtseinsphänomene nur Epiphänomene physikalischer Prozesse, so wären sie für die Evolution entbehrlich.« (Gerhard Vollmer) Wir hätten sie dann als funktionellen Luxus anzusehen, und den produziert die Evolution nicht.

Aber auch die heute vor allem verbreitete »Identitätstheorie« (ich nenne zur Erinnerung nochmals ihre wichtigsten Vertreter: Konrad Lorenz, Gerhard Vollmer und Rupert Riedl) entpuppt sich bei näherer Betrachtung als eine These, die nicht eigentlich eine Erklärung darstellt, sondern ebenfalls nur das Ergebnis eines freilich sehr eleganten Rückzugs bis auf eine Linie, die alle unangenehmen Fragen gleichsam vor der Tür läßt. Das klassische Problem liegt doch in der Frage beschlossen, wie der Zusammenhang zwischen zwei grundlegend (kategorial) verschiedenen Phänomenreihen verstanden werden könne: zwischen materiellen (körperlichen, zerebralen) Prozessen einerseits – für welche die Kriterien der Objektivierbarkeit und räumlichen Lokalisierbarkeit gelten, die strukturiert sind, in Einzelteile zerlegbar sowie intersubjektiv (von Mensch zu Mensch) mitteilbar – und psychischen Zuständen andererseits, für die das alles gerade nicht gilt und die sich nur der psychischen Selbsterfahrung erschließen. Auch die »Identitätstheorie« löst diesen gordischen Knoten des eigentlichen Problems nicht etwa auf. Sie versucht es nicht einmal. Sie zerschlägt den Knoten aber auch nicht etwa. Sie versteckt ihn bloß.

In meinen Augen ist es das Schulbeispiel einer Scheinlösung, wenn der Identitätstheoretiker das offensichtliche Problem des Zusammenhangs zwischen den beiden kategorial so grundlegend verschiedenen Phänomenreihen sozusagen nach »Zauberkünstlerart« mit Hilfe der Behauptung »hinwegeskamotiert«, beide seien in Wirklichkeit identisch und alle Unterschiede zwischen ihnen lediglich das Ergebnis einer gleichsam perspektivischen Illusion. Bedarf diese Behauptung etwa eines geringeren Erklärungsaufwandes als die Frage, auf die sie angeblich eine Antwort darstellt? Welchen Erkenntnisvorteil habe ich eigentlich mit dem Vorschlag gewonnen, mir das Problem des Zusammenhangs zweier verschiedener Phänomene um den Preis zu schlichten, durch keine denkbare Begründung erleichterten Glaubens vom Halse zu schaffen, daß es sich bei ihnen »in Wirklichkeit« um ein und dieselben Phänomene handele?

Positive Argumente oder auch nur Indizien, die diesen gewaltigen Gewaltakt stützen können, gibt es nicht. Seine Attraktivität beruht einzig und allein auf der Tatsache, daß er das Kernproblem der klassischen Frage (nach der Art der Beziehung zwischen Leib und Seele) scheinbar verschwinden läßt, wofür man sich freilich mit dem nicht weniger geheimnisvollen Identitätsdogma abzufinden hat. Darüber hinaus aber bedarf es nun auch noch einer bis an die Grenzen der Rabulistik getriebenen Formulierungskunst, um diese Identitätstheorie so eindeutig von der epiphänomenalistischen Interpretation psychischer Zustände zu trennen, wie ihre Vertreter sich das aus verständlichen Gründen wünschen.

Denn auch dann, wenn man unsere psychischen Erfahrungen mit den in unseren Hirnen ablaufenden neuralen Prozessen als deren »Innenaspekt« identifiziert, bleiben es doch diese körperlichen Prozesse, die das Geschehen durchaus einseitig bestimmen. Auch der Identist hat zum Beispiel die »Abfolge seiner Gedanken« als einen im Grunde belanglosen Aspekt des psychophysischen Geschehens anzusehen. Denn auch für ihn wird sein »Gedankenablauf« uneingeschränkt und ausschließlich von den physikalischen und chemischen Gesetzen gesteuert, denen die Funktion seiner Hirnzellen unterworfen ist.

Wenn aber das Bewußtsein dem Gesamtbestand des Wirklichen nur deskriptiv, nicht aber dynamisch etwas hinzufügte – wenn es also als »Innenaspekt« neurophysiologischer Abläufe lediglich da wäre, ohne selbst etwas bewirken zu können –, dann hätten wir es, so Hans Jonas, nicht nur abermals mit dem widernatürlichen Phänomen einer »funktionslosen Funktion« zu tun. Dann hätten wir uns angesichts der ausschließlich naturgesetzlichen Steuerung aller unserer »willentlichen« Entscheidungen und Gedankenabläufe auch als »Puppen der Weltkausalität« zu betrachten. Freiheit und Verantwortung wären dann nichts als eine ebenfalls »epiphänomenalistische Illusion«. Hier wird eines der Vorurteile deutlich, die wir, wie eingangs erwähnt, unweigerlich, wenn auch unbewußt, mit uns herumzuschleppen haben, wenn wir den monistischen Standpunkt übernehmen, und zwar eben auch dann, wenn wir das ganz unreflektiert tun.

Hans Mohr hat das Dilemma treffend zusammengefaßt: Als vernunftbegabte Wesen müßten wir, so sagt er, an die monistische und die dualistische Interpretation in einem gewissen Sinne zugleich glauben, denn wir könnten die Vorstellung sittlicher Freiheit für die Ethik ebensowenig aufgeben wie die der kausalen Notwendigkeit für die Wissenschaft. Wir hätten als Wissenschaftler mit der Überzeugung zu leben, daß die Subjektivität ihrem Wesen nach fiktiv und ihrem Vermögen nach ohnmächtig sei (Mohr zitiert hier Hans Jonas), obwohl wir als moralische Subjekte gleichzeitig an Freiheit, an Verantwortung und Kreativität glauben und damit eine Intervention des Geistes in die Vorgänge der Materie voraussetzen.

Hans Jonas ist es gewesen, meines Wissens als erster, der vor einigen Jahren den ganzen Widersinn der diesem Schisma unseres Selbstverständnisses zugrundeliegenden epiphänomenalistischen Unterstellung kritisch ans Licht gebracht hat. Denn die sich aus jeglicher monistischen Position aus den skizzierten Gründen ergebende Folgenlosigkeit aller psychischen Vorgänge bezieht sich selbstverständlich nicht nur auf physische Handlungsdispositionen, sondern auch auf die Determination des Denkens selbst. Jonas verwendet zur Veranschaulichung des vom Monisten implizite unterstellten Sachverhalts einen bildlichen Vergleich: die Situation bei der Projektion eines Films. Auch auf der Leinwand findet in Wirklichkeit ja keine Bewegung statt. Jonas fährt fort: »So, wie beim Film die nächste Bewegungsphase auf dem Bildschirm nicht, wie es scheint, aus der vorigen stammt, sondern unabhängig davon aus der beide speisenden Projektionsquelle..., so kann auch der nächste

Zeitnachfolger eines Bewußtseins-Jetzt nicht aus diesem kommen, sondern nur wie dieses selbst aus dem physischen Substrat, von dem jeder Bewußtseinszustand, laut Definition, das Epiphänomen ist. Also spiegelt er (der Bewußtseinszustand oder jeder Gedankenablauf) den Fortgang des Substrats, indem er als Fortgang seiner selbst erscheint.« Wäre das wirklich so, träfe, mit anderen Worten, die monistische Auffassung zu, dann gäbe es in Wirklichkeit keinerlei Verbindung zwischen zwei verschiedenen, auch nicht zwischen unmittelbar aufeinanderfolgenden Bewußtseinszuständen, dann wäre jegliche Kontinuität allein auf der physischen Ebene neurophysiologischer Abläufe anzunehmen. Das Denken selbst wäre bloßer Schein, eine »Täuschung in sich selbst«. So ersetzt der Monismus, wie Jonas treffend feststellt, das Schwerbegreifliche durch ein Unbegreifliches, das er dann auch noch, wie ich hinzusetzen möchte, als »Erklärung« ausgibt.
Es gibt weitere Einwände wiederum anderer Art. Zwei will ich wenigstens kurz noch anführen, bevor ich auf einen besonderen Aspekt des Verhältnisses zwischen monistischer und dualistischer Position eingehe, der sehr zu Unrecht wenig beachtet wird. Der erste Einwand ist so trivial, daß ich mich fast geniere, ihn hier vorzutragen. Die Erfahrung lehrt jedoch, daß das nicht überflüssig ist. Er besteht in der Erinnerung daran, daß die naturwissenschaftliche Methode notwendig positivistisch ist. Am Anfang der modernen Naturwissenschaft steht die bewußte Beschränkung auf die quantifizierbaren und objektivierbaren Naturphänomene. Diese prinzipielle methodische Selbstbeschränkung klammert nun in einer Art Vorentscheidung selbstredend auch alle spezifisch psychischen Phänomene aus dem Beobachtungsfeld aus. Das Psychische transzendiert den Horizont der naturwissenschaftlichen Methodik. Dieser Umstand hat unter anderem aus dem Tierpsychologen früherer Zeiten den modernen Verhaltensphysiologen werden lassen, der aller Versuchung, sich in das Innenleben seiner Untersuchungsobjekte verstehend einzufühlen, entschlossen zu widerstehen gelernt hat und der überraschend erfolgreich geworden ist, seit er sich statt dessen bemüht, bestimmte Umweltsignale mit objek-

tiv beobachtbaren Verhaltensänderungen zu korrelieren und beide durch hypothetische zentralnervöse Prozesse (etwa »angeborene auslösende Mechanismen«) miteinander zu verknüpfen.

Damit aber ist die Entscheidung gegen die Möglichkeit einer dualistischen Auffassung im Rahmen naturwissenschaftlicher Fragestellungen als Konsequenz aus deren Prämissen bereits vor jeder konkreten Untersuchung aus prinzipiellen Gründen immer schon gefällt. Ein Naturwissenschaftler hat, anders gesagt, die Vorentscheidung zugunsten der monistischen Position kraft seines professionellen Trainings längst getroffen, bevor er noch anfängt, über die Frage überhaupt nachzudenken. Sein Bekenntnis zum Monismus rückt damit in die Nähe einer tautologischen Aussage.

Mit dem letzten Einwand, den ich bei dieser Gelegenheit noch kurz ansprechen möchte, knüpfe ich nochmals an den angeblichen Charakter der Bewußtseinserscheinungen als »Systemeigenschaft« an, von dem schon ausführlicher die Rede war. Hier ist noch ein evolutionstheoretisches Bedenken nachzuschieben.

Systemeigenschaften tauchen in der Art eines »qualitativen« Sprungs« auf: unvorhergesehen, ohne Übergänge oder Vorbereitungen, ohne erkennbaren Zusammenhang mit den Eigenschaften der isolierten Elemente, deren Zusammenfügung das System entstehen läßt. Die neue Eigenschaft entwickelt sich nicht allmählich, sie ist da oder nicht da. Das klassische Beispiel: Wenn Wasserstoff und Sauerstoff, zwei Gase also, sich in einer exothermen Reaktion verbinden, weist das neu entstehende System, nämlich »Wasser«, übergangslos neue Eigenschaften auf, die sich aus denen der Ausgangselemente nicht vorhersehbar ableiten lassen. Diese Besonderheiten sind so charakteristisch, daß Konrad Lorenz den Begriff der »Fulguration« zur Bezeichnung des Phänomens einführte.

Deshalb ist ein materielles System zum Beispiel entweder unbelebt oder lebendig – dazwischen gibt es nichts. (Daß die Feststellung, welcher der beiden Zustände vorliegt, mitunter, etwa während des Absterbens eines Organismus, schwierig sein kann, steht auf einem anderen Blatt.) »Leben« läßt sich eben in der Tat als Systemeigenschaft materieller Strukturen auffassen. Das ist unter anderem der Grund dafür, daß, allen sonst unüberbietbaren Unterschieden zum Trotz, eine Amöbe nicht auf irgendeine Weise »weniger lebendig« ist als ein Reptil oder ein Hund und auch nicht weniger lebendig als ein Mensch.

Alle diese nach übereinstimmender Ansicht aller mir bekannten Autoren für das Wesen einer Systemeigenschaft kennzeichnenden Kriterien – die Sprunghaftigkeit des Auftretens, das Fehlen von Übergängen, die Nichtexistenz vorbereitender Entwicklungsstufen – stehen aber nun in einem unübersehbaren (so sollte man jedenfalls meinen) Gegensatz zu der Art und Weise, in der die Qualität des Bewußtseins im Ablauf der Evolution aufgetaucht ist. Es gibt keine unterschiedlichen Grade von »Lebendigkeit«, so hatte ich gesagt. Aber es gibt ganz unbestreitbar sehr unterschiedliche und, wie mir scheint, sogar unbegrenzt viele Grade von Bewußtheit.

Zwischen dem Grad der »Lebendigkeit« einer Amöbe und dem Grad der »Lebendigkeit« eines Reptils, eines Hundes oder eines Menschen bestehen keine Unterschiede. Zwischen den Graden der »Bewußtheit« der genannten Lebewesen aber klaffen Welten. Und diese »weltweiten« Abstände kann der Biologe, speziell der Paläontologe, nun mit einer fast beliebig großen Zahl fossiler und rezenter Lebensformen unterschiedlicher Entwicklungsstufen in der Art einer »aufsteigenden« Reihe so ausfüllen, daß das Bild eines Verlaufs entsteht, der den Abstand von der »Bewußtheit« einer Amöbe bis zu der des Menschen, so gewaltig er ist, ohne alle Sprünge überbrückt.

Kein Zweifel also: Die Qualität des Bewußtseins ist in der Wirklichkeit der Natur nicht in der Form eines »Sprungs« aufgetaucht. Sie hat sich, ganz im Gegenteil, von schwächsten Ausprägungen ausgehend, im Ablauf mindestens einer Jahrmilliarde in einer stetigen Entwicklung von geradezu quälender Langsamkeit (jedenfalls bei Anlegung unseres subjektiven Zeitmaßstabs) immer weiter fortentwickelt. Auch dieser Umstand scheint mir mit der monistischen Interpretation des Bewußtseins als einer »Systemeigenschaft« – zurückhaltend ausgedrückt – nur schwer in Einklang zu bringen zu sein.

Was die Einwände angeht, will ich es damit genug sein lassen. Ich hoffe, daß es mir trotz der unvermeidlichen Verkürzung der Argumentation gelungen ist, die Plausibilität, die der monistischen Auffassung im Lager der Naturwissenschaften meist wie selbstverständlich zugesprochen wird, so fragwürdig erscheinen zu lassen, wie sie es verdient. Wenn man alle diese Einwände in dieser Weise einmal zusammenstellt und in das Gesichtsfeld rückt, muß man, wie mir scheint, selbst dann, wenn man nicht bereit ist, sie als durchschlagende, endgültige Widerlegungen anzuerkennen, zumindest einräumen, daß die vom Monisten für den eigenen Standpunkt in der Regel vorgebrachten Argumente nicht stichhaltig sind. Für den Monismus, soviel darf man meiner Überzeugung nach feststellen, spricht in Wirklichkeit nicht ein einziges positives Argument.
Damit aber erhebt sich natürlich die Frage, warum der Naturwissenschaftler dann mit solcher Entschiedenheit an dieser Position festhält und warum ihm unter diesen Umständen die Alternative, nämlich die dualistische Auffassung, als so unbezweifelbar unannehmbar gilt. Die Antwort ist nicht schwer zu finden. Die Haltung des Naturwissenschaftlers erklärt sich aus seiner Treue gegenüber dem Naturgesetz. Monisten sind, wie Hans Jonas es treffend – und ein wenig ironisch – formuliert hat, im Grunde »Loyalisten des Kausalgesetzes«. Für den Monismus spricht, anders ausgedrückt, kein positives Argument, Monisten sind – ein wenig zugespitzt gesagt – bloß Leib-Seele-Theoretiker, die sich vor dem Dualismus fürchten.
Der Grund ihrer Furcht aber ist aller Ehren wert. Er beruht in der Überzeugung, daß die Anerkennung einer selbständigen, gleichberechtigten Rolle psychischer Phänomene, die dem materiellen Gehirn und der inneren Selbsterfahrung ontologisch gleiche Rechte zugesteht (eingeschlossen das Recht psychischer Zustände, ihrerseits auf körperliche Vorgänge, etwa den Erregungsablauf einer Ganglienzelle, einwirken zu können), das mühsam errichtete physikalische Weltbild einstürzen lassen könnte. Der Gedanke an diese Konsequenz aber erschreckt die meisten Naturwissenschaftler erfahrungsgemäß (und verständlicherweise) so sehr, daß sie es in einer Art Nibelungentreue

vorziehen, die unmittelbare Selbsterfahrung der physikalischen Theorie zu opfern und uns das »Identitätsdogma« als »Erklärung« zuzumuten.

Die Selbsterfahrung fordert von uns, der psychischen Dimension keine geringere Realität zuzuschreiben als der körperlichen, also etwa der Existenz unseres Gehirns, von der wir ja erst mit ihrer Hilfe überhaupt erfahren. Diese Selbsterfahrung fordert weiter von uns die Anerkennung der Möglichkeit von Willkürbewegungen, etwa der Bewegung eines Armes, und damit – womit des Pudels Kern zum Vorschein kommt – die Anerkennung der Möglichkeit, daß psychische Zustände auf körperliche Zustände einwirken können. Diese Vorstellung aber ist für den Monisten ein Greuel.

Er widerspricht ihr mit dem Hinweis auf das Naturgesetz. Dieses Gesetz, so ermahnt er uns, erlaube zwar die Entstehung von Erregungsmustern einer alle Vorstellungsmöglichkeiten übersteigenden Komplexität in unserem Gehirn. Mit ihm sei auch die Auslösung körperlicher Bewegungen durch das »Feuern« einzelner Hirnrindenzellen mit nachfolgenden Verstärkereffekten in Einklang zu bringen. Gänzlich auszuschließen, da »gesetzlich verboten«, sei dagegen die Annahme, daß psychische Innenerlebnisse – also »Gedanken« oder »Entschlüsse« – auf körperliche Prozesse, also etwa auf den Erregungszustand einer Ganglienzelle im Gehirn, einwirken könnten. Diese Möglichkeit scheide konkret deshalb aus, weil sie den als fundamental anzusehenden »Erhaltungssätzen«, insbesondere dem Gesetz von der Erhaltung der Energie, widerspreche. Eine nichtmaterielle, psychische »Ursache« eines materiellen, körperlichen Geschehens sei im Rahmen des naturwissenschaftlichen Weltbildes eine unsinnige Vorstellung.

Das Argument hat Gewicht. Es hat daher seine Wirkung auch nicht verfehlt. Die Zahl der real existierenden Monisten belegt, daß es imstande ist, den Glauben an die Realität der eigenen inneren Selbsterfahrung zu untergraben. Andererseits: Wer sich als Monist dem Argument unterwirft, opfert etwas unmittelbar Gewisses einem – noch so ernst zu nehmenden – theoretischen Konstrukt.

Ich möchte hier noch einmal den Göttinger Philosophen Hermann Lotze zitieren, der überzeugend begründet hat, warum man sich in diesem besonderen Falle auch durch Gehorsam gegenüber dem Gesetz nicht aus dem Netz von Widersprüchen befreien kann. Er brachte das auf folgende Formel: »Unter allen Verirrungen des menschlichen Geistes ist diese mir immer als die seltsamste erschienen, daß er dahin kommen konnte, sein eigenes Wesen, welches er allein unmittelbar erlebt, zu bezweifeln oder es sich als Erzeugnis einer äußeren Natur wieder schenken zu lassen, die wir nur aus zweiter Hand, nur durch das vermittelnde Wissen eben des Geistes kennen, den wir zuvor leugneten.« Hans Jonas zielt auf den gleichen Punkt, wenn er das psychophysische Problem nicht als natürliches, sondern als ein durchaus künstliches Problem bezeichnet, als ein »Geschöpf der Theorie und nicht der Erfahrung«. Er fügt dieser Feststellung – wie mir scheint zu Recht – hinzu, daß man, auch intellektuell, immer noch billiger davonkomme, wenn man das psychophysische Problem ungelöst hinnehme, als wenn man bei der Absurdität der epiphänomenalistischen Lösung seine Zuflucht suche oder, wie ich hinzufügen möchte, bei der ohne jedes reale Indiz aufgestellten Identitätsbehauptung.

Wie wäre aus der Falle herauszukommen? Es scheint im ersten Augenblick so, als ob das Gesetz auch nicht das kleinste Schlupfloch ließe für eine Rehabilitation der Erfahrung, die für uns alle (als ihrer eigenen Existenz bewußte) Lebewesen doch die einzig primäre und unmittelbare ist. Sobald wir sie ernst nehmen, kollidieren wir mit dem Gesetz. In dem Augenblick, in dem wir uns weigern, den Willensentschluß, mit dem wir eine körperliche Bewegung auslösen, als Fata Morgana zu verleumden, hören wir auf, Naturwissenschaftler zu sein. Denn auch dann, wenn wir einen einzigen Elektronenübergang in einer einzigen Ganglienzelle als ausreichend zur Auslösung jenes Verstärkerprozesses ansehen, an dessen Ende ein zur Auslösung einer Muskelkontraktion ausreichender Aktionsstrom fließt, verbietet uns das Gesetz die Annahme, dieser eine Elektronenübergang könnte eine psychische Ursache haben.

Allerdings ist hier auf eine eigentümliche Asymmetrie der Argumentation aufmerksam zu machen. Wer die Möglichkeit der Beeinflussung eines neuronalen Aktionspotentials durch einen – freilich seinem Wesen nach hypothetisch bleibenden – psychischen »Impuls« allein aufgrund unserer Unwissenheit über ihr Zustandekommen so apodiktisch bestreitet, wie der »Loyalist des Kausalgesetzes« es tut, nimmt eine weitaus größere Kenntnis der wahren Natur einer Ganglienzelle für sich in Anspruch, als das größte Genie sie heute besitzen kann. Wie legitimiert sich eigentlich der Anspruch, mit dem in der Diskussion stillschweigend immer ein offenbar totales Wissen von den Möglichkeiten und Grenzen eines materiellen Systems vom Komplexitätsgrad unseres Gehirns vorausgesetzt wird? Ich möchte mit dieser Anmerkung nur daran erinnern, daß sich die prinzipielle Unvollständigkeit unseres Wissens nicht, wie es in der Leib-Seele-Diskussion eigentümlicherweise stets unterstellt wird, nur auf die psychische Seite des Problems bezieht. Daher scheint mir kein prinzipieller Grund zu bestehen, der uns zwingen könnte, einer primären, unmittelbaren Erfahrung die reale Existenz abzusprechen, einem theoretischen Konstrukt zuliebe, das wir selbst entworfen haben, und zwar – um noch einmal an Hermann Lotzes Argument anzuknüpfen – mit Hilfe eben jener psychischen Fähigkeiten, an deren Realität zu glauben wir uns dann angesichts dieses Konstrukts genieren.
Ganz unverblümt gesagt: Wer von uns vermöchte denn abzuschätzen, wie unerbittlich das Gesetz wirklich ist, von dem der Monist sich in solchem Maße einschüchtern läßt? Die Erhaltungssätze gehören unstreitig zu den Grundpfeilern unseres heutigen physikalischen Wissens. Aber wir sollten nicht vergessen, daß nicht die Natur selbst es war, die sie uns vorgesetzt hat, sondern daß wir das selbst getan haben, in einem langen Prozeß der Generalisierung unserer Erfahrungen, unter abstrahierender Vernachlässigung der individuellen Details des konkreten Einzelfalls.
Das gilt nicht nur im subatomaren Bereich, sondern auch schon auf der Ebene der klassischen Mechanik. Noch nie ist ein Stein wirklich exakt nach den Regeln der klassischen Gesetze Galileis

gefallen, noch niemals eine Kugel – wenn man es nur genau genug nimmt – eine schiefe Ebene wirklich exakt so hinuntergerollt, wie das Gesetz es befiehlt. Immer und ausnahmslos bewirken »Störungen« – durch Reibung und Luftwiderstand, durch minimale Abweichungen von der idealen Kugelform, durch den Einfluß anderer kosmischer Gravitationszentren und viele andere Faktoren – geringfügige Abweichungen. Die Aussage des Physikers, das Fallgesetz beschreibe das Verhalten eines fallenden Steins, besagt eigentlich nur, daß ein fallender Körper sich so verhalten würde, wie das Gesetz es (scheinbar) befiehlt, wenn er unter absolut störungsfreien, idealen Bedingungen fiele. Die aber gibt es im ganzen Universum nirgendwo. Selbst die Fallgesetze der klassischen Mechanik erweisen sich, so gesehen, als von der Realität des konkreten Einzelfalls abstrahierende Generalisierung.

Das Gesetz gilt nur, wenn wir ihm mit dem generalisierenden Hobel der Statistik zu Hilfe kommen, mit dem wir alle grundsätzlich immer vorhandenen individuellen Abweichungen als »Störungen« abschleifen dergestalt, daß wir immer eine Fallzahl zugrunde legen, die groß genug ist, um diese Störungen sich gegenseitig »wegmitteln« zu lassen. Dem Einzelfall gegenüber, darauf will ich hinaus, ist das Gesetz vielleicht gar nicht so unerbittlich, wie wir es meist voraussetzen. Vielleicht öffnet sich hier auch ein Schlupfloch zu einer Lösung des psychophysischen Paradoxons.

Ich will mich hier aber nicht weiter aufs Glatteis begeben. Die Wirklichkeit des »psychophysischen Weltknotens« würde, wenn wir sie jemals zu Gesicht bekämen, woran ernstlich gezweifelt werden darf, ohnehin sicher völlig anders aussehen. Ich habe die spekulativen Andeutungen der letzten Minuten hier lediglich deshalb vorgetragen, um daran zu erinnern, daß wir das Gesetz nicht anzubeten brauchen, denn wir haben es selbst konstruiert. Bei dieser Provenienz aber ist grundsätzlich offen, welche Gestalt es im weiteren Verlauf der Wissenschaftsgeschichte noch erhalten könnte. Es ist kein Götze, dem wir ausnahmslos alles zu opfern hätten.

Ein letzter Gedankengang: Der reale Evolutionsablauf widerspricht zwar aus den vorhin vorgetragenen Gründen der Möglichkeit, psychische Phänomene ernstlich als Systemeigenschaft materieller Strukturen zu deuten. Aber liefert er dem Monisten nicht ein ganz anderes, nicht abzuleugnendes Indiz? Ist es etwa nicht so gewesen, daß der »Geist« – jedenfalls in der Form individuellen, an Gehirne gebundenen Bewußtseins – erst im Ablauf dieser Entwicklung aufgetaucht ist und von ihr Schritt für Schritt bis hin zu der uns eigenen Möglichkeit der Selbstreflexion »hervorgebracht« wurde? Und ergibt sich daraus nicht die Schlußfolgerung, daß »der Geist« demnach von dieser biologischen Entwicklung (oder den während dieser Entwicklung stetig vervollkommneten Gehirnen) erschaffen worden sein muß – »erschaffen wie alle anderen Lebenserscheinungen auch«, um noch eimal die Worte von Konrad Lorenz anzuführen?

Ich halte diese Folgerung für kurzschlüssig. Um nicht allzu ausführlich zu werden, will ich mich darauf beschränken, die dualistische Sicht der Beziehung zwischen dem von der Evolution unbestreitbar erschaffenen Gehirn und dem ebenso unbezweifelbar von diesem Gehirn abhängenden Bewußtsein mit der Hilfe einer Metapher zu erläutern.

Mir scheint zwischen einem Gehirn und dem von seinem Besitzer erlebten Bewußtsein eine Beziehung zu bestehen, die der zwischen einem Musikinstrument (oder einem »Tonträger«) und einer Komposition vergleichbar ist. Auch in diesem Fall ist die »Entstehung« von Musikinstrumenten – die Entwicklungsgeschichte des Instrumentenbaus wie auch die konkrete Herstellung des aktuell benutzten Instruments – unerläßliche Vorbedingung für das Erklingen einer bestimmten Komposition als sinnlich wahrnehmbare Realität. Auch hier kann man mit uneingeschränkter Gültigkeit konstatieren: »Musik tritt nur gebunden an Musikinstrumente auf.«

Aber so unbestreitbar das ist, niemand würde daraus doch nun den Schluß ziehen können, daß es das Instrument (oder sein Benutzer) sei, das die zu Gehör gebrachte Komposition in dem gleichen Augenblick, in dem sie gespielt wird, »erschaffte«. Das Instrument und sein Spieler sind zwar die Ursache ihres

Auftretens in der von uns wahrnehmbaren Realität. Jedoch hört eine Mozart-Sonate keineswegs zu existieren auf, wenn das Instrument beiseite gelegt wird (oder wenn man die Noten verbrennt, mit denen sie niedergeschrieben wurde). Sie schlüpft aber natürlich auch nicht wie ein kleiner Klabautermann in das Instrument, wenn das Spiel beginnt, um es an dessen Ende wieder zu verlassen – das wäre die Analogie zu jenem substantiellen »Seelenbegriff« der Antike, wie er unter anderem von Plato im »Phaidon« so anschaulich beschrieben worden ist. Sie, die Komposition, existiert dennoch, auch wenn sie nicht erklingt, in jener als »dritter Welt« von Karl Popper bezeichneten Wirklichkeit der objektiven Ideen und Theorien – sie existiert dort neben dem System der natürlichen Zahlen, neben wissenschaftlichen und anderen Theorien, denen, auch wenn sie von Menschen geschaffen oder, besser, entdeckt worden sind, dennoch eine unbestreitbare Selbständigkeit zugesprochen werden muß. Sie existiert dort möglicherweise – und mit dieser Andeutung begebe ich mich erneut aufs Glatteis – nicht nur neben von unseren Mathematikern bisher noch nicht entdeckten mathematischen Gesetzen oder Axiomen, sondern vielleicht auch neben von unseren Komponisten bisher noch nicht geschriebenen Musikstücken.

So, wie ich – aktiv als Spieler oder passiv als Zuhörer – von der Vermittlung durch das Instrument abhängig bin, um Zugang zu der Welt zu erlangen, in der Musik objektiv existiert – oder, wenn ich Partituren »lesen« kann, von ihrer physischen Repräsentation durch eine Notenschrift –, bin ich in durchaus analoger Weise auch auf die Vermittlung durch ein lebendes Gehirn angewiesen, um teilhaben zu können an der Welt, in welcher der »objektive Geist« existiert. Deshalb kann ich das Gehirn als Voraussetzung meines Bewußtseins anerkennen, ohne damit zugleich der Behauptung zuzustimmen, daß mein Bewußtsein das »Erzeugnis« (oder eine »Systemeigenschaft«) dieses in meinem Kopf steckenden körperlichen Organs sein müsse. Deshalb kann ich auch die stammesgeschichtliche, historisch gewachsene Natur meines Bewußtseins anerkennen, ohne es als das von dieser Geschichte »erschaffene» Produkt ansehen zu

müssen. Ja, ich kann mit uneingeschränktem Recht sogar davon reden, daß die Evolution mein Bewußtsein »hervorgebracht« habe, ohne mich damit darauf festzulegen, es als seine Schöpfung anzuerkennen.
Man darf das Bild nicht überstrapazieren. Vorsorglich unterstreiche ich nochmals, daß es lediglich dem Zweck dienen sollte, den Unterschied zwischen der realen »Hervorbringung« eines Phänomens durch einen körperlichen Prozeß und seiner »Erschaffung« zu verdeutlichen. Ich glaube also nicht etwa, um es ausdrücklich zu sagen, daß das Verhältnis zwischen einem Musikinstrument und der auf ihm gespielten Komposition als »Modell« angesehen werden könnte, mit dessen Hilfe sich die Beziehung zwischen einem Gehirn und dem von ihm vermittelten Bewußtsein erklären ließe. Andererseits halte ich die hier festzustellende Analogie aber auch für alles andere als zufällig. Jedenfalls erscheint mir die Vermutung zulässig, daß der besondere und eigentümliche Charakter musikalischen Genusses damit zusammenhängen könnte, daß er uns einen Widerschein der Strukturen jener eigentlichen »Welt an sich« erleben läßt, die wir hinter dem unvollkommenen Abbild des von uns erlebten Augenscheins als dessen Original anzunehmen haben, jener Welt, in welcher auch der »objektive Geist« angesiedelt ist, dem wir es nach dualistischer Auffassung verdanken, daß wir ein Bewußtsein haben.

1984

Evolution und Transzendenz

Der Transzendenzbegriff im Licht heutiger Naturwissenschaft

Aus traditoneller philosophischer Perspektive scheint der Titel meines Referats ein Paradoxon zu formulieren: Er unterstellt, daß es möglich ist, über den konkreten Sachverhalt einer physischen Entwicklungsgeschichte und einen metaphysischen Begriff, eben den der Transzendenz, in dem gleichen Zusammenhang zu reden. Ich behaupte nun jedoch, daß das möglich und legitim ist, ja mehr noch: Ich will versuchen zu zeigen, daß gerade die Einbeziehung des Evolutionskonzepts, insbesondere die der biologischen Stammesgeschichte in Gestalt der evolutionären Erkenntnistheorie, es erlaubt, über den Transzendenzbegriff in einem ganz bestimmten Sinn konkreter zu reden, als das im Rahmen der klassischen erkenntnistheoretischen Diskussion möglich gewesen ist.

Mit dem Terminus Evolution wird heute ein Erklärungskonzept bezeichnet, das weit über den engeren Bereich der biologischen Stammesgeschichte hinausgreift. Aus guten Gründen, die ich hier nicht im einzelnen zu wiederholen brauche, spricht man in der Naturwissenschaft seit mindestens drei Jahrzehnten zum Beispiel auch von einer präbiotischen, insbesondere einer chemischen Evolution (Melvin Calvin[1]) oder einer Evolution auf molekularer Ebene (Manfred Eigen[2]) und sogar – dies die umfassendste Bedeutung des Begriffs – von einer kosmischen Evolution (so George Gamow in seinem 1956 erschienenen Aufsatz »The Evolutionary Universe«[3]). Durch das jeweils spezifizierende Adjektiv soll dabei in allen Fällen lediglich ein bestimmter Teilaspekt (Teilabschnitt) eines als einheitlich durchlaufend gedachten Entwicklungsprozesses gekennzeichnet werden.

Anders ausgedrückt: Astronomen, Physiker, Biochemiker und Biologen sind sich heute darin einig, daß sie alle es innerhalb ihrer jeweiligen Methode mit den Teilprodukten oder Teilaspekten ein und desselben Entwicklungsprozesses zu tun haben. Noch anders gesagt: Wir glauben heute, daß das Universum – »die Welt« – vor sehr langer (von uns aber immerhin mit leidlicher Genauigkeit abschätzbarer) Zeit zu existieren begonnen hat und daß sich das aus diesem etwas salopp »Urknall« genannten Anfangsereignis hervorgegangene Universum seit dieser Zeit, seit rund 13 Milliarden Jahren, »entwickelt«.

Die wissenschaftliche Rekonstruktion der daraus resultierenden kosmischen Geschichte enthält in den Details zugegebenermaßen (und verzeihlicherweise) heute noch erhebliche Lükken. Andererseits ist die Rekonstruktion aber doch schon so weit gelungen, daß an der Existenz und Kontinuität der Geschichte selbst nicht mehr gezweifelt werden kann.[4]

Zu Beginn meines Referats möchte ich nun hervorheben, daß es sich bei dieser in kosmischem Rahmen ablaufenden Geschichte um einen Prozeß handelt, der sich nicht lediglich in dem Aufbrauchen eines anfangs vorhandenen Energiepotentials erschöpft. Das geschieht selbstverständlich auch: Die kosmische Hintergrundstrahlung nimmt fortlaufend ab (was uns umgekehrt die Möglichkeit gibt, aus ihrem augenblicklichen Wert von knapp drei Grad Kelvin auf den Zeitpunkt des Anfangs der kosmischen Abkühlung zurückzurechnen). Das gleiche gilt für die in einem bestimmten kosmischen Augenblick vorhandene Wasserstoffmenge und einige andere Parameter. Zugleich aber entstehen im Ablauf dieser Geschichte Strukturen immer höherer Ordnung: Aus Wasserstoffkernen entstehen unter Mitwirkung aufeinanderfolgender Sterngenerationen die verschiedenen Atomarten; Moleküle und Biopolymere schließen sich zu lebenden Organismen zusammen, diese wiederum entwickeln sich zu immer höher organisierten Lebewesen und schließlich zu Großhirnbesitzern wie uns selbst.

Daß es bei alldem mit natürlichen Dingen zugeht, daß, genauer gesagt, die regionale Entstehung materieller Strukturen zunehmender Komplexität in einem Kosmos, der per Saldo der Unordnung zustrebt, dem Zweiten Hauptsatz der Thermodynamik, der sogenannten Entropie-Regel, nicht widerspricht, haben insbesondere die Untersuchungen von Ilya Prigogine gezeigt.[5]

Lassen Sie mich die wesentlichen Punkte zusammenfassen: Unter Evolution verstehen wir heute einen realen Entwicklungsprozeß, der erstens das ganze Universum einbezieht (der Kosmos selbst unterliegt einem historischen Prozeß), der zweitens in Gestalt einer einzigen zusammenhängenden Entwicklungsgeschichte alles hervorgebracht hat, was es in diesem Universum objektiv gibt – vom einzelnen Molekül bis zum menschlichen Großhirn –, und der drittens aus uns nicht bekannten Gründen die unübersehbare Tendenz hat, im Ablauf der Zeit immer komplexere Ordnungsstrukturen entstehen zu lassen.

Nach dieser Rekapitulation des allgemeinen evolutionären Rahmens nun zum eigentlichen Thema. Ich beginne mit einigen Thesen über die in diesem Zusammenhang wichtigsten Besonderheiten der Beziehung zwischen Lebewesen unterschiedlicher Entwicklungshöhe und ihrer jeweiligen Umwelt.

1.

Von unser eigenen Entwicklungsstufe aus betrachtet, also quasi im stammesgeschichtlichen Rückblick, erscheinen alle von den »Weltbildapparaten« nichtmenschlicher Organismen vermittelten Weltbilder als ausgesprochen – mitunter extrem – inhalts- oder merkmalsarm.

Der stammesgeschichtliche Vergleich ergibt außerdem eine Korrelation zwischen der jeweiligen Entwicklungshöhe und dem Grade dieser relativen Merkmalsarmut: Das Weltbild einer Amöbe ist ärmer als das einer Zecke. Deren Weltbild wiederum erscheint im Vergleich etwa zu dem eines Huhns auf einige wenige Umweltsignale »zusammengeschnurrt«, wie Jacob von Uexküll[6] es ausgedrückt hat. Auf das Huhn wiederum würde ein Menschenaffe, wenn er von dessen Weltbild etwas ahnte,

mitleidig herabsehen, während wir selbst der permanenten Versuchung unterliegen, aufgrund unserer eigenen, im evolutiven Vergleich konkurrenzlosen Weltsicht alle übrige lebende Kreatur geringzuschätzen.
Vor dem Hintergrund der einleitend erwähnten Einheitlichkeit des von der Vergangenheit in die Zukunft laufenden Entwicklungsprozesses scheint es erlaubt, die verschiedenen tierischen (subhumanen) Weltbilder nach Maßgabe ihrer jeweiligen Entwicklungshöhe als Vorläufer, als prodromale Stadien unserer eigenen Weltsicht in einer chronologischen Reihe anzuordnen. Dies um so eher, als sich der phylogenetische Zusammenhang nicht nur aus dem Vergleich kognitiver Leistungen zunehmender Differenzierung ableiten läßt, sondern bekanntlich auch aus dem Vergleich der diesen Leistungen zugrundeliegenden anatomischen Strukturen. Als einziges Beispiel sei hier die eindrucksvolle Tatsache angeführt, daß der Sehpurpur in der Netzhaut unserer Augen der gleichen chemischen Stoffgruppe angehört wie der durch gewaltige phylogenetische Zeiträume von ihm getrennte Pigmentfleck im Vorderende des *Euglena* (»Augentierchen«) genannten Einzellers, der erstmals von der Kombination eines schattenwerfenden Pigments mit einem lichtempfindlichen Sensor (einer Geißelwurzel) zur Ermöglichung einer phototaktischen Reaktion Gebrauch gemacht hat: In beiden Fällen handelt es sich um Caratinoide. Und auch der zweite Bestandteil dieses archaischen Arrangements eines Urlichtsinnesorgans ist in der Erinnerung der Stammesgeschichte offenbar bewahrt geblieben. Anders ist es kaum zu erklären, daß die ultramikroskopische Struktur der sehempfindlichen Zellen unserer Netzhaut (Stäbchen und Zapfen) ausgerechnet der von Protozoen-Geißeln ähnelt.[7]
Ich möchte diesen ersten Punkt in der Aussage zusammenfassen, daß unser »Weltbildapparat«, wie unsere anderen Organe auch, im Evolutionsablauf Schritt für Schritt aus primitiveren Vorstadien entstanden ist und daß der Vergleich mit Organismen unterschiedlicher Entwicklungshöhe Rückschlüsse auf diese Schritte zuläßt. Konrad Lorenz hat diese Auffassung 1973 bekanntlich in allen Einzelheiten *in extenso* begründet[8].

2.
Hand in Hand mit der stammesgeschichtlichen Perfektionierung der kognitiven Fähigkeiten geht eine im Verlaufe der gleichen Entwicklung zu konstatierende Trennung zwischen Subjekt und Objekt, die in unserem Zusammenhang einige gesonderte Sätze verdient. Auf der Ebene der Einzeller und Schwämme, der marinen Hohltiere und wohl auch noch der Mollusken insgesamt gibt es diese Trennung im Grunde noch nicht. Hier bilden der jeweilige Organismus und seine Umwelt funktionell noch ein geschlossenes System. Es genügt, daran zu erinnern, daß alle von der Außenwelt ankommenden Reize auf dieser Ebene noch identisch sind mit direkten Eingriffen in den Stoffwechsel, daß es sich hier folglich noch nicht um »Signale« im eigentlichen Sinne handelt, sondern um unmittelbare (physikalische oder chemische) Wirkungen der Umwelt, auf die der von ihnen aktuell betroffene Organismus mit Taxien oder Reflexen reagiert. Ich getraue mich nicht, eine systematische Ebene anzugeben, von der ab die funktionelle Trennung von Subjekt und Objekt einsetzt. Die Grenze dürfte einen ausgesprochen fließenden Charakter haben. Sie ist aber fraglos spätestens an der Stelle anzusetzen, an der die ersten Anfänge zur Entstehung eines Zwischenhirns nachzuweisen sind. Vereinfacht gesagt, eröffnet dieses neue zentrale Steuerungsorgan ja über Reflexe und Taxien hinausgehende Reaktionsmöglichkeiten in Gestalt von zusammengesetzten Verhaltensweisen, die durch den von »Fernsinnen« vermittelte Umweltsignale ausgelöst werden.
Ich wiederhole: Selbstverständlich sind die Grenzen fließend, und unstreitig sind beide Reaktionsmöglichkeiten in der Realität auch miteinander verschränkt. Trotzdem erscheint es mir sinnvoll, hier einmal an die Bedeutung des Unterschiedes zu erinnern, der darin besteht, daß ein Fernsinn das Eingreifen der Außenwelt, welches ein chemischer oder thermischer Rezeptor immer nur als ein bereits aktuell sich abspielendes Geschehen registrieren kann, als noch bevorstehende Möglichkeit vorankündigt. Das von einem – akustischen oder optischen – Fernsinn empfangende Umweltsignal ist prinzipiell ein Vorgriff auf

die Zukunft. (Nicht zuletzt deshalb, weil hier ein »vermittelnder« Informationsträger »dazwischengeschaltet« ist, der selbst – wie akustische oder Lichtwellen zum Beispiel – biologisch nicht aktuell relevant ist.) Es verschafft dem Organismus somit die bis zu diesem Entwicklungsschritt nicht gegebene Chance einer Zeitspanne, die es ihm – und sei sie noch so klein – erstmals gestattet, sich auf die konkrete Begegnung mit der Umwelt auf irgendeine Weise vorzubereiten (durch Ausweichen oder Abwehr, aber – sehr viel später – zum Beispiel auch durch die Entscheidung zwischen verschiedenen Alternativen seiner Reaktionsmöglichkeiten).
Dieser zeitliche Hiatus zwischen dem Ingangkommen einer physisch-konkreten Auseinandersetzung mit der Umwelt und der sie vorwegnehmenden Ankündigung durch ein wahrgenommenes Signal scheint mir die entscheidende Voraussetzung einer »objektivierenden« Weltabbildung zu sein.[9] Daß auch sie sich im Ablauf der Stammesgeschichte erst langsam entwickelt, daran sollte mit dieser Anmerkung erinnert werden.

3.
So unvollständig und in dem erläuterten Sinne »prodromal« alle diese subhumanen Weltbilder auch sein mögen, sie alle sind in einem ganz bestimmten Sinn desungeachtet dennoch »richtig«. Es genügt hier, an die häufig zitierte Bemerkung von Konrad Lorenz[10] zu erinnern, daß auch eine Amöbe oder ein Pantoffeltierchen etwas im buchstäblichen Sinne objektiv Richtiges über die Außenwelt »wisse«: Wenn *Paramaecium* nach dem Anstoßen an ein Hindernis zunächst ein kurzes Stück rückwärts und dann in einer zufallsbestimmten anderen Richtung wieder vorwärts schwimme, würden wir ihm zwar oft Richtungen empfehlen können, die günstiger wären als die von ihm »auf gut Glück« eingeschlagenen. Das jedoch, was das Tierchen wisse, sei objektiv richtig: In der ursprünglichen Richtung gehe es tatsächlich nicht weiter! Karl Popper hat das grundsätzlich gleiche Argument noch zugespitzter in das bekannte Aperçu gefaßt, daß es, was die Strategie von Problemlösungen angehe, »von der Amöbe ... zu Einstein nur ein Schritt« sei.[11]

Um auch diesen Punkt wieder zusammenzufassen: So unvollständig alle tierischen Weltbilder sind, sie repräsentieren dennoch Ausschnitte aus der gleichen Wirklichkeit, in der auch wir existieren. Zwar liegen für diese einfacher gebauten Organismen weite Bereiche unserer menschlichen Wirklichkeit in einer unerreichbaren Transzendenz. Das, was sie über die Welt erfahren, ist aber insofern »richtig«, als die von ihnen überhaupt erfaßten Weltausschnitte, um es mit einem von Gerhard Vollmer geprägten Begriff zu sagen, der objektiven Realität immerhin »partiell isomorph« sind.[12]

4.
Und letzte Anmerkung: Alle diese subhumanen Abbildungen der Realität sind zwar unvollständig (merkmalsarm), ohne voll ausgebildete Objektivität (oder sogar ohne jeglichen Ansatz dazu) und der Außenwelt nur partiell isomorph. Sie alle aber reichen dennoch aus, das Überleben der betreffenden Art (vorübergehend) zu sichern. Genaugenommen ist das sogar eine tautologische Aussage, jedenfalls dann, wenn man Evolution und biologische Anpassung als Faktoren anerkennt, die diese aus unserer Sicht unvollkommenen Weltbilder hervorgebracht haben. Aus der subjektiven Perspektive des jeweiligen Organismus sind sie alle, so könnte man jedenfalls sagen, »geschlossen«, läßt kein einziges von ihnen irgendwelche Fragen an die Außenwelt offen.
Nach diesen Überlegungen jetzt zum Kern des Problems, zur »Gretchen-Frage«: Was haben wir in dieser Hinsicht eigentlich von unserem eigenen Weltbild zu halten? Auch dieses läßt ja für unser Erleben keine Frage offen. Es erscheint aus subjektiver Sicht vollständig und geschlossen, präsentiert uns die Welt ohne unausgefüllte weiße Flecke. Der beispiellose Erfolg und das in jüngster Zeit beängstigend gesteigerte Ausmaß unseres manipulativen Umgangs mit unserer Umwelt liefern überdies Argumente für die Annahme, daß unsere kognitive Ausstattung im Zusammenwirken mit unserer Vernunft uns zu einem Abbild der Welt verhilft, das objektiv und der Welt weitgehend isomorph ist.

So zutreffend diese Feststellungen unsere Beziehung zur Welt aber auch immer beschreiben, wir dürfen an dieser Stelle die Ergebnisse unseres stammesgeschichtlichen Rückblicks nicht vergessen, die uns lehren können, wie gering der Wert aller dieser Argumente zu veranschlagen ist. Keinem dieser vormenschlichen Weltbilder hatten wir die Attribute der Geschlossenheit, der Isomorphie mit der objektiven Realität und einen das Überleben sichernden höchst konkreten Anwendungserfolg absprechen können. Und trotzdem hatte die Betrachtung »von außen«, von der Metaebene unserer eigenen überlegenen (relativ höheren) evolutionären Position aus, in allen Fällen gezeigt, daß kein einziges dieser Kriterien objektiv stichhaltig ist: Für alle diese Weltbilder liegt der weitaus größte Teil der Realität in einer absolut unerreichbaren Transzendenz.
Mir erscheint es nun als anthropozentrische Verkennung reinsten Wassers, wenn wir ungeachtet dieser Erfahrung in unserem tiefsten Innern dennoch daran festhalten, daß das alles für uns selbst selbstverständlich nicht gelte. Daß einzig und allein in unserem eigenen Falle der subjektive Eindruck der Geschlossenheit und Vollständigkeit unseres Weltbildes, seiner Objektivität und Isomorphie mit der Realität den objektiven Sachverhalt im wesentlichen richtig wiedergebe. Daß, um es bewußt provozierend zu formulieren, die in kosmischem Rahmen fortschreitende Evolution in just diesem Weltaugenblick die Perfektionierung weltabbildender neurophysiologischer Strukturen mit jenem äußersten denkbaren Schritt abgeschlossen habe, der erstmals die Welt in ihrer objektiven Totalität Platz finden lasse in einem individuellen Gehirn, nämlich dem unseren. Rupert J. Riedl hat die Unwahrscheinlichkeit einer derartigen kognitiven Sonderstellung des Menschen treffend gekennzeichnet: »Was für ein Vermessen wäre es, wollte sich die Zecke die Blutgefäße eines Säugetieres vorstellen, der Polizeihund die internationale Rauschgiftszene oder wir uns die Gesetze jenseits des Kosmos.«[13]
Nun könnte man einwenden, daß ich hier eine anthropozentrische Illusion kritisierte, die in Wirklichkeit längst überwunden sei. Tatsächlich ist unsere Weltsicht ja seit Plato nicht mehr

gänzlich naiv und sind wir alle (oder doch die meisten von uns) spätestens seit Konrad Lorenz und Karl Popper kritische (oder hypothetische) Realisten. Ist damit dem Vorwurf einer anthropozentrischen Mißdeutung der eigenen kognitiven Situation gegenüber der Welt nicht die Grundlage entzogen? Und haben wir, wie unter anderem Gerhard Vollmer begründet hat, die mesokosmische Beschränkung unserer unmittelbaren sinnlichen Erfahrung mit Hilfe der Wissenschaft nicht sogar überwinden können? Es sei zwar »ein vermessener Anthropomorphismus anzunehmen, die Welt müsse in allen Bereichen genauso strukturiert sein, wie wir sie in den mittleren Dimensionen erfahren oder rekonstruieren«[14]. Aber: Die moderne Wissenschaft habe diese naive Auffassung korrigiert, Erkenntnis »kann ... aus diesem uns umgebenden Mesokosmos hinausführen und tut das vor allem als wissenschaftliche Erkenntnis«.[15]

Ähnlich Rupert Riedl, der uns kürzlich erst angesichts der aktuellen Probleme unserer Gesellschaft an die Pflicht gemahnte, die Passungsmängel unseres Erkenntnisapparates systematisch zu beachten und in dieser Weise von der spezifisch menschlichen Fähigkeit zur Selbst-Transzendenz Gebrauch zu machen: »Wir transzendieren uns freilich nicht selbst, aber doch Teile unserer Ausstattung.«[16] Ähnlich auch Sir Karl Popper, der mir anläßlich einer Diskussion über die Frage, ob die bekannten optischen Täuschungen Grenzen unserer Welterkenntnis markierten, entgegenhielt, dies sei gewiß nicht der Fall, eben weil wir diese Phänomene ja als »Täuschungen« zu durchschauen imstande seien.

Das alles ist insofern unbestreitbar, als es sich um Beispiele für die auf diesem Planeten, soweit wir wissen, dem Menschen vorbehaltene Fähigkeit handelt, die angeborenen Grenzen der unmittelbaren sinnlichen Wahrnehmung zu übersteigen. Der Mensch ist, daran besteht kein Zweifel, der Selbst-Transzendenz fähig. Die Frage ist bloß, wie weit diese Fähigkeit objektiv reicht. Selbstverständlich kann unsere Erkenntnis unsere unmittelbare (naive) Erfahrung »manchmal oder sogar sehr oft korrigieren«, wie Sir Karl mir im Anschluß an die erwähnte Diskussion schrieb. Deshalb bleibt dennoch die Frage offen, ob sie das immer kann und ob sie es in allen Fällen tut. Unbestreitbar reicht »der Verstand weiter als die Anschauung, das Denken weiter als die Vorstellung, Begriffe weiter als die Sinne, Kalküle weiter als Bilder«, wie Gerhard Vollmer unterstreicht. Deshalb sei die moderne Physik auch notwendig unanschaulich – weil es eben ihre Aufgabe sei, die Dimension des Mesokosmos zu überschreiten –, ohne deshalb unverständlich zu sein.[17]

Damit ist doch aber nichts darüber gesagt, wie weit unser Verstand, unser Denken, unsere Begriffe und Kalküle nun über die allseits anerkannte Beschränktheit unserer unmittelbaren Anschauung objektiv hinausreichen mögen. Man könnte hier einwenden, es sei müßig, die Frage zu stellen, da wir über die zu ihrer Beantwortung notwendige kognitive Metaebene nicht verfügten. Dem stimme ich zu. Meine Kritik wendet sich ja aber gerade dagegen, daß wir diese Frage meist stillschweigend als beantwortet zu behandeln pflegen, und zwar als beantwortet im Sinne einer grundsätzlichen unbegrenzten Reichweite unserer Fähigkeit zur kognitiven Selbst-Transzendenz.

Gewiß: Wenn wir eine optische Täuschung als Folge der vorbewußten zentralnervösen Verarbeitung von Sinnesdaten im Interesse einer biologisch zweckmäßigen Orientierungshilfe durchschaut haben, dann sind wir in diesem einen konkreten Fall aus den Grenzen unserer angeborenen sinnlichen Erfahrungswelt ausgebrochen. Nur: Wie weit läßt uns dieser Ausbruch eigentlich gelangen? Können wir dieses Erfolgs wegen etwa schon sicher sein, daß wir alle Fälle schon entdeckt haben (oder jemals zu entdecken in der Lage sein werden), in denen die unsere Weltsicht nach Maßgabe biologischer Prioritäten präjudizierende Interpretationskunst unserer kognitiven Ausstattung unserem Streben nach objektiver Welterkenntnis im Wege steht?

In der Tat, alles spricht dafür, daß wir der wahren Beschaffenheit der Welt nähergekommen sind durch die wissenschaftliche Entdeckung der unserer Intuition widersprechenden nichteuklidischen Struktur des Raums oder der Abhängigkeit der Zeit vom Bewegungszustand des Beobachters oder der Ungültigkeit unseres Materiebegriffs im Bereich subatomarer Dimensionen. Aber sollte nicht trotzdem der Verdacht ernst genommen werden, daß es ein anthropozentrisches »Vermessen« wäre – um die anschaulich-treffende Wendung Rupert Riedls zu wiederholen –, wenn wir daraus den Schluß zögen, daß unserer wissenschaftlichen Erkenntnis, nachdem sie die Grenzen unserer Anschauung einmal überschritten hat, nunmehr sozusagen die ganze Welt offenstehe? Oder andersherum: Ist die Annahme, daß das Ausmaß des auch für uns noch in einer unerreichbaren Transzendenz liegenden Teils der objektiven Realität entscheidend kleiner sei als bei allen anderen uns in der bisherigen Evolutiongeschichte vorangegangenen vormenschlichen Weltbilder, ist diese Annahme etwa nicht typisch »anthropozentrisch«? Schlösse sie nicht die absurde Unterstellung ein, daß der seit rund 13 Milliarden Jahren in kosmischem Rahmen ablaufende Evolutionsprozeß zumindest hinsichtlich der Hervorbringung und Optimierung weltabbildender neurophysiologischer Mechanismen hier auf der Erde und jetzt in unserem Kopf an seinem nicht mehr überbietbaren Endpunkt angelangt oder ihm doch zumindest nahegekommen sei?

Ich möchte dieses Argument mit einem konkreten Beispiel aus der Hirnentwicklung unterstreichen. Dazu muß ich einige allgemeine Bemerkungen über die Organisation der Großhirnrinde voranschicken.

In unserer Großhirnrinde lassen sich bekanntlich mehr oder weniger scharf umschriebene Areale nachweisen – sogenannte »Zentren« –, die für bestimmte Funktionen zuständig sind. Auch diese Rinde, den jüngsten Teil unseres Zentralnervensystems, haben wir als eine in einem langwierigen Entwicklungsablauf allmählich entstandene Struktur anzusehen. Das bedeutet unter anderem, daß nicht alle der heute nachweisbaren »Zentren« von Anfang an vorhanden gewesen sind. Naturgemäß gilt das in erster Linie für besonders hochentwickelte, auf »typisch menschliche« Leistungen spezialisierte Zentren. Betrachtet man die »Rindenlandkarte« einmal unter diesem historisch-genetischen Gesichtspunkt, dann stößt man auf interessante Zusammenhänge.

Zunächst einmal ergibt sich eine große Zweiteilung der Rinde insofern, als man ihre vordere Hälfte gewissermaßen als »Sendeteil« ansehen kann (da von hier aus Steuerungsbefehle an die Körperperipherie gegeben werden) und die hintere Hälfte als »Empfangsteil« (von ihr werden aus der Peripherie eintreffende Informationen verarbeitet). Die Grenze verläuft vertikal zwischen den beiden langgestreckten Hirnwindungen, die für die Innervation der Körpermuskulatur (»Willkürbewegungen«) beziehungsweise für die genaue Ortung von Berührungsreizen (»Körperfühlsphäre«) zuständig sind. In beiden Arealen ist der Körper »Punkt für Punkt« repräsentiert, und zwar auf dem Kopf stehend. Das heißt, daß Sie, wenn Sie mit einer elektrischen Reizung dieser Rindenareale oben beginnen, Muskelbewegungen (oder, bei Reizung der hinteren Windung, ein Kitzelgefühl) im Fuß auslösen und daß, wenn Sie die Sonde langsam nach unten wandern lassen, entsprechende Reizeffekte am Unterschenkel, danach am Oberschenkel, an Bauch, Rumpf und so weiter auftreten, bis ganz unten schließlich Lippen, Zunge und Kopfhaut betroffen werden.

Daß motorische und sensorische Areale jeweils unmittelbar benachbart sind, ist genetisch und funktionell ohne weiteres verständlich. Beide konnten sich nur »Hand in Hand«, in strenger funktioneller Parallelität, entwickeln, denn ein ungestörter motorischer Vollzug ist ohne permanente sensorische Rückmeldung über die jeweilige Stellung des bewegten Körperteils nicht möglich, wie jeder bestätigen wird, der schon einmal versucht hat, mit einem »fest eingeschlafenen« Bein einige Schritte zu machen.

Auch der Umstand, daß das motorische Sprachzentrum – ganz gewiß sehr viel später – sich unmittelbar neben dem für die motorische Steuerung von Zunge und Lippen zuständigen Areal entwickelt hat, leuchtet ohne weiteres ein. Immerhin ist es andererseits mit der diese Körperteile steuernden Region nicht identisch. Allein daraus schon ließe sich der Schluß ableiten, daß Sprachvermögen mehr ist als die bloße Fähigkeit, Lippen, Zunge und Kehlkopfmuskulatur gezielt innervieren zu können, eine Schlußfolgerung übrigens, für deren Richtigkeit

jeder Affenkäfig in einem zoologischen Garten hinreichende Belege liefert.
Aus entwicklungsgeschichtlicher Perspektive sind auch die relativen räumlichen Beziehungen zwischen den sensorischen Arealen innerhalb der hinteren Rindenabschnitte (des »Empfangsteils«) verständlich. Daß zum Beispiel das »Hörzentrum« an die sensible Kopfregion angrenzt, ist eine morphologische Erinnerung an die entwicklungsgeschichtliche Verwandtschaft zwischen den sensorischen Strukturen des Innenohrs und der übrigen Haut: Der Gehörsinn ist, so könnte man sagen, ein arrivierter Abkömmling der tastempfindlichen Haut. Analog verhält es sich mit der Beziehung zwischen der »Körperfühlsphäre« und der »Sehrinde«, der körperlichen Grundlage unseres optischen Welterlebens. Daß beide an entgegengesetzten Enden des »Empfangsteils« der Hirnrinde liegen, unterstreicht die zeitliche Ferne ihrer Verwandtschaft. Aber auch unser optisches Wahrnehmungsvermögen hat seine evolutionäre Karriere eben vor unvorstellbar langer Zeit einmal als diffuser Lichtsinn der Haut begonnen.
Damit bin ich bei dem Sachverhalt angelangt, um dessentwillen ich den ganzen Exkurs unternommen habe. Körperfühlsphäre und heutige Sehrinde sind also, das ergeben die empirischen Daten der vergleichenden Anatomie, im Verlaufe der stammesgeschichtlichen Vergrößerung der Hirnrinde »auseinandergewandert«. Damit entstand zwischen ihnen ein sich langsam vergrößerndes Areal neuer Ganglienzellen, der sogenannten Scheitellappen, bereit zur Übernahme neuer, bis dahin nichtexistierender Funktionen. Aber welche Funktionen konnten das sein? Welche eigentümliche Leistung war einem Arrangement von Nervenzellen zuzutrauen, deren phylogenetische Eltern einerseits für die Körpersensibilität und andererseits für die Fähigkeit verantwortlich sind, diesen Körper und die Umwelt, in der er existiert, optisch wahrnehmen zu können?
Im voraus ist die Antwort unausdenkbar. *Post festum* sind wir auch in diesem Falle klüger: Mit dem Scheitellappen sind die Zahl in die Welt gekommen und unsere Fähigkeit zum Kopfrechnen. Nachträglich leuchtet das ein. Aus der Verbindung

von bewußtem Erleben der Stellung unserer verschiedenen Gliedmaßen zueinander (das von der Körperfühlsphäre vermittelt wird) und der (von der Sehrinde vermittelten) optischen Wahrnehmung meiner jeweiligen körperlichen Position relativ zu den Objekten der Außenwelt ist unsere Raumvorstellung hervorgegangen. Diese aber war ihrerseits nun wieder die Voraussetzung zu jenem ordnenden Umgang mit einander ähnlichen Objekten in dieser Außenwelt, die wir als den Ursprung unserer Fähigkeit zum Zählen anzusehen haben.

Das alles sind keineswegs abstrakt-theoretische Ableitungen, sondern empirisch belegbare Zusammenhänge. Patienten mit einer umschriebenen Schädigung dieses Hirnrindenareals leiden an einem sogenannten »Gerstmann-Syndrom«: Sie haben nicht nur die Fähigkeit eingebüßt, »links« und »rechts« noch unterscheiden oder sich anhand einer Landkarte orientieren zu können. Sie verwechseln bei sich und anderen auch die verschiedenen Finger miteinander (Zeige- und Ringfinger zum Beispiel) – die ein Kleinkind bezeichnenderweise beim Zählen zu Hilfe nimmt –, weil sie ganz offensichtlich die Fähigkeit verloren haben, einander ähnliche Elemente durch räumliche Ordnung zu identifizieren. Und einfache Kopfrechenaufgaben kann ein solcher Patient auch nicht mehr lösen.[18]

Jetzt aber brauchen wir uns im Geiste nur um 180 Grad herumzudrehen und in die evolutive Zukunft zu blicken anstatt in die Vergangenheit, um einzusehen, daß in der Großhirnrinde weiterhin neue »Zentren« entstehen würden, wenn diese evolutive Zukunft sich realisierte (und die allerdings offene Frage, ob sie sich realisieren wird, berührt das Argument, das als prinzipiell anzusehen ist, überhaupt nicht). Neue Zentren also im Dienste neuer, heute noch unbekannter, von uns im voraus wiederum nicht erahnbarer geistiger Funktionen. Oder sollen wir etwa mit der Möglichkeit rechnen, daß diese neuartigen Hirnzentren angesichts der Welt gleichsam »ins Leere« greifen könnten (was abermals auf die schon als absurd bezeichnete Annahme hinausliefe, daß die seit Jahrmillionen in unserem Kopf sich abspielende Entwicklung just in diesem Weltaugenblick abgeschlossen sei)?

Wahrscheinlicher ist es doch, daß diese neuen Zentren ihren Besitzern Teile der Welt erschließen würden, die für uns noch jenseits der Grenze unseres Erkenntnishorizonts liegen, in dem für unsere Erkenntnismöglichkeiten noch transzendenten Teil der Wirklichkeit (den wir aufgrund der gleichen Argumentation daher auch als »real« vorauszusetzen haben).[19] Auch Gerhard Vollmer stellte bei Gelegenheit beinahe beiläufig fest, es sei »nicht ganz unnütz, sich klarzumachen, daß wir nicht notwendig den End- oder Höhepunkt kognitiver Systeme darstellen«.[20]

Ein letzter Hinweis. Bei der Diskussion des Problems denken wir, wie mir scheint, vielleicht zu häufig nur an die Grenzen unserer kognitiven Ausstattung im engeren Sinne. Unser Weltbild ist aber nicht nur durch angeborene formale Denk- und Erkenntnisstrukturen subjektiv präjudiziert, sondern in gewiß nicht geringerem Maße auch durch angeborene Bewertungsmaßstäbe. Ich denke dabei vor allem an die Unentrinnbarkeit des Auf und Ab unserer Stimmungen, die uns die Welt immer schon im voraus zwischen den Polen des Anziehenden oder Abstoßenden, des Verlockenden oder Bedrohlichen auslegen und erscheinen lassen.[21]

Die prinzipielle Unbeeinflußbarkeit dieser die Bedeutung der Welt jeweils ohne unser Zutun (und nicht selten gegen unseren Willen) im voraus festlegenden Funktion unserer Stimmungen scheint mir auch in einer sprachlichen Besonderheit ihren Niederschlag gefunden zu haben. Wir bezeichnen einen Sachverhalt zum Beispiel dann als »be-stimmt« (im Sinne von: »das ist bestimmt so«), wenn wir unsere Überzeugung ausdrücken wollen, daß er unverrückbar feststehe.

Diese unentrinnbare emotionale Färbung unserer Beziehung zur Welt ist nun als der innere Aspekt jener noch nicht wirklich erfolgten Abtrennung des erlebenden Subjekts von seiner objektiven Umwelt anzusehen, die wir bereits als eines der charakteristischen Stigmen eines aus evolutionärer Perspektive noch als unfertig anzusehenden Weltbildes kennengelernt hatten. Denn in der Tat sind Stimmungen ja die subjektive, die Erlebnisseite eines noch aktuell bestehenden, ganz konkretphysischen Zusammenhangs zwischen Individuum und Umwelt: Sie bilden die subjektive »Innenseite« der physiologischen Schwankungen unserer vegetativen, leiblichen Befindlichkeit (und auch unser Leib ist in diesem Kontext ja der objektiven Außenwelt zuzurechnen), die ihrerseits wieder von biologisch-vegetativ relevanten Umweltfaktoren (Umgebungstemperatur, Beleuchtungsverhältnisse, jahreszeitliche Rhythmen und vieles andere) unmittelbar beinflußt wird.[22] Auch unter diesem Aspekt, dem der evolutionären Unabgeschlossenheit der distanzierenden Ablösung des erlebenden Subjekts von seiner nach Maßgabe dieses Ablösungsprozesses in zunehmender Objektivierung sich präsentierenden Umwelt, entspricht unser »Weltbildapparat« also nachweislich nicht dem denkbaren höchsten Entwicklungsstand.

Alles in allem liefert somit die evolutionäre Betrachtung der Voraussetzungen unseres »Weltbildes« mir unabweisbar erscheinende Indizien für die Annahme, daß auch für uns noch weite Bereiche der objektiv existierenden Welt in einer unerreichbaren Transzendenz liegen. Natürlich kann man darüber streiten, ob dieser Bereich groß oder klein ist. Aus verschiedenen Gründen (nicht zuletzt aus »Respekt« vor der Wirksamkeit der ständig lauernden anthropozentrischen Versuchung) dürfte es sich empfehlen, ihn nicht zu unterschätzen.

Um diese der objektiv existierenden Realität zuzurechnende Transzendenz von anderen Bedeutungen des Wortes – etwa der des theologischen Sprachgebrauchs – unmißverständlich abzugrenzen, habe ich sie schon bei früherer Gelegenheit als »weltimmanente Transzendenz« bezeichnet.[23] Diese ließe sich positiv vielleicht in der Weise kennzeichnen, daß man sie als »prinzipiell bewußtseinsfähig« definiert, also etwa als grundsätzlich möglichen Gegenstand (oder Inhalt) eines über unseren eigenen Entwicklungsstand hinaus evoluierten Bewußtseins.

Inhaltliche Aussagen über diesen Bereich zu machen ist uns sozusagen definitionsgemäß unmöglich. Wir sind von ihm durch die gleiche unsichtbare und ungreifbare, dabei aber absolut unüberwindliche phylogenetische Barriere ebenso endgültig getrennt wie ein noch so intelligenter nichtmenschlicher

Primat von unserem astronomischen Wissen. Andererseits ist es nicht müßig, sich darüber Rechenschaft abzulegen, daß es diesen Bereich geben muß. Denn die Frage, ob wir den Ausschnittcharakter unseres Weltbildes und seine durch die evolutive Unabgeschlossenheit unserer weltabbildenden Ausstattung bedingte Unvollkommenheit anerkennen oder nicht, bleibt nicht ohne Folgen für unser Selbstverständnis. Ich kann auf diese Konsequenz hier nicht eingehen. Ich will sie aber wenigstens andeuten, und zwar mit einem abschließenden Zitat von Blaise Pascal. Es lautet: »Die letzte Schlußfolgerung der Vernunft ist, daß sie einsieht, daß es eine Unzahl von Dingen gibt, die ihr Fassungsvermögen übersteigen; sie ist nur schwach, wenn sie nicht bis zu dieser Einsicht gelangt.«[24]

1986

ESSAYS

Zweifel an der Zwangsernährung

Die Kehrseite obrigkeitlicher Humanität

Die Gesellschaft, in die man zu geraten droht, wenn man Zweifel an der Humanität der Zwangsernährung Inhaftierter äußert, ist alles andere als gut. Carstens, der die Diskussion auslöste, hat seine Motive inzwischen selbst gründlicher diskreditiert, als es alle Polemik seiner politischen Gegner vermocht hätte. Mit der sichtlichen Befriedigung eines in dieser Hinsicht nicht verwöhnten Wahlkämpfers ließ er im Fernsehen einer Belegschaft Gruß und Dank ausrichten, die ihm dazu gratuliert hatte, daß er der Volksseele so recht aus dem Herzen gesprochen habe.

Richard Stücklen, Vorsitzender der Landesgruppe einer sich »christlich« nennenden Partei, zweifelte öffentlich daran, ob es »dem Steuerzahler, insbesondere dem kleinen Mann, zugemutet werden kann, daß der Staat für die künstliche Ernährung selbstverschuldet leidender Staatsfeinde riesige Summen ausgibt«. Ist das etwa keine Neuauflage der bekannten Theorie der Existenz von Nichtmitmenschen, ist das also etwa nicht »faschistoid«? (Die katholische Kirche, die die Erhaltung des menschlichen Lebens in jeder Form immer so kompromißlos verteidigt, wird es ihm in ihrer nächsten Wahlempfehlung schon heimzahlen. Oder?)

Trotzdem ist es notwendig, wieder einmal »die kriminelle Sünde der Differenzierung« (Böll) zu begehen. Es ist moralisch geboten, sich mit einer gewissen Entschlossenheit zwischen sämtliche Stühle zu setzen – auf den einzigen Platz mithin, auf dem ein um Sachlichkeit bemühter Mensch in der augenblicklichen Situation noch in Ruhe nachdenken kann. Auch von der sicheren Aussicht auf Beifall von gleich mehreren falschen Seiten dürfen wir uns nicht abschrecken lassen. Denn es gibt eine Reihe von Gründen, an der Berechtigung der heutigen Praxis des Strafvollzugs im Falle eines Hungerstreiks zu zweifeln, die in der bisherigen Diskussion bezeichnenderweise überhaupt noch nicht aufgetaucht sind.

Wenn man die Debatte der letzten Wochen rückblickend betrachtet, kann man nicht übersehen, daß sie in einem Rahmen geführt worden ist, der auf der einen Seite von innenpolitisch-taktischer (wenn nicht gar parteipolitischer) Opportunität und auf der anderen von rechtsstaatlichen Minderwertigkeitskomplexen begrenzt wurde. Sobald man diese Einengung überwindet, stößt man auf Zweifel am bisherigen Verfahren, die vielleicht unpopulär sind, ohne deren Berücksichtigung die Diskussion aber zu keinem annehmbaren Ende führen kann. Es sind dies Zweifel an der allgemein als selbstverständlich vorausgesetzten Motivation zur gewaltsamen Ernährung hungerstreikender Häftlinge, an der Nützlichkeit dieser Prozedur und an ihrer moralischen Vertretbarkeit. Ich will versuchen, das in dieser Reihenfolge zu begründen.

Eigentümlicherweise sind bisher von keiner Seite Zweifel daran geäußert worden, ob die Verpflichtung zur Hilfeleistung, zur Lebensrettung um jeden Preis, wirklich die einzige Motivation aller derer ist, die an der Zwangsverpflegung bedingungslos festhalten wollen. Ich möchte nicht mißverstanden werden. An der Ehrenhaftigkeit des Arguments und seinem moralischen Gewicht besteht nicht der geringste Zweifel.

Aber können wir eigentlich sicher sein, daß sich hinter diesem Motiv nicht in den dunkleren Tiefen unseres Gemüts noch ein anderer, sehr viel weniger ansehnlicher Wunsch versteckt: der Wunsch, den Täter »fit« zu halten für den Zeitpunkt der Strafe, mit der wir ihm seine Aggression gegen die Gesellschaft endlich heimzahlen dürfen?

Wer diese Möglichkeit rundherum bestreiten sollte, sei an bestimmte Vorkommnisse in jener Zeit erinnert, in der es noch die Todesstrafe gab. Da kam es gelegentlich vor, daß einer der

Verurteilten in seiner Angst versuchte, sich durch Selbstmord dem Zugriff des Scharfrichters zu entziehen. Hatte er damit nicht auf der Stelle Erfolg, so wurde auch ihm die Hilfe der staatlichen Gewalt, in deren Obhut er sich befand, ganz unabweislich zuteil.

Es hat Fälle gegeben, in denen buchstäblich das ganze Arsenal der Medizin aufgeboten worden ist, von der Wundversorgung über die künstliche Beatmung bis zur Bluttransfusion, um einen Menschen allein deshalb wieder zum Leben zu erwecken, damit er anschließend getötet werden konnte, wie das Gesetz es befohlen hatte. Das alles geschah unbestreitbar unter strikter Einhaltung, sogar unter dem Zwang rechtsstaatlicher Ordnung.

Wir haben die Auslösung einer so entsetzlichen Ablaufskette durch die Abschaffung der Todesstrafe unmöglich gemacht. Aber haben sich deshalb auch unsere Auffassungen über den Strafanspruch der Gesellschaft geändert? Auch wir umschreiben den Selbstmord eines Menschen, der schuldig geworden ist, noch immer mit der Wendung, der Betreffende habe sich »der irdischen Gerechtigkeit entzogen«.

Dagegen mag nichts einzuwenden sein. Aber wenn das so ist, dann kann die Frage nicht übergangen werden, ob der Zwang, mit dem der Widerstand eines Hungerstreikenden gebrochen werden soll, nicht vielleicht auch durch den Wunsch motiviert ist, dem Delinquenten die Flucht vor der bevorstehenden Abrechnung zu verbauen. Es ist folglich zu prüfen, inwieweit der Akt der Zwangsfütterung womöglich als eine aggressive Handlung zu deuten sein könnte, mit der wir darauf reagieren, daß ein Mensch, den wir zu bestrafen wünschen, sich durch zunehmende Hinfälligkeit in einen Menschen verwandelt, der auf unsere Hilfsbereitschaft, ja auf unser Mitleid Anspruch erheben kann.

Auch die Zweckmäßigkeit der Prozedur ist, gemessen an ihrem Ziel (Lebenserhaltung trotz Hungerstreiks), keineswegs so über allen Zweifel erhaben, wie die meisten anzunehmen scheinen. Grundsätzlich trifft es zwar zu, daß die künstliche Ernährung eines Menschen heute ohne Schädigung über sehr lange

Zeit hinweg und vielleicht sogar unbegrenzt möglich ist. Das gilt aber nur dann, wenn laufend ganz bestimmte klinisch-chemische Untersuchungen in Blut und Urin durchgeführt werden. Es gilt also, wie sich herumzusprechen beginnt, dann nicht, wenn der künstlich Ernährte sich wehrt und alle Untersuchungen ablehnt.

Das ist nicht alles. Eine gewaltsame Ernährung mit der Sonde stellt selbst einen Risikofaktor dar. Die Gefahren – Verletzungen der Schleimhaut mit anschließender Infektion, eine Aspiration von Erbrochenem in Bronchien und Lungen – mögen bei sorgfältiger ärztlicher Aufsicht noch so gering sein, sie existieren. Man braucht kein Statistiker zu sein, um zu begreifen, daß unter diesen Umständen Todesfälle auch in Zukunft unausbleiblich sind. Wenn aber die Zwangsernährung bei konsequentem Hungerstreik die Lebenserhaltung nicht garantieren kann, dann ist die Frage zulässig, in welchem Maße sie durch psychische Eskalation zur Aufrechterhaltung der Gefahr beiträgt, deren Folgen sie beseitigen soll.

Hunger ist ein Trieb. Wer ihn, ohne geistig oder körperlich krank zu sein, über längere Zeit hinweg unterdrücken will, bedarf eines außergewöhnlichen emotionalen Ansporns. Auch bei einem fanatischen Psychopathen aber erlahmt dieser Ansporn, wenn er nicht durch ständige Konfrontation immer von neuem aufgeladen wird. Ich fürchte, daß die Zwangsernährung in vielen Fällen genau diese Funktion erfüllt.

Man darf sich den Ablauf nicht zu klinisch-appetitlich vorstellen. Was zu dem Thema kürzlich in einem Fernsehmagazin aus einer Berliner Klinik gezeigt wurde, lief in seiner Verharmlosung auf Irreführung hinaus. Künstliche Ernährung und Zwangsernährung sind zwei Paar Stiefel.

Da betreten vier oder fünf kräftige Männer die Zelle. Sie greifen den sich sträubenden Häftling an Armen und Beinen, überwältigen ihn und zwingen ihn auf ein Untersuchungsbett. Zwei setzen sich auf seine Knie, damit er nicht treten kann. Die Arme werden festgeschnallt. Einer hält den Kopf fest, an den Haaren natürlich, denn wie sonst könnte der Mann sicher sein, nicht gebissen zu werden.

Dann der Schlauch. Den Kiefer eines Erwachsenen gegen dessen Willen zu öffnen, ist ohne Verletzungsgefahr (Kieferbruch, Zahnverlust) unmöglich. Bleibt der Weg durch die Nase. Gegen den Willen des auf diese Weise zu Ernährenden, das heißt: Einführung unter Würgen und Erbrechen, Husten und Verkrampfung des ganzen Körpers. So und nicht anders spielt sich das ab, wann immer jemand sich wirklich wehrt. Bei jedem, der einen Hungerstreik nicht nur zur Demonstration durchführt und bei der Einführung der Sonde noch selbst mit Hand anlegt (das gibt es natürlich auch).

Von der humanen Absicht des Gesetzgebers kommt im Bewußtsein eines so am Leben Erhaltenen nichts mehr an. Was er erlebt, ist eine Tag für Tag sich wiederholende brutale Vergewaltigung durch die Vertreter des von ihm gehaßten Systems. Ist es wirklich so schwer einzusehen, daß es einem Häftling unter diesen Umständen von Woche zu Woche schwerer fallen muß, die Vernunft anzunehmen, die man ihm von allen Seiten predigt, und zu allem Übel nun auch noch »aufzugeben«?

Wenn man das eingesehen hat, steht man vor der Frage, ob es nicht sicherer sein könnte, mit der Eskalation, die am oberen Ende der Schraube kaum mehr ohne Katastrophe abzubrechen ist, gar nicht erst anzufangen. Im Klartext: Dient es der Lebenserhaltung vielleicht mehr, wenn man auf die Zwangsernährung von Anfang an verzichtet?

An diesem Punkt stellen allzu viele erschrocken das Denken ein.

Unsere Rechtsstaatlichkeit ist noch so beschämend jungen Datums, daß wir alle unter der panischen Furcht leiden, es könnte uns jemand, und sei es auch nur bei einem Gedanken, eine Fingerbreite neben dem rechten Wege ertappen. Das ist grundsätzlich lobenswert. Es führt aber dann zu inhumanen Konsequenzen, wenn diese Furcht in ein Verhalten mündet, das nicht mehr von der Sorge um den Mitmenschen bestimmt ist, sondern nur noch von dem egoistischen Wunsch, sich selbst nichts vorwerfen zu lassen.

Wer die Anregung, auf einen Hungerstreik anders als mit Zwangsernährung zu antworten, nicht zu diskutieren bereit ist, sondern sie ohne Überlegung als »Ausdruck zynischer Menschenverachtung«, »nicht bedenkenswerte abwegige Vorstellung« (wörtliche Zitate, deren Quellen zu nennen ich mir erspare) und mit anderen ähnlich wuchtigen Formulierungen vom Tisch fegt, muß sich den Verdacht gefallen lassen, er denke nicht mehr an das Schicksal der Häftlinge, sondern sei nur noch darauf aus, seiner Umwelt demonstratives Wohlverhalten vorzuführen.

Es ist das gleiche wie beim Streit um die Reform des Paragraphen 218. Auch die Befürworter der Fristenlösung werden mit massiven Vorwürfen eingedeckt, weil sie angeblich nichts anderes im Sinn haben als eine Durchlöcherung des Schutzes von Lebensrechten. Sie können hundertmal erklären, daß ihnen nur daran liegt, eine Situation in den Griff zu bekommen, die durch eine erschreckend hohe Dunkelziffer »krimineller« Aborte charakterisiert ist. Es nützt ihnen gar nichts. Denn wenn einer bei uns nur laut genug verkündet, er sei »gegen Tötung von Leben, in welcher Form auch immer«, dann setzt von allen Seiten schon prasselnder Beifall ein, bevor noch jemand Gelegenheit zu der unziemlichen Frage hat, wie denn diesem gewiß lobenswerten Grundsatz in der Realität eine Chance gegeben werden soll. So daß dann, wer lauthals die Unverletzlichkeit des Lebens proklamiert, letztlich die Verantwortung zu tragen hätte, wenn ein Weg unbegangen bleibt, auf dem es möglich werden könnte, die Zahl der tatsächlich erfolgenden Unterbrechungen zu reduzieren.

Wer der Versuchung zu solcher moralischen Keulenschwingerei aber widersteht, der muß früher oder später auf den Gedanken kommen, daß die Zwangsernährung vielleicht nicht die einzige Form der Hilfeleistung ist, durch deren Unterlassung wir uns schuldig machen können. Der ist in der Lage, folgende Möglichkeit zu erwägen: Wenn man einem Hungerstreikenden die physische Konfrontation ersparte, wenn man ihm die Nahrung stillschweigend weiterhin, womöglich durch die Klappe, in die Zelle stellte, dreimal täglich, Tag für Tag, wäre dann die Chance, daß er zu einem »normalen« Verhalten zurückfindet, nicht vielleicht größer? Wäre ein Geistesgesunder auch dann

noch in der Lage, einen natürlichen Trieb Woche um Woche bis zur Selbstvernichtung zu unterdrücken?
Sinnvoll wäre das natürlich nur in den Fällen, in denen mit der Zwangsernährung noch nicht begonnen worden ist. Nicht von Abbruch ist hier die Rede (sie dürfte nur im Einverständnis mit dem Häftling zu verantworten sein), sondern von dem Verzicht darauf, mit Zwangsmaßnahmen überhaupt anzufangen.
Auch dann gibt es gewiß keine Garantie dafür, daß das Leben des Hungerstreikenden erhalten bleibt. Das aber gilt für die Zwangsernährung nachweislich auch und vielleicht eben in noch höherem Maße. Ich wage auch nicht zu behaupten, daß das hier angedeutete Vorgehen die Lösung des Problems darstelle. Ich behaupte lediglich, daß die, die von der Pflicht zur Lebenserhaltung reden, verpflichtet sind, auch über diese Möglichkeit nachzudenken.
Ein letzter Punkt: Haben wir eigentlich das Recht, einen Menschen, der nicht geisteskrank ist, mit Gewalt daran zu hindern, sein Leben für ein selbstgewähltes Ziel einzusetzen, so unverständlich uns dieses Ziel auch bleiben mag? Ganz sicher sind Zweifel auch an der geistigen Verfassung eines Menschen angebracht, den Fanatismus oder Geltungsbedürfnis bis zu einem Punkt getrieben hat, an dem er sich zur Tötung anderer Menschen berechtigt glaubt.
Aber hier müssen wir uns nun entscheiden: entweder Diagnose auf Zurechnungsunfähigkeit, Einweisung in die geschlossene Abteilung einer Nervenklinik und Beginn einer Behandlung mit Psychopharmaka (die das Problem des Hungerstreiks sofort erledigen würden). Diese Möglichkeit wird offensichtlich von niemandem ernstlich erwogen.
Wenn das aber nicht der Fall ist, dann stellt sich die Frage, ob die Freiheit zum äußersten möglichen Einsatz nicht einen Teil der in diesem Zusammenhang sooft beschworenen Menschenwürde ausmacht. Woher wollen wir eigentlich das Recht nehmen, einem in Unfreiheit gehaltenen Menschen auch diese letzte Freiheit unter Würgen und Erbrechen noch zu bestreiten? Ich weiß darauf keine Antwort. Mir scheint jedoch sicher

zu sein, daß sich dieses Recht nicht aus dem Umstand ableiten läßt, daß diese Freiheit uns in Verlegenheit bringen kann.
Ich kann nichts dafür, daß es ausgerechnet wieder ein Vertreter jener sich »christlich« nennenden Partei gewesen ist, dem in dieser Hinsicht eine verräterische Bemerkung entschlüpfte. Der Mainzer Innenminister Heinz Schwarz sprach sich für die Zwangsernährung mit der Begründung aus: »Die sollen ihren Horst Wessel nicht bekommen!« Bei allem Verständnis für die Sorgen dieses Mannes und ganz abgesehen einmal davon, daß »die« ihren Holger Meins längst hatten, als die Äußerung fiel: Ist das etwa ein humanes Argument für die Zwangsernährung?

1974

Allein mit dem Diesseits

Psychologische Motive der »esoterischen« Modewelle

Im Herbst 1975 appellierten in den USA 186 führende Wissenschaftler, darunter achtzehn Nobelpreisträger, an die Weltöffentlichkeit, astrologischen Voraussagen und Empfehlungen keinen Glauben mehr zu schenken. Für die Astrologie gebe es, so die Unterzeichner, nicht die geringste wissenschaftliche Grundlage, sie sei vielmehr als reiner Aberglaube zu betrachten.

Die Warnung war aus zwei Gründen interessant. Zum einen kann sie als Signal dafür gelten, wie weit nach Ansicht ihrer Verfasser das öffentliche Bewußtsein schon vom rechten Pfad rationaler Tugend abgewichen ist. Bemerkenswerter noch aber dürfte der Umstand sein, daß der Appell aus dem Zentrum der Gelehrtenrepublik ungehört verhallte. Die angesprochene Öffentlichkeit nahm schlicht keine Notiz. Mit Aufrufen »zu mehr Rationalität« finden wissenschaftliche Spitzenkräfte heute, wie es scheint, selbst dann kein Gehör mehr, wenn sie sich zu Sprechchören zusammentun.

Woran liegt das? Die Antwort ist leicht. Man braucht sich nur anzuhören, mit welchem Argument die Astrologen die Attacke der 186 wissenschaftlichen Koryphäen mühelos abwehrten. »Die reden nur so«, ließ sich etwa der Autor eines verbreiteten »Lehrgangs der Astrologie« ungerührt vernehmen, »weil sie aus einer bestimmten (sprich: naturwissenschaftlichen) Denkweise kommen.«

Damit war der Fall für den Mann erledigt. Im Unterschied zu den Unterzeichnern des Manifests hatte er nämlich begriffen,

daß die Berufung auf dieses Etikett einem Argument heute längst keine fraglose Autorität mehr verleiht, daß es in den Augen vieler sogar zu größter Skepsis Veranlassung gibt.
Die letzten, die darüber erstaunt sein sollten, sind die Wissenschaftler selbst. Sie können nicht blind sein gegenüber der Tatsache, daß sie ihr Konto in den vergangenen Jahrzehnten maßlos überzogen haben. In der gleichen Ecke, aus der vor noch nicht allzulanger Zeit der Sieg über den Krebs und alle anderen Leiden als bevorstehend angekündigt worden war, entdeckt eine verunsicherte Öffentlichkeit heute eine ihr immer unheimlicher werdende technische Medizin, von der sie sich mit ihren Ängsten allein gelassen fühlt.
Aus den Laboratorien, in denen der Hunger besiegt werden sollte, dringen Meldungen über die künstliche Herstellung neuartiger Bakterien und andere bedrohlich klingende Manipulationen. Aus dem Siegeszug der Antibiotika ist längst eine Abwehrschlacht gegen resistente Erregerstämme geworden, die mit zunehmender Verbissenheit geführt wird und deren Ausgang ungewiß ist. Die Hoffnung auf eine glücklichere Zukunft hat der Angst vor einer übervölkerten, verschmutzten und immer lückenloser reglementierten Welt Platz gemacht.
Muß man die Liste noch verlängern? Man muß. Denn weitaus verheerender noch als alle bisher aufgezählten Enttäuschungen hat sich die Nichterfüllung einer anderen, der größten Verheißung von allen ausgewirkt: der Erwartung, daß die ausschließliche und totale Anwendung der menschlichen Vernunft zur Erkenntnis der Wahrheit, zum Verständnis der Welt und zur Sinnerfüllung des eigenen Daseins führen werde.
Kein Zweifel mehr ist daran möglich, daß der mit so großem Enthusiasmus begonnene Aufbruch auf halber Strecke endgültig steckengeblieben ist. Alle Formen des Glaubens, die sich nicht wissenschaftlich ausweisen konnten, wurden erfolgreich zerstört. Der Mensch ist mit dem Diesseits und seiner Vernunft endlich allein. Die Kälte hätte größer nicht sein können.
Was Wunder also, daß sich auf den Altären, von denen die Götter der Vergangenheit vertrieben wurden, nun viele kleine Götzen breitmachen. Es ist vielleicht erschreckend, aber ganz

gewiß nicht unerklärlich, daß es in dieser Lage möglich wird, Menschen, die ihr metaphysisches Bedürfnis nicht mehr durch religiöse Inhalte befriedigen können, den Weltraum als Jenseits-Surrogat einzureden, in dem Außerirdische die Überwachungsaufgaben übernehmen, die einst den Schutzheiligen oblagen. Was Wunder, daß Gurus und Hare-Krishna-Centers Hochkonjunktur vermelden.

»Paranormale« und okkulte Phänomene sind stark gefragt. Die Gewalt der großen Flut treibt selbst nachweislich zusammengelogene Machwerke noch unwiderstehlich bis an die Spitze der Bestseller-Listen. Wer nach Beweisen fragt, hat sich schon als »Materialist« entlarvt. Wer kritische Fragen stellt, provoziert nur Haß. Ist die Reise in die Irrationalität also nicht mehr aufzuhalten? Wird die Flutwelle uns in ein »neues Mittelalter« zurückschwemmen?

Das nun wohl doch nicht. Es gibt Faktoren, die der Entwicklung Grenzen setzen. Keine der für die Existenz unserer Gesellschaft unentbehrlich gewordenen Maschinen wird in Zukunft davon ablassen, nach naturgesetzlichen Regeln zu funktionieren. Bei aller Skepsis gegenüber futurologischen Prognosen darf dennoch die Vorhersage gewagt werden, daß alle Versuche, Computerprogramme mit der Hilfe von Psi-Faktoren zu steuern, zum Scheitern verurteilt bleiben werden.

Sogar der begabteste Telekinetiker wird sich beim Autofahren auch in Zukunft nicht auf seine übernatürlichen Kräfte allein verlassen können. Und wer mit einem durchgebrochenen Magengeschwür der Hilfe einer naturwissenschaftlich orientierten Medizin entraten zu können glaubt, wird seinen Angehörigen wenigstens die nützliche Erfahrung hinterlassen, daß es kausale Zusammenhänge gibt, deren Außerachtlassung sich nicht empfiehlt.

Letztlich ist alles eine Frage des Maßes. Der die Rationalisten unter uns heute so erschreckende Anblick einer heranrollenden Woge des Aberglaubens kommt ja nicht von ungefähr. Die Erschrockenen waren an der Entstehung des Phänomens ja nicht so ganz unbeteiligt. Denn diese Woge ist unleugbar auch ein Reflex auf den Autoritätsanspruch einer alle Wahrheiten für sich reklamierenden, also einer maßlos gewordenen Wissenschaft. Wer das heute schon vergessen hat, braucht nicht bis zu Büchner oder Haeckel zurückzugreifen. Er braucht nur noch einmal das Protokoll des berühmten Ciba-Symposions nachzulesen, das unter dem Titel »Man and his Future« 1962 in London stattfand.

Es ist bereits heute, nur sechzehn Jahre später, nahezu unfaßlich, mit welcher Anmaßung und Bedenkenlosigkeit damals ein kleiner Kreis sich als geistige Elite begreifender Wissenschaftler über die »Masse« seiner Mitmenschen verfügen zu können glaubte.

Andererseits: Es gibt es noch immer, das »naturwissenschaftliche Weltbild«, auch als Grundlage und Ausgangspunkt des Versuchs einer Sinnfindung. Es ist nach wie vor legitim zu versuchen, den Kosmos nicht einfach nur als gigantische Supermaschine zu verstehen, sondern als »großen Gedanken«, wie ein englischer Astrophysiker es formulierte. Die Konfrontation mit diesem Aspekt ist es, welche die Beschäftigung mit den Naturwissenschaften zu einem Erlebnis werden lassen kann, das weit über die Ebene eines bloß intellektuellen Genusses hinausführt.

Aber die »Wahrheit«, die hier zu holen ist, wird nur in Miniportionen verabreicht und ohne Gewähr. Sie ist niemals endgültig und zu keiner Zeit fester Besitz. Sie vermittelt Geborgenheit nur als das Ergebnis permanenter geistiger Bemühung. Deshalb ist der Zweifel berechtigt, ob es sinnvoll sei, sie jedermann als Antwort zuzumuten. Auch ein Kunstwerk enthält ja Wahrheiten, die nicht jeden Menschen trösten können.

Der Rationalist darf vor allem aber nie wieder vergessen, daß der Mensch aus der Vernunft allein ganz offensichtlich nicht leben kann. Die Wahnwelten des Aberglaubens sind ein Entziehungsphänomen. Unsere Gesellschaft steht mit anderen Worten heute vor der Aufgabe, legitime Anlässe zur Befriedigung des zum Wesen des Menschen gehörenden metaphysischen Bedürfnisses von neuem zu entdecken. Niemand bestreitet, daß die Aufgabe ungeheuer und daß sie risikoreich, daß sie ein Wagnis ist. Aber wir haben keine Alternative, wenn das Be-

wußtsein unserer Kultur nicht endgültig im Aberglauben verkommen soll.
Damit schließt sich der Kreis. Denn Aberglaube in der Vielfalt seiner Formen ist es heute vor allem, der die Chance zur Wiederentdeckung legitimer Glaubensmöglichkeiten unter sich zu begraben droht. Auch aus der trügerischen Geborgenheit abergläubischer Scheinparadiese läßt der alte Adam sich nur unter heftigem Widerstreben vertreiben.
Das wäre noch nicht schlimm, wenn es nur die kretinösen Spielarten okkulter und anderer »Para«-Wissenschaften gäbe. Aber es wird uns nicht erspart bleiben, den Aberglauben auch mitten in der Kirche selbst aufzuspüren – in der Gestalt sinnentleerter Wortattrappen, zum Selbstzweck gewordener Gewohnheiten und oberflächlicher »Erbauung«. Da müßte zuvor auch noch die Verheißung des Marxismus als der Entwurf eines Paradieses durchschaut werden, der nach den Proportionen eines abergläubisch verzerrten Menschenbildes zugeschnitten ist.
Für die Lebensdauer einer einzigen Generation ist die Aufgabe hoffnungslos zu groß. Das Gefühl der Resignation und der eigenen Ohnmacht ist unabweislich. In der Tat: Die Lage, in der ein kritischer Rationalist sich heute vorfindet, ist alles andere als beneidenswert. Aber kritisch, wie er ist, sollte er sich auch nicht verhehlen, daß er sie mitverschuldet hat. Denn diese Lage ist letztlich auch eine Folge der Tatsache, daß er selbst der Versuchung des Aberglaubens nicht widerstehen konnte, indem er der Ratio, der er anhängt, eine alleinseligmachende Wirkung zuzuschreiben bereit war.

1978

Wir haben gar keine andere Wahl

Eine Lanze für die Gen-Technologie

Nicht jeder, der es mit der Angst zu tun bekommt, wenn er an die chronisch Geisteskranken oder Behinderten in Anstalten und Pflegeheimen denkt, und der in seiner Angst dann womöglich nach »Euthanasie« ruft, verkörpert allein deshalb schon ein Stück unbewältigter Vergangenheit. Obwohl so jemand sich, ausreichende Intelligenz vorausgesetzt, einen Mangel an Ehrlichkeit vorwerfen lassen müßte. Denn »Euthanasie« heißt »Sterbehilfe« und bedeutet die Befreiung eines ohnehin zum Tode Verfallenen von nicht mehr zu bekämpfenden Leiden.
Geisteskranke aber und Behinderte leiden in der Regel nicht, und sie sind auch vom Tode nicht mehr bedroht als wir alle. So daß, wer ehrlich über die Angelegenheit nachdenkt, rasch begreift, daß die Hilfe, nach der hier gerufen wird, nicht etwa dem Patienten zugute kommen soll, sondern vielmehr der Gesellschaft. Diese gilt es zu befreien, meint im stillen so mancher, und zwar nicht vom Leiden, sondern von den Leidenden selbst, die als bedrohlich zunehmender Ballast empfunden werden.
Als bedrohlicher Ballast. Unterstellt wird hier keineswegs die Barbarei reinen Zweckmäßigkeitsdenkens. Wohin eine Gesellschaft gerät, wie sehr jeder von uns eine Gemeinschaft zu fürchten hat, die auf Mitleid und tätige Barmherzigkeit verzichten zu können glaubt, ist in frischer Erinnerung. Aber ist die Gefahr wirklich von der Hand zu weisen, daß der Prozeß der Zivilisation eine fortschreitende Verschlechterung des menschlichen Erbgutes zur Folge haben könnte?

Muß der Wegfall der natürlichen Auslese bei einer Spezies, die sich ihrer aus eigener Kraft nicht lebensfähigen Mitglieder fürsorglich anzunehmen begonnen hat, etwa nicht mit Naturnotwendigkeit eine zunehmende Ansammlung negativer Erbfaktoren zur Folge haben? Vermehren wir also nicht mit jedem heutigen Akt individuellen Erbarmens im Grunde nur das generelle Elend der Zukunft? Führen Moral und sittliches Gebot unter diesem Aspekt womöglich in einen Teufelskreis, der die Menschheit biologisch ruinieren wird?

Die Frage ist sehr ernst zu nehmen. Der kostbarste Besitz der Menschheit, unsere Lebensgrundlage im konkretesten Sinne des Wortes, ist ein Satz fadenförmiger Moleküle von submikroskopischer Dünne und der – für Moleküle gigantischen – Länge von einigen Zentimetern. Die Wissenschaftler haben ihnen den zungenbrecherischen Namen Desoxyribonukleinsäure gegeben, abgekürzt DNS. Von der Qualität dieser Moleküle hängt das Überleben der Menschheit ab, auf Gedeih und Verderb. Und eben diese Qualität ist es, die wir aufs Spiel zu setzen begonnen haben.

Das Verteilungsmuster, die »Sequenz« der Aufeinanderfolge von nur vier verschiedenen, immer wiederkehrenden Elementen auf den viele Milliarden Glieder langen DNS-Kettenmolekülen, bildet die »Schrift«, den »Code«, in denen der komplette Bauplan eines Menschen gespeichert ist. Jede der rund fünfzig Billionen Zellen unseres Körpers enthält in ihrem Kern eine identische Kopie davon. Keine dieser Zellen – ob Haar- oder Nervenzelle, Drüsenzelle oder Blutkörperchen – hätte das werden können, was sie ist, ohne diesen Plan, der jeder Zelle sagt, was sie werden soll.

Winzige Unterschiede des DNS-Textes von Mensch zu Mensch sind die Grundlage unserer genetischen Individualität, der Besonderheiten, durch die wir uns von allen anderen Menschen unterscheiden. Mehr als 99,9 Prozent des Textes aber haben wir mit allen anderen Menschen gemeinsam. Dieser so weitaus größere Teil macht jeden von uns mit allen anderen Menschen verwandt.

Das unvorstellbar kompliziert gebaute, unsichtbar winzige

Molekül, das die Anleitung für die Entstehung eines ganzen Menschen enthält, von dessen Haarfarbe bis zum Grad der musikalischen Begabung, ist nicht vom Himmel gefallen. Es ist das Produkt einer langen Geschichte, die identisch ist mit der Entwicklung des Menschen im Verlauf einer sich über Jahrmilliarden hinziehenden Ahnenreihe, welche die Urzelle des Anfangs mit uns als dem vorläufigen Endprodukt verbindet.

Der fortschrittliche Charakter dieser Entwicklung, die unbeirrt von einfacheren zu immer komplizierteren Lebewesen führte, war die Folge einer sich in jeder neuen Generation wiederholenden Auslese: Wem in der feindlichen Umwelt die Aufzucht der meisten Nachkommen gelang, dessen individuelle DNS-Variante trat in der nachfolgenden Generation entsprechend häufiger auf – und so fort über eine endlose Folge von Generationen hinweg.

Diese Bevorzugung der erfolgreicheren Varianten ist, es läßt sich nicht verheimlichen, gleichbedeutend gewesen mit dem Aussterben der weniger erfolgreichen Organismentypen. Dies aber hat man sich nun keineswegs so blutig und brutal vorzustellen, wie es der oft zitierte Begriff vom »Kampf ums Dasein« suggeriert. »Aussterben« bedeutet keineswegs einen Tod als Folge eines mörderischen Aktes überlegener Artgenossen. In der Regel war es einfach die Folge einer geringeren Nachkommenzahl.

Dafür aber gab es eine ganze Reihe nicht so dramatischer Gründe. Der weniger erfolgreiche, mit geringeren Fähigkeiten ausgestattete Konkurrent wurde erstens womöglich vom überlegenen (nicht unbedingt stärkeren, vielleicht nur flinkeren oder findigeren) Rivalen nicht zur Paarung zugelassen, er war zweitens von dem für ihn mühsameren Geschäft des Überlebens so beansprucht, daß er seltener die Chance zur Partnersuche hatte, oder er war drittens so ungeschickt, daß er einem Feind oder irgendwelchen Umweltbedingungen zum Opfer fiel, bevor er Nachwuchs bekommen hatte.

Wenn die Natur nach diesem Gesichtspunkt auswählt, ist ihr Erfolg um nichts geringer als der eines menschlichen Züchters. Und wenn sie das Jahrmillion um Jahrmillion fortsetzt, dann ist das Ergebnis die lebendige Artenfülle, die uns heute umgibt. Es ist kein Zweifel daran möglich, daß auch wir selbst, von der Form unserer Ohrmuscheln über den Bau unserer Augen oder unseres Gehirns bis hin zu unseren typisch menschlichen Eigenschaften, das Produkt dieser als »Evolution« bezeichneten natürlichen Züchtungsgeschichte sind. Einer Geschichte, deren Erfolg wahrhaft staunenerregend ist.

Es ist aber auch kein Zweifel möglich, daß der weitere Verlauf dieser Geschichte nunmehr gefährdet erscheint. Denn hier stoßen wir auf ein eigentümliches Paradoxon. Die bisher so erfolgreiche Evolution hat bei uns selbst, so scheint es, in eine Sackgasse geführt: Eben die Eigenschaften und Fähigkeiten, die sie uns verliehen hat, bewirken, daß ihr wichtigstes Hilfsmittel heute stumpf wird. Gerade die höchst entwickelten, die menschlichsten unserer Eigenschaften veranlassen uns, die »Auslese« bei uns selbst abzuschaffen.

Wir bringen es nicht mehr fertig, erblich benachteiligte Vertreter unserer Gattung einfach ihrem Schicksal zu überlassen. Je weiter der Zivilisationsgrad einer menschlichen Gemeinschaft gediehen ist, um so konsequenter wird das Rezept außer Kraft gesetzt, das in der bisherigen Entwicklung den Erfolg garantierte. Unsere Moral zwingt uns, so zu handeln, und die Fortschritte der Wissenschaft geben uns die Möglichkeit dazu in einem Umfang, der noch vor Jahrzehnten als utopisch gegolten hätte.

Die Folgen sind bereits erkennbar und mit Zahlen zu belegen. Zwei Prozent aller Bundesbürger sind zuckerkrank. Noch vor dreißig Jahren waren es weniger als ein Prozent. Neuere amerikanische Erhebungen zeigen, daß die Tendenz dort die gleiche ist und daß sie anhält. Das liegt außer an einer Änderung der Eßgewohnheiten und einiger anderer äußerer Faktoren entscheidend daran, daß gerade der überwiegend erblich determinierte Diabetes des Jugendalters von der modernen Medizin beherrscht werden kann.

Wir lindern das Leid des einzelnen und vermehren dadurch die Leiden der Zukunft. Simpler und brutaler formuliert: Ein jugendlicher Diabetiker erlag in der Vergangenheit seiner Stoffwechselstörung in der Regel noch vor dem Erreichen des zwanzigsten Lebensjahres. Ärztliche Kunst verschafft ihm heute dagegen eine Lebenserwartung, die sich der des gesunden Durchschnittsbürgers nähert. Ein bewundernswerter Erfolg unserer Wissenschaft – der unausweichlich zur Folge hat, daß ein solcher Patient seine vererbbare Stoffwechselanomalie im Gegegensatz zu früheren Zeiten an Nachkommen weitergeben und damit in der Bevölkerung multiplizieren kann.

Die Zahl der Beispiele ist groß. Ein weiteres wäre der Fall der Bluter. In der Bundesrepublik gibt es derzeit ein paar tausend Menschen, deren Blut infolge einer erblichen Abweichung nicht spontan gerinnt. Ihnen droht daher bei jeder banalen Verletzung oder schon bei einer gewöhnlichen Zahnextraktion der Tod durch Verbluten. So war es jedenfalls, bis der Fortschritt der medizinischen Wissenschaft im letzten Jahrzehnt die Möglichkeit der Gewinnung von Gerinnungsfaktoren aus dem Blut gesunder Menschen eröffnete. Heute führt ein Bluter ein normales Leben – wenn man davon absieht, daß er auf die ständige Zufuhr von Gerinnungsfaktoren angewiesen bleibt.

Wie es weitergehen wird, steht heute schon fest: Die Zahl der Bluter in unserer Gesellschaft wird sich in den kommenden Jahrzehnten vervielfachen. Was das allein finanziell bedeutet, beginnt man zu ahnen, wenn man erfährt, daß die Behandlung eines einzigen Bluters im Extremfall bis zu einer Million Mark innerhalb weniger Monate kosten kann. Wie lange werden zukünftige Generationen die Belastung hinnehmen, die da unaufhaltsam auf sie zukommt?

Hat also recht, wer nach eugenischen Eingriffen ruft, nach Sterilisation und anderen Zwangsmaßnahmen? Müssen wir uns seinen Argumenten beugen, wenn auch widerwillig, weil wir sonst nur ohnmächtig zusehen könnten, wie unsere Gesellschaft ihrem biologischen Verderben entgegentreibt?

Ganz sicher nicht, denn wer für diesen Ausweg plädiert, ist nicht nur deshalb ein schlechter Ratgeber, weil sein Rezept unmoralisch ist. Er hat die Situation in Wahrheit überhaupt noch nicht begriffen. Wer sich in unserer Lage dadurch loskaufen möchte, daß er eine Minorität opfert, die er abwerfen zu

können glaubt wie einen Haufen Ballast, der unterschätzt hoffnungslos den Umfang der Gefahr.
Es sind nicht nur die Diabetiker oder die Bluter, die unsere Zukunft gefährden. Und erst recht nicht Geisteskranke oder Schwachsinnige, die in diesem Zusammenhang regelmäßig als Argument ins Feld geführt werden, obwohl sie aus naheliegenden Gründen weitaus weniger Nachwuchs haben als der Durchschnitt. Schuld sind wir alle, ohne Ausnahme.
Diabetiker und Bluter sind nicht mehr und nicht weniger als besonders deutliche und aufdringliche Beispiele für eine Entwicklung, die längst uns alle erfaßt hat. Wen von uns hat denn die moderne Medizin noch niemals in seinem Leben von den Folgen einer nachteiligen, seine Gesundheit oder gar sein Leben gefährdenden »Disposition« befreien müssen – von einem verlagerten Weisheitszahn, einem von seiner »Veranlagung« begünstigten Magen- oder Herzleiden? Sind das und ebenso etwa die »Neigung« zu Infektionen, »empfindlichen Bronchien«, vegetativen Störungen und andere individuelle »Anfälligkeiten«, sind das alles etwa keine erblich nachteiligen Varianten?
Es ist widersinnig, einerseits den Wegfall der Auslese beim Menschen zu beklagen und andererseits alle Möglichkeiten der modernen Medizin wie selbstverständlich in Anspruch zu nehmen, wenn es um die Beseitigung eigener körperlicher Schwächen oder deren Folgen geht. Wer mit einer barbarischen Lösung des Problems angesichts bestimmter Minderheiten liebäugelt, hat nicht begriffen, daß die Lösung auf diesem Wege nur um den Preis einer totalen Barbarei zu haben wäre. Im Klartext: Die einzige Möglichkeit, unserer Gesellschaft von neuem die Segnungen einer natürlichen Auslese zuteil werden zu lassen, bestünde darin, sie in die Steinzeit zurückzukatapultieren.
So stehen wir, wie es scheint, wieder da, wo wir angefangen haben. Wir sehen die Gefahr, und wir kennen ihre Ursachen, der Ausweg jedoch erscheint uns verbarrikadiert. Aber wenn die Flucht nach rückwärts, zu den natürlichen Bedingungen der Vergangenheit, verlegt ist – vielleicht gelingt sie in der entge-

gengesetzten Richtung? Wie stehen denn die Chancen einer Flucht nach vorn?
Angesichts der bedrückenden Perspektive eines medizinischen Fortschritts, der uns in eine Prothesengesellschaft zu treiben scheint, in der immer weniger Gesunde immer größere Lasten für immer zahlreichere Behinderte zu tragen hätten, gewinnt eine Feststellung Bedeutung, die der amerikanische Krebsforscher Lewis Thomas vor einigen Jahren traf. Er machte darauf aufmerksam, daß die ständig steigenden Kosten für immer aufwendigere Methoden der Krebsbehandlung nicht etwa die Folge eines echten medizinischen Fortschritts darstellen, sondern ganz im Gegenteil die Folge der Tatsache, daß es eine kausale Krebstherapie heute noch nicht gibt.
Langwierige, oft Monate dauernde Strahlenbehandlungen, aufwendige operative Eingriffe, komplizierte diagnostische Methoden – das alles ist ja allein deshalb erforderlich, weil eine kausale Krebstherapie noch nicht existiert. Alle genannten Maßnahmen würden sofort hinfällig, wenn es gelänge, Krebs wirklich zu heilen oder, besser noch, dessen Auftreten (etwa durch eine spezifische Impfung) zu verhindern.
Thomas illustrierte seinen Hinweis mit weiteren Beispielen: Eine Typhusbehandlung nach den Methoden von 1935 würde heute schwindelerregende Kosten verursachen. Für fünfzig Tage Klinikaufenthalt mit Laboruntersuchungen, Diätüberwachung und chirurgischen Eingriffen bei Durchbrüchen in die Bauchhöhle gingen mindestens 20000 Mark drauf. Heute aber erfordert eine Typhuserkrankung nur noch ein Röhrchen Chloramphenicol und allenfalls einige Tage häusliche Bettruhe.
Die nach dem Kriege aufkommende chirurgische Behandlung der Tuberkulose und die dafür nötigen kostspieligen Einrichtungen verschwanden, nachdem Medikamente entdeckt worden waren, die eine Heilung der spezifischen Lungeninfektion ermöglichten. Bei näherer Betrachtung, so Thomas, gebe es keine wichtige Krankheit, deren Therapie an den Kosten scheitere. Kostenprobleme seien regelmäßig die Folge des Fehlens einer wirklich erfolgreichen, ursächlich angreifenden Therapie.
Gilt das für den Diabetes und die Bluterkrankheit etwa nicht?

Gewiß ist es ein Fortschritt, wenn einem Zuckerkranken durch ständige Insulinzufuhr ein normales Leben ermöglicht wird. Auch der Bluter ist heute unbestreitbar besser dran als sein Leidensgenosse noch vor zwanzig Jahren. Beiden hat die Medizin entscheidend geholfen. Nur: Geheilt hat sie beide nicht. Beide sind weiterhin krank, für die Dauer ihres Lebens angewiesen auf die Zufuhr der lebenswichtigen Substanz, die ihr eigener Organismus aufgrund einer erblichen Störung nicht selbst produzieren kann. Als Heilung könnte nur die Beseitigung dieser Störung gelten.
Es geht mit anderen Worten um die Möglichkeit einer Korrektur erblicher Abweichungen beim Menschen. Diese würde zwar einem bereits existierenden Individuum selbst nicht mehr zugute kommen können, da sie sich nicht an fünfzig Billionen Zellen zugleich vornehmen läßt. Theoretisch denkbar ist jedoch ein korrigierender Eingriff an einer für die Befruchtung ausgewählten Samen- oder Eizelle und damit die Unterbrechung der Weitergabe des Fehlers an die nächste Generation. Das Ganze wäre nichts anderes als die Wiedereinführung des Ausleseprinzips in die biologische Geschichte der Menschheit – allerdings mit zwei bedeutsamen Neuerungen.
Die erste bestände darin, daß die Auslese nachteiliger DNS-Varianten nicht mehr unbewußt durch die natürliche Umwelt erfolgte, sondern durch einen gezielten Eingriff. Dieser Umstand wird, wenn es einmal soweit ist, hinreichend Stoff zur Aufregung liefern. Man glaubt die Argumente und Vorwürfe schon zu hören, die dann zwischen Kulturkritikern, Moraltheologen und Genetikern gewechselt werden. Die Auseinandersetzungen werden auch nicht überflüssig sein, denn unvermeidlich ginge es auch um die Frage nach den Maßstäben, anhand derer darüber entschieden werden müßte, welche Erbanlagen ausgelesen und welche begünstigt werden sollen. Der Anwendungsbereich der Methode wäre eben nicht auf die genetische Behandlung krankhafter Störungen beschränkt, bei denen die Antwort unproblematisch ist.
In der Hitze des Gefechts sollte nur die Tatsache nicht in Vergessenheit geraten, daß die Geschichte der menschlichen

Zivilisation ohnehin von allem Anfang an identisch ist mit einem Prozeß, in dessen Verlauf der Mensch sich Schritt für Schritt von natürlichen Einflüssen emanzipiert und sein Geschick in die eigenen Hände genommen hat.

Vor allem aber: Wir haben gar keine andere Wahl. Der gezielte Eingriff in das menschliche Genom ist die einzige denkbare Möglichkeit, aus dem geschilderten Teufelskreis auf humane Weise auszubrechen. Auf humane Weise: Das wäre die zweite bedeutsame Neuerung. Der manipulierende Eingriff an der Keimzelle würde erstmals die Ausschaltung einer unerwünschten Erbanlage gestatten, ohne mit ihr gleich das ganze Individuum verwerfen zu müssen.

Gen-Manipulation beim Menschen ist bisher noch eine Utopie. Trotzdem gilt sie vielen schon heute als Beispiel für bedrohliche Aspekte wissenschaftlichen Fortschritts. Angesichts all dessen, wovon hier die Rede war, wären wir in Wahrheit jedoch gut beraten, wenn wir alles daransetzen würden, diese Utopie durch Intensivierung der molekularbiologischen Grundlagenforschung möglichst bald Wirklichkeit werden zu lassen.

Es ist richtig, daß jede neue Entdeckung auch Risiken und Gefahren mit sich bringt. Diese Binsenweisheit aber gilt nicht erst für die Gen-Manipulation. Sie gilt seit der Entdeckung des Feuers. Unbestreitbar ist auch, daß die Gefährdung des menschlichen Erbguts eine Folge zivilisatorischen und wissenschaftlichen Fortschritts ist. Gleichwohl wäre es selbstmörderisch, die Wissenschaft oder gar die Zivilisation deshalb zu verteufeln und auf ihre Möglichkeiten zu verzichten.

Das in der Tat alarmierende Symptom einer Zunahme genetischer Mängel in unserer Gesellschaft ist nicht Ausdruck zu großer Fortschritte, sondern ganz im Gegenteil die Folge davon, daß unser medizinisches Wissen noch immer viel zu gering und zu unvollständig ist. Hier müssen wir ansetzen, wenn wir die Ursachen unserer Ängste beseitigen wollen.

Der Weg nach rückwärts, zurück in eine Umwelt »natürlicher Bedingungen«, steht uns seit Jahrtausenden nicht mehr offen. Was uns bleibt, ist einzig und allein die Flucht nach vorn.

1980

Real ist nur die eigene Angst
Psychische Wurzeln des Rüstungswahns

Neben der Alternative »Wahrheit oder Lüge« gibt es in der menschlichen Sprache – die den Gesetzen der Logik bekanntlich nicht gehorcht – noch ein Drittes: die Perversion der Wortbedeutung.

Jedermann in Orwells »1984« weiß, daß im »Liebesministerium« gefoltert wird. Dennoch oder vielmehr: Gerade deshalb wäre es falsch, die Bezeichnung dieser Behörde »verlogen« zu nennen. Denn von Lüge kann nur die Rede sein, wo eine Täuschungsabsicht im Spiel ist. Die Obrigkeit in Orwells Schreckenswelt jedoch ist durchaus interessiert daran, niemanden im Zweifel darüber zu lassen, was ihn im »Liebesministerium« erwartet, sollte seine gesellschaftliche Anpassung jemals Anlaß zu Zweifeln geben.

Nein, der Fall ist komplizierter: Die perverse, scheinbar paradoxe Bezeichnung enthält den Anspruch auf Einsichten in Zusammenhänge, die dem gewöhnlichen Untertanen normalerweise verborgen sind. Sie unterstellt nichts Geringeres als die dankbare Zustimmung der Betroffenen selbst für den – wenngleich faktisch niemals gegebenen – Fall ihrer höheren Einsichtsfähigkeit.

Ein knappes Jahr vor dem Orwellschen Termin haben wir es in unserer realen Welt mit einem Begriff zu tun, der formal verdächtig ähnliche Kriterien aufweist, mit dem Terminus der »Nach«-Rüstung. Auch er stellt den objektiven Sachverhalt auf den Kopf, was denen, die ihn uns als Programm aufdrängen, unmöglich verborgen sein kann.

Auch ihnen sollten wir dennoch nicht schon aus diesem Grunde Unwahrhaftigkeit unterstellen. Zu vermuten ist eher, daß auch sie sich durch höhere, dem gewöhnlichen Bürger nicht ohne weiteres zu vermittelnde Einsichten legitimiert glauben. So sehr, daß sie es moralisch für gerechtfertigt halten, uns eine Maßnahme als »Nach«-Rüstung zu empfehlen, die in Wahrheit einen besonders bedenklichen Fall von »Vor«-Rüstung darstellen würde.

Es ist – nachweislich – unwahr, daß der Westen den russischen SS-20-Raketen »bisher nichts Gleichwertiges entgegenzusetzen« hätte. Die Nato-Staaten haben sich schon vor zwei Jahrzehnten angesichts der Besiedlungsdichte des zu verteidigenden Gebiets wohlweislich entschieden, das Gros ihrer Mittelstreckenraketen im Wasser, nämlich auf U-Booten, zu stationieren. Helmut Schmidt 1961: »Landgestützte Raketen gehören nach Alaska ... Sie sind Anziehungspunkte für die nuklearen Raketen des Gegners.«

Wer heute aus einem Zahlenvergleich ausschließlich landgestützter Raketen und ihrer Gefechtsköpfe ein östliches Erpressungspotential errechnet, bedient sich daher eines besonders plumpen Roßtäuschertricks. Durch exakt diesen Trick kam die im Juni 1981 von allen Medien aufgegriffene Verlautbarung des Bundesverteidigungsministeriums zustande, der Osten sei dem Westen im europäischen Kräftevergleich 8:1 überlegen. Daß die unsinnige Behauptung auf die erste kritische Nachfrage hin wortreich »relativiert« werden mußte, blieb bezeichnenderweise so gut wie unbeachtet. Die Urheber der Meldung haben damals selbstverständlich gewußt, daß das von ihnen der Öffentlichkeit präsentierte Bild einer erdrückenden östlichen Übermacht nicht der Wahrheit entsprach. Wir sollten dennoch zögern, ihnen sogleich »Verlogenheit« im üblichen Wortsinn zu unterstellen.

Nein, auch dieser Fall erscheint mir komplizierter: Die Verantwortlichen dürften sich durch ihr Insider-Wissen für legitimiert gehalten haben, das Ausmaß der Bedrohung, das sie sicherheitshalber in Rechnung stellen zu müssen glaubten, dem Bewußtsein des ahnungslosen Bürgers dadurch zu vermitteln, daß sie ihn mit einer einschüchternden Zahlenrelation konfrontierten. Nehmen wir zur Ehrenrettung der Herren also an, sie hätten einfach Angst gehabt, Angst vor den Russen. Wer von uns hätte sie nicht? Und wer könnte in Abrede stellen, daß es für diese Angst handfeste Gründe gibt? Trotzdem – trotz Afghanistan, trotz Polen – ist die Frage angebracht, ob es rational ist zu erwarten, daß sich die Anlässe unserer Angst dadurch verringern ließen, daß wir die Angst der anderen Seite nach Kräften schüren. Genau das aber ist der Kern der »Abschreckungs-Doktrin«.

Es sei unbedingt notwendig, daß jede Seite »ernsthaft und ständig« bereit sei, auch die Erfahrungen und Ängste der anderen Seite zu würdigen: so der Sprecher der Deutschen Bischofskonferenz, einer Institution, die der »Liebedienerei gegenüber Moskau« zu verdächtigen nicht einmal der »Bild«-Zeitung in den Sinn gekommen ist. Nimmt man die Forderung ernst, so stößt man auf jene aller menschlichen Angst eigene asymmetrische Struktur, welche die Logik, die der Abschreckungs-Doktrin in der Theorie zukommen mag, in der realen Welt zu einer Logik schlichten Wahnsinns verkehrt.

Denn zwischen meiner eigenen Angst, die ich an mir selbst erlebe, und der Angst des anderen, von der ich lediglich weiß, klaffen Welten – gewiß nicht nach logischen, sehr wohl aber nach psychologischen Gesetzen. Real ist für den Menschen nur die eigene Angst. Ihr gegenüber verblaßt die Angst des anderen zu irrealen Schemen. Deshalb erlebe ich zwar die Rakete in der Hand des potentiellen Gegners als überwältigende Bedrohung. Die Fähigkeit jedoch, die angstauslösende Wirkung realistisch einzuschätzen, die von der gleichen Rakete in der eigenen Hand ausgeht, ist in der menschlichen Psyche katastrophal unterentwickelt.

Diese unaufhebbare, da in der angeborenen Struktur unserer Emotionalität verankerte Asymmetrie verurteilt jeden Versuch zum Scheitern, die fortlaufende Rüstungseskalation durch Herstellung eines letztlich numerisch definierten »Gleichgewichts« aufzuhalten.

Denn auf welcher Ebene auch immer das Gleichgewicht hergestellt würde, keiner der beiden Kontrahenten könnte jemals davon ablassen, die Bedrohung, die von ihm selbst ausgeht, für unvergleichlich geringer zu halten als die Bedrohung, der er ausgesetzt ist. Die dreimal verfluchte Raketenzählerei ignoriert mit selbstmörderischer Sturheit, daß Bedrohung kein arithmetisch objektivierbarer Tatbestand ist, sondern zuallererst eine subjektive Erfahrung.

Selbstredend sind die Russen längst »überrüstet«, also weitaus stärker gerüstet, als ihre Sicherheit es objektiv erfordert – jedenfalls in unseren Augen, gemessen an dem Maß der Bedrohung, das wir selbst unseren Motiven und Waffen zuschreiben. Das ist jedoch erst die halbe Wahrheit. Denn ebenso sicher ist, daß sich die gleiche Situation in russischen Augen genau umgekehrt ausnimmt. Wir verkennen die Situation fatal, solange wir entsprechende Äußerungen der anderen Seite regelmäßig als Propaganda und bloße Desinformation zurückweisen, anstatt an die Möglichkeit zu denken, daß sie Ausdruck der uns allen angeborenen Asymmetrie des Angsterlebens sind.

Das »Gleichgewicht des Schreckens« wird uns den Schrecken daher nie vom Halse schaffen. Es wird ihn nur, wie schon bisher, von Jahr zu Jahr immer schrecklicher anwachsen lassen. Es vermag lediglich hinauszuschieben, was unter solchen Voraussetzungen früher oder später unweigerlich eintreten muß.

Noch nie in der Geschichte hat Hochrüstung einen Krieg auf die Dauer verhindern können. Der bisherige Kurs verschafft uns allenfalls eine »Galgenfrist«, wie die deutschen Bischöfe es mit dankenswerter Deutlichkeit formulierten. »Frieden« rückt auf dem bisherigen Wege nur in immer unerreichbarere Ferne.

Seit einigen Jahren droht der Schrecken überdies nicht mehr nur als mögliche Folge wechselseitiger Zwangsbefürchtungen. Die deutschen Bischöfe warnen ja nicht von ungefähr vor der Gefahr, daß die Wahl der Waffen den Glauben an die Ehrlichkeit rein defensiver Absichten unterminieren könnte. Auch ihr Hinweis darauf, daß die »militärischen Mittel nicht Überlegenheitsstreben vermuten lassen« dürften, ist nicht aus der Luft gegriffen.

Denn die Aufstellung von Pershing-2-Raketen und Marsch-

flugkörpern wäre eben aller anderslautenden Propaganda zum Trotz nicht nur keine »Nach«-Rüstung. Die konstruktiven Besonderheiten der beiden neuen Waffensysteme und ihre Aufstellung in Westeuropa würden vielmehr neue militärische Optionen eröffnen, die mit der Absicht ausschließlicher Kriegsverhütung nicht mehr lückenlos in Einklang zu bringen wären.
Warum das so ist, kann jeder erkennen, der sich gegen die Einsicht nicht sträubt: Die bisher unerreichte Treffsicherheit beider Waffensysteme erlaubt den Angriff auf Punktziele mit relativ kleinen Sprengköpfen. Die neue Rakete würde bei einer Aufstellung in der Bundesrepublik aufgrund ihrer nur wenige Minuten betragenden Flugzeit daher die prinzipielle Möglichkeit schaffen, die wichtigsten politischen, wirtschaftlich-militärischen Nervenzentren der Sowjetunion schlagartig lahmzulegen.
Nun mag es ja sein, daß amerikanische Generäle auf wundersame Weise gegen die Versuchung gefeit sind, von dieser Möglichkeit jemals Gebrauch zu machen – heute und in aller Zukunft, in jeder nur denkbaren Spannungssituation. Das mag ja sein. Auch dann aber wären immer noch Zweifel denkbar hinsichtlich der Aussicht, dies nun auch den russischen Militärs so glaubhaft zu machen, daß sie ihrerseits niemals in Versuchung geraten, der Möglichkeit einer Überraschungsattacke durch einen Präventivschlag zuvorzukommen – heute nicht und nicht in aller Zukunft, in keiner denkbaren Spannungssituation.
Man muß kein Pessimist sein, um an den Chancen der Friedenserhaltung unter solchen Bedingungen zu verzweifeln. Längst gibt es konkrete Indizien, an denen sich ablesen läßt, wohin dieser Kurs unweigerlich führen muß. Ein Beispiel von vielen bildet der Aufsatz »Victory is possible«, erschienen im März 1980 in der US-Zeitschrift »Foreign Policy« (deutsch unter dem Titel »Sieg ist möglich« im Dezemberheft 1980 der »Blätter für deutsche und internationale Politik«, S. 1502–1509).
Der Autor, Colin S. Gray, Abrüstungsberater (!) der amerikanischen Regierung, begründet darin die Auffassung, daß die Abschreckung letztlich nur dann glaubhaft sein könne, wenn

sie »das Ende des Sowjetstaats ins Auge« fasse; wenn sie zum Beispiel die Möglichkeit einschlösse, die Moskauer Bürokratie durch gezielte Punktschläge zu eliminieren, da sich dann nämlich »die UdSSR in eine Anarchie auflösen« könne – liest sich das etwa nicht wie eine Leistungsvorgabe für Raketen des Typs Pershing 2?

Zwischenfrage: Wie würden wir derartige Szenarios wohl beurteilen, wenn sie von Sowjet-Militärs gegenüber den USA diskutiert würden? Würden uns solche Gedankenspiele dann etwa nicht als unwiderlegliche Beweise für eine Aggressivität erscheinen, angesichts derer jede, aber auch wirklich jede Rüstungsanstrengung als militärisch und moralisch gerechtfertigte Reaktion gelten könnte? Und weiter: Wie glaubhaft ist eigentlich die Behauptung, daß man sich ehrlich um die Bereitschaft zum Abbau von SS-20-Raketen bei einem Kontrahenten bemühe, über dessen Schicksal man gleichzeitig in dieser Weise öffentlich meditiert?

Diese und zahllose vergleichbare amerikansiche Äußerungen stellen erschreckende Symptome für die Selbstverständlichkeit dar, mit der ein auf militärische Kategorien eingeengtes Denken strategische Vorstellungen produziert, die den nuklearen »Schlagabtausch« als mögliche Option ernst nehmen. Zugegeben, noch gibt es niemanden, der den Krieg wirklich will. Nicht mehr zu übersehen ist aber auch, daß wir im Begriff sind, uns in eine Gesellschaft zu verwandeln, die sich an Begriffe wie »Mega-Tod« oder »Enthauptungsschlag« so sehr gewöhnt, daß die letzten Hemmschwellen brüchig werden.

Was können wir in dieser Lage tun? Wir sollten uns, erstens, darauf besinnen, daß sich »Frieden« weder schaffen noch auf die Dauer dadurch sichern läßt, daß man dem potentiellen Widersacher die Ausrottung androht. Wer diese Strategie für ein Mittel der »Friedenssicherung« hält, ist blind für die Tatsache, daß die ihr innewohnende Amoralität den Schrecken, vor dem man sich zu schützen wähnt, in letzter Konsequenz unweigerlich herbeiführen wird. Frieden – und um das zu begreifen, braucht man nicht einmal Christ zu sein – kann nur erlangen, wer selbst friedfertig ist.

Wir sollten, zweitens, aufhören, die Solidarität, auf die unsere Schutzmacht Anspruch hat, mit der Verpflichtung zu verwechseln, sie in der Einhaltung eines Kurses zu bestärken, der unsere Weiterexistenz bewußt zur Disposition stellt. Der Dank, den wir den Amerikanern aus der Vergangenheit schulden, kann nicht die Verpflichtung einschließen, sich ihrem Selbsterhaltungsstreben als potentielles Opfer zu unterwerfen.

Wir dürfen, drittens, den Versuch nicht von vornherein für aussichtslos halten, diese Argumente auch einer sich christlich nennenden Regierungspartei nahezubringen. Sie davon zu überzeugen, daß ihr Widerspruch in diesem Punkt nicht nur legitimer Ausdruck unseres eigenen Rechtes auf Überleben wäre, sondern auch der einzige wirkliche Freundschaftsdienst, den wir den USA erweisen könnten. Der Entschluß zum Widerspruch mag nicht leichtfallen. Das haben wahre Freundschaftsdienste so an sich. Aber unsere Regierung könnte ihn sich ja, unter Berufung auf ihr demokratisches Selbstverständnis, jederzeit durch eine Volksbefragung erleichtern. Jeder weiß, daß unser Grundgesetz diese Möglichkeit nicht vorsieht. Seinen Vätern schien es ausreichend, den Wähler in den Abständen festgelegter Legislaturperioden um sein Votum zu bitten. Das hatte allerdings zur stillschweigenden Voraussetzung, daß sich politische Entscheidungen demokratisch stets auch wieder korrigieren lassen. In der kurzen Geschichte der Bundesrepublik ist das bisher auch immer so gewesen.

Es bedarf keiner Begründung, daß und warum diese Voraussetzung im Falle der »Nach«-Rüstung nicht gegeben ist: Es handelt sich um eine Entscheidung, von der die Weiterexistenz der Bundesrepublik abhängen kann. Wie sich anhand der Wahlpropaganda rückblickend feststellen läßt, haben wir am 6. März 1983 als Wähler vorrangig über wirtschaftliche Alternativen entschieden, nicht über unsere Überlebensaussichten. Für die Entscheidung über diese existentielle Frage hat die gegenwärtige Regierung mithin kein moralisch unbezweifelbares Mandat. Sie wäre folglich gut beraten, wenn sie von der ihr jederzeit offenstehenden Möglichkeit Gebrauch machte, sich um dieses Mandat freiwillig zu bemühen, bevor die Aufstellung der neuen

Waffen das Überlebensrecht unseres Volkes unwiderruflich in Frage stellt.
Täte sie das nicht, würde sie sich vor der Geschichte unnötigerweise dem Verdacht aussetzen, daß sie es, aus welchen Gründen auch immer, vorgezogen habe, diese das Grundrecht des Lebens und der Unversehrtheit der von ihr repräsentierten Bevölkerung berührende Frage ohne gültiges Votum und womöglich gar gegen den Mehrheitswillen der Betroffenen zu entscheiden.

1983

Pazifismus – unsere einzige Chance
Sicherheitsmanie gefährdet unsere Existenz

Die Beteiligung an einem Buch, das den Titel trägt »Warum ich Pazifist wurde«[1], schließt *a priori* das Geständnis ein, daß man es nicht immer war. Insofern fühle ich mich von diesem Titel getroffen, und zwar gleich in doppeltem Sinne: Er trifft mich zunächst einfach, weil er auf mich paßt. Ich war nicht immer, ich war vor sogar noch ziemlich kurzer Zeit, vor zwei oder drei Jahren, nicht wirklich Pazifist.

Daß Krieg etwas unvorstellbar Furchtbares ist, das hatte ich zwar auf die denkbar gründlichste Weise gelernt. Daß ein Angriffskrieg ein unentschuldbares Verbrechen darstellt, war mir ebenso selbstverständlich. Über all das aber gibt es ja auch keine Diskussion zwischen Menschen, die ihre Sinne beisammenhaben. Aber sind wir deshalb alle schon Pazifisten? Offensichtlich nicht. Denn obwohl niemand den Krieg will, wir alle uns also als friedliebend bezeichnen dürfen, gibt es eine Majorität friedliebender Menschen, die jene Minorität friedliebender Menschen, die sich Pazifisten nennen, mehr oder weniger scharf kritisiert oder sogar, wie in der augenblicklichen Situation, mit heftiger Entrüstung attackiert.

Ich kann das, wofür ich eintrete, wenn ich mich heute als Pazifisten bezeichne, am besten erklären, indem ich versuche, die geistigen Barrieren zu beschreiben, von denen die beiden Lager aus meiner Sicht getrennt werden, obwohl in beiden von ihnen nur friedliebende Menschen existieren. Dabei kann selbstverständlich nur eine höchst subjektive Definition des Pazifismus-Begriffs herauskommen.

Deshalb werde ich hier also zunächst die Gründe aufzählen, die mich bis vor kurzem noch davon abhielten, mir den pazifistischen Standpunkt zu eigen zu machen. Die Antwort auf die Frage, warum ich Pazifist wurde, soll anschließend dann in der Form erfolgen, daß ich schildere, warum und aufgrund welcher Einsichten alle diese Gründe in den letzten Jahren ihre Überzeugungskraft für mich verloren haben, einer nach dem anderen.

Pazifismus war für mich noch vor wenigen Jahren identisch mit einer nicht nur realitätsfernen, sondern sogar – aller edlen Motive ungeachtet – gefährlichen Geisteshaltung. Setzte sie in der Realität der Welt die Möglichkeiten einer Verwirklichung oder Erhaltung freier, demokratischer Gesellschaftsformen nicht geradezu fahrlässig aufs Spiel? Als Beweis genügte mir der Hinweis auf den Schiffbruch, den die westlichen Demokratien seinerzeit mit ihrer Beschwichtigungspolitik Hitler gegenüber erlitten hatten. Wäre dieser Wahnsinnige – und mit ihm unser in seiner Mehrzahl geistig von ihm infiziertes Volk – nicht vielleicht doch von der Versuchung kriegerischer Eroberungen zur Erweiterung unseres »Lebensraums« abzuhalten gewesen, wenn diese Demokratien weniger ihre grundsätzliche Friedensliebe beteuert und dafür lieber über allen Zweifel hinaus ihre Entschlossenheit demonstriert hätten, weiteren Annexionsakten mit Waffengewalt entgegenzutreten? Ist es, so gesehen, wirklich absolut abwegig, von der Verantwortung oder wenigstens von dem Kausalzusammenhang zu reden, der zwischen pazifistischen Aktivitäten und Hitlers Angriffskrieg gesehen werden kann, einschließlich der damit möglich gewordenen verbrecherischen Maßnahmen bis hin zu Auschwitz?

Ließ sich, jetzt wieder auf die gegenwärtige Situation bezogen, im geringsten bezweifeln, daß der Frieden in Europa nur durch die Existenz und die Wirksamkeit des nuklearen Schreckensgleichgewichts seit 1945 erhalten geblieben ist? Und ergab sich daraus etwa nicht der logische Umkehrschluß, daß folglich jeder einseitige Eingriff in dieses Gleichgewicht, also etwa ein westlicher Aufrüstungsstopp ohne Vorleistung des Ostens, den weiteren Erhalt dieses Friedens aufs Spiel setzen würde?

Hinzu kamen Bedenken angesichts bestimmter, sich aus den jeweiligen Gesellschaftssystemen ergebender Konsequenzen. Eine totalitär organisierte und regierte Gesellschaft hat gegenüber einer Demokratie mit ihren umständlichen und zeitraubenden Entscheidungsabläufen in jeder Auseinandersetzung ohnehin den Vorteil der Geschlossenheit, der Möglichkeit zum sofortigen, dem aktuellen Anlaß angepaßten Reagieren. Sind in dieser Lage pazifistische Tendenzen nicht als Hemmnisse zum Nachteil der Durchsetzungsfähigkeit des eigenen, freiheitlichen Lagers zu beurteilen?

Karl Steinbuch, Informatiker und konservativer Publizist, hat erst kürzlich in einem Streitgespräch seine engagierte Ablehnung allen pazifistischen Gedankenguts speziell mit diesem Argument begründet. Er verglich die Situation des westlichen und östlichen Lagers mit der von zwei Kämpfern im Ring, von denen der eine, östliche, mit absoluter Unterstützung rechnen könne, während der andere, der westlich-demokratische Kämpfer, »durch populistische Aktionen« im Sinne von Friedensbewegungen und pazifistischen Aktivitäten in seiner Verteidigungsfähigkeit fortwährend behindert werde. Dienen Pazifisten, so gesehen, wenn nicht aus Absicht, so doch in der objektiven Konsequenz ihrer Aktionen, nicht den Interessen des potentiellen östlichen Gegners? Eng damit zusammen hängt der Eindruck, daß die Einseitigkeit der Kritik an westlichen Rüstungsabsichten – der NATO-Doppelbeschluß steht im Zentrum pazifistischer Kritik, nicht etwa die bereits laufende Aufstellung östlicher Mittelstreckenraketen vom Typ SS-20 – auf »antiamerikanische Tendenzen« schließen lasse. Vielen erscheint es aus diesen Gründen nicht undenkbar, daß »die Friedensbewegung« kommunistisch beeinflußt, wenn nicht gar finanziert wird. So mancher Politiker aus dem konservativen Lager spricht darüber wie über eine feststehende Tatsache.

Als ob das alles noch nicht genügte, gab es noch ein weiteres beachtliches Argument, das es mir schwermachte, die pazifistische Idee ernst zu nehmen. Es bestand in der selbstkritischen Frage, ob es nicht auf eine Anmaßung hinauslaufe, dem eigenen Urteil mehr zu vertrauen als den Aussagen der offiziell Verant-

wortlichen. Pazifismus steht ohne jede Frage in Widerspruch zur offiziellen Politik unseres Landes. Woher bezieht er eigentlich die Autorität für diesen Widerspruch?
Über viele Jahre hinweg reichte jeder dieser Gründe für sich allein aus, um mir jeden Gedanken an den Sinn einer pazifistischen Politik schon im Ansatz auszutreiben. Alle zusammen bildeten sie in meinen Augen eine absolut unübersteigbare Barriere. Bis ich dann, Schritt für Schritt, zu erkennen begann, daß diese Barriere nur in meinem Kopf existierte. Daß sie nicht aus objektiv gegebenen Sachverhalten bestand, sondern aus eigenen Vorurteilen und Ängsten. Diese Erkenntnis war es, die mich zum Pazifisten hat werden lassen.
Ich will versuchen zu beschreiben, auf welchem argumentativen Wege es zu dieser »Umbesinnung« gekommen ist und wie sich die aus der Perspektive eines Pazifismuskritikers unüberwindbar scheinenden Hindernisse, von der anderen Seite aus betrachtet, ausnehmen. Bei dieser Beschreibung der Überwindung eigener Blickverengungen, archaischer Assoziationen und emotionaler Befangenheiten wird dann auch die zweite Bedeutung erkennbar werden, in der mich der Buchtitel trifft: Es wird, so hoffe ich jedenfalls, verständlich werden, daß ich, nachträglich, allen Grund habe, betroffen zu sein von dem Gedanken daran, wie lange ich gebraucht habe, mich zu einem rationalen Standpunkt durchzuringen.
Fangen wir mit der ersten Hürde an: Daß Hitler sich durch eine entschiedenere Haltung und Reaktion der westlichen Demokratien von seiner Abenteuerpolitik hätte abhalten lassen, ist möglich, jedoch keinesfalls sicher. Bei näherer Betrachtung ist es nicht einmal sonderlich wahrscheinlich. Hitler und seine Helfer waren, wie sich durch unzählige Beispiele belegen läßt, von dem Wahn beherrscht, daß die Realität sich nicht allein nach objektiven Fakten und Zusammenhängen richte, sondern daß sie sich letztlich dem »fanatischen Willen« dessen fügen werde, der, im Bunde mit der »Vorsehung«, mutig genug sei, sie herauszufordern. Sie haben bei so vielen Gelegenheiten ihre geradezu verächtliche Geringschätzung gegenüber »bloßen Fakten« und »angeblichen Unmöglichkeiten« ausgesprochen

und demonstriert, daß die Annahme wenig Wahrscheinlichkeit für sich hat, sie würden sich ausgerechnet in diesem Falle rational verhalten haben.
Auszuschließen ist die Möglichkeit aber natürlich nicht. Daher läßt sich auch die Auffassung nicht widerlegen, daß die Pazifisten der zwanziger und dreißiger Jahre dadurch, daß sie die Wehrbereitschaft der westlichen Demokratien vermindert hätten, Mitverantwortung trügen für das, was dann geschah: dafür, daß Hitler große Teile Europas vorübergehend unterwerfen und während der Dauer seiner Herrschaft ganze Populationen dezimieren konnte.
Demnach dürfte man also doch, wie unser Jugend- und Familienminister Heiner Geißler es tat, behaupten, daß der Pazifismus der dreißiger Jahre Auschwitz mitverursacht habe? Ich sehe in der Tat nicht, wie man dem Herrn Minister hier in der Sache logisch widersprechen könnte, wobei in allen Diskussionen über diesen Ausspruch eine entscheidende Voraussetzung bisher allerdings unerwähnt blieb. Um zu vermeiden, daß die Aussage, Pazifismus sei eine der Mitursachen für Auschwitz gewesen, als unfaßliche Verleumdung mißverstanden werden kann, ist es selbstverständlich erforderlich, mit der gleichen Gewissensschärfe, mit einem nicht geringeren moralischen Rigorismus im gleichen Atemzug auch der zahlreichen anderen Mitursachen und -verursacher des Völkermords zu gedenken. Ja, die Sensibilität für schuldhafte Zusammenhänge, die sich in Geißlers Äußerung kundtut (wenn sie denn keine Verleumdung gewesen sein soll), zwingt unausweichlich dazu, diese anderen Mitursachen jeweils nach dem Grade der Schuld einzuordnen, die mit ihnen verknüpft ist.
So daß also, lange bevor die Sprache auf die Pazifisten käme, davon zu reden wäre, daß damals ein ganzes Volk Millionen von Mitverursachern für Auschwitz gestellt hat. Jeder von uns, die wir überlebt haben, gehört dazu, und sei es nur deshalb, weil er überlebt hat. Nicht nur jeder Richter, jeder Anwalt und jeder Polizist, sondern auch jeder Kaufmann, jeder Arbeiter und jede Hausfrau. Auch die Soldaten dürfen wir keineswegs vergessen, insbesondere nicht die Frontsoldaten. Jedem von

ihnen wäre bei der Anlegung des unerbittlichen Geißlerschen Maßstabes der Todesmut vorzuhalten, mit dem er gekämpft hat, weil eben seine Tapferkeit auch dazu beitrug, die Hitlersche Herrschaft zu verlängern, und weil sie damit ebenfalls zu einer der Mitursachen dafür wurde, daß die Todesmühlen der Konzentrationslager ein wenig länger betrieben werden konnten, als es ohne seinen Einsatz der Fall gewesen wäre. Niemand kann von jeglicher Mitschuld freigesprochen werden, ausgenommen einzig und allein die kleine Schar derer, die aktiv Widerstand leisteten.

Wen die Empfindlichkeit seines Gewissens dazu befähigt, die Abstufungen der Mitschuld an Auschwitz in solcher Vollständigkeit klar zu erkennen, der mag, ganz am Ende der hier nur höchst unvollständig skizzierten Liste, dann auch noch den Rest an Mitverantwortung erwähnen, der – möglicherweise! – für die damaligen Pazifisten in den westlichen Demokratien übrigbleibt. Ich zweifle auch nicht daran, daß ein christlich denkender Pazifist die Demut aufbringen könnte, diesem Gedankengang zu folgen. Ich bezweifle nur, daß der Herr Geißler es so gemeint hat.

Das alles kann hier letztendlich aber unentschieden bleiben. Die Politik des »Appeasement«, das Münchener Abkommen und andere Beispiele für den in der Tat aussichtslosen Versuch, Hitler durch Nachgiebigkeit friedfertig zu stimmen, liefern für unsere heutige Situation in Wahrheit keine Lehre. Die Parallelen existieren einfach nicht, die jene wie selbstverständlich voraussetzen, die glauben, aus dem Scheitern der Beschwichtigungspolitik Hitler gegenüber ein Argument für unsere heutige Sicherheitspolitik ableiten zu können.

Frankreich und England waren damals, Hitlers Anfangserfolge belegen es, wirklich nur mangelhaft gerüstet, während Hitler seine Kriegspläne konkret vorbereitete. Heute könnte der Westen dagegen den potentiellen Gegner schon jetzt mehrfach hintereinander töten (und dieser wäre, umgekehrt, auch seinerseits dazu in der Lage). Wie realistisch ist denn aber nun die Annahme, daß, wenn die Aussicht auf einen fünf- oder sechsmaligen Tod zur Abschreckung eines potentiellen Angreifers

nicht genügte, die Fähigkeit zu siebenfacher Ausrottung den Effekt bewirken würde?
Die heutigen Befürworter einer fortwährenden weiteren Aufrüstung scheinen blind für die Tatsache zu sein, daß sich über den Akt einmaligen Umbringens hinaus grundsätzlich nicht mehr drohen läßt. Während sie den Schrecken objektiv auf immer wahnwitzigere Höhen treiben, haben sie übersehen, daß das Maximum der Möglichkeiten subjektiver Abschreckung längst überschritten ist. Im Klartext: Wenn das, was uns im Westen an Waffen heute zur Verfügung steht, zur Abschrekkung eines potentiellen Feindes noch immer nicht genügen sollte, dann wäre Abschreckung prinzipiell nicht mehr, durch keine ausdenkbare zusätzliche Drohung, zu bewirken.
Aber hat das nukleare »Gleichgewicht des Schreckens« etwa nicht dazu beigetragen, daß uns in Europa in den letzten 38 Jahren der Friede erhalten geblieben ist? Nehmen wir einmal an, es wäre so. Dagegen – und für die Mitwirkung anderer Ursachen – spricht die Tatsache, daß in der gleichen Zeit in anderen Regionen der Erde fast pausenlos Kriege ausgefochten wurden, denen über zwanzig Millionen Menschen zum Opfer fielen. Aber nehmen wir einmal an, es wäre so. Selbst dann gäbe es für uns nicht den geringsten Grund, diese Feststellung als beruhigend zu empfinden. Denn der Schutz, den die Balance des Schreckens gewährt, ist dem einer Staumauer vergleichbar, mit der wir eine Flutwelle abzuwehren versuchen, die uns zu verschlingen droht. Je länger uns das gelingt, um so höher türmt sich die Flut, und um so höher müssen wir unsere Staumauer aufstocken. Das geht nicht beliebig lange. Und je länger es dauert, um so schlimmer wird die Katastrophe ausfallen, wenn die Sicherung versagt.
Die Rüstungsschraube hat kein Ende. Der Vermehrung unserer Sicherheit durch Abschreckung dient sie schon längst nicht mehr, kann sie aus den geschilderten psychologischen Gründen längst nicht mehr dienen. Sie dient aber auch keinem anderen mit Vernunft begründbaren Zweck. Der Rüstungswettlauf speist sich, allen anderslautenden, rationalisierenden Rechtfertigungen zum Trotz, längst aus ganz anderen, dunklen und

archaischen, tief unter unserer Großhirnrinde gelegenen Quellen. Ich komme gleich darauf zurück.
Daher werden spätere Historiker – wenn denn welche übrigbleiben sollten – den Sinn des heute so häufig zu hörenden Arguments »Immerhin 38 Jahre Frieden unter dem atomaren Schirm« wahrscheinlich überhaupt nicht mehr verstehen. Eher könnten sie nachträglich auf den Gedanken kommen, daß ein sehr viel früherer Ausbruch der nuklearen Auseinandersetzung, etwa schon anläßlich der Kubakrise von 1962, vorteilhafter für die Menschheit gewesen wäre. Zu diesem Zeitpunkt war das Ausrottungsinstrumentarium noch nicht bis zu jener technischen Vollkommenheit gediehen, auf die hin es von Jahr zu Jahr zunehmend perfektioniert wird. Denn daß die Katastrophe auf Dauer ausbleiben könnte, ist bei einer Beibehaltung des jetzigen Kurses die unwahrscheinlichste aller Annahmen. Hochrüstung hat noch kein einziges Mal in der Menschheitsgeschichte einen Krieg verhindert. Wenn daher heute viele Menschen ernstlich zu glauben scheinen, daß es möglich sei, den atomaren Holocaust dadurch zu verhindern, daß man ihn so perfekt wie möglich vorbereitet (wie Franz Alt mit Recht moniert), dann zeigt das nur, wie weit unsere Gesellschaft bereits von aller Vernunft verlassen ist.
Aber liefert dann nicht immer noch Karl Steinbuchs Metapher von den beiden Boxern im Ring ein ausreichendes Argument für die Verwerflichkeit pazifistischer Ideologie? Macht sie nicht unmittelbar augenfällig, aus welchem Grunde ein Pazifist – beseelt von noch so idealistischen, aber eben weltfremden Motiven – unversehens in die Nähe einer Position gerät, die mit Fug und Recht »Verrat an der eigenen Sache«, deutlicher: Vaterlandsverrat, genannt werden kann? Niemandem, der aus dem Steinbuchschen Vergleich diese Folgerung zieht, kann widersprochen werden. Nur: Der Vergleich selbst ist von Grund auf verkehrt.
Er ist so verkehrt, daß keine der Folgerungen, die sein Autor aus ihm ziehen zu können glaubt, auch nur den geringsten Beweiswert besitzt. Denn: Wenn zwei Boxer im Ring stehen, dann deshalb, um zu kämpfen. Die tätliche Auseinanderset-

zung ist in diesem Fall der einzige, von allen Beteiligten einhellig angestrebte Zweck des ganzen Spektakels. Damit aber zieht die Metapher von den beiden Kämpfern im Ring im Widerspruch zu den Grundregeln logischer Argumentation genau das Gegenteil dessen zum Vergleich heran, was das Gleichgewicht des Schreckens, und zwar ebenfalls nach einhelliger Ansicht aller Beteiligten, bewirken soll: Sein Zweck ist ja gerade der Versuch, den Ausbruch einer realen Auseinandersetzung zu verhindern.

Deshalb wäre es im Falle eines Boxkampfs tatsächlich ein grober Verstoß gegen die Gebote sportlicher Fairneß (und ein Fall von »Verrat«, wenn der Verstoß gar von der eigenen Mannschaft ausginge), wenn nicht allseits dafür gesorgt würde, daß die Ausgangsbedingungen für beide Kämpfer identisch sind. Bei der Konfrontation jedoch, deren Umschlagen in eine nukleare Auseinandersetzung alle, im Westen wie im Osten, aus wohlverstandenem Eigeninteresse zu verhüten trachten, handelt es sich nun unter jedem denkbaren Aspekt eben um alles andere als um einen sportlichen Wettkampf. Deshalb ist es auch nicht zwingend mit »Verrat« gleichzusetzen, wenn Mitglieder einer der beiden Mannschaften »ihren« Kämpfer von einem Verhalten abzubringen versuchen, das ihrer Ansicht nach den von allen angestrebten Hauptzweck (die Vermeidung des Ausbruchs konkreter Feindseligkeiten) gefährdet.

Alle Vergleiche hinken. Der folgende aber scheint mir den Sachverhalt doch wesentlich besser zu treffen. Nehmen wir an, jemand geht in einsamer Gegend spazieren und hat zu seinem Schutz einen mächtigen Wachhund bei sich. Unversehens begegnen beide einem Bären. Die beiden gefährlichen Tiere beäugen sich mißtrauisch, umkreisen sich lauernd und geraten dabei zunehmend in eine aus Angst und Wut gespeiste Erregung. Was soll der Mann tun? Wenn er tatenlos zusieht, wird es, so muß er befürchten, zum Kampf kommen, der beiden Tieren das Leben kosten würde und das seine dazu. Wäre er nicht gut beraten, wenn er in dieser Lage versuchte, seinen Wachhund zu beruhigen und dazu zu bewegen, die vorsichtigen Schritte rückwärts zu tun, welche allein die Chance eröffnen, daß auch die ängst-

lich-aggressive Erregung des Bären vielleicht abklingt? Was für Möglichkeiten hat er denn sonst?
In diesem Beispiel redet der Mann lediglich seinen Hund an – welchen Nutzen brächte es ihm auch, sich an den Bären zu wenden? Aber hätte deshalb jemand das Recht, dem Mann vorzuwerfen, er »kritisiere« einseitig nur seinen Hund? Und weiter: Dadurch, daß der Mann seinen Hund zu einer Haltung zu bewegen versucht, die den Ausbruch eines blutigen, am Ende für alle tödlichen Kampfes unwahrscheinlicher werden läßt, vertritt er objektiv unzweifelhaft auch die Interessen des Bären, der ja ebenfalls nicht gebissen werden will. Aber kann man dem Mann deshalb »Verrat« an seinem Hund vorwerfen mit der Begründung, er hätte sich in den Dienst der Interessen des Bären gestellt?
Ich bin mir klar darüber, daß die Gültigkeit dieses Vergleichs mit der Begründung in Zweifel gezogen werden kann, daß hier die Aggressivität des Bären unzulässig allein auf seine Angst und sein Mißtrauen zurückgeführt werde. In der Realität hätten wir es eben mit einem seinem Wesen nach angriffslustigen und räuberischen Widersacher zu tun, weshalb jeder Versuch, seine Gefährlichkeit durch die Vermeidung von Anlässen zu Furcht und Mißtrauen zu verringern, schon im Ansatz verfehlt sei.
Dies ist in der Tat der entscheidende Punkt. Hier scheiden sich die Geister. Wer von der grundsätzlichen Bösartigkeit, einer prinzipiellen Eroberungslust und der »Tatsache« eines systemimmanenten (kriegerischen, nicht revolutionären!) Expansionstriebs des sowjetischen Imperiums überzeugt ist, in dessen Augen freilich ist ein Pazifist kein realistisch argumentierender Gesprächspartner. Wer, wie offenbar namhafte Mitglieder der gegenwärtigen amerikanischen Regierung, das Sowjetreich als »Quelle des Bösen« in dieser Welt betrachtet – was, psychologisch ganz unvermeidlich, die stillschweigende Überzeugung einschließt, daß seine Beseitigung diese Welt von allem Bösen erlösen würde –, der muß sich früher oder später in Kreuzzugsphantasien verstricken. Das aber heißt: Er wird früher oder später ganz unvermeidlich anfangen, mit dem Gedanken

an mögliche Optionen einer nuklearen Auseinandersetzung zu spielen. Nur zu spielen, selbstverständlich. Nicht mehr. Zunächst jedenfalls nicht.
Seine ursprünglich entschiedene, rational begründete Entschlossenheit, den nuklearen Konflikt als unberechenbares Risiko unter allen Umständen zu vermeiden, wird im weiteren Verlauf dieser Gedankenspiele jedoch unweigerlich von Phantasien aufgeweicht werden, die ihm die Vernichtung des Gegners unter bestimmten Bedingungen als möglich, das heißt als unter vertretbarem eigenem Risiko durchführbar erscheinen lassen. Das aber ist genau der klassische, der uralte psychologische Trampelpfad, auf dem der Krieg herbeikommt. Auf dem er in der vieltausendjährigen Menschheitsgeschichte wieder und wieder über die Menschen hereingebrochen ist.
Kriege brechen in Köpfen aus, lange bevor der erste Schuß fällt. Die ersten klassischen Symptome einer »Vorkriegszeit« – das heißt also die ersten Fälle einschlägiger Gedankenspiele – sind bereits zu konstatieren. Wer's nicht glauben will, lese als einziges von mehreren Beispielen den Artikel »Victory is possible« von Colin S. Gray, Abrüstungsberater (!) der amerikanischen Regierung, erschienen im März 1980 in der angesehenen US-Zeitschrift »Foreign Policy« (deutsch unter dem Titel »Sieg ist möglich« im Dezemberheft 1980 der »Blätter für deutsche und internationale Politik«).
Um kein Mißverständnis aufkommen zu lassen, beeile ich mich zu betonen, daß mir die Vorstellung, unter den Bedingungen des sowjetischen Gesellschaftssystems leben zu müssen, nach wie vor als Alptraum erscheint. Daran hat sich für mich nichts geändert. Radikal geändert haben sich dagegen meine Ansichten über die Wege, die uns offenstehen, um aus den unserer Sicherheit drohenden Gefahren herauszukommen.
Für pazifistisch halte ich da zuallererst die Einsicht – aus persönlicher Erfahrung bin ich fast versucht, von einer Entdekkung zu sprechen –, daß die Gefahr keineswegs allein vom potentiellen Gegner ausgeht. Hitler ist auch hier wieder die Ausnahme, die die Regel bestätigt. Das Altherren-Kollektiv im Kreml ist gewiß nicht als primär friedfertig zu charakterisieren.

Auch dafür, daß diese Männer sich bei ihren Entscheidungen in nennenswertem Maße von moralischen oder humanitären Vorstellungen leiten ließen, gibt es keine greifbaren Anhaltspunkte. Das Gesellschaftssystem, das sie, fraglos wider besseres eigenes Wissen, als Arbeiterparadies und Zukunftsmodell für die ganze Menschheit ausgeben, ist längst nichts anderes mehr als ein Reich der Unterdrückung individueller Rechte und menschlicher Würde. Über das alles braucht nicht diskutiert zu werden. Daß diese Führungsmannschaft nun aber sozusagen Tag und Nacht nur darauf lauerte, uns bei der ersten günstigen Gelegenheit überfallen zu können, diese Annahme halte ich, deutlich gesagt, für den Schulfall einer Wahnvorstellung.[2]

Die Möglichkeit einer »Eroberung« der ganzen Welt – konzipiert von Anfang an nicht durch kriegerische Aggression, sondern durch die »revolutionäre« Verbreitung der angeblich zukunftsweisenden und menschheitsbefreienden eigenen Ideologie – existiert heute allenfalls noch als nostalgische Erinnerung in den Köpfen einiger Veteranen aus den glorreichen Tagen der Großen Revolution. Wer könnte heute noch übersehen, daß das Sowjetreich sich längst zu einer »normalen« imperialistischen Weltmacht gemausert hat, in der ideologische Formeln und Rituale zur bloßen Dekoration verkommen sind, verwendbar darüber hinaus allenfalls noch zur Benebelung der Köpfe einiger naiver Schwärmer im fernen Ausland, die von der Realität des real existierenden Sowjetkommunismus keine realistische Vorstellung haben.

Eine normale imperialistische Weltmacht also. Kein Ungeheuer mit mythischen Fähigkeiten. Gefährlich, skrupellos auf den eigenen Vorteil bedacht, zur Kooperation oder gar zum Einlenken nur dann und nur insoweit bereit, als dabei für den eigenen Nutzen etwas abfällt. »Normal« eben.

Gewiß kein Kontrahent, demgegenüber mangelhafte Wachsamkeit ratsam wäre. Ein potentieller Gegner, der den Gedanken an die Möglichkeit, Frieden ohne Waffen schaffen zu können, für den Augenblick verbietet. Der eine totale einseitige Abrüstung zu einem selbstmörderischen Akt werden ließe. Ein Gegner andererseits jedoch, dessen bedrohliche Haltung wir im dringenden eigenen Interesse nicht ausschließlich, wie es bei uns die Regel ist, losgelöst von unserer eigenen Rolle betrachten sollten.

Pazifistisch ist für mich die Besinnung darauf, daß zum Streiten immer zwei gehören. Eine triviale Feststellung, gewiß. Aber wer von uns beherzigt sie schon, wenn es um »die Russen« geht? Pazifistisch ist für mich eine geistige Haltung, die, unter anderem, den Gedanken ernst nimmt, daß alles, was im vorangegangenen Absatz gesagt wurde, in beliebiger Austauschbarkeit für beide Seiten gilt. Oder könnte ein »objektiver« Sicherheitsexperte – utopische Vorstellung auch dies – heute etwa den Russen ernstlich empfehlen, einseitig abzurüsten? (Ich beschränke diese Austauschbarkeit hiermit ausdrücklich auf den sicherheitspolitischen Aspekt und widerspreche vorsorglich der voraussehbaren Unterstellung, ich betrachtete die beiden Gesellschaftssysteme unter irgendwelchen anderen Aspekten als austauschbar.)

Niemand will den Krieg. Den Amerikanern glauben wir das bereitwillig. Aber auch den Russen dürfen wir die Versicherung abnehmen. Denn alle wissen, daß ein Krieg mit nuklearen Waffen – und Nervengasen – beide vernichten würde und darüber hinaus den größten Teil der übrigen menschlichen Zivilisation. Trotzdem ist der Eindruck unabweislich, daß die Spannung immer mehr zunimmt, daß die Gefahr einer kriegerischen Entladung ständig zu wachsen scheint. Der Eindruck, daß wir schon nicht mehr in einer Nachkriegszeit, sondern in einer Vorkriegszeit leben. Niemand will den Krieg. Wie ist es zu erklären, daß er trotzdem, gegen den glaubhaften Willen aller, wie ein unabwendbares Verhängnis immer näher zu kommen scheint? Ein Pazifist ist für mich jemand, der es in dieser hochemotionalen Lage fertigbringt, gleichsam einen Schritt zurückzutreten, um die Situation objektiv ins Auge fassen zu können. Jemand, der es für notwendig hält, sich aus der Atmosphäre noch so verständlicher Furcht und noch so berechtigter Entrüstung mit einer Art rationalen Klimmzugs zu erheben, um die Situation von allen Seiten zugleich in den Blick zu bekommen.

Wer das tut, der wird einer bis dahin unsichtbar gebliebenen Asymmetrie gewärtig. Der erkennt mit Erschrecken, daß der Kurs, den wir verfolgen und den beide Seiten unbeirrbar beizubehalten entschlossen scheinen, unweigerlich in die – von niemandem gewollte – Katastrophe führen muß. Denn aller Streit, aller Verhandlungspoker, aller Druck und ebenso alles Mißtrauen kreisen doch um ein von allen Beteiligten als unverzichtbare Voraussetzung einer Konfliktvermeidung angestrebtes Rüstungsgleichgewicht.
Der Frieden könne, darüber immerhin scheint zwischen den Parteien Einigkeit zu herrschen, nur dann als gesichert gelten, wenn das »Gleichgewicht des Schreckens« erhalten bleibe oder, je nachdem, wiederhergestellt werde. Wenn aber die Gewährleistung dieses Gleichgewichts wirklich die Voraussetzung dafür sein sollte, daß uns der atomare Holocaust erspart bleibt, dann gnade uns Gott. Denn dieses Gleichgewicht ist objektiv nicht erreichbar. Es ist ein Phantom.
Ursache seiner Irrealität ist eine uns allen angeborene Asymmetrie des Angsterlebens. Zwischen der Angst, die ich an mir selbst erlebe, und der Angst eines anderen, von der ich lediglich weiß, klaffen Welten. Das mag unlogisch sein, psychologisch ist es allemal. Die Situation, in der ich mich befinde, wenn ich mir mit noch so großer Phantasie vorstelle, ein Zahnarzt bohre mir auf dem Nerv, und die Situation, in der er das wirklich tut, haben trotz äußerlich deckungsgleicher Übereinstimmung in Wahrheit kaum etwas miteinander gemein. In dem gleichen Sinne ist stets auch nur die eigene Angst real. Die Angst eines anderen bleibt ihr gegenüber ein blasser Schemen.
Daher erlebt jeder von uns die Rakete in der Hand des Gegners unmittelbar als lebensbedrohendes Potential. Die Fähigkeit jedoch, die angstauslösende Wirkung realistisch einzuschätzen, die von der gleichen Rakete in der eigenen Hand ausgeht, ist in der menschlichen Psyche fatal unterentwickelt. Ich weiß, da ich der Besitzer meines eigenen Kopfes bin, was in diesem vorgeht. Ich weiß daher auch, daß ich meine Rakete mit der ausschließlichen Absicht in der Hand halte, mich notfalls mit ihr verteidigen zu können. Angesichts der Rakete in der Hand des Geg-

ners ist mein Wissen sehr viel weniger vollständig. Der Inhalt seines Kopfes ist mir nicht unmittelbar zugänglich, so daß meine Angst mir rät, vorsichtshalber mit der schlimmsten Möglichkeit zu rechnen.

Aus dieser angeborenen und daher unaufhebbaren Asymmetrie folgt zwingend, daß sich auf lebensgefährlich dünnem Eis bewegt, wer ein atomares Rüstungsgleichgewicht zur Grundlage unserer Überlebenschancen machen will. Die trotz aller Ergebnislosigkeit beiderseits unverdrossen fortgesetzte Raketenzählerei ist deshalb so sinnlos, weil sie auf der total verfehlten Annahme beruht, daß sich ein Bedrohungsgleichgewicht rechnerisch festlegen lasse, während es in Wahrheit eine subjektive Erlebnisqualität darstellt, für die ganz andere als arithmetische Gesetze gelten.

Auf welcher Ebene auch immer das Gleichgewicht numerisch hergestellt würde, keines der beiden Lager könnte jemals aufhören, die Bedrohung, der es ausgesetzt ist, für unvergleichlich viel größer zu halten als die Bedrohung, die von ihm selbst ausgeht. Jedes der beiden Lager wird daher wie schon in der Vergangenheit so auch in Zukunft der in seinen Augen zwingenden Logik nachgeben, derzufolge es notwendig ist, die aus der eigenen Perspektive unübersehbare Differenz der Bedrohungspotentiale durch eigene »Nach«-Rüstung auszugleichen. Und jede wird den gleichen Schritt immer dann, wenn die jeweils andere Seite ihn tut, unweigerlich als das Symptom einer gegnerischen Aggressivität interpretieren, die um so provozierender empfunden wird, als man davon überzeugt ist, selbst keinerlei Anlaß für einen neuerlichen Rüstungsschritt geliefert zu haben.

Das ist der Motor, der das Karussell des Rüstungswettlaufs in Bewegung hält. Dies ist der wichtigste Grund, aus dem alle Abrüstungsverhandlungen ergebnislos oder mit halben Kompromissen, ausnahmslos aber mit Resultaten enden, die im Endeffekt ein »Mehr« an Rüstung bedeuten. Dieser Mechanismus ist die Ursache der unausbleiblichen, daher vorhersehbaren und inzwischen ja auch von niemandem mehr ernsthaft bestrittenen Tatsache, daß es der Nachrüstungsteil des – von seinen Initiatoren bekanntlich zur Auslösung eines Abrüstungsschrittes konzipierten – NATO-Doppelbeschlusses ist, der verwirklicht werden wird. Auch da mag es in letzter Minute wieder einen Verhandlungskompromiß in Gestalt irgendeiner »Zwischenlösung« geben. Das endgültige Resultat jedoch wird abermals in einer Vermehrung des bisherigen Vernichtungspotentials bestehen.

Die gebräuchliche Redewendung vom »Ausbrechen« eines Krieges stellt eine nicht unbedenkliche semantische Irreführung dar. Im Unterschied zu feuerspeienden Bergen, auf die wir keinen Einfluß haben, brechen Kriege mitnichten aus. Sie werden gemacht, und zwar nachweislich von Menschen. Auch das Tätigkeitswort »machen« darf jedoch in diesem Zusammenhang nicht unbedenklich benutzt werden, das heißt nicht ohne differenzierendes Nachdenken über den genauen Sinn, der ihm beigelegt werden soll.

Natürlich gibt es Kriege, die in dem Sinne »gemacht« werden, wie man ein Feuer »macht«: planmäßig vorbereitet, bewußt ausgelöst, gerichtet auf ganz bestimmte Kriegsziele. Der Krieg, dessen Ausbruch wir heute zu fürchten haben, ist jedoch von anderer Art. Er gehört nicht in die Kategorie der Versuche, »die Politik mit anderen Mitteln fortzusetzen«. Die von vielen Menschen empfundene besondere Unheimlichkeit der wachsenden Spannung, die unserer Gegenwart die Atmosphäre einer »Vorkriegszeit« verleiht, rührt vielmehr gerade daher, daß wir alle das Näherkommen eines »Kriegsausbruchs« zu spüren glauben, den niemand will, den ausnahmslos alle fürchten und der dennoch, wenn es dazu kommen sollte, ebenfalls ohne jeden Zweifel von Menschen »gemacht« sein würde. Es kann sich bei dieser Situation, historisch gesehen, übrigens nicht um einen seltenen oder gar einen Ausnahmefall handeln. Wie hätte die Sprache sonst die Wendung vom »Ausbruch« eines Krieges hervorbringen können?

Welcher Sinn dem »Machen« in unserem Fall beizulegen wäre, ergibt sich mittelbar aus der vorangegangenen Analyse der Asymmetrie menschlichen Angsterlebens. Hier sind wir wieder an einem Punkt angelangt, an dem die Geister sich scheiden.

Aufrüstungsbefürworter vom Schlage eines Caspar Weinberger oder des Mannes, der seinen Part im Ostblock übernommen hat, dürfen als die Wortführer jener gelten, welche davon überzeugt sind, die jeweils andere Seite sei dabei, einen Krieg in dem Sinne zu »machen«, daß sie ihn planmäßig und in der Absicht vorbereite, ihn bei günstiger Gelegenheit »ausbrechen zu lassen«. Direkte Folge dieser im Westen wie im Osten vorherrschenden Auffassung ist die permanente Fortsetzung der Rüstungseskalation in einer Lage, in der niemand den Krieg will, den diese alles vernünftige Maß und jedes objektiv berechtigte Sicherheitserfordernis übersteigende Anhäufung von Vernichtungsmitteln nichtsdestoweniger früher oder später unweigerlich »ausbrechen lassen« muß.[3]

Diese verhängnisvolle Ursachenkette zu sprengen, hat nur der eine Chance, der sich über die Asymmetrie des Bedrohungserlebens klargeworden ist. Erst ihm steht die Möglichkeit frei zu erwägen, daß der Rüstungsbefürworter auf der Gegenseite (und auf der eigenen Seite!) vielleicht nicht deshalb zu seiner Entscheidung gekommen ist, weil er drohen will, sondern weil er das in seinen Augen bestehende Bedrohungsübermaß irrtümlich für objektiv gegeben hält, anstatt es als bloße Projektion der von seinem eigenen Sicherheitsbedürfnis mobilisierten Ängste zu durchschauen.

Hier, wie gesagt, scheiden sich die Geister. Mir scheint, daß an keiner anderen Stelle die Grenze klarer hervortritt, die das Lager der friedfertigen Nicht-Pazifisten von dem der Pazifisten trennt. Der Nicht Pazifist bewegt sich – aus pazifistischer Perspektive – innerhalb eines Kreises, in dem die von der Psyche des Beobachters unmittelbar gelieferte Auslegung der realen Situation gleichsam für bare Münze genommen wird. Für ihn gilt die eherne Regel, daß erlebte Bedrohung identisch ist mit realem Bedrohtsein. Reales Bedrohtsein aber verlangt mit unwiderleglicher Logik eine entsprechende Nachrüstungsreaktion. Das Wort Schillers: »Es kann der Frömmste nicht in Frieden bleiben, wenn es dem bösen Nachbar nicht gefällt« ist eine unübertroffene Zusammenfassung dieser Weltsicht.

Der Pazifist dagegen ist davon überzeugt, daß bei dieser Be-

trachtung der Dinge der entscheidende Punkt übersehen wird. Wenn man, so etwa würde er argumentieren, von der Asymmetrie nichts weiß, die jedes Urteil über die eigene Sicherheit ganz unvermeidlich färbt, dann vergißt man leicht, daß wir nicht nur Nachbarn haben, sondern daß wir auch selbst Nachbarn sind, auf die sich die von dem Sprichwort formulierte psychodynamische Beziehung genau in der gleichen Weise anwenden läßt. Ich glaube, man kann sagen, daß kein Pazifist ist, wer die Spiegelbildlichkeit dieser Situation grundsätzlich in Abrede stellt. Wer sie bestreitet, gibt sich durch einseitige Schuldzuweisung zu erkennen: Er produziert Feindbilder. Wer aber an Feindbildern festhält, mag den Frieden noch sosehr herbeiwünschen – er wird nur ratlos oder auch verzweifelt erleben, daß alle seine Bemühungen die Erfüllung seines Wunsches in immer unerreichbarere Ferne rücken lassen. Die Erklärung für dieses dem Nicht-Pazifisten paradox erscheinende Phänomen – das dann, hüben wie drüben, alsbald die Suche nach Sündenböcken auszulösen pflegt und damit nur neue Feindbilder entstehen läßt – fällt leicht, wenn man die Situation sozusagen von außen betrachtet: Der unser aller Leben bedrohende Rüstungswettlauf ist seinem Wesen nach das Produkt einer emotionalen Eskalation, die von der asymmetrischen Struktur menschlichen Angsterlebens so lange weiter in Gang gehalten werden wird, bis entweder eine nukleare Katastrophe oder unsere Einsicht in die uns beherrschende psychodynamische Verstrickung ihn beendet.
Das sind die Alternativen, vor denen wir stehen. Die Wahl, sollte man denken, ist leicht. In Wahrheit aber besteht aller Grund zum Pessimismus. Denn selbst dann, wenn die Grenze, welche die entmutigend große Mehrheit der Mitmenschen vom pazifistischen Standpunkt heute noch trennt, von dieser Mehrheit durchschaut würde, wäre noch nicht allzuviel gewonnen. Entscheidend ist die Frage, ob eine ausreichende Mehrheit sich dann aufraffte, das Lager zu wechseln. Der Bereitschaft aber, diese Konsequenz zu ziehen, stehen nicht lediglich kognitive Barrieren, die sich durch Reflexion durchschauen lassen, sondern aus sehr viel tieferen Wurzeln stammende psychische

Widerstände im Wege. Der Schritt von der Einsicht zum Entschluß ist immer strapaziös. In diesem Falle ist die Sorge nicht unbegründet, daß er die Mehrzahl der Menschen überfordern könnte.
Innerhalb des Bannkreises, in dem ein friedliebender Nicht-Pazifist sich bewegt, ist das Weltbild geschlossen und stimmig. Die Argumente der Nachrüstungsbefürworter sind innerhalb dieses geschlossenen Systems bündig und logisch unwiderlegbar. Ihre innere Stabilität bezieht diese Welt zudem aus dem ältesten und mächtigsten zwischenmenschlichen Bindemittel, das es gibt: aus der solidarisierenden Kraft gemeinsamer Überzeugungen und Ängste. Den Tatbestand der Übereinstimmung der eigenen Überzeugungen und Emotionen mit denen der übrigen Mitglieder des gleichen Kollektivs belohnen archaische Zentren in unserem Hirnstamm mit dem überwältigenden Gefühl der Geborgenheit und der Selbstbestätigung. Dieser psychologische Mechanismus funktioniert, wohlgemerkt, gänzlich unabhängig von der Frage, ob die jeweiligen Überzeugungen richtig oder die jeweiligen Emotionen berechtigt sind.
Auch diese archaischen Programme halten nicht nur Zuckerbrot bereit; sie machen seit grauer Urzeit ebenso von der Peitsche Gebrauch. Die Kehrseite der Belohnung durch das bergende Solidarisierungserlebnis ist der psychologische Automatismus des »Anstoßes«, den jeder auslöst, der von der in seinem Kollektiv herrschenden Übereinstimmung nennenswert abweicht. Aus der Sicht des Kollektivs rückt er in die Rolle eines Verräters, er selbst erfährt an sich den Entzug bergender, unbefragbarer Selbstbestätigung. Speziell das Gefühl der Isolierung, des Ausgeschlossenwerdens von der bisherigen Gemeinschaft, kann, da der Mensch seiner Natur nach ein *animal sociale* ist, eine schwere Belastung darstellen.
Die auffallende Ungehemmtheit, mit der manche sonst ganz manierliche, sich womöglich gar ausdrücklich als Christen bezeichnende Mitmenschen gegen pazifistische Positionen polemisieren können, und ebenso die mitunter geradezu befreit anmutende einhellige Zustimmung, die ihnen aus ihren Kreisen auch noch für als bösartig anzusehende Verleumdungen zuteil

zu werden pflegt, läßt sich anders als durch die Wirksamkeit dieser archaischen, aus der Frühzeit unseres Geschlechtes auf uns überkommenen psychologischen Mechanismen überhaupt nicht verstehen. Mit diesen Widerständen aber bekommt es zu tun, wer seine pazifistische Auffassung aus Überzeugung an den Mann bringen will.

Die Angst, die einen dabei befallen kann, ist nicht die Angst vor Verleumdung und übler Nachrede. Daß man als »von der anderen Seite bezahlt« verdächtigt oder als »Vertreter sowjetischer Interessen« beschimpft wird, daran gewöhnt man sich mit der Zeit (wenn es gewiß auch angenehmere Erfahrungen gibt). Nein, die eigentliche Angst, die man dabei bekommen kann, bezieht sich auf die Frage, welche Chancen man eigentlich hat, sich in einer solchen im Nu von Entrüstung und Verdächtigungen angeheizten Atmosphäre überhaupt Gehör zu verschaffen.

Alle diese Überlegungen bilden zugleich schon einen Teil meiner Antwort auf den letzten Einwand, auf die sooft zu hörende Frage, mit welchem Recht sich die Mitglieder der Friedensbewegung eigentlich kritisch gegen die offizielle Sicherheitspolitik wenden. Woraus sie den Anspruch ableiten, klüger zu sein als die offiziell bestellten Sicherheitsexperten. Hier ist zunächst eine Gegenfrage angebracht, nämlich die Frage danach, woraus der Fragesteller denn eigentlich auf eine überlegene Qualifikation der Politiker in diesem Punkt schließe. Der augenblickliche Zustand der Welt berechtigt kaum zu der Vermutung, daß diese Qualifikation besonders ausgeprägt sein könnte. Liegt der Verdacht nicht viel näher, daß die Entwicklung gerade im Bereich der Sicherheitspolitik den Verantwortlichen längst aus den Händen geglitten ist und daß sie sich auf eine verhängnisvolle, unkontrollierbare Weise selbständig zu machen begonnen hat?

Wichtiger aber ist mir auch in diesem Zusammenhang der Hinweis auf die auf den letzten Seiten versuchte Analyse der psychologischen Strukturen, die dazu führen können, daß Kriege von Menschen »gemacht« werden, die keinen Krieg wollen. Um dieser Strukturen überhaupt ansichtig zu werden,

ist es erforderlich, aus dem Kreise herauszutreten, innerhalb dessen sie ihre Wirkung entfalten. Das Aufgabenfeld eines Politikers aber liegt wesenhaft innerhalb dieses Kreises.
Ein Politiker ist gleichsam *per definitionem* »Partei«. Übliche Voraussetzungen einer politischen Karriere sind die Entschlossenheit und die Fähigkeit, den Maximen und Wertmaßstäben, mit denen man sich durch den Beitritt zu einer der existierenden politischen Gruppierungen identifiziert hat, in jeder konkreten Situation Geltung zu verschaffen. Erfolg wird daher in der Regel nur dem Politiker zuteil, der sich weder durch Einwände noch durch kritische Argumente davon abbringen läßt, an diesen Grundsätzen auf Biegen oder Brechen festzuhalten. Für uns alle ist diese Art »politischer Charakterfestigkeit« Voraussetzung politischer Glaubhaftigkeit.
In der Geschichte gibt es nun aber Situationen, in denen bisherige Tugenden sich zu Schwächen verkehren können. Dies etwa dann, wenn die Existenz neuartiger Vernichtungsmittel den Krieg als Möglichkeit einer »Fortsetzung der Politik mit anderen Mitteln« aufhebt und ihn auf die absurde Möglichkeit reduziert, einen globalen Massenselbstmord inszenieren zu können. Eine solche Entwicklung setzt alle seit Jahrhunderten gültigen Spielregeln zwischenstaatlicher Sicherheitspolitik außer Kraft. Damit aber verliert die Fähigkeit, Gegenargumente grundsätzlich abzuwehren, wenn sie bisherigen Grundsätzen widersprechen, in diesem Punkte mit einem Male allen Wert. Unter diesen Umständen wird nunmehr zum Überlebensvorteil die Bereitschaft, Gegenargumente auch dann ernsthaft zu durchdenken, wenn sie allem diametral widersprechen, was die bisherige Erfahrung einen gelehrt hat.
Ein Politiker jedoch, der, und sei es unter dem Eindruck eines ihn überzeugenden Arguments, seine Meinung und seinen Standpunkt wechselt, handelt sich im Handumdrehen den Ruf eines »Umfallers« ein. Es dürfte kaum einen Verdacht geben, den ein Berufspolitiker mehr zu fürchten hätte. Politischer Instinkt und Berufserfahrung haben ihn gelehrt, daß nichts seine Karriere ernstlicher gefährden kann als der Zweifel an seiner Prinzipientreue. Man braucht nur einmal an den typi-

schen Ablauf eines Abstimmungsprozesses in einem unserer Parlamente zu denken. Jeder der Abgeordneten, die da ihre Stimme abgeben, ist nach Recht und Gesetz und sicher auch nach eigener Überzeugung einzig und allein seinem Gewissen verantwortlich. Und dann stimmen sie ab – Fraktion für Fraktion als geschlossener Block, als wenn alle Gewissen je nach Parteizugehörigkeit in diesem Augenblick im gleichen Takt schlügen. Ich will das gar nicht kritisieren. Ich erwähne es nur als augenfälliges Beispiel für den in der Welt der Politik herrschenden unwiderstehlichen Zwang zur Solidarisierung mit der von der Mehrheit des eigenen Lagers vertretenen Meinung. Angesichts eines kritischen Vorhalts oder Gegenarguments ist die sofortige Widerlegung, das »Abschmettern« des Einwands, die wichtigste Tugend eines auf seine Karriere bedachten Politikers, nicht etwa die Bereitschaft hinzuhören oder gar die, sich umstimmen zu lassen. Das sind keine guten Voraussetzungen für den radikalen Umlernprozeß, den unsere Gesellschaft in verzweifelt kurzer Zeit zu absolvieren hat, wenn wir überleben wollen.

Ich sehe nicht, wer uns retten könnte, wenn wir es nicht selbst tun. Ich sehe nicht, wie uns noch geholfen werden könnte, wenn das im vollen Sinne des Wortes wahnsinnige Wettrüsten nicht sehr bald beendet wird. Ich kann keinen Grund erkennen, der sich dagegen anführen ließe, daß wir alles in unseren Kräften Stehende dazu beitragen. Auch dann, wenn das nach Lage der Dinge nur bedeuten kann, daß wir uns der bei uns im Westen bevorstehenden »Nach«-Rüstung mit allen uns zur Verfügung stehenden legalen Mitteln widersetzen. Auch dann, wenn man uns dann abermals nachsagen wird, wir verträten die Interessen des Gegners. Auch dann, wenn man uns wiederum unterstellen wird, wir seien »vom Osten gesteuert« (oder gar bezahlt). Denn wer aus dem Bannkreis archaischer Bedrohungsängste und kollektiver Solidarisierungszwänge erst einmal herausgefunden hat, der erkennt, daß die geplante »Nach«-Rüstung, die zu unserer Sicherheit nicht das geringste würde beitragen können, nur eine einzige Wirkung hätte: Sie würde das Aufrüstungskarussell erneut in Schwung bringen, da kein noch so friedenswilliger Politiker und keine noch so große Verhandlungskunst verhindern könnten, daß sie von der anderen Seite als Akt einer »Vor«-Rüstung aufgefaßt werden würde, der dort einen erneuten »Nach«-Rüstungsschritt zwingend geboten erscheinen ließe.

Im Interesse unserer Sicherheit, der Sicherheit der ganzen Menschheit, ist heute nichts dringlicher, als den Wahn des Wettrüstens zu beenden. Nur dann würden wir die Atempause gewinnen, um in einer sich allmählich entspannenden Atmosphäre ernsthaft über weniger selbstmörderische Methoden zur Sicherung des Friedens nachdenken zu können. Der von mehr als dreitausend Naturwissenschaftlern, darunter mehreren Nobelpreisträgern und Hunderten bedeutender Wissenschaftler aus der Bundesrepublik, den USA und anderen Ländern am 2./3. Juli 1983 in Mainz abgehaltene Kongreß zu Fragen der Friedenssicherung und Rüstungsproblematik hat in mehreren Arbeitskreisen erste und überzeugende alternative Möglichkeiten erarbeitet. Im Vordergrund standen dabei Möglichkeiten einer Verteidigung unserer nationalen Sicherheit mit Waffensystemen, deren unbestreitbar defensiver Charakter nicht automatisch mit einer Bedrohung der Gegenseite identisch wäre und die daher die Aussicht steigern könnten, größtmögliche Sicherheit vor einem kriegerischen Überfall zu schaffen, ohne zugleich Bedrohungsängste beim potentiellen Gegner auszulösen.[4] Die offizielle Politik unseres Landes hat von diesem Kongreß und seinen Ergebnissen, wie fast zu erwarten, bisher keine Kenntnis genommen.

Ein letztes Wort zum Schluß. Alles, was in diesem Beitrag zur Frage der Friedenssicherung aus pazifistischer Sicht gesagt worden ist, hätte sich selbstverständlich auch sehr viel kürzer sagen lassen. Es hätte genügt, darauf hinzuweisen, daß es ein aberwitziges Mißverständnis ist, davon auszugehen, daß Frieden sich durch die Aufrechterhaltung einer in jedem Augenblick zu exekutierenden Ausrottungsdrohung herstellen oder bewahren ließe. Daß Frieden – nicht die bloße Abwesenheit von Krieg unter einem Schutzschirm blanken Terrors, sondern wirklicher Frieden – nur für den erreichbar ist, der selbst friedfertig ist,

und daß wir vielleicht deshalb im atomaren Holocaust untergehen werden, weil wir alle dazu nicht fähig sind.
Das wäre dann aber eine »moralische« Argumentation gewesen, mit der ich die meisten derer, die ich gern ansprechen würde, nicht erreicht hätte. Denn die Meinung, daß moralische Argumente in der Politik nichts zu suchen haben, ist weit verbreitet, und so habe ich mich bemüht, meinen pazifistischen Standpunkt (wenn er diese Bezeichnung verdient) rational zu begründen, obwohl das sehr viel umständlicher ist. Für mich besteht zwischen den beiden Beweiswegen kein wirklicher Unterschied. Als überzeugter Moralist hänge ich frohgemut der bisher meines Wissens nicht widerlegten Theorie an, daß der nach Ansicht aller unbefriedigende Zustand der Welt sich bessern ließe, wenn es gelänge, der Auffassung zum Durchbruch zu verhelfen, daß moralische Gebote einen entschieden höheren Grad an Zweckmäßigkeit enthalten als jede rational ausdenkbare Verhaltensregel. Die seit nunmehr zweitausend Jahren zu konstatierende Vergeblichkeit aller Versuche, die Welt mit rationalen Strategien allein zweckmäßig zu ordnen, sollte Anlaß genug sein, die Alternative ernstlich in Erwägung zu ziehen.
Ich weiß, daß die meisten Menschen den Gedanken daran für utopisch oder sogar naiv halten. Vielleicht ist er es. Trotzdem überfällt mich ein Frösteln, wenn ich höre, wie leicht es den meisten fällt, ihn zu verwerfen. Denn so, wie die Dinge stehen, wäre er unsere letzte Chance.

1983

Über die wahre ärztliche Kunst

Versuchungen der »Apparatemedizin«

Wer zum Arzt geht, voller Vertrauen – und gegen Bezahlung, versteht sich –, erwartet verantwortungsbewußte Zuwendung und alle nur erdenkliche Sorgfalt.
Ein Mensch mag, solange er gesund ist, noch so beherzt in den Chor derer einstimmen, die das Lied von der garstigen »Apparatemedizin« intonieren; für einen Kranken sieht die Welt ganz anders aus.
Mit Entrüstung, womöglich gar mit dem Ruf nach dem Kadi reagiert dann, bei wem sich auch nur der Verdacht regt, das umfängliche Register der medizinsich-technischen Möglichkeiten sei in seinem Falle vielleicht nicht voll genutzt worden. Wir alle betrachten das als selbstverständlichen Anspruch. Kaum einer erschrickt angesichts der Konsequenzen, die wir uns mit dieser Einstellung auf den Hals holen.
Ich verbürge mich für die Wahrheit der folgenden Geschichte, die sich vor einigen Jahren zugetragen hat:
Ein erfolgreicher Architekt leidet seit längerer Zeit an »unklaren Oberbauchbeschwerden« – Völlegefühl, Magendruck und Aufstoßen. Der Hausarzt, ein erfahrener Praktiker, findet nichts. Er hat den Verdacht auf nervöse Beschwerden bei chronischer Arbeitsüberlastung, schickt seinen Patienten »sicherheitshalber« schließlich aber doch zum Spezialisten in die nächstgelegene Universitätsklinik. Dort wird eine gründliche Untersuchung vorgenommen. Alle Befunde sind negativ, mit einer einzigen Ausnahme: Bei der Szintigraphie – einer Untersuchung mit radioaktiven Isotopen – ergibt sich der Verdacht

auf eine Vergrößerung des Pankreaskopfes, des Vorderteils der Bauchspeicheldrüse.
Da es sich um einen Grenzbefund handelt, wird dem Patienten aus Rücksicht vorenthalten, daß an die Möglichkeit eines Pankreaskopf-Karzinoms zu denken ist. Er erfährt lediglich, daß eine zusätzliche Röntgenuntersuchung erforderlich geworden ist. Der Versuch, den Ausführungsgang der Bauchspeicheldrüse durch eine Magen-Darm-Sonde mit einem Röntgenkontrastmittel zu füllen, mißlingt. Dem Patienten wird daraufhin eine Arteriographie – eine Röntgendarstellung der Bauchspeicheldrüse auf dem Blutwege – vorgeschlagen, in die er einwilligt.
Bei dem Versuch, das Kontrastmittel von der Oberschenkelarterie aus in die Schlagader zu injizieren, die das Pankreas versorgt, gerät der Patient in einen schweren Schockzustand. In der chirurgischen Klinik wird der Bauch geöffnet und festgestellt, daß das Kontrastmittel nicht in die Lichtung, sondern in die Wand der Arterie geraten ist und dort eine dicke Quaddel hervorgerufen hat, wodurch die Blutversorgung unterbrochen worden ist. Ein größeres Stück brandig gewordenen Darms muß entfernt werden. Der lädierte Arterienabschnitt wird durch ein kleines Plastikröhrchen überbrückt.
Nach einigen Wochen hat der Patient sich wieder erholt. Er kann nach Hause entlassen werden und nimmt seine Arbeit wieder auf. Mehrere Monate später wird er mit dem Notarztwagen in lebensbedrohlichem Zustand abermals eingeliefert. Bei der sofortigen Nachoperation stellt sich heraus, daß das implantierte Plastikröhrchen aus dem einen Arterienende herausgerutscht ist. Weitere Darmabschnitte sind brandig geworden. Es entwickelt sich ein Abszeß in der Bauchhöhle. Trotz intensiver Antibiotikum- und Kreislaufbehandlung stirbt der Patient wenige Tage nach der Einlieferung.
Der Verdacht auf einen Krebs der Bauchspeicheldrüse kann bei der anschließenden Sektion endgültig ausgeräumt werden. Es hatte sich wirklich nur um »nervöse Beschwerden« gehandelt.
Zweifellos ein extremer Fall: Für die Feststellung seiner Ge-

sundheit hat dieser Patient buchstäblich mit dem Leben bezahlt. Eine Ausnahme, Gott sei Dank. Aber in den Grundzügen des Ablaufs gleichwohl alles andere als ein atypischer Fall.
Zwar waren die verhängnisvollen Komplikationen nicht die Folge ärztlicher Kunstfehler, sondern »schicksalhaft«, wie man das in solchen Fällen nennt. Warum dann aber die unangenehmen, kostspieligen und in keinem Falle ganz risikolosen Untersuchungsmaßnahmen?
Es gibt dafür zwei Gründe – Ängste, von denen in vergleichbarer Situation das Denken aller Ärzte bewußt oder unbewußt mitbestimmt wird: die Sorge wegen einer späteren Klage des Patienten auf Schadenersatz und die Sorge wegen einer späteren Blamage durch einen anderen Kollegen, der einen Befund entdecken könnte, den man selbst übersehen hat.
Keine Diagnose ist schwerer zu stellen als die Diagnose »gesund«. Die Möglichkeiten, mit der Sonographie vielleicht noch etwas entdecken zu können, was bei der Szintigraphie verborgen geblieben ist, mit dem Herzkatheter eine organische Erklärung für Beschwerden zu finden, nachdem die Röntgenkontrastdarstellung der Herzkranzgefäße keinen eindeutigen Befund ergeben hat, durch eine Laparaskopie (»Bauchspiegelung«) der Leber womöglich direkt anschauen zu können, was sie bei der enzymatischen Blutuntersuchung nicht preisgegeben hat – die Liste der diagnostischen Möglichkeiten ist in der modernen Medizin schier unbegrenzt, desgleichen die Liste der Möglichkeiten verborgener, bisher noch unentdeckter krankhafter Organbefunde. Wer diese Liste in jedem Fall durchbuchstabierte, würde die Gesundheitsvorsorge finanziell zum Einsturz bringen.
Wer sie bei jedem Krankeitsfall, der ihre Anwendung theoretisch rechtfertigt, in vollem Umfange einsetzte, würde den Gang zum Arzt für jeden Patienten zum Horrortrip werden lassen.
Folglich muß der Arzt, jeder Arzt, immer dann, wenn er keinen krankhaften Befund erheben kann, seine diagnostischen Maßnahmen an irgendeiner Stelle abbrechen. Er muß sich, das ist der springende Punkt, dazu entschließen, seinem Patienten

zu versichern, er sei »organisch gesund«, noch bevor die ganze Palette der ihm und seinen Fachkollegen zu Gebote stehenden medizinisch-technischen Möglichkeiten erschöpft ist.
Dazu aber gehört – neben langjähriger Erfahrung – Charakter. Denn mit seinem Entschluß geht der Arzt jedesmal aufs neue das Risiko ein, vielleicht doch einen Befund übersehen zu haben, der sich bei einer weiteren Untersuchung hätte feststellen lassen.
Mit Sicherheit würde ihm das der nächste Arzt unter die Nase reiben, der den Befund womöglich entdeckt. Kein Kollege unterläßt es in einem solchen Falle, den weniger findigen Vorgänger durch die Zusendung einer Kopie seines Untersuchungsberichts über das Versäumnis in Kenntnis zu setzen. Und wenn der Mann Pech hat, meldet sich auch sein ehemaliger Patient noch einmal: diesmal über den Rechtsanwalt, mit dessen Hilfe er den Schaden, den er wegen verspäteter Diagnose angeblich oder tatsächlich erlitten hat, in bares Geld umzumünzen hofft.
Dieser doppelte Druck zwingt jeden Arzt – den erfahrenen weniger, den noch unerfahrenen oder auch selbstunsicheren mehr –, beim Fehlen eines greifbaren Organbefundes grundsätzlich mehr zu tun, als sein ärztliches Gewissen allein ihm vorschriebe.
Solch zweifache Sorge ist es, die völlig überflüssige Katastrophen wie die eingangs geschilderte heraufbeschwört, wenn auch glücklicherweise nur in seltenen Ausnahmefällen. In ausnahmslos allen Fällen führt die doppelte Sorge ums eigene Prestige und um die Möglichkeit eigener Haftung jedoch zu weitaus größeren Belastungen für den Patienten – und nicht zuletzt weitaus größeren Kosten für die Kassen –, als das berechtigte Interesse des Untersuchten an seiner Gesundheit es erfordern würde.
Was das praktisch bedeutet, wird klar, wenn man berücksichtigt, daß die Zahl der Patienten, für deren Beschwerden sich eine organische Ursache nicht finden läßt, heute mindestens so groß ist wie die Zahl der Fälle, in denen das gelingt.
Zustände, aus denen allen Beteiligten – Ärzten, Patienten und

Krankenkassen – nur Nachteile erwachsen, müßten sich eigentlich einvernehmlich ändern lassen, sollte man meinen. Wie aber wäre hier Abhilfe zu schaffen?

Was die Begehrlichkeit eines Patienten betrifft, der zunächst erleichtert ist, wenn ihm weitere diagnostische Prozeduren erspart bleiben, der einen aus diesem Grunde »übersehenen« Befund – von Kunstfehlern ist hier natürlich nicht die Rede – nachträglich aber zum Anlaß für finanzielle Forderungen nimmt, ist guter Rat teuer. Die Einsicht, daß zwischenmenschliche Solidarität als Einbahnstraße nicht funktioniert, ist zwar eine Binsenwahrheit; ihre Gültigkeit auch für die zwischen einem Arzt und seinem Patienten bestehende Beziehung gerät jedoch leicht aus dem Blickfeld in einer sozialen Atmosphäre, in der diese Beziehung zur vordergründig merkantilen Partnerschaft zu verkommen droht.

Wer seine Patientenrolle als die eines Käufers mißversteht, der mit Geld einen Anspruch auf Lieferung von Gesundheit erwirbt, für den stellt der Gedanke an »Rückerstattung wegen mangelhafter Lieferung« im Falle einer unvollständigen Diagnose oder einer erfolglos bleibenden Therapiemaßnahme nur die logische Konsequenz seines Anspruchs dar.

Der Gedanke daran, daß ein Patient sich im eigenen Interesse verpflichtet fühlen könnte, das vom Arzt bei der Behandlung übernommene Risiko auch selbst mitzutragen, läßt sich in der herrschenden Atmosphäre nicht glaubhaft gegen den Verdacht in Schutz nehmen, hier werde einer vorsorglichen Generalamnestie der Ärzte für den Fall nachweislicher Kunstfehler das Wort geredet. Von dieser Seite aus läßt sich dem Übel des erzwungenen ärztlichen Überaktionismus kaum beikommen.

Aber da gibt es ja noch eine andere Seite, wo sich der Hebel ansetzen ließe. Der Druck, der den ärztlichen Übereifer auslöst, geht ja nicht nur von der möglichen Drohung mit dem Kadi aus, sondern nicht minder von der Sorge vor der Bloßstellung im Kollegenkreis. Auch dazu ein konkretes Beispiel: die Erinnerung an einen wiederum extremen Fall, der dennoch nicht als atypisch angesehen werden darf.

Kurz nach dem letzten Krieg wurde ich Zeuge, wie ein sehr

prominenter Chirurg einem bereits im Sterben liegenden alten Mann, dessen Zustand eine Äthernarkose nicht mehr zuließ – und andere Mittel standen uns nicht zur Verfügung –, ohne Betäubung einen tiefen Abszeß in der Achselhöhle entfernte. Es war eine grauenhafte Szene. Auf meine betroffene Frage, warum er dem Patienten so kurz vor dem sicheren Tod diese überflüssige Quälerei noch zugemutet habe, gab mir der Operateur ungerührt die belehrend-herablassende Antwort: »Ich lasse mir doch vom Pathologen bei der Sektion nicht nachsagen, ich hätte einen Abszeß übersehen!«

Ein extremer Fall unter extremen Umständen, gewiß. Aber ich frage mich doch, wie viele komplizierte, teure und unangenehme diagnostische Eingriffe Patienten heute über sich ergehen lassen müssen, damit dem überweisenden Kollegen im Abschlußbericht schon durch die bloße Fülle der durchgeführten Untersuchungen jeglicher Verdacht ausgetrieben wird, man habe an diese oder jene noch so entlegene Möglichkeit etwa nicht gedacht. Es wäre pure Heuchelei zu bestreiten, daß sich zwischen den an verschiedenen Spezialabteilungen eines Großkrankenhauses oder an einem Universitätsklinikum tätigen Ärzten an solchen Fragen mitunter wahre Kommentkämpfe entzünden.

Hier nun wäre eher Remedur zu schaffen. Es brauchte sich in der Praxis nur die Einsicht durchzusetzen, daß ärztliches Können nicht an der Zahl der durch medizinische Apparaturen konkret ausgeschlossenen Befundmöglichkeiten abgelesen werden kann. Das Gegenteil ist richtig. Zuflucht zur lückenlosen apparativen Diagnostik nimmt letztlich nur, wer sich des eigenen ärztlichen Könnens nicht wirklich sicher ist.

Wahre ärztliche Kunst unterscheidet sich von medizinischem Expertentum nicht zuletzt durch die Souveränität, mit der nicht das eigene Sicherheitsbedürfnis, sondern das Interesse des Patienten zur alleinigen Richtschnur für ärztliches Handeln gemacht wird.

Wo immer das geschieht, da verläuft die Grenze zwischen notwendigen und entbehrlichen Maßnahmen gewiß anders, als sie heute in allzu vielen Kliniken und Arztpraxen gezogen

wird; da ist das Gespür für den scheinbar winzigen, in Wahrheit prinzipiellen Unterschied wach, der notwendige ärztliche Maßnahmen von solchen trennt, die sich theoretisch rechtfertigen lassen, aber nicht unentbehrlich sind.
Vielleicht würde schon eine geringfügige Änderung der üblichen Arztbrief-Routine dazu beitragen, den Stand der Dinge zu bessern. Arztbriefe sind – aus guten Gründen – schematisiert. Dem Dank für die Überweisung folgen Vorgeschichte und Untersuchungsergebnisse, die lange Liste der mit medizinisch-technischen und chemischen Methoden erhobenen Befunde und schließlich die eigene Diagnose und aus ihr sich ergebende Behandlungsvorschläge.
Wahrscheinlich würde es schon helfen, wenn diesen klassischen Standardteilen eines jeden Arztbriefs ein einziger zusätzlicher Absatz hinzugefügt und ebenfalls zum festen Bestandteil erhoben würde. Er könnte etwa lauten: »Auf die Durchführung weiterer diagnostischer Maßnahmen (Beispiel: die Anwendung der Methode X) haben wir bewußt verzichtet. Sie wurde von uns zwar erwogen (Angabe der Gründe), nach sorgfältiger Abwägung kamen wir jedoch zu der Ansicht, daß sie sich im Interesse des Patienten nicht ausreichend rechtfertigen ließe.« Diese Standardformel wäre geeignet, den Arzt vor dem Mißverständnis zu schützen, einen wichtigen Punkt vergessen zu haben. Sie würde im Lauf der Zeit gewiß dazu führen, daß den Patienten eine Vielzahl von Untersuchungen erspart bliebe. Und nicht zuletzt würde sie unser extrem überteuertes Gesundheitswesen finanziell erheblich entlasten.

1984

Die mörderische Konsequenz des Mitleids

Von der Alibifunktion »guter Gaben«

Auch heute werden wieder 40000 Kinder sterben – alle zwei Sekunden eines. Sie verhungern. Als kleine Skelette mit faltigalten Gesichtern werden sie irgendwann im Laufe dieses Tages aufhören weiterzuleben. Tag für Tag, 365mal in jedem Jahr, das Gott werden läßt. Alle 24 Stunden entsteht so, verteilt über die Länder der sogenannten Dritten Welt, ein Berg von 40000 verschrumpelten Kinderleichen.
Furchtbar? Viel schlimmer: Wenn diese Kinder nicht stürben, wenn sie nicht in den Armen ihrer Mütter verhungerten, die selbst nicht mehr die Kraft haben, ihrer Trauer Ausdruck zu verleihen, wenn sie etwa überlebten und gar erwachsen würden, um selbst Kinder zu haben, dann wäre die Katastrophe noch weitaus größer. Es mag zynisch klingen, daß ihr vieltausendfacher lautloser Tod die Erde vor einer Situation bewahrt, die alles heutige Sterben bei weitem überträfe. Nur, es ist die logische Konsequenz aus der irrationalen Ungleichung, dem Geburtenüberschuß aus der Dritten Welt durch Geburtenkontrolle nicht vorzubeugen aus der heuchlerischen Achtung vor ungeborenem Leben, das – erst einmal geboren – am Leben nicht erhalten werden kann.
Deshalb ist es an der Zeit, eine Bürgerinitiative ins Leben zu rufen mit dem Ziel, den verhängnisvollen Unfug anzuprangern, der mit jenen kleinen Zeitungsanzeigen getrieben wird, aus deren Bildern einem ein dunkelhäutiges Kind mit großen Hungeraugen entgegenblickt. Eine Initiative verantwortungsbewußter Mitbürger, die nicht länger hinzunehmen bereit sind, daß mit

den Methoden moderner Werbestrategien zielbewußt ein Mitleid kultiviert wird, dessen Konsequenzen tödlich sind.
Denn für jedes einzelne Kind, das heute durch die Aktivitäten solcher Organisationen gerettet wird, wird es in der nächsten Generation vier oder fünf oder sechs Kinder geben. Und dazu, um auch diese wieder vor einem elenden Hungertod bewahren zu können, werden dann selbst die vereinigten Anstrengungen von »Misereor« und »Brot für die Welt« und all die vielen Patenschaften nicht mehr ausreichen.
Wer nicht zu feige ist hinzusehen, kommt an der Einsicht nicht vorbei, daß jeder, der sich darauf beschränkt, die heute hungernden Kinder zu sättigen, statt dem unvermeidlichen Sterben durch Geburtenkontrolle vorzubeugen, unmittelbar und ursächlich dazu beiträgt, die Leichenberge, denen sich die morgige Generation gegenübersehen wird, auf noch größere Höhen anwachsen zu lassen.
Warum ist es eigentlich so schwer, dieser simplen Erkenntnis zu allgemeiner Anerkennung zu verhelfen? Die Antwort liegt auf der Hand: Weil sie einhergeht mit dem Eingeständnis eines unrühmlichen Selbstbetrugs.
Der gleiche Augenblick, in dem ich mir über die mörderischen Konsequenzen des Mitleids klarwerde, an das hier appelliert wird, verschafft mir auch die peinliche Entdeckung, daß die Hilfsbereitschaft, welche die bewußten Anzeigen in mir mobilisierten, gar nicht dem hungernden Kind gilt, sondern in Wahrheit mir selbst, nämlich meinem eigenen Seelenfrieden. Einzig und allein zur Besänftigung des eigenen Gewissens kann ein »Mitleid« taugen, das objektiv nur dazu beiträgt, das Elend der Menschen, denen es angeblich dient, in Zukunft entsetzlich zu vermehren. Jede andere Behauptung wäre unfrommer Selbstbetrug oder pure Heuchelei.
An dieser Stelle muß ein naheliegendes Mißverständnis abgewehrt werden. Selbstverständlich geht es hier nicht darum, einer Einstellung der Hilfeleistungen für die vierzig Millionen Menschen das Wort zu reden, die nach Auskunft der UNO jährlich an Hunger oder den direkten Folgen chronischer Unterernährung sterben. Es geht einzig darum, die Heuchelei

bloßzulegen, mit der alle Beteiligten sich in der Art einer konspirativen Kumpanei wechselseitiger moralischer Freisprechung weiszumachen versuchen, wir könnten uns unsere Verantwortung auf so billige Weise vom Hals schaffen.
Anlaß zur Empörung ist die Tatsache, daß die üblichen Aktivitäten der kirchlichen, weltlichen und kommerziellen Hilfsorganisationen gedankenlos und damit schuldhaft jener moralischen Drückebergerei Vorschub leisten, in der befangen wir uns nur allzu bereitwillig einreden lassen, daß eine kleine Spende dann und wann uns von der Schuld befreien könnte, die wir angesichts des Massensterbens außerhalb unserer Wohlstandsgrenzen zu tragen haben.
Noch aus einem zweiten Grunde sind daher alle diese »Brot für die Welt«- und Patenschaftskampagnen kritikwürdig: Dadurch, daß sie uns die begierig ergriffene Gelegenheit verschaffen, unser Gewissen zu betäuben, beseitigen sie den psychologischen Druck, der allein uns dazu bewegen könnte, über sinnvolle, ursächlich wirksame Methoden zur Beendigung des Massensterbens nachzudenken.
Weltweit jährlich vierzig Millionen Hungertote. Ein nur noch in Megatonnen ausdrückbares Produktionsvolumen an menschlichem Aas. Solche Größenordnungen haben selbst Hitler und Stalin gemeinsam nicht zuwege gebracht. Das ist die Proportion, um die es sich handelt. Das ist die Rechnung, mit der wir konfrontiert sind. Daß sie durch Spendenaktionen zu begleichen sei, kann nur ein Narr behaupten, und daß sie uns nichts anginge, nur ein Zyniker.
Ein Großteil dieser Megatode ist nämlich unter anderem eine Folge des Umstands, daß die satte Hälfte der Menschheit einen entsprechend hohen Anteil ihres Überflusses – und seit neuerem wohl auch noch etwas mehr als das – für eine immer maßloser werdende Aufrüstung verpulvert. Und ihr folgen immer mehr Drittweltländer, die, kaum daß sie über den Tellerrand schauen, ihre Selbstbestätigung in Waffenkauf und Minirüstung suchen.
Gerade dann, wenn man davon überzeugt ist, daß die christlichen Kirchen ein Erbe bewahren, ohne das diese Welt noch

unerträglicher wäre, gerade dann gerät die Verbitterung um so größer, wenn man sich vor Augen hält, wie tief auch sie in diese Komplizenschaft wechselseitiger Gewissens-Salvierung verstrickt sind. Das gilt, wie nicht bestritten werden kann, vor allem für die katholische Kirche. Was soll man von einer Instanz halten, die uns zur Rettung verhungernder Kinder aufruft, während sie gleichzeitig mit dem ganzen Gewicht ihres weltweiten Ansehens dazu beiträgt, die Zahl dieser Kinder über jedes rettbare Maß hinaus zu vergrößern?

Was ist von der Moral einer sich moralisch verstehenden Institution zu halten, die offensichtlich das Nichtgeborenwerden für ein entschieden größeres Übel hält als die Unerfreulichkeit, an Unterernährung zu verrecken? Hier wird, wohlgemerkt, nicht etwa auf Abtreibungslösungen angespielt, sondern allein auf die Möglichkeiten der Empfängnisverhütung (ein Zusatz, der schon deshalb notwendig erscheint, weil die Kirche in der Diskussion beides ärgerlicherweise ständig zu vermengen trachtet).

Die Erde hat nach den offiziellen Statistiken in den letzten beiden Jahren die größte Bevölkerungsexplosion ihrer Geschichte erlebt. Einige Autoren haben sich dessenungeachtet dazu verstiegen, die Tatsache als »Erfolg« auszugeben, daß die veröffentlichten Zahlen hinter den ursprünglichen Prognosen um einige Prozent zurückgeblieben sind. Wie auch immer, das Endresultat ist furchteinflößend: 1950 gab es auf der Erde 2,5 Milliarden Menschen. Heute sind es bereits 4,8 Milliarden. Im Jahre 2000 werden es mindestens sechs Milliarden sein.

Man braucht keinen Computer, um ermessen zu können, was das für die Probleme bedeutet, die heute schon so gut wie unlösbar sind: Wohnungen, Energieversorgung, Abfallerzeugung, Arbeitsplätze, Rohstoffbedarf – es geht ja keineswegs nur, wie mancher zu glauben scheint, um die Ernährung dieser Menschenmassen. Wenn nicht sehr bald etwas Entscheidendes geschieht, dann treiben wir einer Katastrophe entgegen, für die es in der bisherigen menschlichen Geschichte kein Beispiel und keinen Vergleich gibt.

Vom Himmel wird die Rettung nicht fallen – wenn es noch eine

gibt. Vielleicht wären wir heute noch imstande, den Zug aufzuhalten, der uns dem Abgrund täglich ein Stück näherbringt. Eine ungeheure gemeinsame Anstrengung wäre vonnöten. Warum nur rafft sich niemand zu ihr auf?
Zu den Faktoren, die diese feige Verdrängungsneigung begünstigen, gehören jene Anzeigen mit den Bildern abgemagerter und verhungernder Kinder. Selbstverständlich sind wir moralisch verpflichtet, den Hungertod auch durch Spenden zu bekämpfen. Wer der Suggestion dieser Anzeigen jedoch in der Weise erliegt, daß er sich einreden läßt, er könne mit einer bloßen Spende davonkommen, der verstrickt sich erst endgültig in Schuld.[1]

1984

Anthropologisch-psychologische Voraussetzungen einer erfolgreichen Umwelt- und Friedenserziehung

Unbewußte Grenzen unserer Friedensfähigkeit

Für jeden in der Umwelt- oder Friedensbewegung engagierten Publizisten und Pädagogen trägt die Sorge um unsere Zukunft ein doppeltes Gesicht. Bedroht fühlen müssen wir uns nicht lediglich von den bekannten und, immerhin, von immer zahlreicheren Zeitgenossen endlich auch anerkannten objektiven Gefahren: dem in seinem Ausmaß und Tempo im erdgeschichtlichen Vergleich beispiellosen Massenaussterben auf diesem Planeten, dem nach offiziellen Schätzungen innerhalb der kommenden beiden Jahrzehnte bis zu fünfzig Prozent der heute noch existierenden fünf bis zehn Millionen Tier- und Pflanzenarten zum Opfer fallen könnten[1] – alarmierendes Symptom eines rapiden Schwindens der Fähigkeit der planetaren Biosphäre, Leben in der bisherigen Vielfalt tragen zu können. Von der nicht weniger rapide zunehmenden Verelendung jenes rasch anwachsenden Teils der Erdbevökerung, die in der sogenannten Dritten Welt zu leben gezwungen ist. Und schließlich der permanenten Bedrohung durch ein Arsenal kriegerischer Ausrottungsinstrumentarien, dessen Ausmaß sich rational, durch objektiv begründbare Erfordernisse staatlicher Selbstverteidigung, längst nicht mehr ausreichend erklären läßt.

Alle diese Bedrohungen werden auch noch verstärkt von einem eigentümlichen Phänomen »lemminghafter Qualität«, das darin besteht, daß unsere Gesellschaft sich, Auge in Auge mit den ihre Existenz in Frage stellenden Realitäten, dennoch nicht oder allenfalls nur halbherzig zur Gegenwehr aufrafft. Von dem absurd anmutenden Tatbestand, daß es sich als verblüffend schwierig erweist, die Menschheit dazu zu überreden, »ihrem eigenen Überleben zuzustimmen«, wie schon Bertrand Russell befand. Selbstverständlich bilden die Gefahren und unsere Blindheit ihnen gegenüber nur zwei verschiedene Seiten derselben Medaille, denn auch die Drohung erwächst ja keineswegs etwa objektiver Naturnotwendigkeit, sondern allein der Unvernunft unseres Verhaltens. Dennoch bedarf diese jeglichem angeborenen Selbsterhaltungstrieb scheinbar Hohn sprechende Variante einer abnormen »Todesverachtung« einer gesonderten Betrachtung. Dies nicht zuletzt deshalb, weil alle Bemühungen um eine wirksame – und das kann nur heißen: verhaltensändernde – Umwelt- und Friedenserziehung von ihr konterkariert werden, solange sie das Bewußtsein beherrscht.

Das paradox anmutende psychologische Phänomen ist auffällig genug, um Erklärungsversuche zu provozieren. Über undifferenzierte Etikettierungen hinaus (»Unfähigkeit zum Konsumverzicht«, »Beharrungstendenz aus psychischer Gewöhnung« und ähnliches) oder ideologisch motivierte Schuldzuweisungen (Profitinteresse der Industrie, des »militärisch-industriellen Komplexes«) – die alle ihre Berechtigung haben mögen –, sind diese bisher jedoch nur in Ausnahmefällen gediehen. Zu ihnen gehören sehr beachtenswerte wirtschaftswissenschaftliche Analysen aus neuerer Zeit (zum Beispiel von G. Prosi 1984; G. Scherhorn 1984[2]). Sie alle aber greifen das Problem noch immer nicht an der Wurzel. Dies kann meiner Überzeugung nach erst eine aller konkreten Detaildiskussion vorangehende psychologisch-anthropologische Betrachtungsweise leisten, wie ich sie, anknüpfend an vorangegangene eigene Veröffentlichungen und die anderer Autoren (R. Bilz 1971; R. Riedl 1980; B. Hassenstein 1982; H. Mohr 1985[3]), in diesem Beitrag kurz zu skizzieren versuchen werde.

Ausgangspunkt aller Überlegungen in dieser Richtung hat die Einsicht zu sein, daß die Misere, in der wir uns heute befinden, primär nicht etwa die Folge eines Versagens der menschlichen Spezies ist, sondern ganz im Gegenteil die unausbleibliche Konsequenz ihres wahrhaft unbeschreiblichen Erfolges im Verlaufe des erdgeschichtlichen Artenwettbewerbs.

Die ältesten Steinwerkzeuge sind etwa zwei Millionen Jahre alt. Vor 300000 Jahren traten die ersten »Jäger« in den gemäßigten Zonen auf, »Frühmenschen«, in Asien und Europa. Vor 100000 Jahren begann Homo sapiens sich als Sammler und Jäger über die gesamte Alte Welt auszubreiten. »Homo sapiens sapiens«, den mit uns selbst genetisch grundsätzlich identischen »Menschen«, gibt es erst seit 30000, allenfalls seit 40000 Jahren. Während dieser ganzen langen Vorgeschichte, also – wenn man die hominiden Vormenschen mit einbezieht – während der letzten Jahrmillionen, hatten sich unsere biologischen Ahnen unter Bedingungen zu behaupten, die ihre Überlebenschancen in den Augen eines Beobachters als zumindest fragwürdig hätten erscheinen lassen. Spärlich an Zahl (Hans Mohr schätzt die Gesamtzahl dieser frühen Vertreter für den größten Teil des hier betrachteten Zeitraums auf maximal zehn Millionen Individuen auf dem ganzen Planeten) und ohne natürliche Waffen hatten sie sich gegen eine Vielzahl körperlich weit überlegener Konkurrenten zu verteidigen (darunter nächtlich jagende Raubtiere, die im Dunklen sehr viel besser sehen konnten – eine Standardsituation, auf welche Konrad Lorenz die heute noch bei den Mitgliedern unserer Art grassierende nächtliche Gespensterfurcht als eine Art archaischer Erinnerung zurückführte), dabei permanent von Nahrungsmangel bedroht.
Die Lage scheint sich erst in den letzten 8000 bis 10000 Jahren allmählich gebessert zu haben, als Folge der Erfindung des Ackerbaus mit nachfolgender Seßhaftigkeit. Die durch planmäßigen Anbau bewirkte Sicherung der Ernährungsgrundlage und die mit der Entstehung bleibender Ansiedlungen möglich werdende Verbesserung der nunmehr »festen« Unterkünfte wendeten das Blatt: Zur Zeit von Christi Geburt gab es auf der Erde schon etwa zweihundert Millionen Mitglieder unserer Art.
Jedermann weiß, welche besondere Fähigkeit unseren Vorfahren die Chance verlieh, die Jahrmillionen lange »Durststrecke« bis zu diesem Wendepunkt zu überstehen. Es waren sich rasch entwickelnde »psychische« Qualitäten: die Fähigkeit zu vorausschauender Planung, zu zielgerichtetem Handeln und zu sozialer Kooperation. Von besonderer Bedeutung ist in unse-

rem Zusammenhang die Überlegung, welche grundsätzlichen Handlungsmaximen sich aufgrund dieser spezifischen Begabung damals durchgesetzt haben mögen. Welche konkreten Verhaltensstrategien mit ihrer Hilfe zur Verbesserung der Überlebensaussichten der neuen Art realisiert worden sein dürften. Man geht kein allzu großes Risiko ein mit der Annahme, daß als oberste Maxime das Prinzip eines uneingeschränkten, »rücksichtslosen« Gruppenegoismus gegolten haben muß.

Ein »gruppenegoistisches Ausbeuterverhalten« der jeweiligen Kollektive, in der jeder den anderen kannte und in deren Rahmen allein jegliche Kooperation nach »außen« sich abspielte, indem man zum Beispiel die Nahrung dort nahm, wo man ihrer habhaft werden konnte, ohne Rücksicht darauf, ob man sie irgend jemandem, und wenn ja, wem, entzog. Das war in diesen Äonen, in denen der Fortbestand unserer Art auf des Messers Schneide stand, kein moralisch qualifizierbares Verhalten, sondern Voraussetzung des Überlebens. Unter diesen Bedingungen konnten sich »zwischenmenschliche« Solidarität und Hilfsbereitschaft innerhalb der jeweiligen Frühmenschengruppen aufgrund derselben Überlebenslogik entwickeln, die im gleichen Zuge die emotionale Unberührtheit (»Kaltherzigkeit«) angesichts des Schicksals oder der Betroffenheit der Mitglieder fremder Kollektive mit einer Vergrößerung der eigenen Chancen belohnte.

Aber dabei dürfte es nicht einmal geblieben sein. Hans Mohr hat die Gründe genannt, aus denen hervor davon auszugehen ist, daß in dieser, der mit überwältigendem Abstand längsten Phase der bisherigen Geschichte unserer Spezies Mißtrauen, Bedrohungsangst und aus diesen beiden Regungen erwachsende Agressivität die in konkret angebbarem Sinne »optimalen« Reaktionsweisen gewesen sein dürften, wenn es zu Begegnungen zwischen verschiedenen menschlichen Kollektiven kam, deren Mitglieder einander persönlich fremd waren: Die Mitglieder einer Frühmenschengruppe, die in der genannten Situation in dieser Weise reagierten, entwickelten rascher und nachhaltiger jene emotional stabilisierte Solidarität untereinander, auf deren Boden schließlich auch eine den individuellen Egoismus überwindende Bereitschaft entstehen konnte, sich für andere Mitglieder der eigenen Gruppe »in die Schanze zu schlagen« oder notfalls sogar aufzuopfern. Daß eine zur »kollektiven Aggressivität« nach außen fähige Gruppe die besseren Aussichten hatte, das auf dem »eigenen« Areal gesäte Korn einige Monate später dann auch selbst zu ernten, versteht sich ohnehin. Die damit kurz angedeuteten Zusammenhänge brachten es aller Wahrscheinlichkeit mit sich, daß wir »die Erben von Siegern« sind, wie C. F. v. Weizsäcker es treffend formulierte.[4]

In der damaligen Urwelt des späten Pleistozäns und bis tief hinein in die Steinzeit und die »Prähistorie« im engeren Sinne überwogen die Vorteile dieser Verhaltenstendenz in solchem Maße, darauf läuft die Formel Weizsäckers hinaus, daß im Ablauf der Generationenfolge vor allem die Nachkommen derartiger »aggressionsbegabter« Gruppen überlebten und somit mehr und mehr das Feld beherrschten. Das aber heißt nichts anderes als: Die Neigung zur intraspezifischen (gegen Mitglieder der eigenen Art gerichteten) Aggressivität fand unter dem Einfluß der »natürlichen Selektion« Schritt für Schritt Eingang in die erbliche Konstitution unseres Geschlechts.

Die Vorteile dieser Entwicklung überwogen die Nachteile, wie Hans Mohr mit Recht betont. Die zunehmende Begabung zur »Gruppenaggression« beförderte nicht allein die soziale Loyalität innerhalb des eigenen Kollektivs und die Herausbildung differenzierter sozialer Strukturen bis hin zur Einübung altruistischer Verhaltensweisen (»einer für alle«). Diese nach außen in der Art eines Abstoßungseffektes wirksam werdende Tendenz führte darüber hinaus zu einer mehr oder weniger gleichmäßigen Verteilung der frühmenschlichen Population über den zur Verfügung stehenden Lebensraum und damit schließlich über den ganzen Planeten, von den Tropen bis zur Arktis.

Die Nachteile blieben demgegenüber relativ gering. Zwar wird es auch beim Zusammentreffen verschiedener Frühmenschengruppen zu Fällen von Mord und Totschlag gekommen sein.

Kriegerisches Massenmorden aber ist ganz sicher eine Erfindung modernerer Zeiten. Unter den Bedingungen der noch natürlichen Urwelt blieb dem Schwächeren jederzeit die Alternative des Ausweichens in noch ungenutzte, vom Konkurrenzdruck noch nicht betroffene neue Lebensräume. Auch deshalb trug die zunehmende Bereitschaft zur Aggression dem »fremden« Artgenossen gegenüber zum Überlebenserfolg unserer Ahnen einen ansehnlichen Teil bei.

Jedoch – die Zeiten haben sich geändert und mit ihnen die Bedingungen, die für weiteres Überleben gesetzt sind. Der Erfolg selbst war es, der die Welt veränderte. Die Art »Homo« war so über alle Maßen erfolgreich, daß sie unter Zurückdrängung aller anderen Kreatur diesen Planeten inzwischen in einer Populationsdichte besetzt hat, welche die Tragfähigkeit der globalen Biosphäre zu überfordern beginnt. Es ist nun leicht, sich auszumalen, zu welchen Problemen die inzwischen erblich fixierte Disposition zur aggressiven Reaktion auf die Begegnung mit »fremden« Gesellschaften (fremd im Aussehen, in Sitte und Gebräuchen, in Sprache und womöglich noch Hautfarbe) in einer Welt führen muß, in der einander als »fremd« einschätzende Menschengruppen gar nicht mehr umhinkönnen, sich fortwährend in dieser oder jener Form zu begegnen. Welche verhängnisvolle Rolle in der heutigen Welt die spezifische Gruppenaggressivität bei der Entstehung von Feindbildern (und als Voraussetzung zu deren politischer Manipulation) sowie bei der Auslösung von Kriegsbereitschaft (wenn nicht gar – Beispiel aus jüngster Zeit: Iran/Irak – Kriegsbegeisterung) spielt, hat insbesondere Bernhard Hassenstein ebenso akribisch wie anschaulich analysiert.

In generationenlanger Selektion optimierte und genetisch verankerte Verhaltenstendenzen, gemünzt auf die Bewältigung artspezifischer Standardsituationen, sind eben grundsätzlich nicht *per se* »nützlich« oder »schädlich«. Sie sind es immer erst im Hinblick auf den jeweiligen Sachverhalt, den sie als »standardisierte« Reaktion (als biologisch erworbene Anpassung) bewältigen sollen. So gut eine in noch so langen Entwicklungszeiträumen entstandene Anpassung die Aufgabe der Überlebenssicherung in der Vergangenheit auch erfüllt haben mag, sobald die äußeren Umstände sich ändern, wird aus »angeborenem Sinn« im Handumdrehen »angeborener Unsinn« (Rupert J. Riedl vor allem hat das an einer Fülle von Beispielen untersucht und theoretisch analysiert). Ein Jahrmillionen altes Erfolgsrezept kann sich daher in vergleichsweise winziger Frist – innerhalb weniger Jahrtausende, die zeitliche Relation liegt in grober quantitativer Abschätzung also in der Größenordnung von 1000 : 1 – in eine existentielle Bedrohung verwandeln, wenn die Anpassungsvoraussetzungen sich ändern. Im Falle der spezifischen »Gruppenaggression« (Hassenstein[5]) hat sich der ursprünglich angeborene Sinn daher in tödlichen Unsinn verkehrt – der freilich nichtsdestoweniger nach wie vor angeboren ist. Das ist der Kern des Problems. Wir bekommen seine Folgen täglich zu spüren.

Hier wird, so scheint mir, eine konkrete Struktur des Zusammenspiels der evolutionären und historischen Prozesse erkennbar, der uns in die aktuelle Misere hat geraten lassen, die unser Thema ist. Von allen Arten, welche die Evolution im Verlaufe der ganzen Erdgeschichte hervorbrachte, sind 99,999 Prozent ausgestorben, schätzt der renommierte Evolutionsforscher Ernst Mayr. (Was heute auf der Erde lebt, macht demnach nicht mehr als 0,001 Prozent der Artenvielfalt aus, die es insgesamt in aller geologischen Zeit gab.) Die Ursache des Aussterbens aber – das vor dem Hintergrund dieser Zahlen nicht als die Ausnahme, sondern durchaus als die Regel erscheint – war in jedem einzelnen dieser millionenfachen Fälle immer die gleiche: Die Stabilität ihrer erblichen Veranlagung hinderte die betroffenen Arten daran, »plötzlich neue Anforderungen der Umwelt schnell zu beantworten« (Ernst Mayr[6]).

Diese Diagnose trifft nun auch unsere gegenwärtige Lage mit besorgniserregender Präzision. Über Jahrmillionen hinweg waren unsere vor- und frühmenschlichen Ahnen optimal, in einer ihr Überleben sichernden Weise, angepaßt, wenn sie auf das Auftauchen von »fremden« Artgenossen – die um die gleichen Nahrungsquellen, um gleichartige Lebensräume konkurrierten – feindselig reagierten, mit aggressiven Verhaltensweisen, welche die Fähigkeit zum »intraspezifischen« Totschlag (zum Umbringen von Mitgliedern der eigenen Art) einschlossen. Und wir können gleich hinzusetzen, daß zu den Kriterien dieser ursprünglichen Anpassung auch die Tendenz zu einem rücksichtslos spezies-egoistischen Ausbeuterverhalten allen – lebenden und toten – Umweltressourcen gegenüber sowie das Streben nach Wachstum, nach Expansion »um jeden Preis« (von der Ausdehnung des eigenen Reviers bis zur Zunahme der Mitglieder der eigenen Gemeinschaft) gehört haben muß.

Aggressivität, Ausbeuterverhalten und Entschlossenheit zum Wachstum, das waren ohne jeden vernünftigen Zweifel Eigenschaften, deren Ausprägung in diesen vergangenen Äonen über das Durchsetzungsvermögen und damit die Überlebensaussichten unserer körperlich praktisch wehrlosen und allein durch das Heraufdämmern psychischer Fähigkeiten ausgezeichneten biologischen Ahnen entschied. Eben weil diese Verhaltensstrategien erfolgreich waren, veränderten sie langfristig aber auch die Bedingungen des großen Überlebensspiels. Der Erfolg unserer Art verwandelte die natürliche Umwelt zuletzt mit zunehmender Geschwindigkeit in eine von den vielfältigen Aktivitäten einer »fortgeschrittenen« menschlichen Gesellschaft geprägte artifizielle Zivilisationswelt. Damit aber war die Welt, auf welche die vorliegenden Verhaltensanpassungen gemünzt gewesen waren, untergegangen. Alle bisher gültigen Regeln verloren folglich ihren Sinn. Was sich während 99,9 Prozent aller bisherigen Lebenszeit unserer direkten Stammeslinie als Erfolgsrezept bewährt hatte, verkehrte sich während der letzten Generationen zur existentiellen Bedrohung.

Innerhalb der atemberaubend kurzen Frist weniger Generationen (wenn nicht Jahrzehnte) müssen wir begreifen, daß wir als Art zum Untergang verurteilt wären, wenn wir, wie unzählige Arten in der Erdgeschichte vor uns, vor der Aufgabe versagen sollten, unser Verhalten radikal zu ändern und an die neuen Bedingungen einer von Grund auf gewandelten Welt anzupassen. Und in dieser Situation machen wir nun eine seltsame, uns paradox erscheinende Erfahrung: Wir erweisen uns zwar als fähig, die Lage zu erkennen und ebenso die Veränderungen unserer Einstellung, die sie mit objektiver Notwendigkeit von uns verlangt. Bei dem Versuch jedoch, dieser Einsicht zu folgen und unser konkretes Verhalten an ihr zu orientieren, spüren wir an uns selbst und bei unseren Mitmenschen eine eigentümliche Lähmung.

Diese aber ist, so meine Vermutung, nichts anderes als die Art und Weise, in der sich in unserer Psyche die Tatsache manifestiert, daß es sich bei den Einstellungen und Handlungstendenzen, die wir als kritikwürdig, als änderungsbedürftig zu erkennen beginnen, nicht einfach um »Ansichten« handelt, um »Gewohnheiten« oder kulturelle Traditionen, sondern um mehr. Sie stellen etwas anderes dar, als bloß anerzogene Einstellungen, die sich durch Selbstkritik nach Belieben wieder ablegen oder durch gesellschaftlichen Druck abdressieren ließen. Äonenlange Selektion hat sie unserer erblichen Konstitution einverleibt, hat sie zu angeborenen Handlungsanleitungen werden lassen, deren Ziele daher in unserem Bewußtsein längst den Charakter unbefragbarer, durch Selbstkritik nicht mehr ohne weiteres angreifbarer »Werte an sich« angenommen haben.

Hinter unserer »Lähmung« und der uns irritierenden »Indolenz« unserer Mitbürger verbirgt sich die charakteristische Unbelehrbarkeit einer genetischen Disposition. Daß die meisten von uns aller Evidenz zum Trotz »Wachstum« nach wie vor für einen »Wert an sich« halten – sei es das die Biosphäre aus dem Gleichgewicht bringende Wachstum unserer ungebremsten wirtschaftlichen Aktivitäten, sei es das alles ökologische Maß sprengende, objektiv unsere eigene Existenz bedrohende Wachstum der Mitgliederzahl unserer Art –, ist aller Wahrscheinlichkeit nach Ausdruck des Vorhandenseins eines angeborenen Wertmaßstabs, der durch individuelle Lernprozesse grundsätzlich nicht zu korrigieren ist. Auch die neuerdings aus aktuellem Anlaß bei uns diskutierte »Ausländerfeindlichkeit« wird sicher mißverstanden (und bleibt unüberwindbar), solange wir sie lediglich für ein kulturell anerzogenes Vorurteil halten. Analoges gilt für unser aller Schwäche, Feindbilder fast beliebiger Bösartigkeit angesichts von uns als »fremd« erlebten Gruppen zu entwickeln oder uns demagogisch aufschwätzen zu lassen. Hinter der immer wieder erschreckenden Leichtigkeit, mit der sich sonst ganz manierliche, bei anderen Gelegenheiten ihre gehobenen Umgangsformen und ihren Bildungsstand hervorkehrende Zeitgenossen etwa bei politischen Auseinandersetzungen (Wahlkämpfen!) zu verleumderischen Anwürfen gegen die jeweiligen Kontrahenten hinreißen lassen, verbirgt sich ebenfalls der Druck eines angeborenen Urteils, das einen »fremden« Standpunkt im wahrsten Sinne des Wortes »bedenkenlos« mit verwerflichen und verdammenswerten Motiven identifiziert (anstatt sich mit der Erklärung zu begnügen, warum er aus eigener Sicht als falsch erscheint).

Allen diesen Feststellungen (oder Behauptungen) muß nun sofort – »im gleichen Atemzug« – eine vorbeugende Bemerkung hinzugefügt werden im Hinblick auf ein erstaunlich verbreitetes Mißverständnis, das die Aufklärung über alle diese Zusammenhänge zu unser aller Nachteil beträchtlich erschwert:

Die Anerkennung einer erblichen (genetischen) Grundlage der genannten und vergleichbarer Tendenzen und Handlungsdispositionen ist nicht gleichbedeutend mit der Behauptung ihrer Unbeeinflußbarkeit!

Die erstaunlich weit verbreitete Ansicht, daß das der Fall sei, geht verständlicherweise einher mit einem erheblichen psychologischen Widerstand gegen die Bereitschaft, die zuletzt skizzierten Zusammenhänge mit der Aufgeschlossenheit zur Kenntnis zu nehmen, die sie verdienen. Wer des Glaubens ist, daß eine erblich fixierte Handlungsdisposition das Ende aller Entscheidungsfreiheit bedeute, da sie das Individuum quasi naturgesetzlich determiniere, verrät daher nicht nur eine unzureichende, von Vorurteilen belastete Kenntnis des Sachverhalts. Er behindert *nolens volens* auch die Aufklärung über eine der wichtigsten Mitursachen unserer heutigen Lage.

Die moderne Verhaltensforschung ist an der Entstehung des Mißverständnisses selbst mitschuldig. In seinen frühen Publikationen über die Natur der menschlichen Aggressivität hat

Konrad Lorenz diese noch mit großer Selbstverständlichkeit als einen »Trieb« bezeichnet, dem er die »Spontaneität eines unaufhaltsamen, rhythmisch sich wiederholenden Hervorbrechens« ausdrücklich zuschrieb.[7] Diese Auffassung stieß jedoch auch innerhalb der Verhaltensforschung von Anfang an auf Widerspruch – eine gute, die verschiedenen Standpunkte zusammenfassende Übersicht gibt der Lorenz-Schüler Heinz-Ulrich Reyer[8] – und wird heute, soweit ich sehe, von niemandem mehr ernsthaft vertreten. Wie außerordentlich differenziert das hochkomplexe Gefüge verschiedenartigster Verhaltensimpulse vielmehr gesehen werden muß, aus dem unter ganz bestimmten Umständen dann auch aggressive Verhaltensweisen hervorgehen können, ist insbesondere wieder bei Bernhard Hassenstein[9] nachzulesen.

Am Vorliegen einer »endogenen Bereitschaft« andererseits, einer angeborenen, erblich-biologisch angelegten Disposition zu aggressiven Verhaltensweisen, die auf ganz bestimmte, womöglich artspezifische Umweltkonstellationen in der Art eines »angeborenen auslösenden Mechanismus (AAM)« anspricht, ist nicht zu zweifeln. Das gilt selbstredend auch für andere als aggressive Reaktionsweisen. Es handelt sich bei ihnen, wie vorsorglich nochmals betont sei, nicht um angeborene »Befehle« (im Sinne von Trieben oder gar reflexartiger Reaktionen), die dem Individuum keinen Freiheitsraum mehr ließen. Dem Wesen dieser erblich fixierten »Dispositionen« oder »Verhaltensimpulse« (B. Hassenstein[10]) kommt man näher, wenn man sie als eine Art »angeborener Handlungsanleitungen« versteht. Als solche sind sie in der langen Generationskette unserer biologischen Vorfahren schließlich auch entstanden: als während langer, den möglichen Erfahrungshorizont einzelner Individuen gewaltig übersteigender Zeiträume optimierte »Standardantworten« für bestimmte arttypische (und daher häufig wiederkehrende) Lebenssituationen. Daß ihre optimale Wirksamkeit (ihr »Anpassungswert«) daher aber auch absolut abhängig ist von der »Typenkonstanz« dieser Situationen, sei hier ebenfalls wiederholt.

Das Verstehen derartiger angeborener Dispositionen aber sollte eigentlich niemandem von uns besondere Schwierigkeiten bereiten. Unsere kulturelle Überlieferung enthält Erfahrungen im Hinblick auf ihre allgegenwärtige Wirksamkeit und den Umgang mit ihnen in Hülle und Fülle. Sie dort wiederzuerkennen fällt uns womöglich nur deshalb schwer, weil die Terminologie in beiden Bereichen, dem der Kultur und dem der Naturwissenschaften, verschieden ist. Wenn es in dem alten Psalm heißt, daß der Geist zwar willig sei, das Fleisch aber schwach, dann ist mit dieser uns allen verständlichen Aussage exakt der gleiche Sachverhalt gemeint, den auch der biologische Anthropologe im Sinn hat, wenn er davon spricht, daß es in uns angeborene Handlungsdispositionen gebe, die uns ohne – und oft genug gegen – unseren Willen in bestimmten Situationen ganz bestimmte Entscheidungen »nahelegten«. Und: Sowenig wie der Psalmist beabsichtigt der Humanbiologe einer resignativen Betrachtung Vorschub zu leisten, wenn er uns auf Aspekte unserer menschlichen Natur hinweist, die unserer besseren Einsicht im Wege stehen. Das Gegenteil ist der Fall. Nur wer die Gefahr kennt, kann ihr widerstehen. Nur wer Kenntnis davon hat, wie schwach sein »Fleisch« ist, kann den Willen mobilisieren, den der Versuch erfordert, diese Schwäche zu überwinden.

Denn die Feststellung des Vorliegens einer erblichen Disposition (»Handlungsanleitung«) ist eben nicht identisch mit der Feststellung der Ohnmacht des disponierten Subjekts (und damit seiner Entschuldigung). Die Verhältnisse liegen hier vielmehr ganz so wie im Bereich unserer Affekte und Stimmungen. Das ist kein Zufall, denn auch unsere »Gemütsbewegungen« und Emotionen sind aufzufassen als die subjektive Erlebnisseite objektiv-biologisch ablaufender Prozesse, die uns je nach unserer jeweiligen Verfassung »in Einklang« bringen mit unserer Umwelt.[11]

»Beseitigen« freilich läßt sich eine solche angeborene Disposition in keinem Falle. Dies gilt für die aggressiven Gefühle, die ich in bestimmten Situationen in mir »aufsteigen« fühle, oder die Angst, die sich in mir rühren will, wenn man mir mitteilt, daß das Wachstum »meiner« Gesellschaft zu stagnieren (oder sich gar ins Gegenteil zu verkehren) droht, ebenso wie für alle meine anderen Affekte und Gefühlsregungen. Ich kann mir nicht »befehlen«, fröhlich und unternehmungslustig oder – umgekehrt – traurig und verzagt zu sein. Ebensowenig bin ich imstande, eine Trauer, die mich erfüllt, oder einen Zorn, den ich »in mir entstehen« fühle, durch Willensanstrengung verschwinden zu lassen. Nicht zufällig sind die sprachlichen Wendungen entstanden, in denen es heißt, daß Freude einen Menschen »beflügeln«, daß Zorn ihn »hinreißen« und sogar »blind machen« könne. Der fühlende Mensch erscheint hier seinem Gefühl gegenüber in einer durchaus passiven Rolle. (In die er, in Analogie zu allen anderen Fällen erblicher Disposition, durch die objektive Natur der seinen Gefühlsregungen zugrundeliegenden vegetativen [physiologischen] Körperprozesse versetzt wird.)

Diese grundsätzliche Passivität des emotional in irgendeiner Weise (oder Richtung) gestimmten Menschen ist nun aber eben nicht etwa gleichbedeutend mit einer Situation totalen Ausgeliefertseins. Im Unterschied zum Tier (das allerdings quasiidentisch ist mit seinen instinktiven Verhaltensantrieben) verfügt der Mensch über die Fähigkeit, seine Stimmungen und (zumindest teilweise) auch seine endogenen Handlungsimpulse zu erkennen und sich »zu ihnen zu verhalten«. Das aber gibt ihm die Chance, sich mit ihnen auseinanderzusetzen und sich »zu beherrschen«.

Niemand kann verhindern, daß ihn bei bestimmter Gelegenheit Zorn erfüllt (oder Angst oder irgendeine andere starke Emotion). Grundsätzlich aber hat jeder die Möglichkeit, sich über seinen emotionalen Zustand Rechenschaft abzulegen und sich willentlich auf ihn einzustellen. Ob jemand sich von »blindem Zorn« hinreißen läßt (oder von blinder, panischer Angst) oder ob er es in dieser Verfassung fertigbringt, »sich in die Hand zu bekommen«, entscheidet nach einhelliger Meinung mit Recht über den Grad seiner »menschlichen Reife«.

Das alles gilt, wie mir scheint, analog nun auch für die uns im Zusammenhang mit unserer sozialen Anpassung von unserer evolutiven Vorgeschichte »beigebrachten« und daher – aus der Perspektive des Individuums – angeborenen und folglich im

Prinzip unaufhebbaren Handlungsdispositionen und Wertmaßstäbe. Daher erscheint mir die Aufklärung über deren genetische Verankerung als entscheidende Voraussetzung für die Möglichkeit eines Erfolges dessen, was wir heute Erziehung zu einem »ökologischen Bewußtsein« oder zur Friedensfähigkeit nennen. In einem direkten – und daher besorgniserregenden – Gegensatz zu einem weitverbreiteten Vorurteil ist gerade die Einsicht in die genetische Komponente (als gewiß nicht einzige, wohl aber wesentliche Teilursache) derer unserer Verhaltensweisen und intuitiven Werturteile, welche die Umwelt heute krank und den Frieden brüchig machen, eine unumgängliche Voraussetzung jeglicher Chance auf eine Besserung der Lage.
Einem Zorn, dem ich mich hingebe, kann ich nicht widerstehen. Einer Angst, die ich nicht rational, gleichsam aus objektiver Perspektive, als zumindest übertrieben zu durchschauen in der Lage bin, verfalle ich als durch emotionalen Druck entmündigtes Subjekt. In exakt der gleichen Manier ergreift mich nun auch die »Fremdenangst« in dieser oder jener Form, dringt sie unmerklich in mein Bewußtsein ein, mein rationales Urteil präjudizierend, solange ich mich ihr nicht rational stelle und mir dabei Rechenschaft ablege über ihre archaisch-genetische, meine geistige Freiheit und meine wohlverstandene eigene menschliche Würde gefährdende Rolle. Auch der durch einfachste Rechenbeispiele belegbaren Unmöglichkeit, nein: Tödlichkeit, unbegrenzter Wachstumsprozesse, in welchem Lebensbereich auch immer, wird erst dann definitiv Eingang zu verschaffen sein in das Bewußtsein der Gesellschaft, wenn zuvor der Blick freigelegt wurde auf die Fragwürdigkeit der angeborenen Ratgeber, die noch heute dafür sorgen, daß jeder Gedanke an ein Aufhören dieses Wachstums archaische Ängste in uns wach werden läßt.
Denn den entscheidenden Punkt kann man auch so formulieren: Kennzeichen der spezifisch menschlichen Situation ist es auch, daß wir – wiederum im Gegensatz zu den Tieren, zu aller lebenden Kreatur in der ganzen bisherigen Geschichte des Planeten – den auch in unserer Brust noch nicht gänzlich erloschenen Instinkten nicht mehr vertrauensvoll, nicht ohne

kritische Wachsamkeit folgen dürfen, nicht ohne fortwährend der Möglichkeit eingedenk zu sein, daß wir uns ihren scheinbar unmittelbar einleuchtenden Empfehlungen gelegentlich auch einmal widersetzen müssen.

Man bedenke die ungeheuerliche Paradoxie, daß die Menschheit sich offensichtlich vor einer Welt ohne Waffen noch mehr fürchtet als in ihrer augenblicklichen Lage, in der perfekte Vorbereitungen getroffen sind, um sie mehrfach hintereinander umbringen zu können. Wenn es nicht gelingen sollte, die nicht mehr rationalen, sondern eben angeboren-archaischen Wurzeln dieser anachronistisch gewordenen Angst vor aller Augen bloßzulegen, wird unsere Gesellschaft ihren perversen Empfehlungen weiterhin folgen mit den absehbaren letzten Konsequenzen. Solange wird in diesem und ebenso in den anderen hier als Beispielen herangezogenen Fällen der bloße Appell an die Vernunft, der Hinweis auf die objektiv vorliegenden Sachzusammenhänge, nicht genügen, eine ausreichend große Majorität unserer Gesellschaft zu veranlassen, die bisher gültigen Maßstäbe selbstkritisch in Frage zu stellen und die Kraft aufzubringen, ihr an diesen orientiertes Verhalten zu ändern. Denn es wird ja nicht weniger verlangt als ein aus rationaler Einsicht geborenes kontra-intuitives Handeln. Ein Verhalten, das die archaischen Maßstäbe nicht einfach bloß ignoriert, sondern den von ihnen auf unsere Stimmungen und Meinungen unaufhebbar ausgeübten Impulsen oft genug diametral entgegenläuft.

Die objektiven Faktoren, die eine grundlegende Änderung unseres gesellschaftlichen und politischen Kurses im Interesse der Überlebenschancen unserer Art notwendig machen, sind inzwischen zumindest in den entwickelten Industriegesellschaften grundsätzlich allgemein bekannt. Sie auch in Zukunft lediglich ständig zu wiederholen bringt nur die Gefahr zunehmender Gewöhnung mit sich. Um das vorhandene Wissen in konkrete Verhaltensänderungen einmünden zu lassen, bedarf es eines zweiten Schrittes: Es bedarf der Aufklärung darüber, in welchem Maße und über welche Mechanismen bestimmte Besonderheiten unserer menschlichen Konstitution bei uns allen psychische Widerstände entstehen lassen, die uns daran hindern, unserer besseren Einsicht auch die Tat folgen zu lassen. Die Aufgabe wäre auch dann noch schwer genug, wenn diese Aufklärung eines Tages geleistet sein sollte. Ohne diese Vorarbeit jedoch bliebe sie auch in Zukunft definitiv unlösbar.

Nachbemerkung:
Noch eine letzte Klarstellung erscheint mir angebracht. Es ist seit einigen Jahren mancherorts »in Mode« gekommen, Überlegungen, die einen biologischen Einfluß auf psychisches Geschehen (auf menschliches Verhalten) in Rechnung stellen, als »biologistisch« abzustempeln. Wer den Ausdruck gebraucht, will damit in aller Regel sagen, daß die so von ihm etikettierte Auffassung nicht wissenschaftlicher, sondern bloß ideologischer Natur sei, weshalb sie ohne die Notwendigkeit konkreter Gegenargumente abgelehnt werden könne. Es sei deshalb hier daran erinnert, daß die Wortbildung »biologistisch« letztlich auf die Schichtenontologie Nicolai Hartmanns zurückgeht: Auf der unersten, materiell-anorganischen Seinsschicht gründet die Schicht des Organischen und Lebendigen, darüber eine seelische und über dieser als oberste eine geistige Seinsebene. Die (inhaltlich relativ armen) Kategorien der unteren Schichten gelten im wesentlichen als Seinsgrund auch der darüberliegenden, die ihrerseits jedoch jeweils neue Eigenschaften aufweisen und von einer Stufe zur nächsthöheren inhaltlich immer reichhaltiger werden (so daß zum Beispiel die seelische Schicht etwa in Gestalt ihrer realen Bindung an materielle Substrate [Gehirne] an die Kategorien der anorganischen Schicht gebunden bleibt, während sie inhaltlich diese weit übertrifft). Gegen diesen Aufbau der realen Welt verstößt nun nach Hartmann jede Auffassung, die glaubt, das Wesen der Wirklichkeit aus den Gesetzen einer einzigen dieser Schichten ableiten zu können: Wer mit den Kategorien der untersten Seinsschicht allein auskommen zu können glaubt, denkt »materialistisch«, wer das Ganze aus der Schicht des Organisch-Lebendigen allein erklären will, »biologistisch« usw. Die ideologische Blickverengung der damit gekennzeichneten jeweiligen »-ismen« ist also die Folge einer Reduktion der Erklärungsgrundlage auf eine einzi-

ge, willkürlich aus dem Kontext der realen Welt herausgegriffene Seinskategorie.[12] Der Biologismus-Vorwurf wäre also ausschließlich einer Auffassung gegenüber berechtigt, die sich etwa anheischig machte, das Wesen des Menschen aus biologischer Gesetzlichkeit allein vollständig erklären zu können. Davon aber kann im Falle der Verhaltensforschung oder der biologischen Anthropologie offensichtlich nicht die Rede sein (bemüht man sich in diesen Disziplinen doch gerade darum, die [»schichtenüberschreitenden«] Zusammenhänge zwischen biologischer Konstitution und psychologisch motiviertem Verhalten zu erforschen). Wer gegen verhaltensbiologische Analysen den »Einwand« des »Biologismus« erheben zu können glaubt, wie das in gewissen Zirkeln zur denkfaulen Gewohnheit zu werden droht, muß sich daher seinerseits den Vorwurf begrifflicher Unsauberkeit gefallen lassen. Jedenfalls aber kann ihn das von ihm verwendete Sprachetikett nicht legitim von der Pflicht entbinden, seine Ablehnung mit konkreten Argumenten zu begründen.

1986

Politik im Schatten des »Apfelbäumchens«
Einer Partei ins Gewissen geredet

Wenn Sie meine jüngsten Veröffentlichungen kennen, wissen Sie, daß ich mir mit ihnen den Ruf eines rabenschwarzen Pessimisten eingehandelt habe. Nun ist mein in der Tat sehr großer Pessimismus andererseits aber doch nicht grenzenlos, sonst stünde ich nicht hier. Lassen Sie mich dem hinzufügen, daß ich einer Einladung aus dem rechten, dem konservativen Lager mit Sicherheit nicht gefolgt wäre. Denn wenn es eine politische Kraft in unserer Gesellschaft gibt, der ich es zutraue, daß sie das Ruder vielleicht doch noch im letzten Augenblick herumzureißen imstande ist, dann ist das allein »die Linke« (zu der ich persönlich übrigens, wie ich hier offen bekennen will, auch die Grünen zähle).

In der mir zur Verfügung gestellten Viertelstunde möchte ich einige der aktuellen Gefahren kurz in Erinnerung rufen, die meinem Pessimismus zugrunde liegen (unter Ausklammerung der sicherheitspolitischen Risiken, da sie nicht zum heutigen Thema gehören), und daran anschließend einige der wichtigsten Veränderungen ansprechen, die mir als ökologisch engagiertem Naturwissenschaftler unumgänglich zu sein scheinen, wenn unsere Gesellschaft nicht nur die nächsten zwei oder drei Legislaturperioden, sondern auch noch die nächsten zwei oder drei Generationen heil überstehen will.

Die Gefahren im Umweltbereich sind heute nicht zuletzt deshalb so außerordentlich groß, weil unsere Gesellschaft nach wie vor unter dem Bann des Wachstumsdogmas steht. Das hat deshalb verheerende Konsequenzen, weil dieses Dogma genauso hirnrissig ist, wie Dogmen es generell zu sein pflegen. Niemand bestreitet, daß unser im weltweiten Vergleich außerordentlicher Wohlstand das Resultat eines stürmischen wirtschaftlichen Wachstumsprozesses während der Wiederaufbaujahre nach dem letzten Kriege gewesen ist. Aber man muß mit Blindheit geschlagen sein – oder mit ideologischen Scheuklappen, was auf dasselbe hinausläuft –, wenn man deshalb auch heute noch eine Politik propagiert, die permanentes Wachstum zur obersten Richtschnur gesellschaftlichen Fortschritts macht. Als Naturwissenschaftler möchte ich daran erinnern, daß es permanentes, ungebremstes Wachstum in der ganzen Natur nicht gibt – abgesehen von der bezeichnenden Ausnahme des lebenszerstörenden Wucherns einer Krebszelle.

Unter diesen Umständen kann es nur ratlos machen, wenn Steigerungsprozente des Bruttosozialprodukts, wie gerade soeben erst wieder geschehen, von politischen Entscheidungsträgern wie Siegesmeldungen verkündet werden. Es hat sich doch längst erwiesen, daß permanentes Wachstum unsere zentralen Probleme überhaupt nicht mehr lösen kann, daß es sie im Gegenteil nur zu immer größeren Problemgebirgen auftürmen würde. Daß Wachstum infolge der rapiden Entwicklung der modernen Produktionstechniken das vorrangige gesellschaftliche Problem der Massenarbeitslosigkeit nicht beseitigt, braucht man in Ihrem Kreise nicht mehr zu begründen.

Ein zeitlich beliebig fortgesetztes Wirtschaftswachstum aber würde nun außerdem auch noch die heute schon spürbaren ökologischen Gefahren krisenhaft verstärken: durch einen alle irdischen Ressourcen und natürlichen Regenerationsvorgänge endgültig überfordernden Anstieg des Verbrauchs, durch eine alle Lebensqualität erstickende Verdichtung von Bebauung und Verkehr und durch eine unser aller Gesundheit gefährdende Vergiftung von Luft, Böden und Wasser über das heute schon besorgniserregende Maß hinaus. Unter diesen Umständen ist es einfach unverantwortlich, wenn konservative Kreise in der Öffentlichkeit den Eindruck zu erwecken versuchen, daß der nach Jahren einer weltweiten Rezession im Augenblick wieder einmal zu konstatierende Rückschlag des Konjunkturpendels die Behauptung widerlege, unsere Wirtschaftsordnung bedürfe grundsätzlicher struktureller Reformen.

Gewiß, wir könnten uns noch einige Jahre, zwei oder vielleicht auch drei Legislaturperioden, an unserer Verantwortung vorbeimogeln, ohne daß die Folgen uns selbst bereits mit voller Wucht träfen. Bekanntlich gibt es politische Kräfte in unserer Republik, die genau das als »politisches Programm« ausgeben und die sich dementsprechend mit kosmetischen Korrekturen und verbalen Kraftakten begnügen. Da wir alle in unserer Schwäche dazu neigen, am Gewohnten festzuhalten, und da unsere Scheu groß ist, neue Wege zu beschreiten, war dieses »Programm der Untätigkeit«, für die das Motto »Bloß keine Experimente« der Weisheit letzten Schluß darstellt, für den Wähler in den vergangenen Jahren unbestreitbar attraktiv. Das konservative Lager hat diese Schwäche bisher zu unser aller Schaden bedenkenlos demagogisch ausgebeutet. Aber die Zeiten haben begonnen, sich zu ändern.

Die Einsicht verbreitet sich, daß wir durch weitere Untätigkeit die Probleme bis zu unbeherrschbaren Proportionen anwachsen lassen würden. Und daß wir zunehmend Schuld auf uns laden, solange wir uns nicht zu den notwendigen Veränderungen aufraffen. Denn die Kosten unserer Untätigkeit könnten wir nur dadurch noch für eine kurz begrenzte Zeit von uns abhalten, daß wir sie weiterhin auf die Zukunft abwälzen, auf die uns nachfolgenden Generationen unserer Kinder und Enkel. Sie werden ja von den Trinkwasser-Reservoiren abhängig sein, die wir heute zunehmend vergiften, von der Fruchtbarkeit der Böden, mit denen wir ebenso leichtfertig umspringen, und von dem wichtigsten natürlichen Filter unserer Atemluft, den Wäldern, die unsere Industriegesellschaft auszurotten begonnen hat.

Wir haben heute daher, wie es ein französischer Biologe bitter und treffend ausgedrückt hat, längst damit angefangen, unsere Enkel zu ermorden.

Soviel zur Dringlichkeit der Situation. Jetzt zu den Alternativen. Welche Veränderungen wären unumgänglich, wenn wir unsere Industriegesellschaft wirklich ökologisch erneuern wollen? Ich möchte drei Bereiche unterscheiden, wobei die Redezeit zur Beschränkung auf stichwortartige Thesen zwingt.

Erster Bereich: *Die Bedingungen industrieller Produktion*

1. Die regelmäßig an die Unternehmer gerichteten Appelle, doch bitte neue Arbeitsplätze zu schaffen und ökologische Rücksichten zu nehmen, erscheinen mir naiv, wenn nicht scheinheilig. Im Rahmen der bestehenden Wirtschaftsordnung besteht die Pflicht eines Managers darin, den Gewinn seines Unternehmens zu mehren. Gegen sie würde er verstoßen, wenn er an diesem Ziel zugunsten irgendwelcher anderen Gesichtspunkte auch nur die geringsten Abstriche vornähme. Deshalb muß die bestehende Ordnung durch entsprechende Gesetze dahingehend geändert werden, daß ökologische Gesichtspunkte als kostenträchtige Faktoren in die innerbetriebliche Kalkulation eingehen. Modelle, wie dies Konzept zu realisieren wäre, gibt es längst. Ich erinnere an das Prinzip der »Ökologischen Buchführung« (R. Müller-Wenk, St. Gallen), an einschlägige Veröffentlichungen der Wirtschaftswissenschaftler Gerhard Scherhorn (Stuttgart) und Gerhard Prosi (Kiel) sowie ähnliche, innerhalb Ihrer Partei aber auch von den Grünen erarbeitete Vorschläge. Es fehlt also nicht an konkreten Alternativen. Was bisher fehlt, ist allein der politische Entschluß, sie auch durchzusetzen.

2. Wenn wir der weiteren Zunahme der heute schon besorgniserregenden Vergiftung unserer Umwelt mit immer neuen, toxikologisch weitgehend unerforschten Chemikalien endlich Einhalt gebieten wollen, werden wir nicht darum herumkommen, eine Art unparteiischer Ombuds-Schiedstelle ins Leben zu rufen und ausreichend (zum Beispiel mit wissenschaftlichen Mitarbeitern) auszustatten, die hinsichtlich der sozialen Tolerierbarkeit bestimmter Produktionswege und Produkte ein von den jeweiligen Interessenten unabhängiges Votum zu erarbeiten hätte.

3. Es ist ein unentschuldbarer Skandal, daß der Gesetzgeber es bisher passiv hingenommen hat, daß die Verpackungsindustrie die von unserer Gesellschaft produzierten Müllberge, die inzwischen auch der letzten Kommune über den Kopf zu wachsen beginnen, unter dem ausschließlichen Gesichtspunkt des Eigennutzes mit Einwegflaschen und Luxuspackungen vermehrt.
4. Der in diesen und allen vergleichbaren Fällen regelmäßig ins Feld geführte Kosteneinwand ist objektiv Spiegelfechterei. Die Kosten entstehen in Wirklichkeit ja heute schon. Sie tauchen lediglich in der Bilanz der Verursacher nicht auf, weil diese sie immer noch auf die Allgemeinheit abwälzen können. Sie werden allein für die Bundesrepublik auf jährlich 50 bis 80 Milliarden Mark für Schäden an Gesundheit, Gebäuden und im Wald geschätzt.

Zweiter Bereich: *Energiepolitik*

1. Es ist ein geradezu unglaublicher Umstand, daß die Bedarfsprognose in diesem Bereich noch immer weitgehend in den Händen der Erzeuger liegt. Deren natürliches Interesse, Energie wie jede beliebige andere Ware in möglichst großen Mengen zu produzieren und abzusetzen, mag zwar legitim sein. Es steht jedoch in einem unübersehbaren Widerspruch zu höherrangigen Gesichtspunkten des Allgemeinwohls.
2. Ich bekenne mich hier als uneingeschränkter Gegner der atomaren Energieerzeugung, und zwar nicht erst seit der Katastrophe in der Ukraine. Mein Hauptargument ist vielmehr die unbestreitbare Tatsache, daß die astronomischen Investitionen für Kernkraftwerke ganz unvermeidlich zukünftige »Sachzwänge« schaffen, daß sie unsere Flexibilität auf Jahrzehnte hinaus blockieren. Während alle Experten von einer nur vorübergehend notwendigen Technologie sprechen – ich nenne als Stichworte nur die Fusionstechnik, die Wasserstofftechnologie und die heute in bestimmten Anwendungsbereichen in Wirklichkeit wirtschaftlich bereits konkurrenzfähige Solartechnik, die wir in Zukunft dringend benötigen werden.

Dritter Bereich: *Strukturpolitik*

1. Es ist mir unverständlich, warum selbst Ihre Partei erst kürzlich ein expansives Straßenbauprogramm unterstützt hat, obwohl der Individualverkehr längst zu einem der größten Energieverbraucher und Schadstoffproduzenten geworden und daher alles andere als zukunftsweisend ist.
2. Das Konzept einer Beschäftigungspolitik »um jeden Preis« nach dem Motto: Erst kommen die Arbeitsplätze, und dann kommt die Umwelt, beruht auf einem Denkfehler. In Ihrer Partei hat sich die Einsicht inzwischen wohl durchgesetzt, aber den Gewerkschaften muß man es offenbar noch immer erklären. Die so oft gedankenlos nachgebetete Redensart steht nicht nur im Widerspruch zum Allgemeinwohl, das von einer gesunden Umwelt abhängig ist. Sie verstößt darüber hinaus in meinen Augen gegen die gebotene Achtung dem arbeitenden Menschen gegenüber. Dieser hat mehr Anspruch als auf irgendeine beliebige, womöglich als auch unnütze oder gar sozialschädliche »Beschäftigung«, sondern auf eine ihn befriedigende Arbeit, von deren Wert und Nutzen für die Allgemeinheit er überzeugt sein kann. Ein diesen Gesichtspunkten Rechnung tragendes beschäftigungspolitisches Konzept hat bekanntlich Wolfgang Roth unter dem leider ein wenig blassen Titel »Sondervermögen Arbeit und Umwelt« entwickelt. Ich frage mich bloß, warum Sie das bisher vor der Öffentlichkeit so erfolgreich verborgen gehalten haben.
3. Eine verantwortungsbewußte Regierung hätte heute die Pflicht, nicht einer weiteren Ausdehnung des Konsums das Wort zu reden, wie es immer noch geschieht, sondern ganz im Gegenteil einer Tendenz zur Selbstbescheidung und -beschränkung in allen Bereichen. Der Fortschrittsbegriff wird von jenen pervertiert, die ihn mit einem grundsätzlich unbegrenzt vorgestellten weiteren Anstieg unseres bisherigen Wohlstands gleichsetzen. Die Menschen haben das in Wirklichkeit längst begriffen. Sie warten längst mit einer gewissen Ungeduld auf Hilfe bei ihrer Suche nach nichtmateriellen Lebenswerten. Wer ihnen ein in dieser Hinsicht zukunftsweisendes, wahrhaft fortschritt-

liches Konzept vorstellen würde, könnte mit der überwältigenden Zustimmung einer breiten Mehrheit rechnen.

Ich muß hier abbrechen. Lassen Sie mich zum Schluß noch zwei Gedanken ansprechen: Niemand von uns will in die Höhlen der Steinzeit zurück. Deshalb ist ein »Ausstieg aus der Industriegesellschaft« auch völlig indiskutabel. Wir könnten uns jedoch auch dann sehr rasch in diesen Höhlen wiederfinden, wenn wir uns nicht bald und entschlossen dazu aufraffen sollten, die Spielregeln unseres sozialen und ökonomischen Verhaltens in einer Weise abzuändern, die der sehr realen Gefahr eines Umweltkollapses vorbeugt.
Keine Frage also – und damit komme ich zum letzten Punkt –, daß unsere Gesellschaft längerfristig keine Überlebenschance haben wird, wenn sie es unterließe, sich durch strukturelle Veränderungen den skizzierten Herausforderungen zu stellen. Insofern brauchen wir also tatsächlich eine »neue Gesellschaft«, wenn Sie so wollen: eine »andere Republik«.
Wer das heute offen ausspricht, wird, wie die Erfahrung zeigt, aus der bekannten Ecke nun aber sofort als »Systemgegner« verteufelt oder als »Feind unserer freiheitlichen Ordnung« verleumdet. Und da möchte ich jetzt abschließend an Ihre Courage appellieren. An jene charakteristische moralische Qualität, welche die Geschichte Ihrer Partei vor der aller anderen politischen Gruppierungen auszeichnet. Setzen Sie sich für die notwendigen Veränderungen mit Nachdruck und Engagement ein, und sprechen Sie das offen aus. Ihre Vorgänger haben sich seinerzeit weder zu Kaisers Zeiten durch die Beschimpfung als »vaterlandslose Gesellen« noch in der Weimarer Republik durch die Verleumdung als »Verzichtspolitiker« in ihrem Widerstand gegen eine nationalistische oder militaristisch-revanchistische Politik beirren lassen. Nachträglich schmerzt es, sich vor Augen zu führen, was uns in Deutschland (bekanntlich aber nicht nur uns in Deutschland) erspart geblieben wäre, wenn dieser Widerstand mehr Erfolg gehabt hätte. Ihre Vorgänger waren im Recht, so unpopulär ihre Forderungen in den Ohren der Zeitgenossen auch immer

geklungen haben mögen. Deshalb beschwöre ich Sie, sich dieser Tradition und geschichtlichen Erfahrung auch in der heutigen Lage zu erinnern.
Es wird beträchtlicher und radikaler Änderungen der Struktur unserer Industriegesellschaft bedürfen, im Interesse unserer Zukunft und unser aller Überleben. Diese Änderungen sind durchzusetzen gegen den vorhersehbaren kombinierten Widerstand von geistiger Trägheit, egoistischen Gruppeninteressen und vom konservativen Lager demagogisch geschürten Vorurteilen. Welcher politischen Gruppierung sonst, wenn nicht Ihrer Partei, kann man heute denn sowohl die Einsicht als auch die Kraft zutrauen, diese Herkulesaufgabe in Angriff zu nehmen und, hoffentlich, auch zu bewältigen?

1986

Grün ist die Hoffnung

Versuch eines Appells an den »mündigen« Wähler

Mit Prognosen ist das so eine Sache. Ein bekannter Kalauer stellt fest, daß Prognosen immer unsicher seien, besonders aber dann, wenn sie sich auf die Zukunft bezögen. Ähnlich das Bonmot, das besagt, die Kunst der Prognose bestehe in der Fähigkeit, sich an der richtigen Stelle zu kratzen, noch bevor man überhaupt wisse, wo es einen jucken werde.

Ungeachtet aller dieser unbestreitbaren Ungewißheiten läßt sich eine Voraussage heutzutage nun aber mit absoluter, mit wahrhaft besorgniserregender Sicherheit machen: die Voraussage nämlich, daß wir alle, unsere ganze Gesellschaft, verloren sein werden, wenn wir so weitermachen wie bisher. Es steht fest, daß nicht nur unsere eigene, sondern auch die Existenz kommender Generationen gefährdet wäre, wenn wir es nicht in absehbarer Zeit fertigbringen sollten, den bisherigen Kurs unserer Gesellschaft grundlegend, »radikal« also, zu ändern.

Es ist aus diesem Grunde höchst beunruhigend, wenn eine der in unserer Republik heute politische Verantwortung tragenden Parteien ausgerechnet den Slogan »Weiter so, Deutschland!« für angebracht hält und für geeignet, als Argument zum Stimmenfang zu dienen. Und es ist nicht weniger alarmierend, wenn vorauszusehen ist – und da sollten wir uns auf gar keinen Fall etwas vormachen –, wenn also vorauszusehen ist, daß dieser Appell, unbeirrt am bisherigen Kurs festzuhalten, sich tatsächlich als »wählerwirksam« erweisen wird. Wir werden, was diesen Punkt betrifft, die Erfahrung machen, daß der »mündige Bürger« dem regierungsamtlichen Aufruf zu kollektiver Lernverweigerung – und nichts anderes bedeutet der Slogan: »Weiter so!« – in Wahlzeiten mit einer deprimierenden Mehrheit zustimmt.

Ich habe damit drei gravierende Behauptungen aufgestellt, und zwar:

1. Unsere Gesellschaft könnte die Beibehaltung des bisherigen Kurses vielleicht noch zwei oder drei weitere Legislaturperioden überstehen, ganz gewiß aber nicht mehr zwei oder drei weitere Jahrzehnte. (Der Bremsweg, der uns zur Verfügung steht, ist mit anderen Worten verzweifelt kurz.)
2. Für unsere verantwortlichen Politiker ist in dieser kritischen Situation die Maxime »Bloß keine Experimente« gleichwohl der politischen Weisheit letzter Schluß.
3. Ungeachtet aller sie selbst bedrohenden Konsequenzen wird sich eine Mehrheit unserer Mitbürger der regierungsamtlichen Empfehlung anschließen und durch ihre Stimmabgabe gegen jegliche Änderung der bestehenden gesellschaftlichen Strukturen und Tendenzen aussprechen. (Hierzu fällt einem zwangsläufig ein Satz von Bertrand Russell ein, der schon vor Jahrzehnten resigniert schrieb, daß es sich als unerwartet schwer erweise, die Menschheit dazu zu überreden, ihrem eigenen Überleben zuzustimmen.)

Ich will jetzt versuchen, diese drei Behauptungen zu begründen, eine nach der anderen (beziehungsweise Erklärungen für sie zu finden). Als erstes also die Behauptung, daß unsere Gesellschaft ohne eine radikale Änderung der sie bis heute beherrschenden Tendenzen nicht mehr überlebensfähig ist. Was sind die Gründe für diese Aussage?
Lassen Sie mich das entscheidende Argument mit einer Rückbesinnung einleiten: Wenn mir vor dreißig Jahren, 1957 also, ich war damals immerhin schon 35 Jahre alt, wenn mir damals jemand gesagt hätte, daß eine Zukunft vor mir läge, in der unsere Flüsse und Seen so sehr mit toxischen Substanzen und Abwässern verschmutzt sein würden, daß man nicht mehr in ihnen würde baden können, in der das Trinkwasser in mehr als

der Hälfte aller deutschen Haushalte als »für Babys ungenießbar« betrachtet werden müsse, in der die Schadstoffbelastung unserer Luft für Menschen und Bäume schon das bloße Atemholen zum Gesundheitsrisiko zu machen drohe – wenn jemand mir das damals erzählt hätte, ich hätte es ihm nicht geglaubt. Und wenn ich es ihm geglaubt hätte, dann hätte ich ihm wahrscheinlich voller Entsetzen versichert, daß ich in einer solchen Zukunft und auf einer solchen Erde nicht würde leben wollen.

Nun, bereits heute, nur dreißig Jahre später, leben wir alle in einer solchen Zeit und auf einer derart zugerichteten Erde (und die meisten Menschen finden die Situation offensichtlich immer noch recht gemütlich). Ganze dreißig Jahre haben genügt, um aus dem erschreckend Unvorstellbaren alltägliche Realität werden zu lassen, und eine Realität noch dazu, an die sich die meisten Menschen offensichtlich längst wieder wie an etwas »Normales« zu gewöhnen beginnen.

Diese Begabung zur Gewöhnung wird demnächst nun allerdings auf eine harte Probe gestellt werden. Die Entwicklung hat sich inzwischen beschleunigt. Sie hat ein Tempo angenommen, das niemandem von uns mehr die Chance lassen wird, sich im Laufe von Jahrzehnten an die Zunahme der Gefahr zu gewöhnen. Bedenken Sie doch nur einmal, was allein im zurückliegenden Jahr alles geschehen ist:

Da kam es im April zu dem ominösen Reaktorunfall in der Ukraine. Tschernobyl ist seitdem zum Symbolwort für die mit dem Ausbau der Kernenergie verbundenen Risiken geworden. Unsere Bundesregierung, repräsentiert durch Bundeskanzler Helmut Kohl, erklärte jedoch unbeirrt, daß die deutschen Kernkraftwerke sicher und die mit der Atomenergie verbundenen Risiken »ethisch vertretbar« seien. Wer sich so äußert, wenige Tage nach den ersten Meldungen über die Katastrophe, der sagt im Klartext doch nichts anderes, als daß er nicht die Absicht habe, über das Ereignis und seine möglichen Konsequenzen ernsthaft nachzudenken. Hier einige Stichworte zu diesen Konsequenzen, die man offiziell nicht für nachdenkenswert hält:

Die Katastrophe von Tschernobyl hat laut offiziellem sowjetischem Unfallbericht ein Gebiet von über 3000 Quadratkilometern langfristig unbewohnbar gemacht und die Evakuierung von 135000 Menschen erfordert. Im Umkreis von dreißig Kilometern um Tschernobyl waren 84000 Menschen umzusiedeln. Bei uns ist die Besiedelung wesentlich dichter. Im 25-Kilometer-Radius der Kernkraftwerke Stade, Biblis oder Philippsburg wohnt jeweils eine halbe bis fast eine ganze Million Menschen. Unter ungünstigen Umständen würde ein einziger Super-GAU bei uns die langfristige (nämlich jahrzehntelange) Umsiedelung von bis zu drei Millionen Menschen und die Räumung eines Gebietes von 6000 Quadratkilometern notwendig machen (das entspricht etwa der Gesamtfläche Südbadens von Rastatt bis Basel).
So sieht das »Restrisiko« konkret aus, von dem unsere Kernkraftbefürworter so verharmlosend reden. In ihren optimistischen Wahrscheinlichkeitsrechnungen kommt es nur ein einziges Mal in 10000 Kernkraftwerks-Betriebsjahren zu einem solchen Super-GAU. Die Zahl soll uns beruhigen. Dazu aber besteht kein Anlaß. Denn schon im Jahre 2000 werden es alle Kernkraftwerke in der Bundesrepublik zusammengenommen auf 480 Betriebsjahre gebracht haben, womit die Wahrscheinlichkeit des Eintretens eines Super-GAU mit den angedeuteten Konsequenzen dann nach den eigenen und, um es zu wiederholen, optimistischen Berechnungen der Kernkraftwerk-Befürworter bereits auf 4,8 Prozent gestiegen sein wird.
Wenn man bedenkt, daß bei dieser Abschätzung die außerhalb unserer Grenzen stehenden Atomkraftwerke überhaupt noch nicht berücksichtigt sind (und Tschernobyl hat uns ja eine Kostprobe dafür geliefert, wie weiträumig die von dieser Form der Energiegewinnung ausgehenden Gefahren wirken), dann kann einem eine Ahnung aufgehen von dem Ausmaß des Risikos, in dessen Schatten unsere Gesellschaft von nun an zu überleben hätte, wenn es bei der jetzigen Politik des »zügigen weiteren Ausbaus der Kernenergie« bleiben sollte.
Wenn man sich diese im Grunde ganz einfachen Zusammenhänge einmal klargemacht hat, dann klingt der Wahlslogan

»Weiter so, Deutschland!« plötzlich unüberhörbar nach einer Drohung.
Unter diesen Umständen wäre die Forderung nach einem sofortigen Ausstieg aus der Atomwirtschaft selbst dann noch eine vernünftige Forderung, wenn wir sie tatsächlich mit einschneidenden wirtschaftlichen Einbußen zu erkaufen hätten. Denn schließlich ist es immer noch besser, arm zu sein als tot (oder von ständigem Krebsrisiko bedroht zu sein). In Wirklichkeit aber ist die Behauptung, ein Verzicht auf atomare Energiegewinnung bedeute den Zusammenbruch unserer Wirtschaft, nichts anderes als ein massiver demagogischer Einschüchterungsversuch. Warum er unbegründet ist und welche nachweisbaren energiepolitischen Konstellationen und Motive hinter diesem Versuch stecken, darauf kann ich hier aus Zeitgründen nicht auch noch eingehen.
Dies ist nur eine einzige der Gefahren, die unsere Gesellschaft existentiell bedrohen werden, solange sie ihren augenblicklichen Kurs nicht ändert. Eine weitere wird erkennbar, wenn Sie sich die rasch einem kritischen Punkt zustrebenden Probleme unserer Trinkwasserversorgung vor Augen halten. Auch hier schlägt die Entwicklung von Jahr zu Jahr ein rascheres Tempo ein. Noch vor wenigen Jahren bekam ich einen gewaltigen Schreck, als ich darauf stieß, daß die Eltern neugeborener Kinder in einigen badischen Gemeinden offiziell davor gewarnt werden mußten, Babynahrung mit dem aus ihren Leitungen fließenden Trinkwasser zuzubereiten. Der Nitratgehalt des Wassers war in den betreffenden Fällen so hoch, daß das noch nicht ausgereifte Enzymsystem der Säuglinge überfordert wurde mit der Gefahr des Auftretens einer »Blausucht« infolge innerer Erstickung. Deshalb erging damals der offizielle Rat, »auf Mineralwasser auszuweichen«.
Nun, auch dieser Anlaß meines damaligen Schreckens ist schon heute längst wieder überholt. Inzwischen übersteigt, dies die neueste Meldung zu diesem Thema, der Trinkwasser-Nitratgehalt in über der Hälfte aller westdeutschen Haushalte jene ominöse oberste Marke, von der ab den in unserer Republik geborenen Säuglingen Gefahr droht. Und wer die Meldungen

über das langsame, aber stetige Vordringen krebserregender Chlorkohlenwasserstoffe in die tiefgelegenen Grundwasserreservoire kennt, ist sich im klaren darüber, daß auch die Empfehlung, doch »auf Mineralwasser auszuweichen«, in absehbarer Zeit ihren Sinn verlieren könnte – denn wo kommt dieses Mineralwasser schließlich her?
So besorgniserregend diese Entwicklung und ihr zunehmendes Tempo auch sind, sowenig dürfen uns ihre Ursachen verwundern. Dieses sich rasch zuspitzende Trinkwasserproblem ist doch nur die Spitze eines Eisbergs, nämlich jenes Problemgebirges, das wir mit dem Begriff einer galoppierend zunehmenden chemischen Verseuchung unserer ganzen Lebenswelt zusammenfassen können. Und über deren Ursachen wird ja seit Seveso in immer kürzeren Abständen von den Medien berichtet: Von Seveso und Bophal in Indien zieht sich die Giftspur bis zur jüngsten Katastrophe bei Sandoz.
Es geht hier gar nicht in erster Linie darum, »die« Industrie anzuklagen. Eine Gesellschaft, die es industriellen Produzenten freistellt, mitten in dichtbesiedelten Gebieten mit einer Vielzahl hochtoxischer Substanzen zu arbeiten, hat keinen Anlaß, erstaunt zu tun, wenn dabei von Zeit zu Zeit etwas passiert. Schon gar nicht, wenn sie es hinnimmt, daß diese Produzenten etwa in einen Fluß wie den Rhein – Trinkwasserreservoir für immerhin zwanzig Millionen Menschen – Tag für Tag, ohne jeden »Störfall«, nämlich ganz legal, Abwässer einleiten, die Schwermetalle, Phosphorverbindungen, halogenierte Kohlenwasserstoffe, schwer oder gar nicht abbaubare andere organische Verbindungen sowie eine nach Tausenden zählende Menge anderer, auch für den Fachmann längst nicht mehr übersehbarer Chemikalien enthalten, und dies in der durchschnittlichen Größenordnung von mehreren hundert Tonnen täglich.
Hinzu kommt die Belastung durch Düngemittelreste und Pestizide aus der Landwirtschaft. Die Anreicherung einer zunehmenden Zahl gesundheitsgefährdender Substanzen in unseren Böden und der Atmosphäre aus vielen anderen Quellen unserer unerschütterlich wachstumsorientierten Industriegesellschaft. Gerade eben erst hat die Bundesregierung erklärt, daß sie vom

kommenden Sommer ab bestimmte Grundnahrungsmittel – zum Beispiel Milch, Fleisch, Kartoffeln, Salat und einige heimische Obstsorten – routinemäßig auf Schadstoffe untersuchen lassen werde. Wahrhaftig, wir haben es weit gebracht! Wir können inzwischen nicht einmal mehr unbesorgt essen, was den Menschen in aller bisherigen Geschichte zur Nahrung gedient hat.

Noch immer aber reden die Menschen so, als ob die Bedrohung durch einen ökologischen Kollaps erst noch bevorstünde. Als ob er nicht längst im Gange sei, wie es der tägliche Blick in Zeitung und Fernsehen jeden lehren kann, der Augen im Kopf hat. Unserem kurzatmigen Zeitgefühl präsentiert der Zusammenbruch sich offenbar wie in einer Art Zeitlupentempo, so daß unsere verhängnisvolle Begabung, sich an schlechthin alles gewöhnen zu können, mit dem Prozeß bisher noch hat Schritt halten können. Deshalb fürchten die meisten Menschen sich auch nicht etwa vor dem, was da, unsere Existenz bedrohend, mit immer größerem Tempo auf uns zukommt.

Nein, was sie fürchten, das sind paradoxerweise jene, die sie mit ihren Warnungen aus ihrer Lethargie aufzuscheuchen versuchen. Welche die Ruhe stören, die sie sich mit Hilfe ihrer Verdrängungstalente verschafft haben. Was sie fürchten, das ist auch heute noch immer nicht die Gefahr, die sie wirklich bedroht. Nein, es sind diese Leute, die ihnen mit der Forderung auf die Nerven gehen, die altgewohnten Wege – die doch in aller Vergangenheit so unbestreitbar erfolgreich gewesen sind – zu verlassen. Die sie mit der provozierenden Zumutung irritieren, die Strukturen und Wertmaßstäbe der bestehenden Gesellschaft von Grund auf zu ändern und nach unvertrauten und (wer wollte das bestreiten) risikoreichen neuen Pfaden Ausschau zu halten.

Es stellt sich wiederum als eigentümlich schwierig heraus, die Menschen dazu zu überreden, ihrem eigenen Überleben zuzustimmen. Wer den Versuch unternimmt, muß es sich auch heute noch gefallen lassen, als »Miesmacher« und »selbsternannter Unheilsprophet« beschimpft oder als »Systemfeind«, wenn nicht gleich als »Gegner unserer freiheitlich-demokratischen Gesellschaft« verleumdet zu werden. Das Repertoire an Kosenamen dieser Art ist groß. Erst kürzlich hat mir ein Briefschreiber den Titel »Öko-Jakobiner« verliehen. Während unsere industriellen Ausdünstungen bereits den Wärmehaushalt unserer Atmosphäre aus den Fugen zu bringen drohen und unsere Wälder dahinsiechen lassen, scheint die Mehrzahl der Mitglieder unserer Gesellschaft unerschütterlich an dem Kurs festhalten zu wollen, der uns diese und alle anderen Gefährdungen eingebrockt hat.

Unsere Gesellschaft ähnelt immer mehr jenem Pferd, das nur mit brachialer Gewalt daran gehindert werden kann, in den brennenden Stall zurückzulaufen. Überall sonst wäre das Tier zwar sicherer als ausgerechnet dort. Aber es geht ihm nicht anders als uns: Je größer die Anlässe zur Furcht werden, um so unwiderstehlicher regt sich der archaische Drang, sich an das Altgewohnte zu klammern. Die nähere Betrachtung zeigt, daß wir in Wirklichkeit sogar noch schlechter dran sind als die vernunftlose Kreatur. Denn da ist nicht nur weit und breit niemand zu sehen, der auch uns festhalten und daran hindern könnte, in unser Verderben zu laufen. Nein, uns drängt man sogar noch mit aller Überredungskunst, wir sollten uns auf gar keinen Fall durch irgendwelche Einwände beirren lassen und eisern auf dem bisherigen Kurs bleiben: »Weiter so, Deutschland!«

Die Zukunft, auf die man uns mit solchen Sprüchen einschwören will und der gegenüber es angeblich sowieso keine Alternative gibt – diese wird bekanntlich als sogenanntes »rot-grünes Chaos« verteufelt und als großer Buhmann und Bürgerschreck in den phantasievollsten Farben an die Wand gemalt –, diese Zukunft des altgewohnten Kurses würde unter anderem auch von den Konsequenzen permanenten weiteren Wachstums geprägt sein. Ohne Rücksicht auf die Tatsache, daß permanentes wirtschaftliches Wachstum in einer Gesellschaft, in der alle elementaren Lebensbedürfnisse befriedigt sind – und erst recht in einer Gesellschaft, die als »reich« gelten kann –, zwangsläufig mit permanenter Verschwendung identisch ist. Ohne Rücksicht auch auf die von jedem Oberschüler am Beispiel der

Zinseszinsrechnung nachzuprüfenden verheerenden Konsequenzen exponentieller Wachstumsprozesse. In der belebten Natur, einem Unternehmen, das seit unausdenkbar langer Zeit ohne Pleiten und Zusammenbrüche floriert, gibt es keinen einzigen Fall schrankenlosen Wachstums – mit einer bezeichnenden Ausnahme: der Wucherung einer Krebszelle.

Wir aber sind aufgerufen, uns Jahr um Jahr immer noch mehr Autos zu wünschen. 1986 waren es insgesamt mehr als drei Millionen Neuzulassungen – ein offiziell bejubelter Rekord. Und da die Bestimmung eines Autos das Fahren ist, müssen auch immer mehr neue Straßen gebaut werden – ohne Rücksicht darauf, daß der Boden der Bundesrepublik längst über das ökologisch erträgliche Maß hinaus mit Beton und Asphalt »versiegelt« ist. Während unsere Wälder lautlos sterben und unsere Kommunen unter Müllbergen ersticken, während die chemischen Rückstände unserer Produktionstechniken sich in unserer täglichen Nahrung bedrohlich summieren und Schadstoffemissionen den bloßen Akt des Atemholens zum Gesundheitsrisiko machen, ermuntert man uns regierungsoffiziell zu immer höherem Verbrauch, damit wir als Markt für eine ständig expandierende Wirtschaftsproduktion dienen können. Haben wir womöglich den Verstand verloren?

Aber jeder der für diese Entwicklung verantwortlichen Politiker, die jetzt im Wahlkampf vor die Fernsehkameras treten, versichert »seinem« Wählervolk ja mit Nachdruck, daß man die Entwicklung fest im Griff habe. Die Frage ist nur, ob wir das glauben dürfen. Wie sicher können wir eigentlich sein, daß die Herren selbst noch daran glauben? Müßten die Intelligenteren unter ihnen nicht inzwischen gemerkt haben, daß es sich in Wirklichkeit längst umgekehrt verhält: daß es die Entwicklung ist, die sie »fest im Griff« hat? Tägliche Erfahrung müßte sie doch längst darüber belehrt haben, daß der Entwicklungsprozeß der Industriegesellschaft den politischen Entscheidungsträger von ehedem zum bloßen Administrator immer unbeeinflußbarer werdender Sachzwänge degradiert hat.

Gewiß, Politik läßt sich auch heute noch mit der klassischen Definition als »die Kunst des Möglichen« beschreiben. Nur ist der Spielraum des Möglichen seit den Tagen Bismarcks dramatisch geschrumpft. Deshalb besteht die »wahre politische Kunst« heute darin, dem Wähler die von der längst selbständig gewordenen Entwicklung herbeigeführten Fakten in einem möglichst günstigen Licht erscheinen zu lassen und sie als eigene Leistung auszugeben. Unser gegenwärtiger Bundeskanzler verfolgt diese Strategie konsequent und mit großem Geschick – zum Beispiel immer dann, wenn er die wirtschaftliche Erholung der letzten Jahre bei jeder sich bietenden Gelegenheit als Verdienst seiner Regierung herausstreicht. Obwohl es kein Geheimnis ist, daß diese Erholung im wesentlichen auf die Uneinigkeit des OPEC-Kartells mit nachfolgendem weltweitem Energiepreisverfall zurückzuführen ist, auf den von der US-amerikanischen Währungspolitik ausgelösten Export-Boom und einige andere globale Entwicklungen, auf die kein deutscher Politiker den geringsten Einfluß hatte.

Bevor wir über solch unbegründetes Selbstlob die Nase rümpfen, sollten wir uns allerdings darauf besinnen, daß sich die technisch-wirtschaftliche Entwicklung auch von uns bereits emanzipiert hat. Ihre Verselbständigung hat auch unsere »klassische« Konsumentenrolle unversehens auf den Kopf gestellt: Wirtschaft dient in unserer heutigen Gesellschaft vorrangig gar nicht mehr dem Ziel, die Menschen mit lebensnotwendigen Gütern zu versorgen. Längst ist es zur Pflicht jedes einzelnen geworden, nach Leibeskräften zu verbrauchen. Die ökonomischen Prozesse kreisen wesentlich nicht mehr um unser persönliches Wohlergehen. Wir sind es vielmehr, denen die Aufgabe zufällt, durch maximale Verbrauchsanstrengungen das Wohlergehen dieser Prozesse – also zum Beispiel das ununterbrochene Wachstum des Bruttosozialprodukts – zu gewährleisten.

Wenn man sich diese heute gültigen Spielregeln einmal klargemacht hat, dann kann es einem wie Schuppen von den Augen fallen. Dann versteht man plötzlich bestimmte für unsere Gesellschaft charakteristische Phänomene, die auf den ersten Blick ganz unsinnig, ja irrational erscheinen. Dann wird plötzlich verständlich, warum sich bei uns so leicht gesellschaftlicher Geringschätzung aussetzt, wer es an der Bereitschaft fehlen läßt, sich als Konsument bis an den Rand seiner finanziellen Möglichkeiten zu engagieren. Warum es so erschütternd viele Menschen bei uns für vernünftig, ja fast für ihre Pflicht halten, sich für ein prestigeträchtiges Auto langfristig »krummzulegen«, obwohl der Autotyp, den sie sich bequem würden leisten können, den Zweck komfortabler Fortbewegung ebensogut erfüllen würde. Dann leuchtet mit einem Male ein, warum ein Bankrotteur bei uns allemal noch mehr gilt als ein »Aussteiger«, ein »Konsumverweigerer«, wie man ein solches Subjekt bezeichnenderweise zu nennen pflegt.

Dann versteht man auch sofort, weshalb selbst zwei Millionen Arbeitslose oder der im Verlaufe des vergangenen Jahres erfolgte Anstieg der Sozialhilfeempfänger um sage und schreibe neun Prozent keinen Grund zu offizieller Besorgnis darstellen. Solange nur die Wachstumsrate stimmt, rechtfertigen die sich hinter diesen Zahlen verbergenden menschlichen Tragödien nach offizieller Auffassung auch weder Zweifel noch Abstriche an der jetzt im Wahlkampf mit solcher Selbstgerechtigkeit vorgetragenen Regierungsbilanz. Und deshalb sind auch gesetzwidrige Schadstoffeinleitungen in einen Fluß, aus dem zwanzig Millionen Menschen ihr Trinkwasser beziehen, bei weitem noch kein Grund, die Offenlegung der betriebsinternen Abwasserprotokolle zu fordern oder gar an dem Prinzip der »industriellen Eigenverantwortung« ernstlich zu rütteln – denn es könnte ja sein, daß dann das »Investitionsklima« leidet.

Wir leben, um es kurz zu machen, in einer »ökonomistischen« Gesellschaft. Das ist die Erklärung für diese und zahllose andere Ungereimtheiten. Das ist letztlich auch die Erklärung für die selbstmörderisch anmutende Hartnäckigkeit, mit der die Mehrzahl unserer Mitbürger vorerst noch immer an einem Kurs festhält, der sichtbar ins Verderben führt. Glaube doch niemand, daß es »heilige Kühe« nur in fernen Ländern gibt. Dort entdekken wir sie nur leichter. Auch bei uns laufen sie scharenweise herum. Auch bei uns aber werden sie eben für den Blick der meisten Menschen durch Vorurteile und einseitige Wertvorstellungen verdeckt: Der Verblendung unserer Politiker, die uns eine von unaufhaltsamer Umweltzerstörung bedrohte Zukunft in leuchtenden Farben auszumalen wagen, bloß weil die sogenannten Wirtschaftsweisen anhaltendes Wachstum vorausgesagt haben, entspricht die verhängnisvolle Kurzsichtigkeit jener Mitbürger, die zum Beispiel der Meinung sind, die Grünen hätten mit ihren Warnungen zwar in vielen Punkten sicher recht, aber hören dürfe man trotzdem nicht auf sie, weil sie das Wirtschaftswachstum gefährdeten.

Wir leben eben, wie gesagt, in einer »ökonomistischen« Gesellschaft. Was ist mit dem Begriff gemeint? Er darf keinesfalls etwa als Ausdruck grundsätzlicher Wirtschaftsfeindlichkeit mißverstanden werden, wie es so viele Parteidemagogen jetzt im Wahlkampf wider besseres Wissen unterstellen. Selbstverständlich brauchen wir eine leistungsfähige Wirtschaft. Und ebenso selbstverständlich ist es auch, daß diese Wirtschaft Gewinne machen muß, um leistungsfähig zu bleiben. Wir nennen, um einen Vergleich heranzuziehen, eine Gesellschaft ja auch nicht schon deshalb »militaristisch«, bloß weil sie über ein Heer verfügt, um sich notfalls verteidigen zu können. Von Militarismus sprechen wir erst dann, wenn die in diesem militärischen Dienstleistungssektor herrschenden Kategorien, Wertmaßstäbe und Umgangsformen in die anderen gesellschaftlichen Bereiche Eingang finden und dort die Vorstellungswelt zu beherrschen beginnen: die Umgangsformen zwischen Vorgesetzten und Untergebenen, das Klima zwischen Lehrern und Schülern oder gar zwischen Eltern und Kindern und ganz allgemein die alle zwischenmenschlichen Beziehungen bestimmenden Wertvorstellungen.

Genau in diesem Sinne muß unsere Gesellschaft nun als ausgesprochen ökonomistisch beurteilt werden. Nicht, um das noch einmal zu unterstreichen, weil sie an dem Erhalt einer leistungsfähigen Wirtschaft interessiert ist. Sondern deshalb, weil die im wirtschaftlichen Sektor geltenden Maßstäbe und Zielvorstellungen längst auf alle anderen Gesellschaftsbereiche übergegriffen haben. Weil wir zum Beispiel blind geworden sind für den Preis, den wir für die unleugbaren Vorteile der sogenannten »freien Marktwirtschaft« zu entrichten haben. Kein Zweifel, dieser Marktwirtschaft verdanken wir unseren

Lebensstandard, der im weltweiten Vergleich nach wie vor luxuriös zu nennen ist. Aber diese Marktwirtschaft funktioniert nur im Umgang mit Dingen und Beziehungen, die sich in Geldwert ausdrücken lassen. Wer sich ihr so bedingungslos anvertraut, wie wir es tun, für den werden daher leicht nicht nur alle Sachen zur Ware. Der gerät auch schnell in Versuchung, ebenso den Wert der Natur und den aller anderen Lebewesen und sogar den eigenen Wert und den mitmenschlicher Beziehungen in Geldeswert abzuschätzen. Der kommt schließlich dazu, den in Geld ausdrückbaren Handelswert allen anderen Maßstäben überzuordnen.

Diese Tendenz ist es, die unserer Gesellschaft einen unverkennbar ökonomistischen Charakter verleiht. Und fast alle Mitglieder dieser sich gleichwohl immer noch »christlich« nennenden Gesellschaft halten das für das Natürlichste von der Welt. Deshalb ist bei uns das widersinnige Phänomen möglich, daß die Regierung auf Beifall rechnen kann, wenn sie ihre Machtmittel zum Schutz bestimmter wirtschaftlicher Interessengruppen – zum Beispiel von Kernkraftbetreibern – einsetzt anstatt zum Schutz der Gesundheit derer, die sie gewählt haben. Deshalb sind weder Waldsterben noch jährlich mehr als 10000 Tote und über 100000 Verkrüppelte auf unseren Straßen für diese Regierung ein Grund zur Einführung einer Geschwindigkeitsbeschränkung, denn darunter könnte womöglich die Lust am Fahren leiden und damit die weitere Expansion der Autoindustrie. Und deshalb nimmt der Gesetzgeber es auch ruhigen Gewissens hin, daß der Zivilisationsmüll unsere Kommunen zu ersticken beginnt. Denn oberster Gesichtspunkt ist auch in diesem Falle das wirtschaftliche Gedeihen der Verpackungsindustrie und nicht etwa die Wohnlichkeit unserer Gemeinden.

Noch ein anderes, prinzipielles Phänomen ist, wie mir scheint, auf diese alle anderen – etwa humanitären – Gesichtspunkte in den Hintergrund drängende Tendenz zu einer »ökonomistischen« Bewertung aller Lebensbereiche zurückzuführen. Ich denke dabei an die unübersehbare Tatsache, daß alle offizielle Umweltpolitik, so lautstark sie sich immer gebärdet, fast ausnahmslos die Strategie nachträglicher Schadensbekämpfung verfolgt und niemals die einer vorsorglichen Schadensvermeidung. Es ist ja richtig, daß unser neuer Umweltminister Wallmann seit neuestem gelegentlich Sprüche von sich gibt, mit denen sich ein Grüner noch vor wenigen Jahren den Vorwurf der »Industriefeindlichkeit« eingehandelt hätte. Aber wenn man näher hinsieht, dann handelt es sich bei den vorgeschlagenen Maßnahmen in aller Regel um verbesserte oder zusätzliche Methoden zur nachträglichen Reparatur eingetretener Umweltschäden und so gut wie niemals um einen Ansatz, das Übel an der Wurzel zu packen. Die Industrie weist, und das ist ihr gutes Recht, wieder und wieder auf die in der Tat eindrucksvollen Summen hin, die sie in der letzten Zeit für Umweltschutz investiert hat. (Wobei sie allerdings zu vergessen pflegt, darauf hinzuweisen, daß sie das erst nach hartnäckigem Widerstand und unter dem Druck gesellschaftlicher Gruppen – wie der Grünen – getan hat, die sie zunächst jahrelang als »Feinde unserer freiheitlichen Wirtschaftsordnung« in Mißkredit zu bringen versuchte.)

Unter dem beherrschenden Einfluß ökonomistischer Bewertungsmaßstäbe handelt es sich bei allen diesen Maßnahmen nun aber ausnahmslos um Varianten einer ökologischen Nachsorgestrategie. Feuerbekämpfung anstelle von Brandschutz ist die offizielle Devise. Deshalb wird bei uns, wenn zwei Klärwerke nicht mehr reichen, um eine chemische Abwasserbrühe in Trinkwasser zu verwandeln, auf Kosten des Verbrauchers eben noch ein drittes dazugebaut und nicht etwa mit staatlichem Nachdruck dafür gesorgt, daß der industrielle Einleiter aufhört, der Allgemeinheit gehörende Gewässer als kostengünstige Kloake zu mißbrauchen. Und aus dem gleichen Grunde werden bei uns zwar – auch dies natürlich wieder auf Kosten des Steuerzahlers – technisch aufwendige Müllverbrennungs- und -wiederverwertungsanlagen in rasch wachsender Zahl installiert, aber keine gesetzlichen Bestimmungen, die den industriellen Hersteller veranlassen würden, durch entsprechende Produktionsumstellungen seinen Teil zur Verringerung der von ihm auf die Allgemeinheit abgewälzten Müllberge beizutragen.

Ich will es mit diesen Beispielen genug sein lassen. Die Liste ließe sich fast beliebig verlängern. Es bedarf auch wohl keiner eigenen Begründung, warum alle hier aufgezählten Mißstände, Fehlentwicklungen und Tendenzen abgestellt werden müssen, radikal und möglichst rasch. Dies nicht nur aus moralischen und ästhetischen Gründen (das selbstverständlich auch). Auch nicht nur aus den Gründen, die uns die Bewahrung einer lebenswerten, einer liebenswerten natürlichen und mitmenschlichen Umwelt als ein unbefragbar wünschenswertes Ziel erscheinen lassen. Eine radikale Änderung ist, wie ebenfalls nicht gesondert begründet zu werden braucht, nicht zuletzt im Interesse nackten Überlebens notwendig. Damit aber stehen wir vor der Frage, was jeder von uns denn tun kann, um diese radikale Änderung in Gang zu bringen. Zu dieser Frage jetzt noch einige abschließende Bemerkungen.

In einer demokratischen Gesellschaft und in der jetzigen Wahlkampfzeit besteht die erste und offenkundigste Antwort natürlich in der Aufforderung, am Wahltag von seinem Wahlrecht Gebrauch und, vor allem, bei der Stimmabgabe das Kreuz an der richtigen Stelle zu machen. Nun behaupten natürlich alle Parteien, daß die »richtige« Stelle für dieses Kreuz der auf dem Stimmzettel neben ihrem Namen gedruckte Kreis sei. Aber ich glaube trotzdem, daß hier eine negative Empfehlung objektiv berechtigt ist: Das Kreuz, das ein Wähler bei dieser Wahl macht, steht ganz sicher nicht an der »richtigen« Stelle, wenn die Stimmabgabe zugunsten einer Partei erfolgt, die erkennbar blind ist für die in meinem Vortrag angesprochenen Probleme.

Auf die Frage, was der einzelne tun kann, lautet die erste und einfachste Antwort also: seine Stimme nicht einer Partei zu geben, die das Bruttosozialprodukt mit einem Wohlstandsindikator verwechselt. Auch nicht einer Partei, die permanentes weiteres Wachstum als Allheilmittel für die Probleme unserer Gesellschaft anpreist. Und schon gar nicht einer Partei, für die ökonomische, wirtschaftliche Gesichtspunkte die oberste, allen anderen Lebenswerten übergeordnete Richtschnur bilden. Es ist nicht die Schuld der Grünen, wenn beim Anlegen dieses

Maßstabs nicht mehr sehr viele Parteien übrigbleiben, denen man seine Stimme ruhigen Gewissens geben kann.
Soviel zur bevorstehenden Wahl. Hier ist aber noch eine zusätzliche Anmerkung notwendig: Das Bürgerrecht auf freie und geheime Wahlen ist zwar gar nicht hoch genug einzuschätzen. Ein Blick in die Geschichtsbücher kann jedem in Erinnerung rufen, wie groß die Opfer waren, die gebracht werden mußten, bis es schließlich durchgesetzt war. Es darf auf keinen Fall angetastet werden. Jedoch: In der heutigen fortgeschrittenen Industriegesellschaft mit ihren vielfältigen und immer wieder neuartigen Problemen genügt es ganz offensichtlich nicht mehr, wenn der Bürger von diesem Recht im Abstand von jeweils vier Jahren einen einmaligen Gebrauch machen darf. Die von unserem Grundgesetz lediglich vorgesehene Mitwirkung der Parteien an der politischen Willensbildung droht unter diesen Umständen zum Monopol zu entarten.
Fragwürdig ist an dieser Entwicklung vor allem, daß der Wahlakt der als Mehrheit installierten Partei oder Koalition gleichzeitig das unbeschränkte Recht verschafft, von diesem Zeitpunkt ab vier Jahre lang ohne Rücksicht auf Minderheiten oder abweichende Meinungen nach Gutdünken schalten und walten zu können. Es ist sicher richtig, daß demokratische Gesinnung auch dazu verpflichtet, sich einem Mehrheitsvotum zu beugen. Dubios wird diese Verpflichtung aber dann, wenn die Stimmabgabe auf die Erteilung einer Generalvollmacht hinausläuft, die sich auch auf Probleme und Entscheidungen erstreckt, die zum Zeitpunkt der Wahl noch gar nicht existierten oder zumindest gar nicht zur Diskussion standen. Vollends unerträglich wird dieser Aspekt in all den heute nicht mehr seltenen Fällen, in denen die in das Belieben der jeweiligen Mehrheit gestellte Entscheidung irreversiblen Charakter hat, nicht mehr korrigierbare Folgen, die weit über den Zeitmaßstab von Legislaturperioden hinaus andauern, ja, sich womöglich auf die uns nachfolgenden Generationen unserer Kinder und Kindeskinder auswirken. Um derartige langfristige Folgen geht es nun aber charakteristischerweise gerade heute bei fast allen Umweltproblemen.

Ein aktuelles und typisches Beispiel ist der Streit um die Wiederaufarbeitungsanlage bei Wackersdorf. Obwohl der ursprüngliche Anlaß, nämlich die vermeintliche Knappheit von Natur-Uran, inzwischen entfallen ist und eine rationale Begründung für die Anlage nach Ansicht der überwiegenden Mehrheit der Fachleute auch sonst nicht besteht, soll das Projekt offenbar auf Biegen und Brechen durchgeführt werden. Mangels eines überzeugenden Sinns bei gleichzeitig unabsehbaren Folgelasten für zahllose kommende Generationen läßt sich diese Entschlossenheit nur als Ausdruck unüberbietbarer, rücksichtsloser obrigkeitlicher Arroganz interpretieren.

Die demokratische Verpflichtung einer Minderheit zur Tolerierung mehrheitlicher Entscheidungen ist moralisch nicht zuletzt durch die Aussicht auf die Möglichkeit gerechtfertigt, beim nächstenmal selbst die Mehrheit bilden und vorangegangene Entscheidungen wieder abändern zu können. Im Falle von Wackersdorf aber und allen Kernkraftprojekten überhaupt entfällt diese Möglichkeit prinzipiell. Bei ihnen handelt es sich immer um Entscheidungen, die allen Nachfolgern unaufhebbare »Sachzwänge« aufbürden. In solchen Fällen wäre folglich ein Maximum an Behutsamkeit und Zurückhaltung hinsichtlich der endgültigen Entscheidung oberste Pflicht wirklich demokratischer Instanzen. Wären ein besonderer Respekt vor der opponierenden Minderheit und eine besondere Aufgeschlossenheit ihren Einwänden gegenüber beruhigende Anzeichen des Obwaltens wahrhaft demokratischen Geistes.

Die Vorgänge um Wackersdorf geben zu solcher Beruhigung bekanntlich keinen Anlaß. Wer dort die Demokratie gefährdet, das sind nicht (leider nicht, ist man fast versucht zu sagen) die Steinewerfer und Berufsrandalierer. Diese sind sozusagen »normale Rechtsbrecher«, die mit den für ihre Handlungen vorgesehenen Strafen zu rechnen haben. Nein, wer in Wackersdorf die Demokratie gefährdet, das ist eine übergeschnappte Obrigkeit, die in der Maßlosigkeit ihres selbstherrlichen Machtanspruchs von allen guten demokratischen Geistern verlassen ist. Welche eine kleine Clique hirnloser Gewalttäter begierig als Vorwand benutzt, um die Masse der gewaltlosen

Demonstranten moralisch und juristisch zu verleumden. Wo sonst, wenn nicht unter diesen gewaltlos Demonstrierenden, ist denn der wahrhaft mündige Mitbürger heute zu finden? Die für die erschreckenden Vorgänge bei Wackersdorf verantwortliche Obrigkeit zitiert ihn scheinheilig in Wahlreden und geht ihm um den Bart, solange er ihr applaudiert oder wenigstens kuscht. Sobald er jedoch den Mund aufmacht und durch Demonstrationen kundtut, was ihm in seiner Mündigkeit nicht behagt – welche Möglichkeit hat er denn sonst zwischen den Wahlen? –, ist jeder Vorwand recht, ihn mundtot zu machen.
Die Hartnäckigkeit, mit der es der Polizei regelmäßig mißlingt, der kriminellen Randalierer habhaft zu werden, nährt den unguten Verdacht, daß deren Aktivitäten der Obrigkeit in Wirklichkeit vielleicht ganz gelegen kommen. Und die Eilfertigkeit, mit der die gleiche Obrigkeit darauf versessen ist, das Gros der Demonstranten durch wahrhaft haarsträubende gesetzliche Neukonstruktionen in die Nähe terroristischer Aktivisten zu rücken, dient dem Erhalt der sooft beschworenen freiheitlich-demokratischen Grundordnung auch nicht erkennbar. Wer die gewaltlosen Demonstrationen von Mitbürgern, denen andere, etwa plebiszitäre Formen einer demokratischen Willensäußerung durch rechtliche Bestimmungen bisher noch versagt sind – und beileibe nicht etwa durch unser auch in dieser Hinsicht weitaus liberaleres und toleranteres Grundgesetz! –, wer deren Demonstrationen als »Druck der Straße« (so Innenminister Zimmermann) oder als Manifestationen »des Pöbels« (so Bundeskanzler Helmuth Kohl) abqualifiziert, der gefährdet, für mein Verständnis jedenfalls, die Demokratie.
Eine Obrigkeit, die fest entschlossen ist, eine bei nüchterner Betrachtung längst als falsch erkennbare Entscheidung »aus Prinzip«, aus purer »Staatsraison«, mit Polizeigewalt durchzusetzen, um »Flagge zu zeigen«, disqualifiziert sich als Hüterin demokratischer Gesinnung. Daß diese Behauptung nicht übertrieben ist, dafür ein einziges höchst aufschlußreiches Beispiel. Am letzten Tag des vergangenen Jahres wurde einer österreichischen Journalistin, die das Gelände von Wackersdorf in offiziellem Auftrag des österreichischen Rundfunks besuchen

wollte, von bayerischen Grenzbeamten die Einreise verweigert. Der Einspruch der Betroffenen wurde vom Präsidium der Bayerischen Grenzpolizei in München telefonisch verworfen mit der bemerkenswerten Begründung, es bestehe die Gefahr, daß die Journalistin über negative Geschehnisse berichten werde. Diese ungenierte Äußerung eines leitenden Beamten einer Regierung, die es sich angelegen sein läßt, bei jeder Gelegenheit »die dem Geist von Helsinki widersprechende Behinderung des freien Informationsflusses im gesamten Ostblock« voller Selbstgerechtigkeit und mit pathetischer Entrüstung anzuprangern, verrät einen erschütternd fortgeschrittenen Mangel an Selbstkritik und demokratischer Gesinnung. Wenn nicht bald eine Mehrheit merkt, in welche Richtung der Weg führt, der hier freigeknüppelt werden soll, dann könnten wir uns bald in Reih und Glied gemeinsam auf diesem Weg marschierend wiederfinden – freiwillig oder auch weniger freiwillig.

Was also kann der einzelne tun, zusätzlich zur Abgabe seiner Wählerstimme einmal alle vier Jahre? Wir müssen uns noch mehr als bisher um die mühsame Arbeit der Aufklärung jener kümmern, die immer noch nicht gemerkt haben, wohin die Reise führen wird, wenn nicht sehr bald eine Kursänderung erfolgt. Der Schwung der Demonstrationen darf nicht erlahmen. Er muß so lange weiter zunehmen, bis auch die Obrigkeit zu begreifen beginnt, daß Distanzwaffen und gesetzliche Erschwerungen keine angemessene Antwort auf die Wahrnehmung eines grundsätzlich verbürgten Rechts demokratischer Willenskundgebung sind. Von Fall zu Fall werden ferner auch weiterhin bestimmte, jeweils dem Anlaß angepaßte Formen gewaltlosen Widerstands unumgänglich notwendig sein.

Beschwörend aber möchte ich unterstreichen: Dieser Widerstand hat ausnahmslos und bedingungslos gewaltfrei zu bleiben. Nicht nur aus prinzipiellen moralischen Gründen. Das auch. Nicht zuletzt aber auch aus Gründen schlichter politischer Klugheit. Denn das einzige, was wirklich eine Änderung bewirken kann, ist die Verbreitung eines wachen politischen Bewußtseins. Diesem aber läßt sich nur durch stetige, niemals erlahmende Aufklärungsarbeit eine Chance bahnen. Gewalt bewirkt genau das Gegenteil: Sie vermindert die Lernfähigkeit derer, die es aufzuklären gilt, und verhärtet die Fronten nur. Ich gestehe, daß ich großes Verständnis für den aus dem Gefühl eigener Ohnmacht und Rechtlosigkeit erwachsenen Zorn habe, der manchen heute zur Gewalt treibt. Ich kann eine aus diesen Wurzeln stammende Gewalthandlung auch nicht moralisch verdammen. Aber sie ist in jedem Falle ein Rechtsverstoß und deshalb strafbar. Vor allem aber ist sie politisch eine Erzdummheit.

Ich verstehe sehr gut, daß es Situationen gibt, in denen die Selbstbeherrschung bis zum äußersten herausgefordert wird. Vielleicht hilft in solchen Situationen die Besinnung darauf, daß man unfreiwillig das Spiel der Herren Geißler, Franz Joseph Strauß, Zimmermann, Dregger, Stoiber und wie sie alle heißen mitzuspielen beginnt, wenn man sich von seinem noch so verständlichen Zorn übermannen läßt. Denn es ist sehr leicht einzusehen, daß jede Gewalttat, gleich welche Motive sie ausgelöst haben mögen, nur Wasser auf dieser Herren Mühle ist. Äußerlich lassen sie es dann an demonstrativer Empörung gewiß nicht fehlen. Jeder derartige Vorfall liefert ihnen jedoch unweigerlich ein willkommenes Alibi bei ihrem Bemühen, Grüne, Bürgerinitiativen und andere ihren politischen Monopolanspruch beschneidende alternative Gruppen in Mißkredit zu bringen, und eine Scheinrechtfertigung, ihnen mit allen legalen und auch nicht so legalen Mitteln das Leben zu erschweren.

Kurz und knapp und unmißverständlich zusammengefaßt: Wer mit Steinen schmeißt, spielt nur Franz Joseph Strauß und seinen geistesverwandten Kollegen in die Hände. Davon abgesehen aber sind alle Wege und Methoden nicht nur berechtigt, sondern heute auch dringend angebracht, die dazu dienen können, unsere Republik vor denen zu verteidigen, die einmal geschworen haben, Schaden von ihr abzuwenden.

1987

Quellen

Unbegreifliche Realität: GEO, »Special« Astronomie, Heft 8/1983, erschienen unter dem Titel »Die unbegreifliche Realität«; *Das Astro-Kloster von La Silla:* GEO, Heft 7/1979; *Die Spur der Silbereule:* GEO, Heft 10/1980; *Warum der Mensch zum Renner wurde:* GEO, Heft 12/1981; *Das Geschäft mit dem Wunder:* GEO, Heft 11/1982; *Zwischen Gold und Gammel:* GEO, Heft 2/1983, erschienen unter dem Titel »Die Akademie«; *Vom Ebenbild Gottes zum Homo sapiens:* Deutsche Rundschau, Heft 7/1947; *Liebe, Haß und Hunger ferngesteuert:* Die ZEIT, Nr. 48, 30. November 1950; *Geschäfte mit der Gänsehaut:* Die ZEIT, Nr. 4, 20. Januar 1961; *Auszug aus dem Wasser:* Die ZEIT, Nr. 13, 27. März 1964; *Gefährliche Zwiespältigkeit:* Die ZEIT, Nr. 25, 18. Juni 1965; *Verwandt auch mit der Bäckerhefe:* ZEIT-Magazin, Nr. 37, 12. September 1969, erschienen unter dem Titel »Wie nahe ist der Mensch mit der Bäckerhefe verwandt?«; *Amoklauf eines Einäugigen:* Der Spiegel, Nr. 5/1970; *Ein Splitter der Welt in unserem Auge:* ARAL-Journal, Sommer 1973; *Giordano Bruno:* Sonderdruck aus Bd. V der Enzyklopädie »Die Großen der Weltgeschichte«, Zürich 1974; *An der Grenze zwischen Geist und Biologie:* Der Spiegel, Nr. 40/1979; *Der Mensch – einzig denkendes Wesen im All?:* Der Spiegel, Nr. 27/1984; *Weltbild zwischen Wissenschaft und Glauben:* Christlicher Glaube in moderner Gesellschaft, Teilbd. 32, Quellenbd. 2, »Im Bann der Natur«, Freiburg/Basel/Wien 1985, erschienen als »Einführung«; *Naturwissenschaft und menschliches Selbstverständnis:* Festvortrag auf der Deutschen Therapiewoche in Karlsruhe 1969, erschienen in: Kosmos, Heft 2, Februar 1973; *Der »blinde Fleck« in der Forschung:* Festvortrag anläßlich der Verleihung der Boelsche-Medaille in Gold durch die Kosmos-Gesellschaft 1973; *Evolutionäres Weltbild und theologische Verkündigung:* Vortrag auf dem Kardinal-König-Symposium »Evolution und Menschenbild«, Salzburg 1982, erschienen in: Rupert J. Riedl u. Franz Kreuzer (Hrsg.), »Evolution und Menschenbild«, Hamburg 1983; *Das Ende der Evolution – Plädoyer für ein Jenseits:* Vortrag in der Evangelischen Akademie Bad Herrenalb, 1983, erschienen in: »Das Ende der Evolution«, Herrenalber Texte, Heft 52, Karlsruhe 1983; *Kritische Anmerkungen zur monistischen Interpretation des Leib-Seele-Problems:* Vortrag im Rahmen des Studium Generale der Universität Gießen, 1984; *Evolution und Transzendenz:* Vortrag auf dem Internationalen Symposium über »Evolutionäre Erkenntnistheorie«, Wien 1986; *Zweifel an der Zwangsernährung:* Der Spiegel, Nr. 53/1974; *Allein mit dem Diesseits:* Der Spiegel, Nr. 17/1978; *Wir haben gar keine andere*

Wahl: GEO, Heft 1/1980; *Real ist nur die eigene Angst:* Der Spiegel, Nr. 23/1983; *Pazifismus – unsere einzige Chance:* in: Heinrich Albertz (Hrsg.), »Warum ich Pazifist wurde«, München 1983; *Über die wahre ärztliche Kunst:* GEO, Heft 2/1984; *Die mörderische Konsequenz des Mitleids:* Der Spiegel, Nr. 33/1984; *Anthropologisch-psychologische Voraussetzungen einer erfolgreichen Umwelt- und Friedenserziehung:* Vortrag 1986, erscheint in: Jörg Calließ u. Reinhold E. Lob (Hrsg.), »Handbuch Praxis der Umwelt- und Friedenserziehung«, Bd. 1, Düsseldorf 1987; *Politik im Schatten des »Apfelbäumchens«:* Referat als Gastredner auf dem Wirtschaftspolitischen Kongreß der SPD zum Thema »Ökologische Erneuerung der Industriegesellschaft« 1986 in Hamburg, erschienen in: Tagungsprotokolle des Wirtschaftspolitischen Kongresses der SPD, Hamburg 1986; *Grün ist die Hoffnung:* Wahlrede für die Grünen, gehalten im Januar 1987, u. a. in Freiburg und Karlsruhe, erschienen als Kurzfassung in: stern, Heft 3/1987 unter dem Titel »Mit sattem Wachstum zur Hölle?«

Literatur und Anmerkungen

Unbegreifliche Realität

1 In der Fachsprache der modernen Kosmologie heißt es: Weil die mit der Entfernung zunehmende Geschwindigkeit der Expansionsbewegung sehr weit entfernter Strahlungsquellen die Wellenlänge so weit in den langwelligen Bereich verschiebt (»Rotverschiebung«), daß die Strahlung bei uns nicht mehr im Bereich des sichtbaren Lichts eintrifft.

2 Einzelheiten in Meyers »Handbuch über das Weltall«, Mannheim 1973, S. 692 ff.

Amoklauf eines Einäugigen

1 Peter Bamm, »Adam und der Affe«, Stuttgart 1969

2 Johann J. Winckelmann (1717 bis 1768) gilt als Begründer der deutschen Kunstwissenschaft und – mit seinen »Gedanken über die Nachahmung der griechischen Werke in der Malerei und Bildhauerkunst« – als Programmatiker des Klassizismus.

Giordano Bruno

1 Ein Beispiel liefert der Tenor des Augenzeugenberichts, den ein junger deutscher Konvertit, Caspar Schopp aus Breslau, seinem Freund Conrad Rittershausen über die Verbrennung gab. Nach dem Urteil habe man, so heißt es da, Bruno noch einmal acht Tage Zeit gegeben, seine Ansichten zu widerrufen, jedoch vergeblich. »So hat man ihn denn heute auf den Scheiterhaufen gebracht. Als man ihm vor seinem Tod das Bild unseres Heilands zeigte, hat er zornig sein Gesicht abgewandt... Dies, mein lieber Rittershausen, ist so die Art und Weise, in der wir gegen solche Menschen, oder besser: gegen solche Unmenschen vorzugehen pflegen.« (Zitiert nach: Dorothea Singer, »Giordano Bruno, His Life and Thought«, New York 1950)

2 Während seiner Klosterzeit hatte Bruno sich intensiv auch mit den Schriften des spanischen Mystikers, Alchimisten und Franziskaners Raimundus Lullus befaßt. Die von diesem begründete »lullische Kunst« versuchte, bestimmte Oberbegriffe in ein System zu bringen, das es gestatten sollte, alle überhaupt nur möglichen logischen Schlüsse, Denkgebäude und wissenschaftlichen Theorien daraus abzuleiten. Außerdem sollte die durch ein solches System bewirkte Übersichtlichkeit das Erlernen und Behalten eines jeden philosophischen Lehr-

gebäudes erleichtern. Bruno hat dieser obskuren Lehre einen erstaunlich großen Teil seiner Zeit und Energie gewidmet (woraus Olschki – vgl. Anm. 12 – entsprechend disqualifizierende Folgerungen zieht, ohne zu erwähnen, daß vor Bruno kein Geringerer als Nikolaus von Kues und nach ihm immerhin noch Leibniz das gleiche getan haben). So entbehrlich uns Heutigen die »Lullischen Schriften« für die Würdigung Brunos auch erscheinen müssen, so haben sie doch biographisch eine gewisse Bedeutung. Der Bruno aufgrund dieser Schriften und zahlreicher Vorlesungen über dieses Thema vorangehende Ruf, er könne lehren, das Gedächtnis zu stärken und alle philosophischen Systeme zu verstehen, hat ihm viele Türen zu wichtigen Gönnern, nicht zuletzt auch an den Höfen, geöffnet. Auf der anderen Seite ist dieser Ruf dann zumindest der äußere Anlaß zu seiner Verbrennung auf dem Scheiterhaufen geworden: Gerade sein letzter Gastgeber hat ihn der Inquisition denunziert.

3 Seinen venezianischen Inquisitoren berichtete Bruno später, daß man ihm die Nichtachtung von Heiligenbildern und sein Eintreten für die Arianische Lehre (die von der erst 381 durch das Konzil von Konstantinopel eingeführten »Dreieinigkeitslehre« dadurch abwich, daß sie Gottvater Christus überordnete) vorgeworfen habe. Außerdem sollte er versucht haben, indizierte Schriften auf dem Abort des Klosters zu verstecken.

4 Zitiert nach Dorothea W. Singer, a.a.O., S. 26ff.
Michel de Castelnau, Marquis de Mauvissière (um 1520 La Mauvissière bei Neuvy-le-Roi/Touraine bis 1592 Joinville-en-Gâtinais) war zunächst Feldherr und dann im Dienst der französischen Krone in diplomatischer Mission in Deutschland, den Niederlanden und vor allem in England tätig; u.a. war er Vertrauter Maria Stuarts. Als liberaler Katholik versuchte er wiederholt, zwischen den Religionsparteien zu vermitteln, und setzte sich für eine schonende Behandlung gefangener Hugenotten ein. 1572 fiel ihm die undankbare Aufgabe zu, die englische Königin nach den schrecklichen Ereignissen der Bartholomäusnacht zu beruhigen, und 1575 wurde er als französischer Botschafter nach London geschickt. Dieses Amt hatte er bis 1585 inne.

5 Der Grund für die finanzielle Misere des bis dahin begüterten Mannes ist nicht bekannt, jedoch ist überliefert, daß seine Situation durch die Zahlungsunfähigkeit der Maria Stuart, der er größere Summen aus seinem persönlichen Vermögen geliehen hatte, wesentlich erschwert wurde.

6 Die Quellen geben keine Auskunft darüber, ob Bruno und Castelnau nach ihrer Trennung in Paris noch Verbindung miteinander hatten. Die letzten Jahre des Marquis wurden überschattet durch eine schwere Erkrankung seiner Frau, die ein Jahr nach der Rückkehr aus London starb. Der Witwer trat in die Armee ein. Er starb 1592, also in dem Jahr, in dem sein ehemaliger Schützling Bruno in Venedig verhaftet wurde.

7 Vgl. Hans Brunnhofer, »Giordano Brunos Weltanschauung und Verhängnis«, Leipzig 1882, S. 59

8 Ebenda, S. 61

9 Rudolf II. (18.7.1552 Wien–20.1.1612 Prag), Sohn Kaiser Maximilians II., deutscher Kaiser von 1576 bis 1612, wurde am spanischen Hof erzogen und für die Gegenreformation gewonnen. Er war ein äußerst gebildeter, doch weltabgewandter und tatenscheuer Herrscher; am liebsten widmete er sich seinen Kunstsammlungen, den Naturwissenschaften und der Astronomie.

10 Die Geschichte der verschiedenen Anlässe, bei denen die bis heute bekanntge-

wordenen Protokolle und übrigen Unterlagen in den Jahren zwischen 1849 und 1940 wiederentdeckt wurden, ist bei Dorothea W. Singer, a.a.O., S. 171, dokumentiert.

11 Das Urteil wurde von nicht weniger als neun Kardinälen unterschrieben, unter ihnen auch Kardinal Roberto Bellarmin, der in der Geschichte der katholischen Kirche eine bedeutende Rolle gespielt hat. Sie alle handelten gewiß als Gefangene des Geistes ihrer Zeit wie alle Menschen zu allen Zeiten. Es muß hier aber doch angemerkt werden, daß der Kardinal Bellarmin noch 1930 – wenn auch gewiß anderer Verdienste wegen – heiliggesprochen wurde.

12 Eigentlich sollte es kaum der Rechtfertigung bedürfen, wenn man sich bei der Würdigung der geistesgeschichtlichen Rolle Brunos, wie ich es hier tue, aus der Fülle der Schriften des Nolaners allein auf die kosmologischen Lehren bezieht. Bei einer Würdigung des Kopernikus würde wohl auch niemand auf den abstrusen Gedanken verfallen, zur Beurteilung dessen medizinische Schriften heranzuziehen, oder im Falle Keplers auf die Idee, sein Urteil von den astrologischen Ansichten dieses Mannes abhängig zu machen. Ich erwähne solche Vergleiche deshalb, weil dies genau die Methode ist, die Leonardo Olschki in einem umfangreichen Aufsatz anwendet, der in der Bruno-Literatur eine gewisse Rolle spielt: vgl. Leonardo Olschki, »Giordano Bruno«, in: Deutsche Vierteljahrsschrift für Literaturwissenschaft und Geistesgeschichte, Heft 2/1924.

Olschki ist der einzige Autor, dem man es zutrauen möchte, daß er sich möglicherweise durch sämtliche Schriften Brunos, auch die abwegigsten und unwichtigsten, vom ersten bis zum letzten Satz hindurchgearbeitet hat. Das Wissen, das Olschki in dieser Hinsicht in seinem Aufsatz ausbreitet, ist überwältigend. Er benutzt es nun aber dazu, um jeder einzelnen Aussage Brunos eine andere zum gleichen Thema entgegenzuhalten, ohne Rücksicht auf den Zusammenhang oder das Jahr der Niederschrift. Er bringt es auf diese Weise mühelos fertig, das, was an den Erkenntnissen Brunos revolutionierend und zeitlos ist, in einem Wust von Details untergehen zu lassen.

In der Quintessenz veranlaßt ihn das dann dazu, Bruno einen »Dilettanten und Gelegenheitsdogmatiker« zu nennen, dem jegliche schöpferische Phantasie gefehlt habe, und seinen Richtern nachträglich vorzuwerfen, sie hätten kein Gefühl dafür gehabt, »daß Brunos Lebenswerk in der Geschichte des menschlichen Denkens nur eine Episode geblieben wäre, wenn nicht ihr Urteilsspruch sie zum Symbol geweiht hätte«. Dieses groteske Fehlurteil ist nicht nur ein lehrreiches Beispiel für die verderblichen Folgen philologischer Detailbesessenheit. Darüber hinaus bedarf die eigentümliche, ganz persönliche Gehässigkeit, der man in dem Aufsatz Olschkis auf Schritt und Tritt begegnet, einer zusätzlichen Begründung.

Das Ende der drei so unglaublich produktiven und fruchtbaren Londoner Jahre im Hause Castelnaus begründet Olschki damit, daß Bruno offensichtlich »des höfischen Wohllebens überdrüssig« geworden sei. Er zitiert den »Polyhistor« Christoph August Heumann, der (zu Anfang des 18. Jahrhunderts!) erklärt hatte, Bruno sei »nicht richtig im Kopfe gewesen«. Er bekundet Verständnis für die Anzeige Mocenigos, denn dieser habe sich ja »schließlich nicht ohne Grund beklagt, von Bruno betrogen worden zu sein«. Und das Ende liest sich bei Olschki so: »Die sieben Jahre trotzigen Schweigens, die er... im römischen Kerker verbrachte ..., vollendete er auf dem Scheiterhaufen ..., den Blick vom

Kruzifixe abgewandt, den Neugierigen mehr ein Schauspiel als eine Mahnung.« Die Ratlosigkeit, die sich beim Lesen so boshafter Formulierungen zunächst einstellt, verliert sich in dem Augenblick, in dem einem angesichts der beckmesserischen Hartnäckigkeit, mit der Olschki Detail auf Detail häuft, schließlich aufzugehen beginnt, daß hier allem Anschein nach einer jener *»pedanti«* am Werk ist, die Bruno schon zu seinen Lebzeiten nicht ohne Grund zu seinen erbittertsten Feinden rechnete. Die Lektüre des Aufsatzes von Olschki zeigt, daß die gegenseitige Antipathie offensichtlich die Jahrhunderte überdauert hat.

13 Wir wissen heute, daß die Entfernung auch der nächsten Fixsterne so unvorstellbar groß ist, daß die Astronomen der damaligen Epoche instrumentell gar nicht die Möglichkeit hatten, diesen von ihnen theoretisch mit vollem Recht geforderten Effekt feststellen zu können. Dies gelang erst 1838 Friedrich Wilhelm Bessel in Königsberg.

14 Albert von Sachsen (Albert von Helmstedt; um 1316–8. 7. 1390 Halberstadt), deutscher scholastischer Philosoph, Mitbegründer und erster Rektor der Universität Wien (1365), 1366–1390 Bischof von Halberstadt. Ihm ist die rasche Verbreitung der Logik Ockhams an den deutschen Universitäten zu verdanken. Seine »Perutilis logica« gehört zu den ausgereiftesten Lehrbüchern des Mittelalters.

15 Es steht zwar fest, daß auch Nikolaus von Kues schon von der Unsterblichkeit des Kosmos gesprochen hat und daß er ebenfalls die Lehre von einer Vielheit bewohnter Welten vertrat. Ebensowenig ist zu bezweifeln, daß Bruno, der den Cusaner immer wieder als seinen großen Lehrmeister anführt (dem er indes auch bescheinigt, er sei in seinem Denken »noch durch das Priestergewand gehindert gewesen«!), diese und viele andere Formulierungen aus dessen Schriften übernommen hat. Jedoch zeigt die genauere Betrachtung, daß die Argumentation des Cusaners noch ganz im metaphysischen Bereich bleibt. Wenn er zum Beispiel das Universum als eine unendliche Kugel beschreibt, die keinen Mittelpunkt habe, so ist das bei ihm eine Umschreibung seiner Überzeugung, daß jeder Punkt des Universums, ungeachtet seines Orts, Gott gleich nahe sei. Bruno hat diese wie andere Vorstellungen, die zum Teil bis weit in die antike Naturphilosophie zurückreichen (vgl. dazu: Dieter Mahnke, »Unendliche Sphäre und Allmittelpunkt [Beiträge zur Genealogie der mathematischen Mystik]«, Halle 1937), zwar übernommen, sie aber nicht nur weiterentwickelt, sondern auch erstmals im naturwissenschaftlichen Sinne zur Beschreibung konkreter, diesseitiger Eigenschaften des Universums benutzt. Daß diese Übertragung nicht nur möglich, sondern sogar außerordentlich fruchtbar war, ist übrigens ein sehr bemerkenswertes, dabei bis heute wissenschaftstheoretisch noch kaum beachtetes Phänomen.

An der Grenze zwischen Geist und Biologie

1 Rupert J. Riedl, »Biologie der Erkenntnis – die stammesgeschichtlichen Grundlagen der Vernunft«, Berlin/Hamburg 1979

Der Mensch – einzig denkendes Wesen im All?

1 Heinrich K. Erben, »Intelligenzen im Kosmos? Die Antwort der Evolutionsbiologie«, München 1984

2 »Was dem einen recht ist«, in: Hoimar v. Ditfurth, »Zusammenhänge«, Hamburg 1974

Weltbild zwischen Wissenschaft und Glauben

1 Karl Rahner, »Evolution – Freiheit – Erbsünde«, in: »Freiheit in der Evolution«, Herrenalber Texte, Heft 57, Karlsruhe 1984

Naturwissenschaft und menschliches Selbstverständnis

1 Teilhard de Chardin, »Der Mensch im Kosmos«, Sonderausgabe, München 1965

2 Siehe dazu den Aufsatz »Amoklauf eines Einäugigen«

Evolutionäres Weltbild und theologische Verkündigung

1 Siehe dazu den Aufsatz »Giordano Bruno«

2 Hoimar v. Ditfurth, »Im Anfang war der Wasserstoff«, Hamburg 1972; Carsten Bresch, »Evolution aus Alpha-Bedingungen, Zufalls-Türmen und Systemzwängen«, erschienen in: Rupert J. Riedl u. Franz Kreuzer (Hrsg.), »Evolution und Menschenbild«, Hamburg 1983

3 Hoimar v. Ditfurth, »Wir sind nicht nur von dieser Welt«, Hamburg 1981, S. 231f.

4 Hoimar v. Ditfurth, »Der Geist fiel nicht vom Himmel«, Hamburg 1976, 241ff.

5 Hoimar v. Ditfurth, 1981, a.a.O., S. 235f.

6 Hoimar v. Ditfurth, 1981, a.a.O., S. 262ff.

Das Ende der Evolution – Plädoyer für ein Jenseits

1 Dies gilt auch für das in diesem Zusammenhang oft als Einwand angeführte Modell des »pulsierenden Weltalls«. Erst kürzlich hat ein Team amerikanischer Physiker Gründe angeführt, die gegen die Möglichkeit sprechen, daß sich eine periodische Aufeinanderfolge kosmischer Expansionen und Kontraktionen zeitlich unbegrenzt fortsetzen könnte. (Duane A. Dicus et al., »The Future of the Universe«, Scientific American, März 1983, S. 74)

2 Die scheinbare Paradoxie dieses Sachverhalts verleitet auch heute noch zu gelegentlichen Versuchen, finalistische und teleologische Argumente naturwissenschaftlich zu rehabilitieren. Ein Beispiel aus jüngster Zeit ist das Buch »Die Frage Wozu?« von Robert Spaemann und Reinhard Löw, München 1981. Daß dieser Versuch wissenschaftlich weder zulässig noch notwendig ist, hat Wolfgang Stegmüller am Beispiel eben dieses Buches überzeugend nachgewiesen, in: »Probleme und Resultate der Wissenschaftstheorie«, Bd. I, Berlin 1983, S. 757–768.

Kritische Anmerkungen zur monistischen Interpretation des Leib-Seele-Problems

1 Poppers Falsifikations-Prinzip besagt, daß eine Behauptung, Theorie usw. nur dann wissenschaftlichen Charakter beanspruchen könne, wenn sie grundsätzlich widerlegbar sei.

Evolution und Transzendenz

1 Melvin Calvin, »Über die Entstehung des Lebens auf der Erde«, in: Naturwissenschaft und Medizin, Heft 2/1964, S. 3

2 Manfred Eigen u. Ruth Winkler, »Das Spiel«, München 1975

3 George Gamow, »The Evolutionary Universe«, in: Scientific American, September 1956, S. 136

4 Carl Friedrich v. Weizsäcker, »Die Geschichte der Natur«, Zürich 1948; Hoimar v. Ditfurth, »Im Anfang war der Wasserstoff«, Hamburg 1972; Carsten Bresch, »Zwischenstufe Leben«, München 1977

5 Ilya Prigorine u. Isabelle Stengers, »Dialog mit der Natur«, München 1980
6 Jacob von Uexküll u. Georg Kriszat, »Streifzüge durch die Umwelten von Tieren und Menschen«, Frankfurt a.M. 1970
7 Hoimar v. Ditfurth, »Der Geist fiel nicht vom Himmel«, Hamburg 1976, S. 110ff.
8 Konrad Lorenz, »Die Rückseite des Spiegels«, München 1973
9 Hoimar v. Ditfurth, »Die affektiv-vegetative Kommunikation«, in: Nervenarzt, Heft 28/1957, S. 70
10 Konrad Lorenz, a.a.O., S. 16
11 Karl R. Popper, »Objektive Erkenntnis«, Hamburg 1972, S. 273
12 Gerhard Vollmer, »Evolutionäre Erkenntnistheorie«, Stuttgart 1975, S. 119
13 Rupert J. Riedl, »Biologie der Erkenntnis«, Berlin 1980, S. 185
14 Gerhard Vollmer, 1975, a. a. O., S. 164
15 Gerhard Vollmer, »Was können wir wissen?«, in: »Die Natur der Erkenntnis«, Bd. 1, Stuttgart 1985, S. 72
16 Rupert J. Riedl, »Die Spaltung des Weltbildes«, Berlin 1985, S. 290f.
17 Gerhard Vollmer, 1985, a.a.O., S. 83
18 Hoimar v. Ditfurth, 1976, a.a.O., S. 237ff.
19 Hoimar v. Ditfurth, »Wir sind nicht nur von dieser Welt«, Hamburg 1981, S. 233
20 Gerhard Vollmer, 1985, a.a.O., S. 41
21 Hoimar v. Ditfurth, »Die endogene Depression als Störung einer vegetativen Beziehung zur Umwelt«, Basel 1960
22 Hoimar v. Ditfurth, 1957, a.a.O., S. 103
23 Hoimar v. Ditfurth, 1981, a.a.O., S. 232
24 Blaise Pascal, »Pensées«, Deutsche Ausgabe, Heidelberg 1954, Fragmentnr. 267

Pazifismus – unsere einzige Chance

1 Heinrich Albertz (Hrsg.), »Warum ich Pazifist wurde«, München 1983
2 Auf die nicht durch kriegerische Bedrohung, sondern durch die sowjetischen Versuche einer »revolutionären Unterwanderung« bestimmter Staaten der Dritten Welt, etwa in Afrika, verursachten Risiken gehe ich in diesem Beitrag nicht ein, weil ihnen zweckmäßigerweise mit ganz anderen Mitteln als denen militärischer Abwehr zu begegnen wäre. Erwähnen möchte ich nur, daß die leider unübersehbare Neigung des Westens, auch diese Risiken vor allem mit militärischem Druck zu beantworten, die große Chance zu verspielen droht, sich in den umstrittenen Staaten als überlegene freiheitlich-demokratische Alternative darzustellen.
3 Ich will keineswegs bestreiten, daß auch ökonomische Tendenzen, das Interesse regierender Eliten am Erhalt der eigenen Macht, bestimmte, einem herrschenden Gesellschaftssystem eigene Strukturen und weitere vergleichbare Faktoren zur Kriegsgefahr beitragen. Ich behaupte lediglich, daß sie insofern bereits nachgeordnete Faktoren darstellen, als sie ihre Wirkung nur aufgrund der im Text beschriebenen psychodynamischen Besonderheiten des Bedrohungserlebens entfalten können.
4 Der Bericht über die Arbeitssitzungen des Kongresses erschien unter dem Titel »Naturwissenschaftler gegen Atomrüstung« Ende 1983 als Spiegel-Buch im Rowohlt Verlag.

Die mörderische Konsequenz des Mitleids

1 Dieser Text ist zu meinem Erschrecken (und meiner Verwunderung) mancherseits mißverstanden worden. Er hat mir in zwei Fällen sogar Beifall aus einer Ecke eingetragen, mit der ich um alles in der Welt nichts zu tun haben möchte. Ist Bitterkeit, die angesichts der apathischen Teilnahmslosigkeit unserer – sich gleichwohl offiziell immer noch auf die christliche Botschaft berufenden – Gesellschaft ihre Zuflucht zu aufrüttelnd-zugespitzten Formulierungen nimmt, wirklich so schwer verständlich? Nicht weniger als zweimal habe ich in diesen wenigen Absätzen unterstrichen, daß es selbstverständlich nicht angehe, die Verhungernden ihrem Schicksal zu überlassen, daß die übliche Spendenpraxis jedoch zu einem Unternehmen zu verkommen drohe, das insofern als zynisch angesehen werden müsse, als es, in Wahrheit längst im Dienste der Gewissenseinschläferung stehend, sogar fatale Konsequenzen für das Schicksal der Empfänger in Kauf zu nehmen bereit sei. Um die Abwehr dieses Vorwurfs durch abermalige Mißverständnisse zu erschweren, sei hier der Kern der Aussage in einem einzigen Satz wiederholt: Noch so große Spendenbeträge werden unsere Mitverantwortung an der Tragödie um kein Jota verringern, solange wir weiterhin zögern, die eigentlichen – wirtschaftlichen und politischen – Ursachen des großen Massensterbens zu bekämpfen.

Anthropologisch-psychologische Voraussetzungen einer erfolgreichen Umwelt- und Friedenserziehung

1 Hubert Markl, »Untergang oder Übergang – Natur als Kulturaufgabe«, in: Mannheimer Forum 1982/83, Mannheim 1982

2 Gerhard Prosi, »Wachstumsorientierte Umweltpolitik in der Marktwirtschaft«, Vortrag an der Universität Kiel, 1984 (Manuskript); Gerhard Scherhorn, »Ökonomie und Ökologie«, Vortrag an der Universität Stuttgart, 1984 (Manuskript).

3 Rudolf Bilz, »Studien über Angst und Schmerz«, Paläoanthropologie Bd. 1/2, Frankfurt a.M. 1971; Rupert J. Riedl, »Biologie der Erkenntnis«, Berlin 1980; Bernard Hassenstein, »Menschliche Aggressivität – insbesondere der Kinder und Jugendlichen – in der Sicht der Verhaltensbiologie«, in: R. Hilke u. W. Kempf (Hrsg.), »Aggression«, Stuttgart 1982; Hans Mohr, »Biologische Grenzen des Menschen«, in: Zeitwende, Heft 56/1985; Hoimar v. Ditfurth, »Der Geist fiel nicht vom Himmel«, Hamburg 1976; Hoimar v. Ditfurth, »So laßt uns denn ein Apfelbäumchen pflanzen«, Hamburg 1985

4 Carl Friedrich v. Weizsäcker, »Der Garten des Menschlichen«, Frankfurt a.M. 1980, S. 209

5 Bernard Hassenstein, a.a.O.

6 Ernst Mayr, zit. nach Karl Erben, »Leben heißt Sterben«, Hamburg 1981, S. 111

7 Konrad Lorenz, »Das sogenannte Böse«, Wien 1963, S. XIII

8 Heinz-Ulrich Reyer, »Ursachen und biologische Bedeutung innerartlicher Aggression bei Tieren«, in: Klaus Immelmann (Hrsg.), »Grzimeks Buch der Verhaltensforschung«, Zürich 1974

9 Bernard Hassenstein, a.a.O.

10 Ebenda

11 Hoimar v. Ditfurth, »Die endogene Depression«, Basel 1960, S. 51f.

12 Nicolai Hartmann, »Der Aufbau der realen Welt«, Berlin 1949

Lizenzausgabe für die Büchergilde Gutenberg,
Frankfurt am Main, Wien,
mit freundlicher Genehmigung des
Rasch und Röhring Verlages, Hamburg

Einbandgestaltung: Harald Schneider-Reckels und Iris Momtahen
Lektorat: Angelika Buscha
Gesetzt aus der Garamond-Antiqua
Satzherstellung: Fotosatz Otto Gutfreund, Darmstadt
Druck- und Bindearbeiten: Mainpresse Richterdruck, Würzburg
Printed in Germany 1989 ISBN 3 7632 3544 2